罗克韦尔自动化技术丛书

工业控制系统及应用
——PLC 与人机界面

王华忠 主编

机械工业出版社

本书系统地阐述了工业控制系统的组成、体系结构、发展与应用技术，对典型的工业控制系统——集散控制系统和监控与数据采集（SCADA）系统进行了简要介绍与对比，以使读者了解工业控制系统的概貌及其不同特点。本书以罗克韦尔自动化 Micro800 可编程序控制器（PLC）为例，对 PLC 的工作原理、编程语言、应用系统设计技术、网络通信等进行了重点介绍。对与 PLC 关联紧密的人机界面技术及其应用技术也进行了分析。同时结合各类案例分析了 Micro800 PLC 在逻辑顺序控制、过程控制与运动控制中的应用技术。最后阐述了包含工业控制系统功能安全与信息安全需求的工业控制系统设计、开发与应用技术，并介绍了如何使用 RSLogix5000 和 FactoryTalk View Studio 等软件及 CompactLogix 控制器和 Anybus 以太网网关等硬件设计开发实验室换热过程对象工业控制系统。

本书侧重介绍了工业控制系统核心内容，重点分析了 Micro850 PLC 软硬件系统及其在工业生产中的应用技术。在对工业控制系统核心知识介绍的基础上，通过分析工业控制系统实际案例培养读者的工业控制系统设计、开发和应用能力，具有实用性、新颖性和完整性。

本书可作为自动化、测控技术与仪器、电气工程及其自动化等相关专业大学本科生、研究生的教材，也可作为工业控制企业、自动化工程公司相关工程技术人员的参考书。

图书在版编目（CIP）数据

工业控制系统及应用：PLC 与人机界面/王华忠主编. —北京：机械工业出版社，2019.8（2024.3 重印）
（罗克韦尔自动化技术丛书）
ISBN 978-7-111-63398-3

Ⅰ.①工… Ⅱ.①王… Ⅲ.①PLC 技术②人机界面 Ⅳ.①TM571.61②TP11

中国版本图书馆 CIP 数据核字（2019）第 170094 号

机械工业出版社（北京市百万庄大街 22 号 邮政编码 100037）
策划编辑：林春泉 责任编辑：朱 林 闫洪庆 翟天睿
责任校对：张 薇 封面设计：鞠 杨
责任印制：单爱军
北京虎彩文化传播有限公司印刷
2024 年 3 月第 1 版第 2 次印刷
184mm×260mm·21 印张·519 千字
标准书号：ISBN 978-7-111-63398-3
定价：75.00 元

电话服务 网络服务
客服电话：010-88361066 机 工 官 网：www.cmpbook.com
010-88379833 机 工 官 博：weibo.com/cmp1952
010-68326294 金 书 网：www.golden-book.com
封底无防伪标均为盗版 机工教育服务网：www.cmpedu.com

前　言

工业控制系统在石油、化工、电力、交通、冶金、市政等关键基础设施领域均得到了广泛的应用，与企业管理系统构成了现代企业的综合自动化系统。在"工业4.0"及工业互联网中，工业控制系统处于底层核心地位。工业控制系统应用范围广，产品多样化，与行业关联度较高，更新发展速度较快，造成一些用户对工业控制系统相关概念模糊，或者从某个行业或领域的应用局部、片面地理解工业控制系统。近年来，除了传统的功能安全外，信息安全也成为工业控制系统中日益重要的内容。本书有针对性地介绍了工业控制系统类型、体系结构、组成、发展与应用，以使读者能够准确、全面地了解工业控制系统的基础知识。本书以罗克韦尔自动化Micro850 PLC为例，结合典型工业控制系统应用案例，重点阐述了PLC的软硬件及其编程技术，对与PLC结合紧密的人机界面及其应用技术也做了介绍。

本书共分为7章。其中第1章概述性地介绍了工业控制系统，包括工业控制系统组成、分类、发展及不同类型系统的比较，接着对PLC进行了介绍，最后介绍了功能安全和安全仪表系统基本概念。第2章介绍了Micro850系列控制器硬件，包括主机、功能性插件和扩展模块、控制器通信接口。第3章介绍了PLC编程语言及CCW软件平台。第4章介绍了Micro850 PLC指令系统。第5章是本书重点内容，通过大量的工程案例介绍了PLC程序设计技术。第6章介绍了工业人机界面与工业控制组态软件。第7章介绍了工业控制系统设计与应用技术以及工业控制信息安全及其防护技术，重点阐述了实验室换热过程的工业控制系统开发。

本书由华东理工大学王华忠和南京工业大学吕波共同编写。学生王宇鑫参与了部分程序的开发和调试。罗克韦尔自动化有限公司中国大学项目部为本书提供了部分技术资料，与罗克韦尔自动化有限公司合作建立联合实验室的国内高校的一些教师也对本书的出版提出了宝贵意见，在此一并表示感谢。在本书的编写过程中还参考了不少书籍和资料，在此也向有关作者表示感谢。

本书是自动化、测控技术与仪器、电气工程等专业本科生的专业课教材，也可作为工矿企业、科研单位、设计单位、工程公司的工程技术人员的参考书。

为便于教学，凡采用本书作为教材的学校，作者免费提供电子教案。

由于时间和编者的水平所限，疏漏在所难免，恳请读者提出批评建议，以便进一步修订完善，编者的E-mail是 hzwang@ ecust. edu. cn。

编　者

目　录

第1章　工业控制系统

1.1　工业控制基础

1.1.1　计算机控制的一般概念

计算机控制是关于计算机技术如何应用于工业、农业等生产和生活领域，提高它们自动化程度的一门综合性学科。随着不断有新的应用领域出现，计算机控制的应用范围也在不断扩大。由于现代工业在人类文明进程中的巨大作用，计算机控制技术与工业生产相结合而产生的工业自动化就成为了计算机控制最重要的一个应用领域。除了工业自动化，还有我们熟悉的商业自动化、办公自动化等。工业自动化系统与用于科学计算、一般数据处理等领域的计算机系统有较多的不同，其中最大的不同之处在于计算机控制的对象是具体物理过程，因此会对物理过程产生影响和作用。工业控制系统的好坏直接关系到被控物理过程的稳定性及设备和人员的安全等。按照目前最新的技术术语，工业控制系统属于信息-物理融合系统（Cyber Physical System，CPS），这也更加明确地表明了工业自动化系统的本质特征。

工业自动化的发展包括工业控制理论与技术的发展及工业控制系统/装备的发展。工业控制系统的发展为各种工业控制理论与技术的实施提供了必要的基础和支撑。例如，流程工业采用集散控制系统后，各种先进控制、优化技术、资产管理等功能的实施才成为可能。同样的，只有在先进的工业控制装置上运行各种先进控制与优化等技术，才能充分发挥控制装置的作用，提高控制设备的投资效益。工业控制系统的发展历程实际上还是工业控制与计算机技术、通信技术等融合的过程。融合程度越深，工业控制系统的先进程度越高，所产生的效益也越高。

现有的工业控制系统是在传统模拟式控制系统的基础上发展起来的，并在众多的领域得到应用。由于工业生产行业众多，因而存在化工过程自动化、电厂自动化、农业自动化、矿山自动化、纺织自动化、冶金自动化、机械自动化、港口码头自动化、楼宇自动化、物流仓储自动化等面向不同行业的自动化系统，这些不同行业的工业控制系统会具有鲜明的行业特性，但它们在本质上仍然是有相似性的。现以储罐液位单回路控制系统为例加以说明，其控制系统结构组成如图1-1所示。系统中的测量变送环节对被控对象进行检测，把被控量（如温度、压力、流量、液位、转速、位移等物理量）转换成电信号（电流或电压）再反馈到控制器中。控制器将此测量值与给定值进行比较，并按照一定的控制规律产生相应的控制信号驱动执行器工作，使被控量跟踪给定值，抑制干扰，

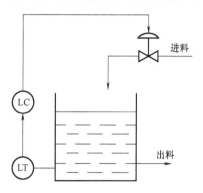

图1-1　储罐液位控制系统
LC—液位控制器　LT—液位变送器

从而实现自动控制的目的，其控制原理框图如图 1-2 所示。对于图 1-2 所示的典型单回路控制，既可以用模拟方式实现控制，也可以用数字方式实现控制。以计算机数字控制方式为例，把图 1-2 中的控制器用计算机及其数字化的输入/输出通道来代替，就构成了一个典型的计算机控制系统，其结构如图 1-3 所示。这里，计算机采用的是数字信号传递，而现场仪表多采用模拟信号。因此，系统中需要有将模拟信号转换为数字信号的模/数（A/D）转换器和将数字信号转换为模拟信号的数/模（D/A）转换器。图 1-3 中的 A/D 转换器与 D/A 转换器就表征了计算机控制系统中这种典型的输入/输出通道。

在现场总线控制系统中，A/D、D/A 等信号变换功能已不需要控制站中的相应 I/O 模块来实现，而是下移到现场的数字化总线式检测或执行装置中。例如对于图 1-3 所示的储罐液位控制，现场的液位测量仪表及执行结构（调节阀）都带有 FF 或 Profibus-PA 总线接口，并且这两个设备都内置有 PID 控制模块（即控制功能可以利用其中的一个内置 PID 控制模块实现），因此，在现场就可直接构成闭环控制回路，而不需要在现场控制站的 CPU 中执行所组态的 PID 控制程序。现场的测控设备可通过总线与 FCS 控制站通信，完成参数及变量的读写，实现对现场设备的远程监控和管理功能。

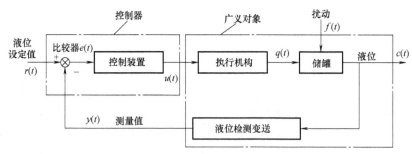

图 1-2 储罐液位控制系统原理框图

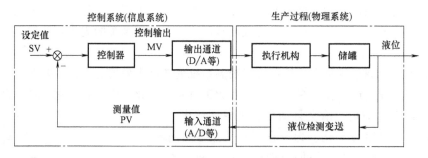

图 1-3 储罐液位计算机控制系统原理图

对于像变频器这样的一些驱动装置，通常同时带有总线接口和模拟量接口，采用模拟量接口时，需要 PLC（Programmable Logic Controller，可编程序控制器）的 D/A 模块输出模拟信号给变频器。而采用总线接口时，PLC 直接通过现场总线与变频器进行数字通信。

需要说明的是，由于计算机控制属于数字控制，因此，需要合理选择采样周期，对模拟信号进行采样、保持、锁存、标度变换等，相应的针对模拟信号的控制算法也需要转换成数字化控制算法，以适应计算机控制的要求，由于这部分内容比较多，也非本书重点，在此不做介绍。

1.1.2 工业控制系统的组成

尽管工业控制系统形式多样，设备种类千差万别，形状、大小各不相同，但一个完整的工业控制系统总是由硬件和软件两大部分组成的。当然还包括机柜、操作台等辅助设备。把工业控制技术和设备应用到实际的工业生产过程控制中，就构成了工业控制系统。传感器和执行器等现场仪表与装置也是整个工业控制系统的重要组成部分，限于篇幅，在本书不做介绍。

1. 硬件组成

（1）上位机系统

现代的工业控制系统的上位机多数采用服务器、工作站或 PC 兼容计算机。这些计算机的配置随着 IT 的发展而不断发展，硬件配置不断增强，操作系统也不断升级。目前，艾默生 DeltaV 集散系统、横河电机 Centum 集散系统、霍尼韦尔 PKS 等集散控制系统的上位机系统（服务器、工程师站、操作员站）都建议配置经过厂家认证的 DELL 工作站或服务器，以确保软硬件的兼容性。

不同厂家的工业控制系统在上位机层次上配置差别很小，多数都是 Windows+Intel 这样的通用系统架构。读者对于通用计算机系统的组成及其原理较为熟悉，在此不做详细介绍了。

（2）现场控制站

现场控制站也称为下位机或控制器。现场控制站虽然实现的功能比较接近，但却是不同类型的工业控制系统差别最大之处，现场控制站的差别也决定了相关的 I/O 及通信等存在的差异。现场控制站硬件一般由中央处理单元（CPU 模块）、输入/输出单元、通信模块、机架、扩展插槽和电源等模块组成，如图 1-4 所示。

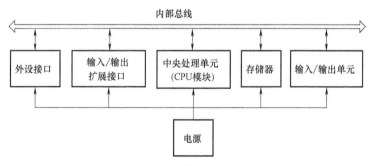

图 1-4 现场控制站的组成

对于像 DCS（Distributed Control System，分布式控制系统）这样用于大型工业生产过程的现场控制站，通常还会采取冗余措施。这些冗余包括 CPU 模块冗余、电源模块冗余、通信模块冗余及 I/O 模块冗余等。

1）中央处理单元。中央处理单元（CPU 模块）是现场控制站的控制中枢与核心部件，其性能决定了现场控制站的性能，每套现场控制站至少有一个 CPU 模块。和我们所见的通用计算机上的 CPU 不同，现场控制站的中央处理单元不仅包括 CPU 芯片，还包括总线接口、存储器接口及有关控制电路。中央处理单元上通常还带有通信接口，典型的通信接口包括 USB、串行接口（RS232、RS485 等）及工业以太网。这些接口主要是用于编程或与其他控制器、上位机通信。

CPU 模块是现场控制站的控制与信号处理中枢，主要用于实现逻辑运算、数字运算、响应外设请求，还用于协调控制系统内部各部分的工作，执行系统程序和用户程序。控制器的工作方式与控制器的类型和厂家有关。如对于 PLC，就采用扫描方式工作，每个扫描周期用扫描的方式采集由过程输入通道送来的状态或数据，并存入规定的寄存器中，再执行用户程序扫描，同时，诊断电源和 PLC 内部电路的工作状态，并给出故障显示和报警（设置相应的内部寄存器参数数值）。CPU 主频和内存容量是 PLC 最重要的参数，它们决定着 PLC 的工作速度、I/O 数量、软元件容量及用户程序容量等。

控制器中的 CPU 多采用通用的微处理器，也有采用 ARM 系列处理器或单片机。如施耐德的 Quantum 系列、罗克韦尔自动化的 ControlLogix 系列、通用电气的 Rx7i、3i 系列 PLC 就采用 Intel Pentium 系列的 CPU 芯片。三菱电机的 FX_2 系列 PLC 使用的微处理器是 16 位的 8096 单片机。通常情况下，即使最新一代的现场控制站 CPU 模块，其采用的 CPU 芯片也要落后通用计算机芯片至少 2 代，即使这样，这些 CPU 对于处理任务相对简单的控制程序来说也已足够。

与一般的计算机系统不同，现场控制站的 CPU 模块通常都带有存储器，其作用是存放系统程序、用户程序、逻辑变量和其他一些运行信息。控制器中的存储器主要有只读存储器（ROM）和随机存储器（RAM）。ROM 存放控制器制造厂家写入的系统程序，并永远驻留在 ROM 中，控制器掉电后再上电，ROM 内容不变。RAM 为可读写的存储器，读出时其内容不被破坏，写入时，新写入的内容覆盖原有的内容。控制器中配备有掉电保护电路，当掉电后，锂电池为 RAM 供电，以防止掉电后重要信息的丢失。一般的控制器新买来的时候，锂电池的插头是断开的，用户如果要使用，需要把插头插上。除此之外，控制器还有 EPROM、EEPROM。通常调试完成后不需要修改的程序可以放在 EPROM 或 EEPROM 中。

控制器产品样本或使用说明书中给出的存储器容量一般是指用户存储器。存储器容量是控制器的一个重要性能指标。存储器容量大，可以存储更多的用户指令，能够实现对复杂过程的控制。存储空间的使用情况都可以通过厂家的组态软件查看。

除了 CPU 自带的存储器，为了保存用户程序和数据，目前不少 PLC（如西门子中大型 PLC）还可采用 SD 卡等外部存储介质。

2）输入/输出（I/O）单元。输入/输出单元是控制器与工业过程现场设备之间的连接部件，是控制器的 CPU 单元接收外界输入信号和输出控制指令的必经通道。输入单元和各种传感器、电气元器件触点等连接，把工业现场的各种测量信息送入到控制器中。输出单元与各种执行设备连接，应用程序的执行结果改变执行设备的状态，从而对被控过程施加调节作用。输入/输出单元直接与工业现场设备连接，因此，要求它们有很好的信号适应能力和抗干扰能力。通常，输入/输出单元会配置各种信号调理、隔离、锁存等电路，以确保信号采集的可靠性、准确性，保护工业控制系统不受外界干扰的影响。

由于工业现场信号种类的多样性和复杂性，控制器通常配置有各种类型的输入/输出单元（模块）。根据变量类型，输入/输出单元可以分为模拟量输入模块、数字量输入模块、模拟量输出模块、数字量输出模块和脉冲量输入模块等。

数字量输入和输出模块的点数通常为 4、8、16、32、64。数字量输入、输出模块会把若干个点，如 8 点组成一组，即它们共用一个公共端。

模拟量输入和输出模块的点数通常为 2、4、8、16 等。有些模拟量输入支持单端输入与差动输入两种方式，对于一个差动输入为 8 路的模块，设置为单端输入时，可以接入 16 路模拟量信号。对于模拟量采样要求高的场合，有些模块具有通道隔离功能。

用户可以根据控制系统信号的类型和数量，并考虑一定输入/输出冗余量的情况下，合理选择不同点数的模块组合，从而节约成本。

① 数字量输入模块。通常可以按电压水平对数字量输入模块分类，主要有直流输入单元和交流输入单元。直流输入单元的工作电源主要有 24V 及 TTL 电平。交流输入单元的工作电源为 220V 或 110V，一般当现场节点与输入/输出端子距离远时采用。一般来说，如果现场的信号采集点与数字量输入模块的端子之间距离较近，就可以用 24V 直流输入单元。根据作者的工程经验，如果电缆走线干扰少，120m 之内完全可以用直流输入单元。数字量输入模块多采用光电耦合电路，以提高控制器的抗干扰能力。

在工业现场，特别是在过程工业中，对于数字输入信号，会采用中间继电器隔离，即数字量输入模块的信号都是从继电器的触点而来。对于继电器输出模块，该输出信号都是通过中间继电器隔离和放大，才和外部电气设备连接。因而，在各种工业控制系统中，直流输入/输出单元广泛使用，交流输入/输出单元使用较少。

② 数字量输出模块。按照现场执行机构使用的电源类型，可以把数字量输出模块分为直流输出（继电器和晶体管）和交流输出（继电器和晶闸管）。

继电器输出型模块有许多优点，如导通压降小，有隔离作用，价格相对较便宜，承受瞬时过电压和过电流的能力较强等。但其不能用于频繁通断的场合，对于频繁通断的感性负载，应选择晶体管或晶闸管输出型。

在使用数字量输出模块时，一定要考虑每个输出点的容量（额定电压和电流）、输出负载类型等。如在温控系统中，若采用固态继电器，则一定要配晶体管输出模块。

③ 模拟量输入模块。模拟量信号是一种连续变化的物理量，如电流、电压、温度、压力、位移、速度等。在工业控制中，要对这些模拟量进行采集并送给控制器的 CPU 模块处理，必须先对这些模拟量进行模/数（A/D）转换。模拟量输入模块就是用来将模拟信号转换成控制器所能接收的数字信号的。生产过程的模拟信号是多种多样的，类型和参数大小也不相同，因此，一般在现场先用变送器把它们变换成统一的标准信号（如 4~20mA 的直流电流信号），然后再送入模拟量输入模块将模拟量信号转换成数字量信号，以便 PLC 的 CPU 进行处理。模拟量输入模块一般由滤波、模/数（A/D）转换器、光电耦合器等部分组成。光电耦合器有效防止了电磁干扰。对多通道的模拟量输入模块，通常设置多路转换开关进行通道的切换，且在输出端设置信号寄存器。

此外，由于工业现场大量使用热电偶、热电阻测温，因此控制设备厂家都生产相应的模块。热电偶模块具有冷端补偿电路，以消除冷端温度变化带来的测量误差。热电阻的接线方式有 2 线、3 线和 4 线 3 种。通过合理的接线方式，可以减弱连接导线电阻变化的影响，提高测量准确度。

选择模拟量输入模块时，除了要明确信号类型外，还要注意模块（通道）的准确度、转换时间等是否满足实际数据采集系统的要求。

传感器/测量仪表有二线制和四线制之分，因而这些仪表与模拟量输入模块连接时，要注意仪表类型是否与模块匹配。通常 PLC 中的模拟量输入模块同时支持二线制或四线制仪表。信号类型可以是电流信号，也可以是电压信号（有些产品要进行软硬件设置，接线方式会有所不同）。如西门子的S7-300系列的部分模拟量输入模块支持电压、电流及热电阻等外部输入信号，对于不同的外部传感器信号源，需要采取不同的硬件接线方式，并且要对模块的硬件和软件进行设置。DCS的模拟量输入模块对于信号的限制要大。例如，某些型号模拟量输入模块与外部仪表连接时，即使这类仪表是二线制的，也不能外接工作电源，而必须由模拟量输入模块的每个通道为现场仪表供电。采用外部电源供电的仪表，不论是二线制还是四线制，与模拟量输入模块连接时，必须选用支持外部供电规格的模块。

④ 模拟量输出模块。现场的执行器，如电动调节阀、气动调节阀等都需要模拟量来控制，所以模拟量输出模块的任务就是将计算机计算的数字量转换为可以推动执行器动作的模拟量。模拟量输出模块一般由光电耦合器、数/模（D/A）转换器和信号驱动等环节组成。

模拟量输出模块输出的模拟量可以是电压信号，也可以是电流信号。电压或电流信号的输出范围通常可调整，如电流输出，可以设置为 0~20mA 或 4~20mA。由于电流输出衰减小，所以一般建议选电流输出，特别是当输出模块与现场执行器距离较远时。不同厂家的输出模块设置方式不同，有些需要通过硬件进行设置，有些需要通过软件设置，而且电压输出或电流输出时，外部接线也可能不同，这需要特别注意。通常，模拟量输出模块的输出端要外接 24V 直流电源，以提高驱动外部执行器的能力。

3）通信接口模块。通信接口模块包括与上位机的通信接口及与现场总线设备的通信接口两类。这些接口模块有些可以集成到 CPU 模块上，有些是独立的模块。如横河的 Centum VP 等型号 DCS 的 CPU 模块上配置有两个以太网接口，一个用于连接上位机，一个用于连接另外一个 CPU 模块构成冗余方式。对于 PLC 系统，CPU 模块上通常还会配置有串行通信接口。这些接口通常能满足控制站编程及上位机通信的需求。但由于用户的需求不同，因此各个厂家，特别是 PLC 厂家，都会配置独立的以太网等不同类型的通信模块。

对于现场控制站来说，由于目前广泛采用现场总线技术，因此现场控制站还支持各种类型的总线接口通信模块，典型的包括 FF、Profibus-DP、ControlNet 等。由于不同厂家通常支持不同的现场总线，因此总线模块的类型还与厂商或型号有关。如罗克韦尔自动化公司就有 DeviceNet 和 ControlNet 模块，三菱电机公司有 CC-Link 模块，ABB 公司有 ARCNET 网络接口和 CANopen 接口模块，施耐德公司有 Modbus 接口模块等。DCS 生产厂家主要配备 FF 总线接口和 DP 总线接口通信模块，以连接现场的检测仪表和执行器。

由于在大型工厂，通常除了 DCS，还存在多种类型的 PLC（这些控制系统通常随设备一起供货），为了实现全厂监控，要求 DCS 能与 PLC 通信，所以一般 DCS 上还会配置 Modbus 通信模块。在具有安全仪表的工厂，一般 DCS 也要配置通信模块（一般是 Modbus），以读取安全仪表系统信息，从而在中控室的操作员站显示。

4）智能模块与特殊功能模块。所谓智能模块就是由控制器制造商提供的一些满足复杂应用要求的功能模块。这里的智能表明该模块具有独立的 CPU 和存储单元，如专用温度控制模块或 PID 控制模块，它们可以检测现场信号，并根据用户的预先组态进行工作，把运行结果输出给现场执行设备。

特殊功能模块还有用于条形码识别的 ASCII/BASIC 模板，用于运行控制、机械加工的高速计数模板、单轴位置控制模板、双轴位置控制模板、凸轮定位器模板和称重模块等。

这些智能模块与特殊功能模块的使用，不仅可以有效降低控制器处理特殊任务的负荷，也加快和增强了对特殊任务的响应速度和执行能力，从而提高了现场控制站的整体性能。

5）电源。所有的现场控制站都要独立可靠的供电。现场控制站的电源包括给控制站设备本身供电的电源及控制站 I/O 模块的供电电源两种。除了一体化的 PLC 等设备，一般的现场控制站都有独立的电源模块，这些电源模块为 CPU 等模块供电。有些产品需要为模块单独供电，有些只需要为电源模块供电，电源模块通过底板为 CPU 及其他模块供电。一般的 I/O 模块连接外部负载时都要再单独供电。

电源类型有交流电源（AC220V 或 AC110V）或直流电源（常用为 DC24V）。虽然有些电源模块可以为外部电路提供一定功率的 24V 工作电源，但一般不建议这样用。

6）底板、机架或框架。从结构上分，现场控制站可分为固定式和组合式（模块式）两种。固定式控制站包括 CPU、I/O、显示面板、内存块、电源等，这些元素组合成一个不可拆卸的整体。模块式控制站包括 CPU 模块、I/O 模块、电源模块、通信模块、底板或机架，这些模块可以按照一定规则组合配置。虽然不同产品的底板、机架或框架型式不同，甚至叫法不一样，但它们的功能是基本相同的。不同厂家对模块在底板的安装顺序和数量有不同的要求，如电源模块与 CPU 模块的位置通常是固定的，CPU 模块通常不能放在扩展机架上等。

在底板上通常还有用于本地扩展的接口，即扩展底板通过接口与主底板通信，从而确保现场控制器可以安装足够多的各种模块，具有较好的扩展性，适应系统规模从小到大的各种应用需求。

2. 软件组成

（1）上位机系统软件

上位机系统软件包括服务器、工作站上的系统软件和各种应用软件。早期除了部分 DCS 采用 UNIX 等作为操作系统，目前普遍采用 Windows 单机或服务器版操作系统。

上位机系统等应用软件包括系统组态软件、控制软件、操作管理软件、通信配置软件、诊断软件、批量控制软件、实时/历史数据库、资产管理软件等。通常 DCS 只要安装厂家提供的集成软件包就可以了，而 SCADA（Supervisory Control And Data Acquisition，数据采集与监控）系统应根据系统功能要求配置相应的应用软件包。

（2）现场控制站软件

施耐德电气公司的 Quantum 系列 PLC、罗克韦尔自动化公司的 ControlLogix 系列 PLC 和艾默生过程管理公司的 DeltaV 数字控制系统的现场控制站的操作系统都采用 VxWorks。VxWorks 操作系统是美国 WindRiver 公司于 1983 年设计开发的一种嵌入式实时操作系统。早在 Windows 风行之前，VxWorks 及 QNX 等就已是十分出色的实时多任务操作系统。VxWorks 具有可靠性高、实时性强、可裁减性等特点，并以其良好的持续发展能力、高性能的内核以及友好的用户开发环境，在嵌入式实时操作系统领域占据一席之地。在通信、军事、航空、航天等高精尖技术及实时性要求极高的领域被广泛应用。美国的 F-16 和 FA-18 战斗机、B-2 隐形轰炸机和爱国者导弹甚至火星探测器上也使用了 VxWorks。

以可编程自动化控制器 PAC 为代表的现场控制站以开放性为其特色之一，因而多采用 Windows CE 作为操作系统。大量的消费类电子产品和智能终端设备也选用 Windows CE 作为操作系统。此外，不少厂家对 Linux 系统进行裁剪，作为其开发控制器的操作系统，如德国 Wago 750 等。

控制站上的应用软件是控制系统设计开发人员针对具体的应用系统要求而设计开发的。

通常，控制器厂商会提供软件包以便于技术人员开发针对具体控制器的应用程序。目前，这类软件包主要基于 IEC61131-3 标准。有些厂商提供的软件包支持该标准中的所有编程语言及规范，有些是部分支持。该软件包通常是一个集成环境，提供了系统配置、项目创建与管理、应用程序编辑、在线和离线调试、应用程序仿真、诊断及系统维护等功能。

为了便于应用程序开发，软件包提供了大量指令给用户调用，主要包括以下类别：

1）运算指令：包括各种逻辑与算术运算。

2）数据处理指令：包括传送、移位、字节交换、循环移位等。

3）转换指令：包括数据类型转换、码类型转换以及数据和码之间的类型转换。

4）程序控制指令：包括循环、结束、顺序、跳转、子程序调用等。

5）其他特殊指令。

除了上述指令，编程系统还提供了大量的功能块或程序，主要包括：

1）通信功能块：包括以太网通信、串行通信及现场总线通信等功能块。

2）控制功能块：包括 PID 及其变种等各种功能块。

3）其他功能块：包括 I/O 处理、时钟、故障信息读取、系统信息读写等。

此外，用户还可以自定义各种功能块，以满足行业应用的需要，同时增加软件的可重用性，也有利于知识产权的保护。

目前，不少自动化厂商都在不断提高软件的集成度，把上位机软件、下位机软件及通信组态等功能逐步融合，以简化系统应用软件的开发。如罗克韦尔自动化的 CCW 编程软件就集成了 PLC 编程和人机界面的组态功能。用户可以分别把程序下载到 PLC 和人机界面中。西门子发布的博途（Portal）就是一款典型的全集成自动化软件，它采用统一的工程组态和软件项目环境，几乎适用于所有自动化任务。借助该全集成软件平台，用户能够快速、直观地开发和调试自动化系统。特别是博途在控制参数、程序块、变量、消息等数据管理方面，所有数据只需输入一次，大大减少了自动化项目的软件工程组态时间，降低了成本。

3. 辅助设备

工业控制系统除了上述硬件和软件外，还有机柜、操作台等辅助设备。机柜主要用于安装现场控制器、I/O 端子、隔离单元、电源等设备。而操作台主要在中控室，用于上位机系统的操作和管理。操作台一般由显示器、键盘、开关、按钮和指示灯等构成。操作员通过操作台可以了解与控制整个系统的运行状态，而且在紧急情况下，可以实施紧急停车等操作，确保安全生产。目前，一些厂家都推出了融合多媒体、大屏幕显示等技术的操作更加友好的专用操作台。

现代工业控制系统还会配置有视频监控系统，有些监控设备也会安装在操作台上或通过中控室的大屏幕显示，以加强对重要设备与生产过程的监控，进一步提高生产运行和管理水平。由于视频监控系统与工业生产控制的关联度较小，在实践中，视频监控系统的设计、部署和维护都是独立于工业控制系统的。

1.1.3 现场控制器的主要类型

无论哪种类型的工业控制系统，其核心功能的实现均依赖于现场控制器，因此这里对工业现场的主要控制器进行概述性介绍。这些控制器既包括通用的控制器，如可编程调节器（Programmable Controller，PC）、智能仪表、PLC 等，也包括面向行业的专用控制器。这里将重点介绍通用控制器。

1. 可编程调节器与智能仪表

（1）可编程调节器

可编程调节器，又称单回路调节器（Single Loop Controller，SLC）、智能调节器、数字调节器等。它主要由微处理器单元、过程 I/O 单元、面板单元、通信单元、硬手操单元和编程单元等组成，在过程工业特别是单元级设备控制中曾被广泛使用。常用的可编程调节器如图 1-5 所示。

图 1-5　常用的可编程调节器

可编程调节器实际上是一种仪表化了的微型控制计算机，它既保留了仪表面板的传统操作方式，易于为现场人员接受，又发挥了计算机软件编程的优点，可以方便灵活地构成各种过程控制系统。与一般的控制计算机不同，可编程调节器在软件编程上使用一种面向问题的语言（Problem Oriented Language，POL）。这种 POL 组态语言为用户提供了几十种常用的运算和控制模块。其中，运算模块不仅能实现各种组合的四则运算，还能完成函数运算。而通过控制模块的系统组态编程能够实现各种复杂的控制算法，诸如 PID、串级、比值、前馈、选择、非线性、程序控制等。这种系统组态方式简单易学，便于修改与调试，因此极大地提高了系统设计的效率。用户在使用可编程调节器时在硬件上无需考虑接口问题、信号传输和转换等问题。为了满足集中管理和监控的需求，可编程调节器配置的通信接口可以与上位机通信。可编程调节器具有的断电保护和自诊断等功能提高了其可靠性。因此，利用可编程调节器的现场回路控制功能，结合上位管理和监控计算机，可以构成集散控制系统。不过，由于传统的可编程调节器价格较贵，目前已基本被新型的带控制功能的无纸记录仪及智能仪表等所取代。

（2）智能仪表

智能仪表可以看作是功能简化的可编程调节器。它主要由微处理器、过程 I/O 单元、面板单元、通信单元、硬手操单元等组成。常用的智能仪表如图 1-6 所示。

与可编程调节器相比，智能仪表不具有编程功能，其只有内嵌的几种控制算法供用户选择，典型的有 PID、模糊 PID 和位

图 1-6　常用的智能仪表

式控制。用户可以通过按键设置与调节有关的各种参数，如输入通道类型及量程、输出通道类型、调节算法及具体的参数、报警设置、通信设置等。智能仪表也可选配通信接口，从而与上位计算机构成分布式监控系统。

2. PLC 与可编程自动化控制器

可编程逻辑控制器（Programmable Logical Controller，PLC），简称 PLC，是计算机技术和继电逻辑控制概念相结合的产物，其低端产品为常规继电逻辑控制的替代装置，而高端产品为一种高性能的工业控制计算机。关于 PLC，本书随后章节将会详细介绍。

可编程自动化控制器（Programmable Automation Controller，PAC）是将 PLC 强大的实时

控制、可靠、坚固、易于使用等特性与 PC 强大的计算能力、通信处理、广泛的第三方软件支持等结合在一起而形成的一种新型的控制系统。一般认为 PAC 系统应该具备以下一些主要的特征和性能：

1）提供通用开发平台和单一数据库，以满足多领域自动化系统设计和集成的需求。

2）一个轻便的控制引擎，可以实现多领域的功能，包括：逻辑控制、过程控制、运动控制和人机界面等。

3）允许用户根据系统实施的要求在同一平台上运行多个不同功能的应用程序，并根据控制系统的设计要求，在各程序间进行系统资源的分配。

4）采用开放的模块化的硬件架构以实现不同功能的自由组合与搭配，减少系统升级带来的开销。

5）支持 IEC 61158—2014《工业通信网络现场总线规范》，可以实现基于现场总线的高度分散性的工厂自动化环境。

6）支持事实上的工业以太网标准，可以与工厂的 MES、ERP 等系统集成。

7）使用既定的网络协议、IEC 61131-3—2013《可编程控制器 第 3 部分：程序设计语言》来保障用户的投资及多供应商网络的数据交换。

近年来，主要的工业控制厂商都推出了一系列 PAC 产品，这些产品有：罗克韦尔自动化公司的 ControlLogix5000 系统、美国通用电气公司的 PACSystemsRX3i/7i、美国国家仪器公司（NI）的 Compact FieldPoint、德国倍福自动化公司的 CX1000、泓格科技股份有限公司的 WinCon/LinCon 系列、PAC-7186EX 和研华科技公司的 ADAM-5510EKW 等。然而，NI 的 PAC 不支持 IEC 61131-3 的编程方式，因此，严格来说不是典型的 PAC。其他在传统 PLC 和基于 PC 控制的设备基础上衍生而来的产品总体上更符合 PAC 要求。常用的一些 PAC 如图 1-7 所示。

图 1-7　几种 PAC 产品

PLC、PAC 和基于 PC 的控制设备是目前几种典型的工控设备，PLC 和 PAC 从坚固性和可靠性上要高于 PC，但 PC 的软件功能更强。一般认为，PAC 是高端的工控设备，其综合功能更强，当然价格也比较贵。例如德国信福自动化公司采用基于 PC 的控制技术的 PAC 产品，使用高性能的现代处理器，将 PLC、可视化、运动控制、机器人技术、安全技术、状态监测和测量技术集成在同一个控制平台上，可提供具有良好开放性、高度灵活性、模块化和可升级的自动化系统，全面提升智慧工厂的智能水平。当独立使用 PLC 或 PC 不能提供很好的解决方案时，使用该类产品是一个较好的选择。

3. 远程终端单元

远程终端单元（Remote Terminal Unit，RTU）是安装在远程现场用来监测和控制远程现场设备的智能单元设备。RTU 将测得的状态或信号转换成数字信号以向远方发送，同时还将从中央计算机发来的数据转换成命令，实现对设备的远程监控。许多工业控制厂家生产各种形式的 RTU，不同厂家的 RTU 通常自成体系，即有自己的组网方式和编程软件，开放性较差。

RTU 作为体现"测控分散、管理集中"思路的产品从 20 世纪 80 年代起被引入到我国并迅速得到广泛的应用。它在提高信号传输可靠性、减轻主机负担、减少信号电缆用量、节省安装费用等方面的优点得到了用户的肯定。

与常用的工业控制设备 PLC 相比，RTU 具有如下特点：

1）同时提供多种通信端口和通信机制。RTU 产品往往在设计之初就预先集成了多个通信端口，包括以太网和串口（RS232/RS485）。这些端口满足远程和本地的不同通信要求，包括与中心站建立通信，与智能设备（流量计、报警设备等）以及就地显示单元和终端调试设备建立通信。通信协议多采用 Modbus RTU、Modbus ASCII、Modbus TCP/IP、DNP3 等标准协议，具有广泛的兼容性。同时通信端口具有可编程特性，支持对非标准协议的通信定制。

2）提供大容量程序和数据存储空间。从产品配置来看，早期 PLC 提供的程序和数据存储空间往往只有 6~13KB，而 RTU 可提供 1~32MB 的大容量存储空间。RTU 的一个重要的产品特征是能够在特定的存储空间连续存储/记录数据，这些数据可标记时间标签。当通信中断时 RTU 能就地记录数据，通信恢复后可补传和恢复数据。

3）高度集成的、更紧凑的模块化结构设计。紧凑的、小型化的产品设计简化了系统集成工作，适合无人值守站或室外应用的安装。高度集成的电路设计增加了产品的可靠性，同时具有低功耗特性，简化了备用供电电路的设计。

4）更适应恶劣环境应用的品质。PLC 要求环境温度在 0~55℃，安装时不能放在发热量大的元器件下面，四周通风散热的空间应足够大。为了保证 PLC 的绝缘性能，空气的相对湿度应小于 85%（无凝露），否则会导致 PLC 部件的故障率提高，甚至损坏。RTU 产品就是为适应恶劣环境而设计的，通常产品的设计工作环境温度为 -40℃~60℃。某些产品具有 DNV（船级社）等认证，适合船舶、海上平台等潮湿环境应用。

RTU 产品有鲜明的行业特性，不同行业产品在功能和配置上有很大的不同。RTU 最主要应用在电力系统，在其他需要遥测、遥控的应用领域也得到了应用，如在油田、油气输送、水利等行业，RTU 也有一定的使用。图 1-8a 所示为在油田监控等领域用的 RTU，图 1-8b 所示为电力系统常用的 RTU。

a) 油田监控领域常用一体化与模块式的RTU　　　　　　　　　　　　b) 电力系统常用的RTU

图 1-8　不同行业常用的 RTU

在电力自动化中，还有更加专门的现场终端设备，包括馈线终端设备（FTU）、配变终端设备（TTU）和开闭所终端设备（DTU）。

FTU 是装设在馈线开关旁的开关监控装置。这些馈线开关指的是户外的柱上开关，例如 10kV 线路上的断路器、负荷开关、分段开关等。一般来说，1 台 FTU 要求能监控 1 台柱上开关，主要原因是柱上开关大多分散安装，若遇同杆架设的情况，这时可以 1 台 FTU 监控两个柱上开关。

TTU 监测并记录配电变压器运行工况，根据低压侧三相电压、电流的采样值，每隔 1～2min 计算一次电压有效值、电流有效值、有功功率、无功功率、功率因数、有功电能、无功电能等运行参数，记录并保存一段时间（一周或一个月）上述数组的整点值，电压、电流的最大值、最小值及其出现时间，供电中断时间及恢复时间。配网主站通过通信系统定时读取 TTU 测量值及历史记录。TTU 构成与 FTU 类似，由于只有数据采集、记录与通信功能，而无控制功能，所以结构要简单得多。

DTU 一般安装在常规的开闭所（站）、户外小型开闭所、环网柜、小型变电站、箱式变电站等处，完成对开关设备的位置信号、电压、电流、有功功率、无功功率、功率因数、电能量等数据的采集与计算，对开关进行分合闸操作，实现对馈线开关的故障识别、隔离和对非故障区间的恢复供电。部分 DTU 还具备保护和备用电源自动投入的功能。

4. 总线式工控机

随着计算机设计的日益科学化、标准化与模块化，一种总线系统和开放式体系结构的概念应运而生。总线即是一组信号线的集合，一种传送规定信息的公共通道。它定义了各引线的信号特性、电气特性和机械特性。按照这种统一的总线标准，计算机厂家可设计制造出若干具有某种通用功能的模板，而系统设计人员则根据不同的生产过程，选用相应的功能模板组合成自己所需的计算机控制系统。

这种采用总线技术研制生产的计算机控制系统就称为总线式工控机。图 1-9 为典型工业控制计算机的主板和主机，在一块无源的并行底板总线上，插接多个功能模板。除了构成计算机基本系统的 CPU、RAM/ROM 和人机接口板外，还有 A/D、D/A、DI、DO 等数百种工业

图 1-9　典型工业控制计算机的主板与主机

I/O。其中的接口和通信接口板可供选择，其选用的各个模板彼此通过总线相连，均由 CPU 通过总线直接控制数据的传送和处理。

这种系统结构具有的开放性方便了用户的选用，从而大大提高了系统的通用性、灵活性和扩展性。而模板结构的小型化，使之机械强度好，抗振动能力强；模板功能的单一，则便于对系统故障进行诊断与维修；模板的线路设计布局合理，即由总线缓冲模块到功能模块，再到 I/O 驱动输出模块，使信号流向基本为直线，因此大大提高了系统的可靠性和可维护性。另外，在结构配置上还采取了许多措施，如密封机箱正压送风、使用工业电源、带有 Watchdog 系统支持板等。

总线式工控机具有小型化、模板化、组合化、标准化的设计特点，能够满足不同层次、不同控制对象的需要，又能在恶劣的工业环境中可靠地运行，因而其应用极为广泛。我国工控领域总线式工控机主要有 3 种系列：Z80 系列、8088/86 系列和单片机系列。

5. 专用控制器

随着微电子技术与超大规模集成技术的发展，计算机技术的另一个分支——超小型化的单片微型计算机（Sing Chip Microcomputer，简称单片机）诞生了。它抛开了以通用微处理器为核心构成计算机的模式，充分考虑到控制的需要，将 CPU、存储器、串并行 I/O 接口、定时/计数器，甚至 A/D 转换器、脉宽调制器、图形控制器等功能部件全都集成在一块大规模集成

电路芯片上，构成了一个完整的具有相当控制功能的微控制器，也称片上系统（SoC）。

除了单片机，以 ARM（Advanced RISC Machine）架构为代表的精简指令集（RISC）处理器以及 DSP、FPGA 等微型控制与信号处理设备发展也十分迅速。基于单片机、ARM、DSP 和 FPGA 开发的专用控制器不仅在各类工业生产、电网、仪器仪表、机器人、军事装备、航空航天、高铁等领域得到了极为广泛的应用，在消费类电子产品，如家用电器、移动通信、多媒体设备、电子游戏上也得到了大量应用。与通用控制器相比，专用控制器通常面向特种行业或设备，属于定制开发产品。

6. 安全控制器

不同的应用场合发生事故后其后果不一样，一般通过对所有事件发生的可能性与后果的严重程度及其他安全措施的有效性进行定性的评估，从而确定适当的安全度等级。目前，IEC-61508—2010 将过程安全所需要的安全完整性水平划分为 4 级，从低到高为 SIL1~SIL4。为了实现上述一定的安全完整性水平，需要使用安全仪表系统（Safety Instrumentation System，SIS），该系统也称为安全联锁系统（Safety Interlocking System）。该系统是常规控制系统之外的侧重功能安全的系统，可保证生产的正常运转、事故安全联锁。安全仪表系统包括传感器、逻辑运算器和最终执行元件，即检测单元、控制单元和执行单元。SIS 可以监测生产过程中出现的或者潜伏的危险，发出告警信息或直接执行预定程序，防止事故的发生，或降低事故带来的危害及其影响。安全仪表系统的核心是安全控制器，在实际的应用中，既可以采用独立的控制单元，也可以采用集成的安全控制方式。

罗克韦尔自动化 GuardLogix 集成安全控制系统具有标准 ControlLogix 系统的优点，并提供了支持 SIL 3 安全应用项目的安全功能，如图 1-10 所示。GuardLogix 安全控制器提供了集成安全控制、离散控制、运动控制、驱动控制和过程控制功能，并且可无缝连接到工厂范围信息系

图 1-10　罗克韦尔自动化的 GuardLogix 集成安全控制系统（图中深色为安全控制器）

统。使用 EtherNet/IP 或 ControlNet 网络，可实现 GuardLogix 控制器之间的安全互锁，还可通过 EtherNet/IP 或 DeviceNet 网络连接现场设备。

1.2　工业控制系统的分类与发展

1.2.1　生产加工行业分类及其对应的工业控制系统

由于不同行业都在使用自动化技术解决其自动化问题，而不同行业的生产加工有不同的特点，对控制设备的要求也有所不同，进而产生了不同的工业控制系统结构以及解决方案。以制造业为例，根据制造业加工生产的特点，主要可以分为离散制造业、流程工业和兼具连续与离散特点的间歇过程（如制药、食品、饮料和精细化工等）。

通常，工业界将离散制造业控制系统称作工厂自动化（Factory Automaiton，FA），将流程工业控制系统称作工业自动化或过程自动化（Process Automation，PA）。工厂自动化的典型结构是将各种加工自动化设备和柔性生产线连接起来，配合计算机辅助设计（CAD）和

计算机辅助制造（CAM）系统，在中央计算机统一管理下协调工作，使整个工厂生产实现综合自动化。而工业自动化系统则是对连续生产过程进行分散控制、集中管理和调度，在保证被控变量在设定值附近的前提下，实现生产流程的稳定、优化、安全和绿色运行，为企业创造最大的效益。

工业控制领域公司众多，像西门子、ABB、施耐德、通用电气等这样的大型自动化公司，其业务一般覆盖工厂自动化和工业自动化；而三菱电机、发那科、台达等公司，其业务主要是工厂自动化；艾默生过程管理、霍尼韦尔、横河电机、浙大中控等公司主要业务是工业自动化。本书的工业控制系统泛指这两类系统。而一些小的自动化公司则是面向特定行业或生产某类自动化软硬件设备。

除了工业系统，还存在水和污水、电力、燃气等公共设施，隧道、公路、桥梁、码头等交通基础设施；邮电机房、电信基站等通信基础设施；地铁、道路信号、铁路等交通运输设施；仓储、物流等服务型行业。这些行业大量使用各类控制系统。这类被控对象通常具有测控点分散的特性，很多使用专有的控制设备。但从控制系统结构和功能看，属于监控与数据采集（SCADA）系统。相关内容见 1.3.2 节。

1. 离散制造业及其特点

典型的离散制造业主要从事单件，批量生产，适合于面向订单的生产组织方式。其主要特点是原料或产品是离散的，即以个、件、批、包、捆等作为单位，多以固态形式存在。代表行业是机械加工、电子元器件制造、汽车、服装、家电和电器、家具、烟草、五金、医疗设备、玩具、建材及物流等。

离散制造业的主要特点是：

1）离散制造企业生产周期较长，产品结构复杂，工艺路线和设备配置非常灵活，临时插单现象多，零部件种类繁多。

2）面向订单的离散制造业的生产设备布置不是按产品而通常按照工艺进行布置的。

3）所用的原材料和外购件具有确定的规格，最终产品是由固定个数的零件或部件组成，形成非常明确和固定的数量关系。

4）通过加工或装配过程实现产品增值，整个过程不同阶段产生若干独立完整的部件、组件和产品。

5）因产品的种类变化多，非标产品较多，要求设备和操作人员必须有足够灵活的适应能力。

6）通常情况下，由于生产过程可分离，订单的响应周期较长，辅助时间较多。

7）物料从一个工作地到另一个工作地的转移主要使用机器传动。

由于离散制造业的上述生产特点，其控制系统也具有下述特点：

1）检测的参数多数为数字量，模拟量主要是电类信号和位移、速度和加速度等；执行机构多是变频器及伺服机构等；控制方式多表现为逻辑与顺序控制。

2）工厂自动化被控对象通常时间常数比较小，属于快速系统，其控制回路数据采集和控制周期通常小于1ms，因此，用于运动控制的现场总线其数据实时传输的响应时间在几百微秒。

3）在单元级设备大量使用数控机床，运动控制器广泛使用，PLC是使用广泛的通用控制器。

4）生产多在室内进行，现场电磁干扰、粉尘、振动等干扰多。

2. 流程工业及其特点

流程工业一般是指通过物理上的混合、分离、成型或化学反应使原材料增值的行业，其重要特点是物料在生产过程多是连续流动的，常常通过管道进行各工序之间的传递，介质多为气体、液体或气液混合。流程工业具有工艺过程相对固定、产品规格较少、批量较大等特点。流程工业典型行业有石油、化工、冶金、发电、造纸和建材等。

流程工业的主要特点是：

1）设备产能固定，计划的制定相对简单，常以日产量的方式下达，计划也相对稳定。

2）对配方管理要求很高，但不像离散制造业有准确的 BOM。

3）工艺固定，按工艺路线安排工作中心。工作中心是专门生产有限的、相似的产品，工具和设备为专门的产品而设计，专业化特色较显著。

4）生产过程中常常出现联产品、副产品、等级品。

5）流程工业通常流程长，生产单元和生产关联度高。

6）石油、化工等生产过程多具有高温、高压、易燃、易爆等特点。

由于流程工业的上述生产特点，其控制系统也具有下述特点：

1）检测的参数为温度、压力、液位、流量及分析参数等模拟量，执行机构多是调节阀；控制方式主要是定值控制，以克服扰动作为主要目的的。

2）流程工业被控对象通常时间常数比较大，属于慢变系统，其控制回路数据采集和控制周期通常在 100～1000ms，因此流程工业现场总线的数据传输速率也比较低。

3）生产多在室外进行，对测控设备防水、防爆等级要求较高。

4）生产过程的控制自动化程度较高，对于安全等级要求较高。该行业广泛使用集散控制系统和各类安全仪表系统。

1.2.2 离散制造业控制系统与流程工业控制系统

1. 离散制造业控制系统

（1）离散制造过程的主要控制方式——运动控制

运动控制（Motion Control）通常是指在复杂条件下将预定的控制方案、规划指令等转变成期望的机械运动，实现机械运动精确的位置控制、速度控制、加速度控制、转矩或力的控制。

运动控制器可看作控制电动机运行方式的专用控制器：如电动机在由行程开关控制交流接触器而实现电动机拖动物体向上运行达到指定位置后又向下运行，或者用时间继电器控制电动机按照一定时间规律正反转。运动控制器在机器人和数控机床领域的应用要比在专用机器中的应用更复杂。

按照使用动力源的不同，运动控制主要可分为以电动机作为动力源的电气运动控制、以气体和流体作为动力源的气液控制以及以燃料（煤、油等）作为动力源的热机运动控制等。其中电动机在现代化生产和生活中起着十分重要的作用，所以在这几种运动控制中，电气运动控制应用最为广泛。

电气运动控制是由电动机拖动发展而来的，电力拖动或电气传动是以电动机为对象的控制系统的通称。运动控制系统多种多样，但从基本结构上看，一个典型的现代运动控制系统的硬件主要由上位机、运动控制器、功率驱动装置、电动机、执行机构和传感器反馈检测装置等部分组成。

在离散制造业，主要的控制器分为专用与通用控制器。其中机床、纺织机械、橡塑机械、印刷机械和包装机械行业主要使用专用的运动控制器。而在生产流水线、组装线及其他一些工厂自动化领域，主要使用通用型的控制器，最典型的产品就是 PLC。传统的 PLC 厂商也开发了相应的运动控制模块，从而在一个 PLC 上可以集成逻辑顺序控制、运动控制及少量过程控制回路。

（2）离散制造过程的主要控制装备

1）继电器—接触器控制系统。生产机械的运动需要电动机的拖动，即电动机是拖动生产机械的主体。但电动机的起动、调速、正反转、制动等的控制需要控制系统实现。用继电器、接触器、按钮、行程开关等电器元件，按一定的接线方式组成的机电传动（电力拖动）控制系统就称为继电器—接触器控制系统。该系统结构简单、价格便宜、能够满足一般生产工艺的要求。

继电器—接触器控制系统属于典型的分立元件模拟式控制方式。在大量单体设备的控制中，特别是手动控制中被广泛使用。即便使用了 PLC 等计算机控制代替了继电器—接触器构成的逻辑控制方式，但仍然需要使用大量电器元件作为其外围辅助电路或构成手动控制。

2）专用数控系统。在离散制造业中，数控机床是最核心的加工装备，而数控系统（Numerical Control System）及相关的自动化产品主要是为数控机床配套。装备数控系统的机床大大提高了零件加工的精度、速度和效率。这种数控的工作母机是国家工业现代化的重要表征和物质基础之一。

目前，在数控技术研究应用领域主要有两大阵营：一个是以日本发那科（FANUC）和德国西门子为代表的专业数控系统厂商；另一个是以山崎马扎克（MAZAK）和德玛吉（DMG）为代表的自主开发数控系统的大型机床制造商。

数控系统是配有接口电路和伺服驱动装置的专用计算机系统，根据计算机存储器中存储的控制程序执行部分或全部数值控制功能，通过利用数字、文字和符号组成的数字指令实现一台或多台机械设备动作控制。它通常控制位置、角度、速度等机械量和一些开关量。

一般整个数控系统由三大部分组成，即控制系统、伺服系统和位置测量系统，这三者有机的结合，组成完整的闭环控制的数控系统。控制主要部件包括总线、CPU、电源、存储器、操作面板和显示屏、位控单元、PLC 逻辑控制单元以及数据输入/输出接口等。最新一代的数控系统还包括通信单元，可完成 CNC、PLC 的内部数据通信和外部网络的连接。控制系统能的按加工工件程序进行插补运算，发出控制指令到伺服驱动系统；测量系统检测机械的直线和回转运动位置、速度，并反馈到控制系统和伺服驱动系统，以修正控制指令；伺服驱动系统将来自控制系统的控制指令和测量系统的反馈信息进行比较和控制调节，控制伺服电动机，由伺服电动机驱动机械按要求运动。

3）通用型控制系统。离散制造业除了设备加工外，还存在大量的设备组装任务，如汽车组装线、家用电器组装线等。对于这类生产线的自动化控制系统，以 PLC 为代表的通用型控制器占据了垄断地位。生产线工业控制系统普遍采用 PLC 与组态软件构成上位机、下位机结构的分布式系统。根据生产流程，生产线上可以配置多个现场 PLC 站，还可配置触摸屏人机界面。在中控室配置上位机监控系统，实现全厂的监控与管理。上位机还能与工厂的 MES 及 ERP 组成大型综合自动化系统。

4）工业机器人。在现代企业的组装线上，大量使用机械臂或机器人。其典型应用包括焊接、刷漆、组装、采集和放置（例如包装、码垛和 SMT）、产品检测和测试等。这些工作的完成都要求高效性、持久性、快速性和准确性。ABB、库卡（被中国美的公司收购）、发那科和安川四大厂商是目前全球最主要的工业机器人制造商。

工业机器人由主体、驱动系统和控制系统 3 个基本部分组成。主体即机座和执行机构，包括臂部、腕部和手部，有的机器人还有行走机构。驱动系统包括动力装置和传动机构，用以使执行机构产生相应的动作。控制系统是按照输入的程序对驱动系统和执行机构发出指令信号，并进行控制。

工业机器人控制系统的主要任务就是控制工业机器人在工作空间中的运动位置、姿态和轨迹、操作顺序及动作的时间等。要求具有编程简单、软件菜单操作、友好的人机交互界面、在线操作提示和使用方便等特点。

2. 流程工业控制系统

（1）流程工业控制系统及其发展

一般认为，工业自动化的发展经历了基地式气动仪表控制系统、电动单元组合式模拟仪表控制系统、集中式数字控制系统、分散式智能仪表控制系统、集散控制系统和现场总线控制系统的发展历程。从控制设备使用看，可以分为仪表控制和计算机控制；从控制结构看，可以分为集中式控制和分散式控制；从信号类型看，可分为模拟式控制和数字式控制。

1）常规仪表控制系统。从 20 世纪 60 年代开始，工业生产的规模不断扩大，对自动化技术与装置的要求也逐步提高，流程工业开始大量采用单元组合仪表。为了满足定型、灵活、多功能等要求，还出现了组装仪表，以适应比较复杂的模拟和逻辑规律相结合的控制系统需要。随着计算机的出现，计算机数据采集、直接数字控制（DDC）及计算机监控等各种计算机控制方式运用而生，但没能成为主流。此外，传统的模拟式仪表逐步数字化、智能化和网络化。特别是各种计算机化的可编程调节器取代了传统的模拟式仪表，不仅实现了分散控制，而且以可编程的方式实现了各种简单和复杂控制策略。可编程调节器还能与上位机计算机联网，实现了集中监控和管理，大大简化了控制室的规模，提高了工厂自动化水平和管理水平，在大型流程工业中得到了广泛的应用。

2）集散控制与现场总线控制系统。随着生产规模的扩大，不仅对控制系统的 I/O 处理能力要求更高，而且随着信息量的增多，对于集中管理的要求也越来越高，控制和管理的关系也日趋密切。计算机技术、通信技术和控制技术的发展，使得开发大型分布式计算机控制系统成为可能。终于，通过通信网络连接管理计算机和现场控制站的集散控制系统（Distributed Control System，DCS）在 1975 年被研制出来。DCS 采用分散控制、集中操作、分级管理、分而自治和综合协调的设计原则，可以自下而上地分为若干级，如过程控制级、控制管理级、生产管理级和经营管理级等，满足了大规模工业生产过程对工业控制系统的需求，成为主流的工业过程控制系统。由于现场总线的发展，现场总线控制系统也被开发，并在大型流程工业中得到应用。

（2）流程工业控制系统主要仪表与装置

流程工业控制系统又称过程控制系统，主要针对连续生产过程。其基本控制回路包括控制器、执行器和检测仪表。其中控制器可以是仪表，也可以是 PLC 或 DCS 的现场控制站。执行器主要是气动调节阀和一些开关阀。检测仪表主要包括温度、压力、物位和流程等过程参数和一些成分参数。

1.2.3　工业互联网

工业互联网最早由通用电气于 2012 年提出，其目的是通过设备、传感器、互联网、大数据收集与分析等技术，改善产品质量，降低生产成本和资源消耗，最终提高企业效率。工业互联网是提升传统产业，创造新产业的重要手段。作为新一代信息通信技术与现代工业技术深度融合的产物，工业互联网成为全球新一轮产业竞争的制高点，传统的工业自动化系统结构和业务模式正进行快速转型和升级，如西门子、通用电气、ABB、施耐德等都强化数字化业务，面向智能制造需求，充分利用物联网、人工智能、大数据、云计算、边缘计算等当代先进技术，重点推进工业互联网平台建设和应用。目前，众多自动化公司、传统制造业公司和软件公司等也纷纷推出了自己的工业互联网云平台。工业互联网平台是面向制造业数字化、网络化、智能化需求，构建基于海量数据的采集、汇聚、分析和服务体系，支撑制造资源泛在连接、弹性供给、高效配置的开放式云平台。其本质是通过人、机器、产品、业务系统的泛在连接，建立面向工业大数据、管理、建模、分析的赋能使能开发环境，将工业研发设计、生产制造、经营管理等领域的知识显性化、模型化、标准化，并封装为面向监测、诊断、预测、优化、决策的各类应用服务，实现制造资源在生产制造全过程、全价值链、全生命周期的全局优化，打造泛在连接、数据驱动、软件定义、平台支撑的制造业新体系。

图 1-11 是和利时的 HiaCloud 云平台架构。该架构基于 PaaS 的工业互联网平台，通过 HiaCloud 用户构建起基于数据自动流动的状态感知、实时分析、科学决策、精准执行的闭环赋能体系，打通产品需求设计生产制造、应用服务之间的数字鸿沟，实现生产资源高效配

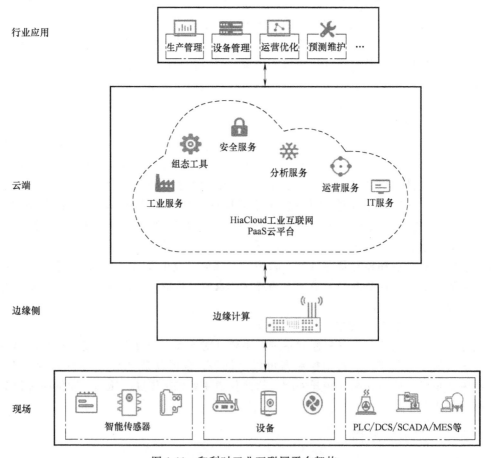

图 1-11　和利时工业互联网平台架构

置、软件敏捷开发，支撑企业持续改进和创新。HiaCloud 以模型为核心，采用事件驱动服务的方式，实现物理空间与信息空间的双向映射和交互，提供开放的工业数据、应用开发和业务运行的云平台。

1.3　典型工业控制系统

根据目前国内外文献介绍，可以将工业计算机控制系统（简称为工业控制系统）分为两大类，即集散控制系统（DCS）和监控与数据采集（SCADA）系统。由于同属于工业计算机控制系统，因此从本质上看，两种工业控制系统有许多共性的地方，当然也存在不同点。随着现场总线技术和工业以太网的发展，逐步出现了完全基于现场总线和工业以太网的现场总线控制系统（Fieldbus Control System，FCS）。传统的 DCS 和 SCADA 系统中也能更好地支持总线设备。

1.3.1　集散控制系统

集散控制系统产生于 20 世纪 70 年代末。它适用于测控点数多而集中、测控准确度高、测控速度快的工业生产过程（包括间歇生产过程）。DCS 有其自身比较统一、独立的体系结构，具有分散控制和集中管理的功能。DCS 测控功能强、运行可靠、易于扩展、组态方便、操作维护简便，但系统的价格相对较贵。目前，集散控制系统已在石油、石化、电站、冶金、建材、制药等领域得到了广泛应用，是最具有代表性的工业控制系统之一。随着企业信息化的发展，集散控制系统已成为综合自动化系统的基础信息平台，是实现综合自动化的重要保障。依托 DCS 强大的硬件和软件平台，各种先进控制、优化、故障诊断、调度等高级功能得以应用在各种工业生产过程，提高了企业效益，促进了节能降耗和减排。这些功能的实施，同时也进一步提高了 DCS 的应用水平。

DCS 产品种类较多，但从功能和结构上看总体差别不太大。图 1-12 所示为罗克韦尔自动化 PlantPAx 集散控制系统结构图。当然，由于不同行业有不同的特点以及使用要求，DCS 的应用体现出明显的行业特性，如电厂要有 DEH 和 SOE 功能；石化厂要有选择性控制；水泥厂要有大纯滞后补偿控制等。通常，一个最基本的 DCS 应包括 4 个大的组成部分：一个现场控制站、至少一个操作员站和一个工程师站（也可利用一个操作员站兼做工程师站）和一个系统网络。有些系统要求有一个可以作为操作员站的服务器。

DCS 的系统软件和应用软件组成主要依附于上述硬件。现场控制站的软件主要完成各种控制功能，包括回路控制、逻辑控制、顺序控制以及这些控制所必需的现场 I/O 处理；操作员站的软件主要完成运行操作人员所发出的各个命令的执行、图形与画面的显示、报警的处理、对现场各类检测数据的集中处理等；工程师站软件则主要完成系统的组态功能和系统运行期间的状态监视功能。按照软件运行的时间和环境，可将 DCS 软件划分为在线的运行软件和离线的应用开发工具软件两大类，其中控制站软件、操作员站软件、各种功能站的软件及工程师在线的系统状态监视软件等都是运行软件，而工程师站软件（除在线的系统状态监视软件外）则属于离线软件。实时和历史数据库是 DCS 中的重要组成部分，对整个 DCS 的性能都起着重要的作用。

目前，DCS 产品种类较多，特别是一些国产的 DCS 发展很快，在一定的领域也有较高

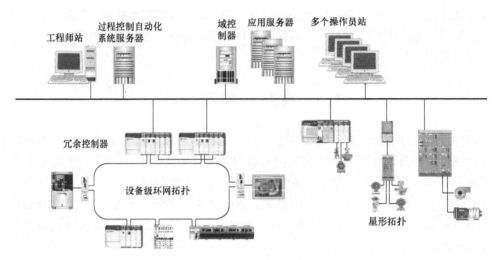

图 1-12 PlantPAx 集散控制系统结构图

的市场份额。国外的主要 DCS 产品有罗克韦尔自动化 PlantPAx、霍尼韦尔的 Experion PKS、艾默生过程管理的 DeltaV 和 Ovation、Foxboro 公司的 I/A、横河的 Centum、ABB 的 IndustrialIT 和西门子的 PCS7 等。国产 DCS 厂家主要有北京和利时、浙大中控和上海新华控制等。

　　DCS 的应用具有较为鲜明的行业特性，通常某类产品在某个行业有很大的市场占有率，而在另外的行业可能市场份额较低。如艾默生过程管理的 Ovation 主要运用在电站自动化领域，而 DeltaV 主要运用在石化工业，在该行业的主要产品还有浙大中控的 DCS 和横河的 Centum 系列产品。

1.3.2 监控与数据采集（SCADA）系统

1. SCADA 系统概述

　　SCADA 是英文 "Supervisory Control And Data Acquisition" 的简称，翻译成中文就是 "监控与数据采集"，有些文献也简略为监控系统。从其名称可以看出，其包含两个层次的基本功能：数据采集和监督控制，其中数据采集是基础。图 1-13 所示为污水处理厂 SCADA 系统结构示意图。污水处理厂除了相对集中的污水处理厂区，外围还有一些向污水厂输送污水的污水泵站，因此其控制设备分布总体较为分散，采用 SCADA 系统实现自动化是非常合理的选择。SCADA 系统也用于城市排水泵站远程监控、城市煤气管网远程监控和电力调度自动化等。

　　目前，对 SCADA 系统没有统一的定义，一般来讲，SCADA 系统特指远程分布式计算机测控系统，主要用于测控点十分分散、分布范围广泛的生产过程或设备的监控。通常情况下，测控现场是无人或少人值守。SCADA 系统综合利用了计算机技术、控制技术、通信与网络技术，完成了对测控点分散的各种过程或设备的实时数据采集，本地或远程的自动控制，以及生产过程的全面实时监控，并为安全生产、调度、管理、优化和故障诊断提供必要和完整的数据及技术支持。

2. SCADA 系统组成

　　SCADA 系统作为生产过程和事务管理自动化最为有效的计算机软硬件系统之一，它包

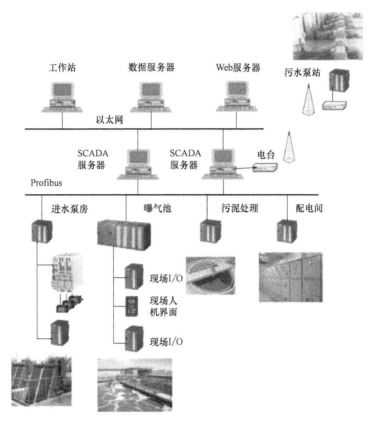

图 1-13　SCADA 系统实例——污水处理厂监控系统

含 3 个部分：第一个是分布式的数据采集系统，也就是通常所说的下位机；第二个是过程监控与管理系统，即上位机；第三个是数据通信网络，包括上位机网络系统、下位机网络以及将上、下位机系统连接的通信网络。典型的 SCADA 系统的结构如图 1-14 所示。SCADA 系统的这 3 个组成部分的功能不同，但三者的有效集成则构成了功能强大的 SCADA 系统，完成对整个过程的有效监控。SCADA 系统广泛采用"管理集中、控制分散"的集散控制思想，因此即使上、下位机通信中断，现场的测控装置仍然能正常工作，确保系统的安全和可靠运行。以下分别对这 3 个部分的组成和功能等分别做介绍。

（1）下位机系统

下位机一般来讲都是各种智能节点，这些下位机都有自己独立的系统软件和由用户开发的应用软件。该节点不仅完成数据采集功能，而且还能完成设备或过程的直接控制。这些智能采集设备与生产过程各种检测和控制设备结合，实时感知设备各种参数的状态及各种工艺参数值，并将这些状态信号转换成数字信号，通过各种通信方式将下位机信息传递到上位机系统中，并且接受上位机的监控指令。典型的下位机有远程终端单元（RTU）、PLC、近年才出现的 PAC 和智能仪表等。

（2）上位机系统（监控中心）

1）上位机系统组成。国外文献常称上位机为"SCADA Server"或 MTU（Master Terminal Unit）。上位机系统通常包括 SCADA 服务器、工程师站、操作员站、Web 服务器

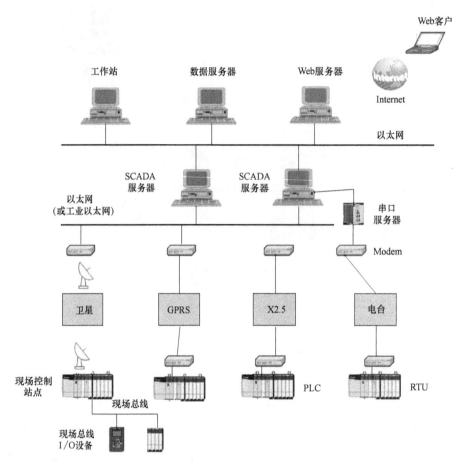

图 1-14 典型的 SCADA 系统的结构

等，这些设备通常采用以太网联网。实际的 SCADA 系统上位机系统到底如何配置还要根据系统规模和要求而定，最小的上位机系统只要有一台 PC 即可。根据可用性要求，上位机系统还可以实现冗余，即配置两台 SCADA 服务器，当一台出现故障时，系统自动切换到另外一台工作。上位机通过网络，与在测控现场的下位机通信，以各种形式，如声音、图形、报表等方式显示给用户，以达到监视的目的。同时数据经过处理后，告知用户设备的状态（报警、正常或报警恢复），这些处理后的数据可能会保存到数据库中，也可能通过网络系统传输到不同的监控平台上，还可能与别的系统（如 MIS、GIS）结合形成功能更加强大的系统；上位机还可以接受操作人员的指令，将控制信号发送到下位机中，以达到远程控制的目的。

对结构复杂的 SCADA 系统，可能包含多个上位机系统。即系统除了有一个总的监控中心外，还包括多个分监控中心。如对于西气东输监控系统这样的大型系统而言，就包含多个地区监控中心，它们分别管理一定区域的下位机。采用这种结构的好处是系统结构更加合理，任务管理更加分散，可靠性更高。每一个监控中心通常由完成不同功能的工作站组成一个局域网，工作站包括 SCADA 服务器、操作员站、工程师站、OPC 服务器、实时数据库等。

2) 上位机系统功能　通过完成不同功能计算机及相关通信设备、软件的组合，整个上位机系统可以实现如下功能。

① 数据采集和状态显示。SCADA 系统的首要功能就是数据采集，即首先通过下位机采集测控现场数据，然后上位机通过通信网络从众多的下位机中采集数据进行汇总、记录和显示。通常情况下，下位机不具有数据记录功能，只有上位机才能完整地记录和保存各种类型的数据，为各种分析和应用打下基础。上位机系统通常具有非常友好的人机界面，人机界面可以以各种图形、图像、动画、声音等方式显示设备的状态和参数信息、报警信息等。

② 远程监控。在 SCADA 系统中，上位机汇集了现场的各种测控数据，这是远程监视、控制的基础。由于上位机采集数据具有全面性和完整性，监控中心的控制管理也具有全局性，能更好地实现整个系统的合理、优化运行。特别是对许多常年无人值守的现场，远程监控是安全生产的重要保证。远程监控的实现不仅表现在管理设备的开、停及其工作方式，如手动还是自动，还可以通过修改下位机的控制参数实现对下位机运行的管理和监控。

③ 报警和报警处理。SCADA 系统上位机的报警功能对尽早发现和排除测控现场的各种故障，保证系统正常运行起着重要作用。上位机上可以以多种形式显示发生故障的名称、等级、位置、时间和报警信息的处理或应答情况。上位机系统可以同时处理和显示多点同时报警，并且对报警的应答做记录。

④ 事故追忆和趋势分析。上位机系统的运行记录数据，如报警与报警处理记录、用户管理记录、设备操作记录、重要的参数记录与过程数据的记录对分析和评价系统运行状况是必不可少的。对于预测和分析系统的故障，快速地找到事故的原因并找到恢复生产的最佳方法是十分重要的，这也是评价一个 SCADA 系统其功能强弱重要的指标之一。

⑤ 与其他应用系统的结合。工业控制的发展趋势就是管控一体化，也称为综合自动化，典型的系统架构就是 ERP/MES/PCS 三级系统结构，SCADA 系统就属于 PCS 层，是综合自动化的基础和保障。这就要求 SCADA 系统是开放的系统，可以为上层应用提供各种信息，也可以接收上层系统的调度、管理和优化控制指令，实现整个企业的优化运行。

（3）通信网络

通信网络实现 SCADA 系统的数据通信，是 SCADA 系统的重要组成部分。与一般的过程监控相比，通信网络在 SCADA 系统中扮演的作用更为重要，这主要因为 SCADA 系统监控的过程大多具有地理分散的特点，如无线通信机站系统的监控。在一个大型的 SCADA 系统，包含多种层次的网络，如设备层总线和现场总线；在控制中心有以太网；而连接上、下位机的通信形式更是多样，既有有线通信，也有无线通信，有些系统还有微波、卫星等通信方式。

3. SCADA 系统的应用

在电力系统中，SCADA 系统应用最为广泛，技术发展也最为成熟。它作为能量管理系统（EMS）的一个最主要的子系统，有着信息完整、效率高、能正确掌握系统运行状态、可加快决策、能帮助快速诊断出系统故障状态等优势，现已经成为电力调度不可缺少的工具。它对提高电网运行的可靠性、安全性与经济效益，减轻调度员的负担，实现电力调度自动化与现代化，提高调度的效率和水平发挥着不可替代的作用。电力 SCADA 系统的典型功能是实现中心调度室对发电厂和变电站进行遥测、遥信、遥调与遥控等。

SCADA 系统在油气采掘与长距离输送中占有重要的地位，系统可以对油气采掘过程、油气输送过程进行现场直接控制、远程监控、数据同步传输记录，监控管道沿线及各站控系统运行状况。在油气远距离输送中，各站场的站控系统、阀室作为管道自动控制系统的现场控制单元，除完成对所处站场的监控任务外，同时负责将有关信息传送给调度控制中心并接收和执行其下达的命令，并将所有的数据记录存储。除此基本功能外，新型的 SCADA 管道系统还具备泄漏检测、系统模拟、水击提前保护等新功能。一些重要行业的 SCADA 系统，如西气东输 SCADA 系统，在数据通信上还采取有线通信与无线通信互为备份，SCADA 调度中心与现场分中心、现场控制站的数据通信加密等。

在武广高铁上采用 SCADA 技术建立了铁路防灾系统。武广高铁全长 995km，有 10 个车站，3 个数据调度中心，分别位于武昌新火车站、长沙火车站和广州南站内。全线共设置 155 个防灾监控单元，包括两处监控数据处理设备、两处调度所监控设备。整个防灾监控系统采用贝加莱公司的 SCADA 产品。该系统实现了对远程无人值守站点、环境恶劣站点的监控。系统设有风速监测站点 109 个、雨量监测站点 51 个、异物监测站点 125 个，可以将暴风在机车运行时产生的影响，暴雨造成的潜在泥石流、路基受陷等潜在的因素以及在桥梁、隧道、山体等区段出现异物进入轨道与运行区域时，及时进行数据采集，并将上述数据上传给数据给调度中心，以便能够及时给出调整。

不同的行业在应用了 SCADA 系统后，均取得了良好的社会和经济效益，因此它获得了广泛的应用，主要应用领域有：

1）楼宇自动化——开放性能良好的 SCADA 系统可作为楼宇设备运行与管理子系统，监控房屋设施的各种设备，如门禁、电梯运营、消防系统、照明系统、空调系统、水工、备用电力系统等。

2）生产线管理——用于监控和协调生产线上各种设备正常有序的运营和产品数据的配方管理。

3）无人工作站系统——用于集中监控无人看守系统的正常运行，这种无人值班系统广泛分布在以下行业：

- 无线通信基站网。
- 邮电通信机房空调网。
- 电力系统配电网。
- 铁路系统电力系统调度网。
- 铁路系统道口，信号管理系统。
- 坝体、隧道、桥梁、机场和码头等安全监控网。
- 石油和天然气等各种管道监控管理系统。
- 地铁、铁路自动收费系统。
- 交通安全监控。
- 城市供热、供水系统监控和调度。
- 环境、天文和气象无人检测网络的管理。
- 其他各种需要实时监控的设备。

4）机械人、机件臂系统——用于监视和控制机械人的生产作业。

5）其他生产行业——如大型轮船生产运营、粮库质量和安全监测、设备维修、故障检测、高速公路流量监控和计费系统等。

1.3.3　现场总线控制系统

随着通信技术和数字技术的不断发展，逐步出现了以数字信号代替模拟信号的总线技术。1984 年，现场总线的概念得到正式提出。IEC（International Electrotechnical Commission，国际电工委员会）对现场总线（Fieldbus）的定义：现场总线是一种应用于生产现场，在现场设备之间、现场设备和控制装置之间实行双向、串形、多节点的数字通信技术。以现场总线为基础，产生了全数字的新型控制系统——现场总线控制系统。现场总线控制系统一方面突破了 DCS 采用通信专用网络的局限，采用了基于公开化、标准化的解决方案，克服了封闭系统所造成的缺陷；另一方面将 DCS 的集中与分散相结合的集散系统结构，变成了新型全分布式结构，把控制功能彻底下放到现场。现场总线控制系统具有如下显著特性。

（1）互操作性与互用性

互操作性是指实现互连设备间、系统间的信息传送与沟通，可实行点对点，一点对多点的数字通信。而互用性则意味着不同生产厂家的性能类似的设备可进行互换而实现互用。

（2）智能化与功能自治性

它将传感测量、补偿计算、工程量处理与控制等功能分散到现场设备中完成，仅靠现场设备即可完成自动控制的基本功能，并可随时诊断设备的运行状态。

（3）系统结构的高度分散性

现场设备本身具有较高的智能特性，有些设备具有控制功能，因此可以使得控制功能彻底下放到现场，现场设备之间可以组成控制回路，从根本上改变了现有 DCS 控制功能仍然相对集中的问题，实现彻底的分散控制，简化了系统结构，提高了可靠性。

（4）对现场环境的适应性

作为工厂网络底层的现场总线工作在现场设备前端，是专为在现场环境工作而设计的，它可支持双绞线、同轴电缆、光缆、射频、红外线、电力线等，具有较强的抗干扰能力，能采用两线制实现供电与通信，并可满足本质安全防爆要求等。

1.3.4　几种控制系统的比较

SCADA 系统和集散控制系统（DCS）的共同点表现在：

1）两种具有相同的系统结构。从系统结构看，两者都属于分布式计算机测控系统，普遍采用客户机/服务器模式。具有控制分散、管理集中的特点。承担现场测控的主要是现场控制站（或下位机），上位机侧重监控与管理。

2）通信网络在两种类型的控制系统中都起着重要的作用。早期 SCADA 系统和 DCS 都采用专有协议，目前更多的是采用国际标准或事实的标准协议。

3）下位机编程软件逐步采用符合 IEC 61131-3—2013 标准的编程语言，编程方式逐步趋同。

然而，SCADA 系统与 DCS 也存在不同，主要表现如下：

1）DCS 是产品的名称，也代表某种技术，而 SCADA 系统更侧重功能和集成，在市场上找不到一种公认的 SCADA 系统产品（虽然很多厂家宣称自己有类似产品）。SCADA 系统的构建更加强调集成，根据生产过程监控要求从市场上采购各种自动化产品而构造满足客户要求的系统。正因为如此，SCADA 系统的构建十分灵活，可选择的产品和解决方案也很多。

有时候也会把 SCADA 系统称为 DCS，主要是这类系统也具有控制分散、管理集中的特点。但由于 SCADA 系统的软、硬件控制设备来自多个不同的厂家，而不像 DCS 那样，主体设备来自一家 DCS 制造商，因此，把 SCADA 系统称为 DCS 并不恰当。

2）DCS 具有更加成熟和完善的体系结构，系统的可靠性等性能更有保障，而 SCADA 系统是用户集成的，因此其整体性能与用户的集成水平紧密相关，通常要低于 DCS。

3）应用程序开发有所不同。

① DCS 中的变量不需要两次定义。由于 DCS 中上位机（服务器、操作员站等）、下位机（现场控制器）软件集成度高，特别是有统一的实时数据库，因此变量只要定义一次，在控制器回路组态中就可用，在上位机人机界面等其他地方也可以用。而 SCADA 系统中同样一个 I/O 点，比如现场的一个电动机设备故障信号，在控制器中要定义一次，在组态软件中还要定义一次，同时还要求两者之间做映射（即上位机中定义的地址与控制器中存储器地址一致），否则上位机中的参数状态与控制器及现场不一致。

② DCS 具有更多的面向模拟量控制的功能块。由于 DCS 主要面向模拟量较多的应用场合，各种类型的模拟量控制较多。为了便于组态，DCS 开发环境中具有更多的面向过程控制的功能块。

③ 组态语言有所不同。DCS 编程主要是图形化的编程方式，如西门子 PCS7 用 CFC、罗克韦尔自动化的功能块图等。当然，编写顺控程序时，DCS 中也用 SFC 编程语言，这点与 SCADA 系统中的下位机编程是一样的。

④ DCS 控制器中的功能块与人机界面的面板（Faceplate）通常成对。即在控制器中组态一个 PID 回路后，在人机界面组态时可以直接根据该回路名称调用一个具有完整的 PID 功能的人机界面面板，面板中参数自动与控制回路中的一一对应，如图 1-15 所示。而 SCADA 中必须自行设计这样的面板，设计过程较为烦琐。

⑤ DCS 应用软件组态和调试时有一个统一环境，在该环境中，可以方便地进行硬件组态、网络组态、控制器应用软件组态和人机界面

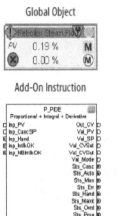
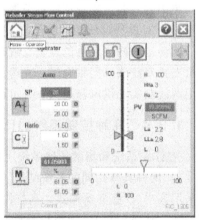

图 1-15　罗克韦尔自动化 PlantPAx 集散控制系统中的增强型 PID 功能块及其控制面板

组态及进行相关的调试。而 SCADA 系统整个功能的实现和调试相对分散。

4）应用场合不同。DCS 主要用于控制精度要求高、测控点集中的流程工业，如石油、化工、冶金、电站等工业过程。而 SCADA 系统特指远程分布式计算机测控系统，主要用于测控点十分分散、分布范围广泛的生产过程或设备的监控，通常情况下，测控现场是无人或少人值守，如移动通信基站、长距离石油输送管道的远程监控、流域水文、水情的监控、城市煤气管线的监控等。通常每个站点 I/O 点数不太多。一般来说，SCADA 系统中对现场设备的控制要求低于 DCS 中被控对象要求。有些 SCADA 应用中，只要求进行远程的数据采集

而没有现场控制要求。总之，由于历史的原因，造成了不同的控制设备各自称霸一个行业市场的现象。

SCADA 系统、DCS 与 PLC 的区别主要表现如下：

1) DCS 具有工程师站、操作员站和现场控制站，SCADA 系统具有上位机（包括SCADA 服务器和客户机）和下位机，而 PLC 组成的系统是没有上位机的，其主要功能是现场控制，常选用 PLC 作为 SCADA 系统的下位机设备，因此，可以将 PLC 看作是 SCADA 系统的一部分。PLC 也可以集成到 DCS 中，成为 DCS 的一部分。从这个角度来说，PLC 与DCS 和 SCADA 系统是不具有可比性的。

2) 系统规模不同。PLC 可以用在控制点数从几个到上万个的领域，因此其应用范围极其广泛。而 DCS 或 SCADA 系统主要用于规模较大的过程，否则其性价比就较差。此外，在顺序控制、逻辑控制与运动控制领域，PLC 使用广泛。然而，随着技术的不断发展，各种类型的控制系统相互吸收融合其他系统的特长，DCS 与 PLC 在功能上不断增强，具体地说，DCS 的逻辑控制功能不断增强，而 PLC 连续控制的功能也在不断增强，两者都广泛吸收了现场总线技术，因此它们的界限也在不断地模糊。

随着技术的不断进步，各种控制方案层出不穷，一个具体的工业控制问题可以有不同的解决方案。但总体上来说，还是遵循传统的思路，即在制造业的控制中，还是首选 PLC 或SCADA 系统解决方案，而过程控制系统首选 DCS。对于监控点十分分散的控制过程，多数还是会选 SCADA 系统，只是随着应用的不同，下位机的选择会有不同。当然，由于控制技术的不断融合，在实际应用中，有些控制系统的选型还是具有一定的灵活性。以大型的污水处理工程为例，由于它包括污水管网、泵站、污水处理厂等，在地域上较为分散，检测与控制点绝大多数为数字量 I/O，模拟量 I/O 数量远远少于数字量 I/O，控制要求也没有化工生产过程那么严格，因此多数情况下还是选用 SCADA 系统，而下位机多采用 PLC，通信系统采用有线与无线相结合的解决方案。当然，在国内，采用 DCS 作为污水处理厂计算机控制系统主控设备也是有的。但是，远程泵站与污水处理厂之间的距离通常会比较远，且比较分散，还是会选用 PLC 作为现场控制，泵站 PLC 与厂区 DCS 之间通过电话线通信或无线通信，而这种通信方式主要用在 SCADA 系统，在 DCS 中是比较少的。因此，污水处理过程控制具有更多 SCADA 系统的特性，这也是国内外污水处理厂的控制普遍采用 SCADA 系统而较少采用 DCS 的原因之一。

1.4　PLC 概述

1.4.1　PLC 的产生与发展

1. PLC 的产生

在工业设备或生产过程中，存在大量的开关量顺序控制问题，它们要求按照逻辑条件进行顺序动作，在异常情况下，可以根据逻辑关系进行联锁保护。传统上，这些功能是通过气动或电气控制系统实现的。其中典型的电气控制系统是由导线、继电器、接触器及各种主令元件等按照一定的逻辑关系通过硬接线的方式组成的。这类系统的主要问题是难于实现复杂逻辑控制，不适应柔性生产的需要，可靠性差，维护复杂。随着现代制造业的快速发展，市场竞争的日趋激烈，产品更新换代步伐的加快，这种传统的控制方式已经远远不能满足企业需求。另一方面，在20世纪60年代出现了半导体逻辑器件，特别是随着大规模集成电路和计算机技术的快速发展，为开发和制造一种新型的控制装置取代传统的继电器—接触器控制系统打下了基础。1968年美国通用汽车公司（GM）向全世界发出了研制新型逻辑顺序控制装置的标书，这些指标条件主要是：

1）在工厂里，能以最短的中断服务时间，迅速而方便地对其控制的硬件和（或）设备进行编程及重新进行程序设计。

2）所有的系统器件必须能够在工厂无特殊支持的设备、硬件及环境条件下运行。

3）系统维修必须简单易行。在系统中应设计有状态指示器及插入式模块，以便在最短的停车时间内使维修和故障诊断工作变得简单易行。

4）装置占用的空间必须比它所代替的继电器控制系统占用的空间小。此外，与现有的继电器控制系统相比，该新型控制装置的能耗也应该少。

5）该新型控制装置必须能够与中央数据收集处理系统进行通信，以便监测系统的运行状态及运行情况。

6）输入开关量可以是已有的标准控制系统的按钮和限位开关的交流115V电压信号（美国电网电压）。

7）输出信号必须能够驱动交流运行的电动机起动器及电磁阀线圈，每个输出量将设计为可起停和连续操纵具有115V、2A以下容量的负载。

8）具有灵活的扩展能力，在扩展时，必须能以系统最小的变动及在最短的更换和停机时间内，将系统的最小配置扩展到系统的最大配置。

9）在购买及安装费用上，新型的控制装置与现行使用的继电器和固态逻辑系统相比，应更具竞争力。

10）新型的控制装置的用户存储容量至少可以扩展到4KB的容量。

上述10条要求可以归纳为以下几点：

1）控制功能通过软件实现，从而可以方便对系统功能的修改及系统规模的扩展。这一点是新型控制装置最核心的特征，它也标志着以数字控制系统取代模拟控制系统，实现制造业控制方式的一场革命。

2）适应工业现场环境，易于安装、使用、替换和维护。

3）驱动能力强，可靠性高。

4）方便与其他智能设备、管理系统进行数字通信。

5）性价比高。

1969年美国数字设备公司（DEC，该公司后被COMPAQ收购）根据该技术要求，开发了首台PLC PDP-14，并在通用汽车的生产线上获得成功应用，宣告了一种新型的数字控制设备的产生。其后，美国Modicon公司也推出了同名的084控制器。1971年日本研制出型号为DCS-8第一台PLC；德国于1973年研制出其第一台PLC。我国于1977年研制出第一台具有实用价值的PLC。在PLC的发展历史上，日本、德国和美国等西方国家是PLC产品主要的生产和制造强国，这也与这些国家是世界制造业的强国相适应。

2. PLC的定义

PLC是指以计算机技术为基础的新型数字化工业控制装置。1987年2月国际电工委员会（IEC）在其颁布的 PLC 标准草案的第三稿中对 PLC 做了如下定义：

PLC 是一种专门为在工业环境下应用而设计的数字运算操作的电子装置。它采用一类可编程的存储器，用于存储其内部程序，执行逻辑运算，顺序运算，定时、计数与算术操作等面向用户的指令，并通过数字或模拟式的输入/输出控制各种类型的机械或生产过程。PLC 及其相关外部设备都应该按易于与工业控制系统形成一个整体、易于扩展其功能的原则而设计。

由于 PLC 是一类数字化的智能控制设备，因此相对于传统的模拟式控制，它有了软件系统，该软件系统包括系统软件与应用软件。系统软件是由 PLC 生产厂家编写并固化到只读式存储器（ROM）中的，用户不能访问，它主要控制 PLC 完成各种功能的程序。而用户程序是用户根据设备或生产过程的控制要求编写的程序。该程序可以写入到 PLC 的随机存储器（RAM）中。用户可以通过在线或离线方式修改、补充该程序，并且可以启停应用程序。

与现有的数字控制设备或系统（如集中式计算机控制系统、集散控制系统及新型嵌入式控制系统）相比，PLC 具有如下特点：

（1）PLC 的产品类型更加丰富

PLC 覆盖从几个 I/O 点的微型系统到具有上万点的大型控制系统，这种特性决定了 PLC 应用领域的广泛性，从单体设备到大型流水线的控制无不可以采用 PLC。特别是各种经济的超小型、微型 PLC，其最小配置 8~16 个 I/O 点，可以很好地满足小型设备的控制需要，这是其他类型控制系统很难做到的。采用各种板卡加计算机的控制方式，其 I/O 的数量通常较少，不适用于大系统，且其可靠性也比 PLC 控制系统差。集散控制系统只有在中、大型应用中才能体现其性价比，通常 I/O 点数小于 300 的生产过程较少使用集散控制系统。

（2）主要应用在制造业

由于 PLC 产生于制造业，因此其主要的应用领域还是在生产线及机械设备上。集散控制系统主要用于流程工业的非安全控制，但其安全控制（联锁控制、紧急停车系统）会使用安全 PLC。虽然近年来，PLC 与 DCS 分别扩展它们的模拟量控制能力和逻辑控制功能，但由于历史的传承，这两类控制装置的主流应用领域与它们产生时还是没有太大区别。

（3）PLC 控制系统的开放性比较差

开放性差是 PLC 控制系统的软肋，即使同一个厂家不同系列的 PLC 产品，软、硬件也不是直接兼容。而计算机控制系统中，操作系统软件以 Windows 系列为主，有大量的应用软件资源。系统的硬件设备也是通用的。当然，集散控制系统的开放性也较差。

（4）编程语言的不同

PLC 的产生目的是要替代继电器—接触器控制等传统控制系统，这就要求 PLC 的编程语言也要为广大的电气工程师接受，因而与电气控制原理图有一定相似性的梯形图编程语言成为 PLC 应用程序开发最主要的编程语言。此外，还有一些专为 PLC 编程而开发的图形或文本编程语言。这些编程语言相对来说比较容易学习和使用，但灵活性不如高级编程语言。而计算机控制系统中，常使用诸如 C 语言之类的高级程序语言，虽然这类语言更容易实现复杂功能，但对编程人员的要求也更高，而且应用软件的稳定性与编程人员的水平密切相关。DCS 的组态主要采用图形化的编程语言，如连续功能块图等。

（5）软、硬件资源的局限性

与计算机控制系统相比，PLC 中采用的 CPU 及存储设备等其速度和处理能力要远远低于工控机等通用计算机系统。不同的 PLC 产品其操作系统的各异性决定了 PLC 应用软件的局限性，因为专门为一款 PLC 开发的应用程序是没有办法被其他的 PLC 用户所共享的，其他的 PLC 用户只能根据该软件的开发思想用其支持的编程语言重新开发。

3. PLC 的发展

在 PLC 产生之初，由于当时的元器件条件及计算机发展水平的限制，多数 PLC 主要由分立元件和中小规模集成电路组成，只能完成简单的逻辑控制及定时、计数功能。20 世纪 70 年代初微处理器出现后，被很快引入到 PLC 中，使 PLC 增加了运算、数据传送及处理等功能，成为真正具有计算机特征的工业数字控制装置。

20 世纪 70 年代中末期，PLC 进入实用化发展阶段，计算机技术已全面引入 PLC 中，使其功能发生了飞跃。更高的运算速度、更小的体积、更可靠的工业抗干扰设计、模拟量运算、PID 功能及极高的性价比奠定了它在现代工业中的地位。20 世纪 80 年代初，PLC 在先进工业国家中已获得广泛应用。这个时期的 PLC 发展的特点是大规模、高速度、高性能和产品系列化。这个阶段的另一个特点是世界上生产 PLC 的国家日益增多，产量日益上升。这标志着 PLC 已步入成熟阶段。

20 世纪 80 年代至 90 年代中期，是 PLC 发展最快的时期，年增长率一直保持为 30% ~ 40%。在这时期，PLC 在处理模拟量能力、数字运算能力、人机接口能力和网络能力方面得到大幅度提高，PLC 逐渐进入过程控制领域，在某些应用上取代了过程控制领域处于统治地位的 DCS。

20 世纪末期，PLC 的发展特点是更加适应于现代工业的需要。从控制规模上来说，这个时期发展了大型机和超小型机；从控制能力上来说，诞生了各种各样的特殊功能单元，用于压力、温度、转速、位移、称重等各式各样的控制场合；从产品的配套能力来说，产生了各种人机界面单元、通信单元，使应用 PLC 的工业控制设备的配套更加容易。目前，PLC 在机械制造、家电制造、油气采输、冶金钢铁、汽车、轻工业等领域的应用都得到了长足的发展。

我国 PLC 的引进、应用、研制、生产是伴随着改革开放开始的。最初是在引进设备中大量使用了 PLC，然后逐步在各种企业的生产设备及产品中不断应用。目前，我国已可以生产大型、中、小型 PLC，但目前市场占有率还比较低。

在 21 世纪，由于计算机软、硬件技术及通信技术、现场总线技术、嵌入式系统等快速发展，为 PLC 的发展提供了极大的技术支撑。PLC 的未来发展主要会体现在以下几个方面：

（1）处理速度更快

现代化的工业生产对控制设备提出了更高的要求，如在许多伺服控制中，要求响应时间短于 0.1ms，这就要求 PLC 具有更高的处理速度。目前，有的 PLC 的扫描速度可以达到 0.1ms/k 步左右。

（2）联网能力更强

加强 PLC 联网通信的能力，是 PLC 技术进步的潮流。PLC 的联网通信有两类：一类是 PLC 之间联网通信，各 PLC 生产厂家都有自己的专用联网手段；另一类是 PLC 与计算机之间的联网通信，一般 PLC 都有专用通信模块与计算机通信。为了加强联网通信能力，PLC 生产厂家之间也在协商制订通用的通信标准，以构成更大的网络系统，PLC 已成为集散控制系统不可缺少的重要组成部分。

正是由于 PLC 联网能力的增强，才导致大型 PLC 市场的萎缩。以往采用一台大型 PLC 进行集中控制的方案被多台联网的中型 PLC 方案所代替。这种解决方案在技术上更加可靠，同时系统造价也降低。

（3）模拟控制功能的增强

虽然传统上 PLC 主要用于逻辑与顺序控制，但近些年来，PLC 在模拟量处理能力上不断增强，其在模拟量回路调节能力不断增强，处理的回路数也不断增加。有些型号的 PLC，可以在机架上再配置过程控制 CPU 模块，如三菱电机的 Q 系列和罗克韦尔自动化的 Control-Logix 系统等，这样在传统的逻辑控制基础上，还可以更好地满足过程控制的需要。此外，PLC 运动控制功能也越来越强。

（4）功能单元更丰富

为满足各种自动化控制系统的要求，近年来各种功能单元模块被开发出来，如高速计数模块、温度控制模块、远程 I/O 模块、通信和人机接口模块等。这些带 CPU 和存储器的智能 I/O 模块，提高了 PLC 的处理能力，也方便了安装和使用，降低了用户的成本。

（5）增强了外部故障的检测与处理能力

根据统计资料表明：在 PLC 控制系统的故障中，CPU 占 5%，I/O 接口占 15%，输入设备占 45%，输出设备占 30%，线路占 5%。前二项共 20% 的故障属于 PLC 的内部故障，它可通过 PLC 本身的软、硬件实现检测、处理；而其余 80% 的故障属于 PLC 的外部故障。因此，PLC 生产厂家都致力于研制、发展用于检测外部故障的专用智能模块，进一步提高系统的可靠性。

（6）编程语言标准化

PLC 的发展过程也是 PLC 的兼容性越来越差的过程，硬件的兼容性几乎不存在，而应用软件也很难移植。在 PLC 的应用中，编程语言的不统一给用户和开发人员都带来了极大的不便，造成了应用软件开发、维护成本高。随着 IEC 61131-3—2013 标准的推出，PLC 编程语言的标准化也是大势所趋。

1.4.2　PLC 的工作原理

1. 循环扫描工作方式

PLC 采用独特的循环扫描技术来工作。当 PLC 投入运行后，其工作过程一般分为 3 个阶段，即输入采样、用户程序执行和输出刷新 3 个阶段。整个过程执行一次所需要的时间称为扫描周期。在整个运行（RUN）期间，PLC 的 CPU 以一定的扫描速度重复执行上述 3 个阶段，如图 1-16 所示。

（1）输入采样阶段

在输入采样阶段，PLC 以扫描方式依次读入所有输入状态和数据，并将它们存入输入映象区相应的单元内。输入采样结束后，转入用户程序执行和输出刷新阶段。在这两个阶段中，即使输入状态和数据发生变化，输入映象区中相应单元的状态和数据也不会改变，只有在下一个扫描周期才可能将该状态读入。因此，如果输入的是脉冲信号，则该脉冲信号的宽度必须大于一个扫描周期，才能保证在任何情况下，该输入均能被读入。

（2）用户程序执行阶段

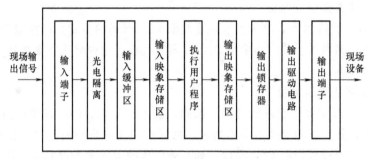

图 1-16　PLC 运行时的扫描工作过程

在用户程序执行阶段，PLC 总是按自上而下的顺序依次扫描用户程序。以梯形图程序为例，在扫描每一条指令时，又总是先扫描梯形图左边的由各触点构成的控制线路，并按先左后右、先上后下的顺序对由触点构成的控制线路进行逻辑运算，然后根据逻辑运算的结果，刷新该逻辑线圈在系统 RAM 存储区中对应位的状态（即内部寄存器变量）；或者刷新该输出线圈输出映象区中对应位的状态（即输出变量）。在用户程序执行过程中，输入点在输入映象区内的状态和数据不会发生变化，而其他输出点和软设备在输出映象区或系统 RAM 存储区内的状态和数据都有可能发生变化，而且排在上面的梯形图，其程序执行结果会对排在下面的凡是用到这些线圈或数据的梯形图起作用；相反，排在下面的梯形图，其被刷新的逻辑线圈的状态或数据只能到下一个扫描周期才能对排在其上面的程序起作用。因此，在梯形图程序中，双线圈输出通常是被禁止的。当然在顺序功能图中，同一个输出是可以反复在动作中使用的。

（3）输出刷新阶段

当扫描用户程序结束后，PLC 就进入输出刷新阶段。在此期间，CPU 按照输出映象区内对应的状态和数据刷新所有的输出锁存电路，再经输出电路驱动相应的执行设备，从而改变被控过程的状态。

实际上，PLC 在工作中，除了执行上面与用户程序有关的 3 步外，还要处理一些其他任务，包括运行监控、外设服务及通信处理等。运行监控是通过设置一个俗称"看门狗"（Watchdog）的系统监视定时器实现的，它监视扫描时间是否超过规定的时间。正常情况下，PLC 在每个扫描周期都对该系统监视定时器进行复位操作。当程序出现异常或系统故障时，PLC 就可能在一个扫描周期内对该定时器复位，而当定时器达到计时设定值时，就会发出报警信号，停止 PLC 的执行。当然，PLC 的故障或报警信号类型很多，并不是只要有故障 PLC 就立即停止运行。可以配置 PLC 的运行参数，当出现非严重故障时，可以只发出报警信号而不停止 PLC 的运行。外设服务是让 PLC 可接受编程器对它的操作，或通过接口向输出设备（如打印机）输出数据。通信处理是实现 PLC 与 PLC，或 PLC 与计算机，或 PLC 与其他工业控制装置或智能部件间信息交换的。

实际上，PLC 的扫描周期还包括自诊断和通信等，因此一个扫描周期等于自诊断、通信、输入处理、用户程序执行、输出刷新等所有时间的总和。当 PLC 的 CPU 在停止（STOP）状态时，只执行自诊断和通信服务（有些产品可以定义在 STOP 状态时执行的任务）。

正因为如此，PLC 的工作速度（或扫描时间）成为衡量 PLC 性能的一个重要参数。

CPU 速度越快、执行指令时间越短，PLC 的任务处理能力就越强，系统实时性就越高。目前，小型 PLC 执行一条指令在几微秒到几十微秒之间，而中大型 PLC 可以做到零点几到/或零点零几微秒。

2. 中断工作方式

显然，PLC 的循环扫描工作方式是有一定不足的，即在输入扫描后，系统对新的输入状态的变化缺乏足够的快速响应能力。为了提高 PLC 对这类事件的处理能力，一些中型 PLC 在以扫描方式为主要的程序处理方式的基础上，又增加了中断方式。其基本原理与计算机中断处理过程类似。当有中断请求时，操作系统中断目前的处理任务转向执行中断处理程序。待中断程序处理完毕后，又返回运行原来程序。当有多个中断请求时，系统会按照中断的优先级进行排队后顺序处理。

PLC 的中断处理方法如下：

1）外部输入中断——设置 PLC 部分输入点作为外部输入中断源，当外部输入信号发生变化后，PLC 立即停止执行，转向执行中断程序。对于这种中断处理方式，要求将输入端设置为中断非屏蔽状态。

2）外部计数器中断——即 PLC 对外部的输入信号进行计数，当计数值达到预定值时，系统转向执行中断处理程序。

3）定时器中断——当定时器的定时值达到预定值时，系统转向处理中断程序。

PLC 对中断程序的执行只有在中断请求被接受时才执行一次，而用户程序在每个扫描周期都要被执行。

1.4.3　PLC 的功能特点

PLC 之所以得到快速的发展和广泛的应用，是与其如下特点分不开的。

（1）可靠性高，抗干扰能力强

只有具有高运行可靠性和强抗干扰能力的产品才能被接受和广泛应用，这与工业生产过程"安全至上"的原则是一致的。PLC 在设计、生产和制造上采用了许多先进技术，以适应恶劣的工作环境，确保长期、可靠、稳定与安全运行。如采用了现代大规模集成电路技术，采用了严格的生产工艺制造，在软、硬件等多个环节都采取了先进的抗干扰技术，因而具有很高的可靠性。例如一些安全型 PLC 平均无故障时间高达 100 万小时，而使用冗余 CPU 的 PLC 的平均无故障工作时间则更长。与传统继电器-接触器控制系统相比，PLC 应用系统中各种节点数大量减少。另外，PLC 还带有多层次的故障检测与报警功能，出现故障时可及时发出报警信息，这些报警信息保存在相应的数据寄存器中，上位机可以显示该信息，也可利用该信息驱动外部报警设备。除了系统具有的故障检测与报警功能外，用户在设计应用软件时，也可以编写专门的处理设备或过程保护与故障诊断程序。通过这两个方面的工作，可以使整个系统具有极高的可靠性。

（2）产品丰富，适用面广

没有一种控制器有 PLC 这么丰富的产品及相应的配套外围设备可供用户选择。从系统规模看，大、中、小、微型的 PLC 产品可以满足各种规模的应用要求，控制系统 I/O 点数可以从几点到几万点。从系统功能看，除了传统的逻辑和顺序控制外，现代 PLC 大多具有较强的数学运算能力，可用于各种模拟量控制领域。近年来出现了各种面向特定应用的功能模块，如运动控制、温度控制、称重等极大地扩展了 PLC 的应用范围。大量的配套设备，如各种人机界面（触摸屏）等，可与 PLC 组成各种满足工业现场使用的控制系统。

（3）易操作性

PLC 的易操作性表现在多个方面。从安装来看，非常适合与各种电器配套使用。从编程来看，编程语言丰富多样，易于为工程技术人员接受。从系统功能的修改看，只要修改应用软件，就可以实现功能的改变。从扩展性能看，它可以根据系统的规模不断地扩展，既可以作为主控设备，也可以作为辅控系统与 DCS 等协同工作。

（4）易于实现机电一体化

现代的 PLC 产品体积小、功能强、抗干扰性好，很容易装入机械内部，与仪表、计算机、电气设备等组成机电一体化系统。

1.4.4　PLC 的应用

PLC 是因为工厂自动化的需要而产生的，因此传统上通过气动或电气控制系统实现的大量逻辑控制系统很快被 PLC 所取代，并且该领域一直是 PLC 的最主要的应用领域。PLC 的发展，一直是在适应处理大量的离散量的逻辑与顺序控制。随着网络化技术的普及和现场总线的发展，PLC 的应用从单机控制扩展到网络化控制系统，控制规模从设备级到车间级和厂级。随着 PLC 功能的不断增强和产品的不断丰富，其应用领域也从传统的机械、汽车、轻工、电子扩展到钢铁、石化、电力、建材、交通运输、环保及文化娱乐等各个行业。

根据控制过程的要求和特点，其使用范围可归纳到以下几类。

（1）开关量的逻辑控制

这是 PLC 最基本、最广泛的应用领域，它取代了传统的继电器电路，实现逻辑控制、顺序控制，既可用于单台设备的控制，也可用于多机群控及自动化流水线，如电梯、注塑机、印刷机、订书机械、组合机床、磨床、包装生产线和电镀流水线等。

（2）运动控制

PLC 可以用于圆周运动或直线运动的控制。从控制机构配置来说，早期直接用于开关量 I/O 模块连接位置传感器和执行机构，现在一般使用专用的运动控制模块，如可驱动步进电动机或伺服电动机的单轴或多轴位置控制模块。世界上各主要 PLC 厂家的产品几乎都有运动控制功能，广泛用于各种机械、机床、机器人和电梯等场合。

（3）过程控制

与制造业不同，在工业生产过程当中，其典型的测控变量，如温度、压力、流量、物位等都是连续变化的模拟量。传统上，PLC 并不擅长处理模拟量，特别是对模拟量进行数学运算及 PID 控制。为了扩展 PLC 处理模拟量的能力，PLC 的制造商在硬件模块上增加了实现模拟量和数字量之间相互转换的 A/D 及 D/A 模块，在指令系统中增加了模拟量处理指令和 PID 控制指令，从而把 PLC 的应用领域扩展到传统上由集散控制系统或智能仪表占据的过程控制领域。当然，对于模拟量点数多于数字量的系统，采用集散控制系统还是要比 PLC 更合适。

（4）数据处理

现代 PLC 具有数学运算（含矩阵运算、函数运算、逻辑运算）、数据传送、数据转换、排序、查表、位操作等功能，可以完成数据的采集、分析及处理。这些数据可以与存储在存储器中的参考值比较，完成一定的控制操作，也可以利用通信功能传送到别的智能装置，或将它们打印制表。数据处理一般用于大型控制系统，如无人控制的柔性制造系统；也可用于过程控制系统，如造纸、冶金、食品工业中的一些大型控制系统。

1.4.5 主要的 PLC 产品及其分类

1. 主要的 PLC 产品

由于 PLC 应用范围非常广泛，全世界众多的厂商生产出了大量的产品。目前主要的 PLC 制造商有美国的罗克韦尔自动化（Rockwell Automaiton）及通用电气（GE），日本的欧姆龙、三菱电机、富士及松下，德国的西门子，法国的施耐德电气等。这些产品虽然各自都具有一定的特性，其外形或结构尺寸也不一样，但功能大同小异。按照结构形式和系统规模的大小，可以对 PLC 进行分类。按照结构形式，可以分为一体式和模块式；按照系统规模（或 I/O 点）及内存容量，可以分为微型、小型、中型和大型。

所谓微型是指 I/O 点少于 64 点，小型机的 I/O 在 65 ~ 256 点，中型机的 I/O 在 257 ~ 1024 点，大型机的 I/O 点在 1025 ~ 4096 点，超大型机指 I/O 点多于 4096 点。一般而言，中型以上产品均采用 16 ~ 32 位 CPU，早期微、小型产品多采用 8 位 CPU，现也有用 16 ~ 32 位 CPU 的。需要指出的是这里的 I/O 点数一般是指数字量点。每种型号的 PLC 对于模拟量输入和输出点数特别是 PID 控制回路数都有一定的限制。

在实际的应用中，微型和小型机用量极大，而中型和大型机用得相对较少，超大型机的用量最少。PLC 的应用现状，一方面与各种需要一定控制功能的单体设备数量庞大有关，另一方面是因为当控制系统 I/O 点数少于 256 时，采用集散控制系统的性价比较低，而 PLC 系统具有较大的优势。

2. PLC 的典型结构

（1）一体式 PLC

所谓一体式 PLC，是指把实现 PLC 所有功能所需要的硬件模块，包括电源、CPU、存储器、I/O 及通信接口等组合在一起，物理上形成一个整体，如图 1-17 所示。

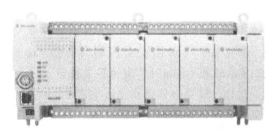

图 1-17 一体式 PLC（A-B 公司 Micro850）

这类产品的一个显著特点就是结构非常紧凑，功能相对较弱，特别是模拟量处理能力。这类产品主要针对一些小型设备或单台设备（如注塑机等）的控制。由于受制于尺寸，这类产品的 I/O 点比较少。

虽然是一体化的产品，其种类也比较多，如 A-B 公司的 Micro800 系列和 MicroLogix 系列、西门子的 S7-1200，三菱电机的 FX3U 等。对于某一类产品，可以根据基本控制器的 I/O 点数来分。如 A-B 公司的型号为 2080-LC50-48AWB 的产品是一个具有 28 个数字量输入和 20 个数字量输出共 48 个点的 Micro850 一体式 PLC。

为了扩展系统的 I/O 处理能力和系统功能，这类一体化的系统也采用模块式的方式加以扩展。这些扩展模块包括数字量扩展模块、模拟量扩展模块、特殊功能模块以及通信扩展模块等。随着现场总线技术的发展，一体化 PLC 也支持现场总线模块。扩展模块通过专用的接口电缆与主机或前一级的模块连接。

一体化的小型或微型产品的用量占到了 PLC 总用量的 75% 以上。

（2）模块式 PLC

所谓模块式 PLC，顾名思义，就是指将 PLC 的各个功能组件单独封装成具有总线接口的模块，如 CPU 模块、电源模块、输入模块、输出模块、输入和输出模块、通信模块、特殊功能模块等，然后通过底板将模块组合在一起构成一个完整的 PLC 系统。这类系统的典型特点就是系统构建灵活，扩展性好，功能较强。典型的产品包括 A-B ControlLogix（见图 1-18），西门子的 S7-300 和 S7-1500 系列、施耐德电气的 Quantum 系列、通用电气的 Rx3i 及三菱电机的 Q 系列等。

图 1-18　模块式 PLC（A-B ControlLogix）

3. 罗克韦尔自动化 PLC 及其他自动化产品

罗克韦尔自动化公司总部位于美国威斯康星州密尔沃基市，是世界最大的专注于工业自动化与信息化的跨国公司，主要提供动力、控制和信息技术解决方案。其旗下品牌包括艾伦-布拉德利 Allen-Bradley（A-B）的控制产品和工程服务以及罗克韦尔软件（Rockwell Software）生产的工控软件。

目前，A-B 的 PLC 和 PAC 的产品覆盖从微型到大型系列，支持运动控制、顺序控制、过程控制和安全控制等，可以通过网络组成更加复杂和大型的应用系统。其主要控制产品包括小型和微型 PLC、大型 PAC、安全控制器和集散控制系统等。

罗克韦尔自动化微型 PLC 产品包括 SLC500 系列、Micro800 系列、MicroLogix 系列和 Pico 系列。其中 Micro800 系列包括 Micro800~Micro870。Micro800 系列和 MicroLogix 系列产品相当于西门子 S7-200 和 S7-1200，而 Pico 系统则相当于西门子 LOGO!。

罗克韦尔自动化可编程自动化控制器包括 FlexLogix、CompactLogix、ControlLogix 和 SoftLogix 等系列产品。ControlLogix 是该平台最大的系统，和西门子的 S7-400 相当。

罗克韦尔自动化安全控制器包括 Logix 集成安全产品 GuardLogix、小型安全控制器 SmartGuard 和 GuardPLC 安全控制系统。

此外，罗克韦尔自动化还生产 PlantPAx 过程自动化系统，该系统以基于国际标准的系统架构为基础，实现了过程控制、先进控制、过程安全、数据库管理的全方位过程自动化控制系统。该系统还利用了集成架构元件实现了多策略控制以及与罗克韦尔自动化智能电机控制产品组合的集成。

1.5　功能安全与安全仪表系统

1.5.1　功能安全及相关概念

1. 功能安全概念及其标准

（1）功能安全概念

历年来，在全球不断有工厂由于安全保障系统的缺失或者不完善而引发的惨案发生，全世界每年死于工伤事故和职业病危害的人数约为 200 万，是人类最严重的死因之一，这也引起了各个行业及各国政府对功能安全的高度重视。

功能安全是在 2000 年以后逐渐兴起的一项安全工程学科，是指针对规定的危险事件，为达到或保持受控设备的安全状态，采用 E/E/PE（电子/电气/可编程设备）安全系统、外部风险降低设施或其他技术安全系统实现的功能。功能安全是系统整体安全的重要组成部分，它取决于安全相关设备或系统对输入信号正确反应的能力。采用功能安全相关技术可以检测出潜在的危险失效，并及时地启动保护设备或调控装置，以防止危害的扩大或将危害的影响降低到可接受的范围。功能安全包括技术和管理两个方面的内容，涉及石油、能源、制造、化工等多个领域，是通过提高安全设施有效性控制与保护各类危险源等手段，减少或避免工业事故对公众和环境的影响，防止各类装备尤其是成套装置发生不可接受危险的技术。

功能安全具有以下特点：

1）功能安全将安全转化为 SIL（安全完整性等级）控制。结合发生事故后可能会造成的人员伤亡、环境破坏、财产损失的严重程度，国家采用法律的手段明确出各生产经营单位所承担的安全风险控制目标，然后各生产经营单位将企业的安全风险控制目标逐步分解对应到每一个危险源，最后针对每个危险源采取安全设施。

2）功能安全是从整体系统的安全要求出发，不仅将安全责任与组织管理程序进行科学合理的分解，而且将构成系统的各个结构与各种元素的 SIL 进行科学的分解。再将这些分解组成有序的整体系统，在合理分工的基础上进行严密、有效的协作，通过科学的组织管理体系和使用安全仪表系统集成、实现安全要求的总体目标。

3）功能安全是由系统论、现代安全管理、控制论等多学科进行相互的渗透、交叉而发展起来的。功能安全方法就是应用这些技术实现对系统的模型化和最优化，并且将定性分析和定量分析紧密结合起来，对系统进行整体的分析和设计。

功能安全是安全仪表系统是否能有效地执行其安全功能的体现，功能安全是一种基于风险的安全技术和管理模式。风险评估是实施功能安全管理的前提，安全完整性等级是功能安全技术的体现，安全生命周期是功能安全管理的方法。因此，风险评估、安全完整性等级和安全生命周期是 IEC 61508—2010 的精髓。

（2）功能安全标准

1996 年美国仪器仪表协会完成了第一个关于过程工业安全仪表系统的标准 ANSI/ISA-S84.01。随后，国际电工委员会于 2000 年出台了功能安全国际标准 IEC 61508：电气/电子/可编程电子（E/E/PE）安全相关系统的功能安全。该标准是功能安全的通用标准，是其他行业制订功能安全标准的基础。2003 年，IEC 发布了适用于石油、化工等过程工业的标准 IEC 61511。随即，美国用 IEC 61511 取代了 ANSI/ISA-S84.01 成为国家标准。IEC 61508 标准发布之后，适用于其他行业的功能安全标准相继出台，例如，核工业的 IEC 61513 标准，机械工业的 IEC 62021 标准等。我国已于 2006 年、2007 年分别等同采用了 IEC 61508 标准和 IEC 61511 标准，发布了 GB/T 20438 和 GB/T 21109 两个国家推荐功能安全标准。

2. 风险评估

风险评估包括对在危险分析中可能出现的危险事件的风险程度进行分级。但是安全是相对的，风险是不可能完全消除的，所以要通过风险分析得到一个可接受的风险程度。对于那些可能会导致严重后果的危险事件的风险，必须采用技术手段将风险降低到可接受的水平。IEC

61508 标准中虽然没有规定具体的风险分析技术，但给出了选用技术时应考虑的一些因素。

风险降低包括 3 个部分：E/E/PE 安全相关系统、外部风险降低设施和其他技术安全相关系统，如图 1-19 所示。可见，对于整个安全手段，E/E/PE 安全相关系统只是其中一部分。风险评估得到的结果用于确定安全系统所需要达到的安全完整性等级，再将整体安全完整性等级分配到不同的安全措施中，使系统的风险降低到允许的水平。

3. 安全完整性等级

安全完整性等级（SIL），也称安全完整性水平。国际标准 IEC 61508 定义了 SIL 的概念：在一定时间、一定条件下，安全相关系统执行其所规定的安全功能的可能性。为了降低风险以及危险事件发生的频率，要对安全仪表系统确定安全完整性等级，只有达

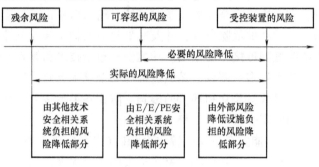

图 1-19　风险关系

到了指定的安全完整性等级，才能够满足生产过程的安全要求，从而将风险降低到可以容忍的水准。

安全完整性等级包括两个方面的内容：

1）硬件安全完整性等级，这里的安全完整性等级由相应危险失效模式下的硬件随机失效决定，应用相应的计算规则，对安全仪表系统各部分设备的安全完整性等级进行定量计算，概率运算规则也可以应用于此过程中，如确定子系统与整体的关系。

2）系统安全完整性等级，此处的安全完整性等级由相应危险失效模式下的系统失效决定。系统失效与硬件失效不同，往往在设计之初就已经出现，难以避免。失效统计数据不容易获得，即使系统引发的失效概率可以估算，也难以推测失效分布。

IEC 61508 中将 SIL 分为 4 个等级：SIL1～SIL4，其中 SIL1 是最低的安全完整性等级，SIL4 是最高的安全完整性等级。SIL 的确定是通过计算系统的平均要求时失效概率 PFDavg 来实现的。不同的失效概率对应着不同的 SIL，SIL 越高，失效概率越小。所谓时失效概率，是发生危险事件时安全仪表系统没有执行安全功能的概率；而平均时失效概率是指在整个安全生命周期内的危险失效概率。

一般把某一安全完整性等级要达到的危险失效概率范围分为两种，它们分别是对于低要求操作模式的要求时失效的平均概率和对于高要求或连续操作模式的每小时危险失效的概率（PFH）。不同模式下的 SIL 见表 1-1。

对于 SIL 的定性描述见表 1-2，对安全仪表系统来说，因安全仪表系统自身失效导致的后果是决定安全仪表系统 SIL 的主要因素之一。

表 1-1　两种模式的 SIL 划分

SIL	低要求操作模式	高要求操作模式
4	$10^{-5} \sim 10^{-4}$	$10^{-9} \sim 10^{-8}$
3	$10^{-4} \sim 10^{-3}$	$10^{-8} \sim 10^{-7}$
2	$10^{-3} \sim 10^{-2}$	$10^{-7} \sim 10^{-6}$
1	$10^{-2} \sim 10^{-1}$	$10^{-6} \sim 10^{-5}$

表 1-2　SIL 的定性描述

SIL	事故后果
4	引起社会灾难性的影响
3	对工厂员工及社会造成影响
2	引起财产损失并有可能伤害工厂内的员工
1	较少的财产损失

安全完整性等级的确定是在基于风险评估结果的基础上进行的，不合理的风险评估技术会导致安全相关系统安全完整性等级的过高或过低。安全完整性等级过高会造成不必要的浪费，而过低则会因为不能满足安全要求而导致出现不可接受的风险。

安全完整性等级的选择方法有定性和定量的两类。目前常用的定性方法有：风险矩阵法和风险图；基于频率的定量法，如故障树、LOPA、事件树、根据频率定量计算法。硬件安全完整性的安全功能声明的最高安全完整性等级，受限于硬件的故障裕度和执行安全功能的子系统的安全失效分数。子系统可以分成 A 类和 B 类，A 类表示所有组成元器件的失效模式都被很好地定义了；并且故障情况下子系统的行为能够完全地确定；并且通过现场经验获得充足的可靠数据，可显示满足所声明的检测到的和没有检测到危险失效的失效率。B 类中至少有一个组成部件的失效模式未被很好地定义；或故障情况下子系统的行为不能被完全地确定；或通过现场经验获得的可靠数据不够充分，不足以显示出满足所声明到的和未检测到的危险失效的失效率。

1.5.2　安全仪表系统

1. 安全仪表系统的组成

安全仪表系统是指可以起到与单个或多个仪表相同安全功能的系统，应用于生产过程的危险状态，例如系统超压或高温，安全仪表系统能把处于危险状态的系统转入安全状态，保障设备、环境及生产人员的安全。安全仪表系统主要由传感器、逻辑控制器和执行器等 3 部分构成。传感器用来检测生产过程中的某些参数，而逻辑控制器对传感器采集来的参数进行分析，如果达到了构成危险的条件，由最终执行元件进行相应的安全操作，进而保障整个生产过程的安全。安全仪表系统是一个自动化的系统，其典型的结构框图如图 1-20 所示。

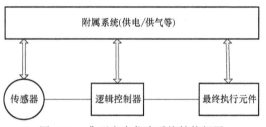

图 1-20　典型安全仪表系统结构框图

图 1-21 是一个水箱满溢保护系统，图 1-21a 是没有设置满溢保护装置的系统，图 1-21b 是设有满溢保护装置的系统。图 1-21b 的满溢保护装置可以防止由于水箱水满而使液体流出水箱破坏环境，该系统由液位传感器、控制器以及一个开关阀组成。当液位超过设置高位时，控制器输出信号关闭管道上的阀门，停止进水，防止水箱水位进一步升高而导致溢出。

2. 安全仪表系统的分类

安全仪表系统按照其应用行业的不同可以划分为化工安全仪表、电力工业安全仪表、汽车安全仪表、矿业安全仪表和医疗安全仪表等。在每个行业中又可以更进一步的细分，例如矿业又可以分为煤矿、金属矿、非金属矿及放射性矿等。此外还可

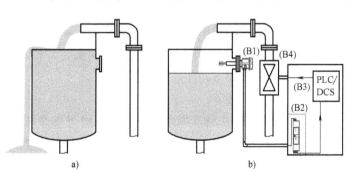

图 1-21　水箱满溢保护系统

以根据安全仪表系统实现的功能分类，如可燃、有毒气体监测系统、紧急停车系统、移动危化品源跟踪监测系统以及自动消防系统等。

在 IEC 61508 标准出来以前，在油气开采运输、石油化工和发电等过程工业中，就有紧急停车系统（Emergency Shut Down System，ESD）、火灾和气体安全系统（Fire and Gas Safety System，FGS）、燃烧管理系统（Burner Management System，BMS）和高完整性压力保护系统（High Integrity Pressure Protection System，HIPPS）等。目前，这些都归并到安全仪表系统概念中。

如果按照安全仪表系统的逻辑结构划分，安全仪表系统又可以分为 1oo1、1oo2、2oo3、1oo1D 和 2oo4 等。其中，$MooN$ 是 M out of N（N 选 M）的缩写，代表 N 条通道的安全仪表系统当中有 M 条通道正常工作；字母 D 是代表检测部分，是带有诊断电路检测模块的逻辑结构。$MooN$ 的含义是基于"安全"的观点，"$N-M$"的差值代表了对危险失效的容错能力，即硬件故障裕度（Hardware Fault Tolerance，HFT）。硬件故障裕度 N 意味着 $N+1$ 个故障会导致安全功能的丧失。例如，1oo2 代表的意思是两个通道中的一个健康操作，就能完成所要求的安全功能，其 HFT 为 1，而容错（Spurious Fault Tolerance，SFT）为 0。

根据安全完整性等级的不同，安全仪表系统又分为 SIL1、SIL2、SIL3 和 SIL4 等不同等级。目前，安全仪表系统的发展多样化，不同应用领域有着不同的类型，但其实现的功能都是统一的，都是为了保障安全生产而设定的，它们的设计、生产等相关过程都遵循国际标准。

3. 安全仪表系统的逻辑结构

（1）1oo1 结构

该结构包括一个单通道（传感、输出、公共），如图 1-22 所示。这里的公共电路可以是安全继电器、固态逻辑器件或现代的安全 PLC 等逻辑控制器。该系统是一个最小系统，这个系统没有提供冗余，也没有失效模式保护，没有容错能力，电子电路可以安全失效（输出断电，回路开路）或者危险失效（输出粘连或给电，回路短路），而危险失效都会导致安全功能失效。

图 1-22　1oo1 物理结构图

（2）1oo2 结构

图 1-23 为 1oo2 的物理结构图，该结构将两个通道输出触点串联在一起。正常工作时，两个输出触点都是闭合的，输出回路带电。当输入存在"0"信号时，两个输出触点断开，输出回路失电，确保安全功能的实现。

其失效模式分析如下：

1）当任意一个输出触点出现开路故障，输出电路失电，都会造成工艺过程的误停车。也就是说，只有两个输出触点都正常工作才能避免整个系统的安全失效。因此，这种结构的可用性较低（SFT=0）。

2）当任意一个输出触点出现短路故障时，均不会影响系统的正常安全功能实现。只有当两个触点都出现短路故障时，才会造成系统的安全功能丧失，即导致系统的危险失效。因

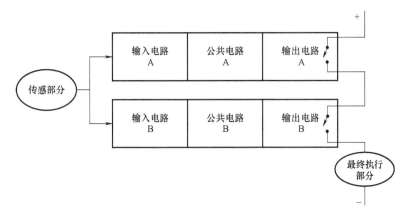

图 1-23　1oo2 物理结构图

此，这种结构系统的安全性有所提高（HFT = 1）。

（3）2oo2 结构

图 1-24 所示为 2oo2 物理结构，此结构由并联的两个通道构成，系统正常运行时，两个回路输出都是闭合的。当存在安全故障时，两个回路都断开，输出失电。

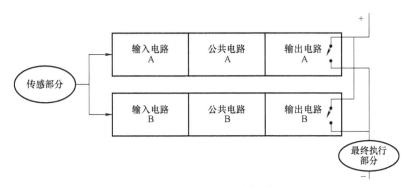

图 1-24　2oo2 物理结构图

这种双通道系统的失效模式和影响分析如下：

1）当任意一个输出触点出现开路故障时，均不会造成输出电路失电，只有当两个触点同时存在开路故障时，才会造成工艺过程误停车。即只要两个输出触点中的一个正常工作，就能避免危险失效。

2）当任意一个输出触点出现短路故障时，均将会导致危险失效，使得系统安全功能丧失。该结构降低了系统安全性（HFT = 0），但提高了过程可用性（SFT = 1）。

（4）2oo3 结构

图 1-25 为 2oo3 物理结构图，此结构由 3 个并联通道构成，其输出信号具有多数表决安排，仅其中一个通道的输出状态与其他两个通道的输出状态不同时，不会改变系统的输出状态。任意两个通道发生危险失效就会导致系统危险失效；任意两个通道发生安全失效将导致系统安全失效。采用上述冗余结构可以提高安全仪表系统的硬件故障裕度。

采用冗余方法提高系统的 SIL 时，必须考虑共同原因失效问题，也就是说，必须尽力防止一个故障导致几个冗余通道同时失效的问题。这也是用"硬件故障裕度"评价产品的 SIL

而不是直接用冗余数的原因。一些公司在他们的安全产品中采用 3 个不同厂家生产的微处理器构成 3 个冗余通道，就是为了避免共因失效，提高产品容错能力与安全性能。

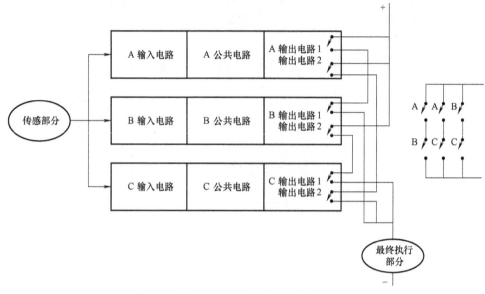

图 1-25　2oo3 物理结构图

（5）1oo1D 结构

典型的 1oo1D 物理结构如图 1-26 所示。这种结构由两个通道组成，但其中一个通道为诊断通道。诊断通道的输出与逻辑运算通道的输出串联在一起，当检测到系统内的危险故障存在时，诊断电路的输出可以切断系统的最终输出，使工艺过程处于安全状态。

这种一选一诊断系统功能相当于一种二选一系统。因为这种系统的造价相对低廉，所以在安全应用中被广泛使用。其结构通常由一个单一逻辑解算器和一个外部的监视时钟而构成，定时器的输出与逻辑解算器的输出进行串联接线。

4. 安全仪表系统与基本控制系统（BPCS）

基本过程控制系统是执行基本的生产要求，实现基本功能（如

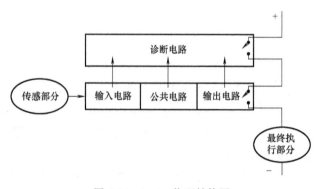

图 1-26　1oo1D 物理结构图

PID 控制）的自动控制系统。常规的 DCS 或 PLC 控制系统、SCADA 系统等也都属于基本控制系统。与安全仪表系统不同的是基本过程控制系统只执行基本控制功能，其关注的是生产过程能否正常运行，而不是生产过程的安全。基本过程控制系统采用反馈控制的形式，对生产过程（即物质和能量在生产装置中相互转换的过程）进行控制。基本过程控制系统就是通过对温度、压力、液位等参量的控制，达到提高生产的产品产量、减少能量消耗的目的。

基本过程控制系统与安全仪表系统一般要做到相互独立，两者执行的功能不同，不可相

互混淆。安全仪表系统监视整个生产过程的状态，当发生危险时动作，使生产过程进入安全状态，降低风险，防止危险事件的发生。

图 1-27 为一个反应器设置的基本过程控制系统与安全仪表系统构成图。从图中可以看出，该反应器生产过程配置了基本过程控制系统与安全仪表系统，且两个系统相互独立。

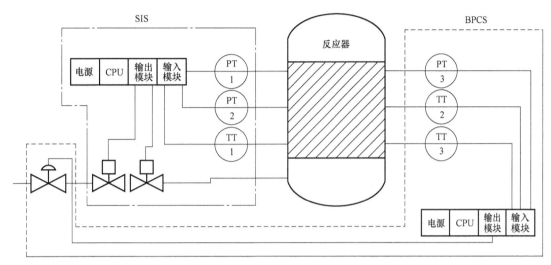

图 1-27　基本过程控制系统与安全仪表系统

安全仪表系统与工业中的 DCS 在功能和应用上都有所不同，主要体现在以下几点：

（1）符合一定的安全完整性等级

安全仪表系统的设计和开发过程必须遵循 IEC 61508 标准，投入使用的安全仪表系统必须满足要求的安全完整性等级。

（2）容错性的多重冗余系统

为了提高系统的硬件故障裕度，安全仪表系统一般都采用多重的冗余结构，使系统的安全功能不会因为单一故障而丧失。

（3）响应速度快

安全仪表系统具有较好的实时性，从输入变化到输出变化的响应时间一般都在 10～50ms，甚至有些小型的安全仪表系统都可以达到几毫秒的响应速度。

（4）全面的故障自诊断能力

安全仪表系统在设计和开发时考虑了避免失效和系统故障控制的要求，系统的各个部件都应明确其故障诊断能力，在其失效后能及时采取相应措施，系统的整体诊断覆盖率一般高达 90% 以上。安全仪表系统的硬件具有高度的可靠性，能承受各种环境应力，可以较好地应用到不同的工业环境中。

例如，对于 DCS 或 PLC 而言，通常一个开关量输入 DI 信号是直接被用于程序逻辑运算。但在安全仪表中（以黑马 F35 机器级安全仪表为例），在使用该 DI 信号前，应将该信号与系统自检的结果进行联合判断，联合判断的结果作为该 DI 信号参与程序逻辑的值。如果系统自检发现安全仪表出现故障，则不论 DI 信号是 "1" 还是 "0"，联合判断的结果均是 "0"，从而使安全仪表系统输出 "0"（安全仪表设计的原则是只要出现故障就失电）。虽然这会造成系统的可用性降低，但避免了危险失效。

（5）事件顺序记录功能

安全仪表系统一般都具有事件顺序记录（Sequence Of Events，SOE）功能，即可按时间顺序记录故障发生的时间和事件类型，方便事后分析，记录准确度一般可以精确到 ms 级。

5. 安全仪表系统的安全性与可用性

（1）安全性

安全仪表系统的安全性是指任何潜在危险发生时安全仪表系统保证使过程处于安全状态的能力。不同安全仪表系统的安全性是不一样的，安全仪表系统自身的故障无法使过程处于安全状态的概率越低，则其安全性越高。安全仪表系统自身的故障有两种类型。

1）安全故障。当此类故障发生时，不管过程有无危险，系统均使过程处于安全状态。此类故障称为安全故障。对于按故障安全原则（正常时励磁、闭合）设计的系统而言，回路上的任何断路故障均是安全故障。

2）危险故障。当此类故障存在时，系统即丧失使过程处于安全状态的能力。此类故障称为危险故障。对于按故障安全原则设计的系统而言，回路上任何可断开触点的短路故障均是危险故障（按故障安全原则，有故障时，回路应该断开以使系统安全，而可断开触点的短路使得回路不可能处于断开状态，丧失了使过程处于安全状态的能力）。

换言之，一个系统内发生危险故障的概率越低，则其安全性越高。

（2）可用性

安全仪表系统的可用性是指系统在冗余配置的条件下，当某一个系统发生故障时，冗余系统在保证安全功能的条件下，仍能保证生产过程不中断的能力。

与可用性比较接近的一个概念是系统的容错能力。一个系统具有高可用性或高容错能力不能以降低安全性作为代价，丧失安全性的可用性是没有意义的。严格地讲，可用性应满足以下几个条件。

1）系统是冗余的；

2）系统产生故障时，不丧失其预先定义的功能；

3）系统产生故障时，不影响正常的工艺过程。

（3）安全性与可用性的关系

从某种意义上说，安全性与可用性是矛盾的两个方面。某些措施会提高了安全性，但也会导致可用性的下降，反之亦然。例如，冗余系统采用二取二逻辑，则可用性提高了，安全性下降了；若采用二取一逻辑，则相反。采用故障安全原则设计的系统安全性高，采用非故障安全原则设计的系统可用性高。

安全性与可用性是衡量一个安全仪表系统的重要指标，无论是安全性低、还是可用性低，都会使发生损失的概率提高。因此，在设计安全仪表系统时，要兼顾安全性和可用性。安全性是前提，可用性必须服从安全性。可用性是基础，没有高可用性的安全性是不现实的。

1.5.3 安全生命周期

IEC 61508 国际标准将安全生命周期定义为在安全仪表功能（SIF）实施中，从项目的概念设计阶段到所有安全仪表功能停止使用之间的整个时间段。IEC 61508 中对安全系统整体安全生命周期的定义通过图 1-28 表示。

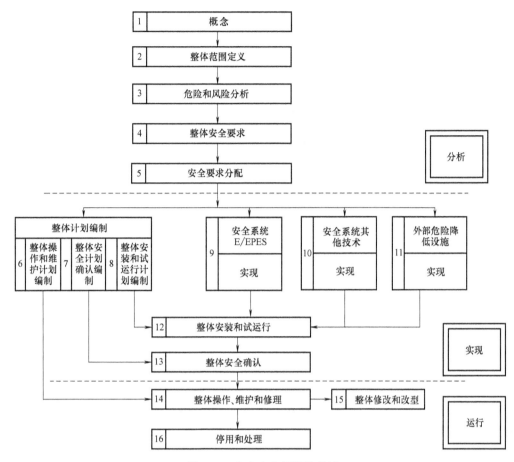

图 1-28　安全生命周期的描述

安全生命周期使用系统的方式建立了一个框架，用以指导过程风险分析、安全系统的设计和评价。IEC 61508 是关于 E/E/PES 安全系统的功能安全的国际标准，其应用领域涉及许多工业部门，如化工工业、冶金、交通等。整体安全生命周期包括了系统的概念（concept）、定义（definition）、分析（analysis）、安全要求（safety requirement）、设计（design）、实现（realization）、验证计划（validation plan）、安装（installation）、验证（validation）、操作（operation）、维护（maintenance）和停用（decommission）等各个阶段。对于以上各个阶段，标准根据它们各自的特点，规定了具体的技术要求和安全管理要求。对于每个阶段规定了该阶段要实现的目标、包含的范围和具体的输入和输出，并规定了具体的责任人。其中每一阶段的输入往往是前面一个阶段或者前面几个阶段的输出，而这个阶段所产生的输出又会作为后续阶段的输入，即成为后面阶段实施的基础。如标准规定了整体安全要求阶段的输入就是前一阶段——风险分析所产生的风险分析的描述和信息，而它所产生的对于系统整体的安全功能要求和安全完整性等级要求则被用来作为下一阶段——安全要求分配的输入。通过这种一环扣一环的安全框架，标准将安全生命周期中的各项活动紧密地联系在一起；又因为对于每一环节都有十分明确的要求，使得各个环节的实现又相对独立，可以有不同的人负责，各环节间只有时序方面的互相依赖。由于每一个阶段都是承上启下的环节，因此如果某一个环节出了问题，其后所进行的阶段都要受到影响，所以标准规定，当某一环节出了问题或者外部条件发生了变化，整个安全生命周期的活动就要回到出问题的阶段，评估变化造成的影响，对该环节的活动进行修改，甚至重新进行该阶段的活动。因此，整个安全系统的实现活动往往是一个渐进的、迭代的过程。

IEC 61508 标准中安全生命周期管理的对象包括了系统用户、系统集成商和设备供应商。IEC 61508 标准中的安全生命周期与一般概念的工程学术语不同。功能安全标准中，在评估风险和危险时，安全生命周期是评价和制定安全相关系统 SIL 设计的一个重要方面。也就是说，不同的功能安全系统的安全生命周期管理程序是不同的，一些变量（如维护程序、测试间隔等）可以通过计算，实现安全、经济的最优化。这是最先进的安全管理技术，在国外少数过程工业的公司里，这已经是标准程序。

综上所述，安全生命周期的概念有以下几个特点：

1）包括安全系统从无到有，直到停用的各个阶段，为安全系统的开发应用建立了一个框架。

2）整体安全生命周期清楚地说明了其各个阶段在时间和结构上的关系。

3）能够按照不同阶段更加明确地为安全系统的开发应用建立文档、规范，为整个安全系统提供结构化的分析。

4）与传统非安全系统开发周期类似，已有的开发、管理的经验和手段都能够被应用。

5）安全生命周期框架虽然规定了每一阶段活动的目的和结果，但是并没有限制过程，实现每一阶段可以采用不同的方法，促进了安全相关系统实现各个阶段方法的创新，也使得标准具有更好的开放性。

6）从系统的角度出发进行安全系统的开发，涉及面广，同时蕴含了一种循环、迭代的理念，使得安全系统在分析、设计、应用和改进中不断完善，保证更高的安全性能和投入成本比。

1.5.4　安全仪表产品的类型

从安全仪表系统的发展看，安全仪表系统产品主要包括以下几种。

1）继电线路。即用安全继电器代替常规的继电器实现安全控制逻辑。显然，这种解决方案属于全部通过硬件触点及其之间的连线形成安全保护逻辑，因此可靠性高，成本低，但是灵活性差，系统扩展、增加功能不容易。此外，还不宜用于复杂的逻辑功能，其危险故障（如触点粘结）的存在只能通过离线检测才能辨识。

2）固态电路。即基于印制电路板的电子逻辑系统。它采用晶体管元器件实现与、或、非等逻辑功能。这种系统属于模块化结构，结构紧凑，可在线检测；容易识别故障，原件互换容易，可以冗余配置；但可靠性不如继电器型，操作费用高，灵活性不高。这类安全仪表系统与现代安全型 PLC 等安全仪表系统的根本区别是有没有 CPU。

3）安全 PLC。这种解决方案以微处理器为基础，有专用的软件和编程语言，编程灵活，具有强大的自测试、自诊断能力。系统可以冗余配置，可靠性高。

安全 PLC 指的是在自身或外围元器件或执行机构出现故障时，依然能够正确响应并及时切断输出的可编程系统。与普通 PLC 不同，安全 PLC 不仅提供普通 PLC 的功能，还可以实现安全控制功能，符合 EN ISO 13849-1 以及 IEC 61508 等控制系统安全相关部件标准的要求。安全 PLC 中所有元器件均采用冗余多样性结构，两个处理器处理时进行交叉检测，每个处理器的处理结果存储在各自内存中，只有处理结果完全一致时才会进行输出，如果处理期间出现任何不一致，系统立即停机。

此外，在软件方面，安全 PLC 提供的相关安全功能块，如急停、安全门、安全光栅等均经过认证并加密，用户仅需调用功能块进行相关功能配置即可，保证了用户在设计时不会因为安全功能的程序漏洞而导致安全功能丢失。

与常规 PLC 相比，用于安全系统的安全 PLC 除了产品本身不一样，在具体的使用上也有明显不同。首先安全 PLC 的输入和常规 PLC 的输入接法有区别，常规 PLC 的输入通常接传感器的常开触点，而安全 PLC 的输入通常接传感器的常闭触点，用于提高输入信号的快速性和可靠性。有些安全 PLC 输入还具有"三态"功能，即"常开""常闭"和"断线" 3 个状态，而且通过"断线"诊断输入传感器的回路是否断路，提高了输入信号的可靠性。另外，有些安全 PLC 的输出和常规的 PLC 的输出也有区别。常规 PLC 输出信号之后，就和 PLC 本身失去了关联，也就是说输出后，比如说接通外部继电器，继电器本身最后到底通没通，PLC 并不知道，这是因为没有外部设备的反馈所致。安全 PLC 具有所谓"线路检测"功能，即周期性地对输出回路发送短脉冲信号（毫秒级，并不让用电器导通）检测回路是否断线，从而提高输出信号的可靠性。

在安全控制系统中，若使用总线，则需要使用安全总线。安全总线指的是通信协议中采用安全措施的现场总线。相比于普通总线来说，安全总线可以达到 EN ISO 13849-1 以及 IEC 61508 等控制系统安全相关部件标准的要求，主要用于如急停按钮、安全门、安全光幕和安全地毯等安全相关功能的分布式控制。安全总线可拥有多种拓扑结构，例如线型、树型等。若采用以太网，则需要选用安全以太网。安全以太网是适用于工业应用的基于以太网的多主站总线系统，用于分布式系统控制。安全以太网的协议中包含一条安全数据通道，该通道中的数据传输符合 IEC 61508 的要求。通过同一根电缆或者光纤，可同时传输安全相关数据以及非安全相关数据。

4）故障安全控制系统。采用专用的紧急停车系统模块化设计，完善的自检功能，系统的硬件、软件都取得相应等级的安全标准证书，可靠性非常高，但价格较贵。这类产品主要包括德国黑马（HIMA）公司、施耐德电气的 Tricon 系列产品。主要的 DCS 厂家也有类似的产品，但最高的安全等级通常达不到上述两家产品。

这类安全产品的主流系统结构主要有 2oo3（三重化）、2oo4D（四重化）、1oo1D、1oo2D 等。

1）2oo3 结构　它将三路隔离、并行的控制系统（每路称为一个分电路）和广泛的诊断集成在一个系统中，用三取二表决提供高度完善、无差错、不会中断的控制。Tricon、ICS、GE 等均是采用 2oo3 结构的系统。

2）2oo4D 结构。2oo4D 系统是有两套独立并行运行的系统组成，通信模块负责其同步运行，当系统自诊断发现一个模块发生故障时，CPU 将强制其失效，确保其输出的正确性。同时，安全输出模块中 SMOD 功能（辅助去磁方法），确保在两套系统同时故障或有电源故障时，系统输出一个故障安全信号。一个输出电路实际上是通过 4 个输出电路及自诊断功能实现的，这样确保了系统的高可靠性、高安全性及高可用性。霍尼韦尔、HIMA 的 SIS 均采用了 2oo4D 结构。

3）一些 SIL 低的产品会采用 1oo1D、1oo2D 等结构。如 ABB、Moore 等公司产品。

复习思考题

1. 试举例说明计算机控制系统的组成包括哪几个部分，其作用各是什么？

2. 工业计算机控制系统经历了哪些发展过程？主要的控制器有哪些？各自有何特点和使用场合？

3. 工厂自动化与工业自动化各有什么含义？有何异同？

4. 集散控制系统、监控与数据采集系统的异同点有哪些？

5. PLC 有哪些主要特点？其组成是什么？

6. PLC 程序执行的过程是什么？与一般的事件驱动程序相比，有何特点？

7. 罗克韦尔自动化 Logix 平台主要有哪些产品，其各自适用的领域是什么？

8. 什么是功能安全？安全仪表系统与常规控制系统有哪些不同？

9. 安全 PLC 与普通 PLC 的异同点有哪些？

10. 安全仪表系统的逻辑结构有哪些？各有什么特点？

第2章 Micro800系列控制器硬件

2.1 Micro800系列控制器的硬件特性

2.1.1 Micro800系列控制器概述

1. Micro800系列控制器特性

罗克韦尔自动化Micro800系列控制器主要包括810、820、830、850和最新的870等。该系列控制器用于经济型单机控制。根据基座中I/O点数的不同，这种经济的小型PLC具有不同的配置，从而满足用户的不同需求。Micro800系列控制器共用编程环境、附件和功能性插件，用户可对控制器进行个性化设置，从而使其具有特定的功能。

Micro810控制器是该系统中的低端产品，相当于一个带大电流继电器输出的智能型继电器，同时兼具微型PLC的编程功能。Micro810控制器采用Micro800系列相同的指令集（包括PID等高级功能）以及智能型继电器通常没有的浮点数据类型。

Micro830控制器是灵活且具备简单运动控制功能的微型PLC。该控制器可支持多达5个功能性插件模块，其灵活性可满足各种单机控制应用的需求，主要特性包括：

（1）不同的控制器类型共享相同的外形尺寸和附件

1）外形尺寸取决于基座中内置的I/O点数：10、16、24或48。

2）最多达88个数字量I/O（使用48点型号）和20个模拟量输入（使用48点型号）。

（2）具有内置支持，可在24V直流输出型号上实现最多3轴的运动控制

1）多达3个100kHz脉冲序列输出（PTO），可实现与步进电动机和伺服控制器的低成本接线。

2）多达6个100kHz高速计数器输入（HSC）。

3）通过运动控制功能块支持轴运动。

4）基本运动控制指令包括Home、Stop、MoveRelative、MoveAbsolute、MoveVelocity。

5）TouchProbe指令，根据异步事件寄存轴的准确位置。

（3）嵌入式通信

具有用于程序下载的USB端口，此外，非隔离型端口（R5232/485）支持Modbus RTU通信，可用于与人机界面、条形码阅读器和调制解调器通信。

Micro850控制器是一种新型经济型一体化控制器，具有嵌入式输入和输出。Micro850控制器通过功能性插件模块和扩展I/O模块实现最理想的个性化定制和灵活性。Micro850控制器具有与24点和48点Micro830控制器相同的外形尺寸、功能性插件支持、指令系统和运动控制功能。与Micro830控制器相比，还增加了以下特性：

1）比Micro830控制器具有更多的I/O处理能力和模拟量处理能力，可以适应大型单机应用。

2）嵌入式以太网端口，可实现更高性能的连接。

3）EtherNet/IP 支持（仅限服务器模式），用于 Connected Components Workbench 编程、RTU 应用和人机界面连接。

4）高速输入中断。

5）支持多达 4 个 Micro850 扩展 I/O 模块，最多达 132 个 I/O 点（使用 48 点型号）。

Micro870 控制器专为较大的单机应用而设计，标配大容量存储器，可容纳更多模块化程序及应用用户自定义功能块。嵌入式运动控制功能支持至多 2 轴运动，TouchProbe 指令能够记录轴的位置，比使用中断更加精确。此外，Micro870 控制器能通过 EtherNet/IP、串行接口和 USB 接口在各类网络中与其他设备通信。Micro870 控制器的特点主要有：

1）最多支持 8 个扩展 I/O 模块和 304 个离散量 I/O 点，以满足运营需求；

2）通过 EtherNet/IP 轻松地为设备编程及连接至 HMI；

3）通过客户端消息传递实现符号寻址，轻松地控制驱动器及与其他控制器通信；

4）存储器容量高达 280KB，支持的编程步数多达 20,000 步。

2. Micro800 系列控制器型号与技术参数

Micro800 系列控制器的产品目录号说明如图 2-1 所示。从该目录号可以知道主机类型、I/O 点数、输入和输出类型及电源类型等信息。

表 2-1 所示为 Micro850 48 点控制器输入和输出数量及类型，这对于控制器选型是必不可少的。其他型号的控制器技术参数，可以参考罗克韦尔自动化网站上的技术资料。

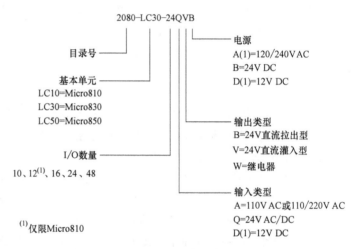

图 2-1　Micro800 系列控制器产品目录号说明

表 2-1　Micro850 48 点控制器输入和输出数量及类型

产品目录号	输入		输出			PTO 支持	HSC 支持
	AC 120V	DC/AC 24V	继电器	24V 灌入型	24V 拉出型		
2080-LC50-24AWB	14		10				
2080-LC50-24QBB		14			10	2	4
2080-LC50-24QVB		14		10		2	4
2080-LC50-24QWB		14	10				4
2080-LC50-48AWB	28		20				
2080-LC50-48QBB		28			20	3	6
2080-LC50-48QVB		28		20		3	6
2080-LC50-48QWB		28	20				6

用户选型时，除了要关注 I/O 点数，包括数字量输入、数字量输出、HSC、PTO 支持

外，还需要注意数字量输入和输出的类型。对于模拟量，要注意信号的种类（电流或电压，单极性或双极性）、分辨率、采样速率、通道隔离等是否满足要求。

对于单机控制的控制器选型，其硬件配置过程是：首先确定系统对各种类型 I/O 点的要求以及通信需求等，然后确定主控制器模块，接着确定功能性插件，最后确定扩展模块。待这些确定后可以确定控制器电源模块。

表 2-2 所示为 Micro850 具有主机点数为 48 点控制器的通用技术参数，在使用时，一般要特别注意"I/O 额定值"，要保证电源类型和容量符合要求。控制器的输入和输出技术参数见表 2-3 和表 2-4。

表 2-2 Micro850 48 点控制器通用技术参数

属性	2080-LC50-48AWB		2080-LC50-48QWB	2080-LC50-48QVB	2080-LC50-48QBB
I/O 数量	48(28 个输入, 20 个输出)				
尺寸(长×宽×高)	90mm×238mm×80mm(3.54in×9.37in×3.15in)				
近似运输重量	0.725kg(1.60lb)				
线规		最小值	最大值		
	单芯	0.2mm²(24AWG)	2.5mm²(14AWG)	最高额定绝缘温度为 90℃(194℉)	
	多芯	0.2mm²(24AWG)	2.5mm²(14AWG)		
接线类别	2——信号端口 2——电源端口 2——通信端口				
线类型	仅使用铜导线				
端子螺钉扭矩	0.4~0.5N·m(3.5~4.4lb-in) (使用 0.6×3.5mm 一字螺钉旋具)				
输入电路类型	AC 120V		DC 24V 灌入型/拉出型(标准和高速)		
输出电路类型	继电器			DC 24V 灌入型 (标准和高速)	DC 24V 拉出型 (标准和高速)
功耗	33W				
电源电压范围	20.4…26.4V DC 2 类				
I/O 额定值	输入 AC 120V,16mA 输出 2A,AC 240V; 2A,DC 24V		输入 DC 24V,8.8mA 输出 2A,AC 240V;2A、 DC 24V	输入 DC 24V,8.8mA 输出 DC 24V,1A/点(周围空气温度 30℃) DC 24V,0.3A/点(周围空气温度 65℃)	
绝缘剥线长度	7mm(0.28in.)				
外壳防护等级	符合 IP20				
一般用途额定值	C300,R150			—	
隔离电压	250V(连续),强化绝缘型,输出至辅助和网络,输入至输出类型测试:DC 3250V 下持续 60s,输出至辅助和网络,输入至输出 150V(连续),强化绝缘型,输入至辅助和网络类型测试:DC 1950V 下持续 60s,输入至辅助和网络		250V(连续),强化绝缘型,输出至辅助和网络,输入至输出类型测试:DC 3250V 下持续 60s,输出至辅助和网络,输入至输出 50V(连续),强化绝缘型,输入至辅助和网络类型测试:DC 720V 下持续 60s,输入至辅助和网络	50V(连续),强化绝缘型,I/O 至辅助和网络,输入至输出 类型测试:DC 320V 下持续 60s,I/O 至辅助和网络,输入至输出	

表 2-3　Micro850 48 点控制器输入技术参数

属性	2080-LC50-48AWB	2080-LC50-48QWB/2080-LC50-48QVB/2080-LC50-48QBB	
	120V 交流输入	高速直流输入（输入 0~11）	标准直流输入（输入 12 及以上）
输入数量	28	12	16
输入组与背板隔离	经下列绝缘强度测试验证：AC 1950V，持续 2s　150V 工作电压低（IEC 2 类强化绝缘）	经下列绝缘强度测试验证：DC 720V，持续 2s　DC 50V 工作电压（IEC 2 类强化绝缘）	
电压类别	AC 110V	DC 24V 灌入型/拉出型	
工作电压范围	最大 132V,60Hz AC	16.8⋯DC 26.4V/65℃（149℉） 16.8⋯DC 30.0V/30℃（86℉）	10⋯DC 26.4V/65℃（149℉） 10⋯DC 30.0V/30℃（86℉）
最大断态电压	AC 20V	DC 5V	
最大断态电流	1.5mA	1.5mA	
最小通态电流	5mA/AC 79V	5.0mA/DC 16.8V	1.8mA/DC 10V
标称通态电流	12mA/AC 120V	7.6mA/DC 24V	6.15mA/DC 24V
最大通态电流	16mA/AC 132V	12.0mA/DC 30V	
标称阻抗	12kΩ/50Hz 10kΩ/60Hz	3kΩ	3.74kΩ
IEC 输入兼容性	类型 3		
最大浪涌电流	250mA/AC 120V	—	
最大输入频率	63Hz	—	

表 2-4　Micro850 48 点控制器输出技术参数

属性	2080-LC50-48AWB/2080-LC50-48QWB	2080-LC50-48QVB/2080-LC50-48QBB	
	继电器输出	高速输出（输出 0~3）	标准输出（输出 4 及以上）
输出数量	20	4	16
最小输出电压	DC 5V,AC 5V	DC 10.8V	DC 10V
最大输出电压	DC 125V,AC 265V	DC 26.4V	DC 26.4V
最小负载电流	10mA		
最大负载电流	2.0A	100mA（高速运行） 1.0A/30℃ 0.3A/65℃（标准运行）	1.0A/30℃ 0.3A/65℃（标准运行）
每个点的浪涌电流	—	30℃下每 1s 内 4.0A 的浪涌电流持续 10ms； 65℃下每 2s 内 4.0A 的浪涌电流持续 10ms	
每个公共端的最大电流	5A	—	
最长接通时间/关断时间	10ms	2.5μs	0.1ms 1ms

2.1.2　Micro850 控制器的硬件特性

1. Micro850 控制器及其扩展配置

Micro850 控制器可以在单机控制器的基础上，根据控制器类型的不同，进行功能扩展。

它最大可容纳 2~5 个功能性插件模块，额外支持 4 个扩展 I/O 模块。使得其 I/O 点最高达到 132 点。图 2-2 所示为 48 点控制器加上电源附件、功能性插件和扩展 I/O 模块后的最大配置情况。与其他一体式控制器不同，Micro850 控制器主机不带电源，需要另外根据主机及扩展模块的功率要求选择外部电源模块（如 2080-PS120-AC 240V）。电源等级为 DC 24V 类型的数字量输入和输出模块也需要外接电源，通常为这些设备另外配接电源模块以驱动负载，控制器的附件电源只作为控制器本身的工作电源。为了抑制干扰，在有些应用场合，控制器工作电源模块的 AC 220V 进线要经过隔离变压器。

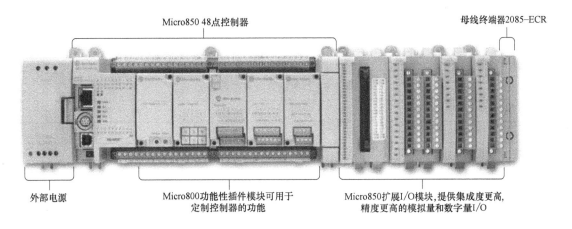

图 2-2 Micro850 控制器及其扩展配置

2. Micro850 控制器主机

（1）Micro850 控制器主机的组成

虽然 Micro850 控制器和其他厂家微型的 PLC 一样，可以外扩模块，但传统上，这类控制器仍然属于一体式微型控制器，因此其硬件结构包括一体式主机和扩展部分。其 48 点的控制器和状态指示灯如图 2-3 所示。控制器的说明及状态指示的说明分别见表 2-5 和表 2-6。

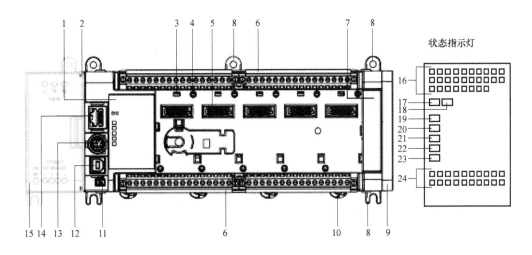

图 2-3 Micro850 48 点控制器和状态指示灯

表 2-5　控制器的说明

	说　明		说　明
1	状态指示灯	9	扩展 I/O 插槽盖
2	可选电源插槽	10	DIN 导轨安装锁销
3	插件锁销	11	模式开关
4	插件螺钉孔	12	B 型连接器 USB 端口
5	40 针高速插件连接器	13	RS232/RS485 非隔离式组合串行端口
6	可拆卸 I/O 端子块	14	RJ-45 EtherNet/IP 连接器（带嵌入式黄色和绿色 LED 指示灯）
7	右侧盖		
8	安装螺钉孔/安装脚	15	可选交流电源

表 2-6　控制器状态指示说明

	说　明		说　明
16	输入状态	21	故障状态
17	模块状态	22	强制状态
18	网络状态	23	串行通信状态
19	电源状态	24	输出状态
20	运行状态		

控制器上的状态指示灯可以帮助用户更好地了解控制器的工作状态和一些外部信号状态，这些状态指示灯含义如下：

1）输入状态：熄灭表示输入未通电；点亮表示输入已通电（端子状态）。

2）电源状态：熄灭表示无输入电源或电源出现错误；绿灯表示电源接通。

3）运行状态：熄灭表示未执行用户程序；绿灯长亮表示正在运行模式下执行用户程序；绿灯闪烁表示存储器模块传输中。

4）故障状态：熄灭表示未检测到故障；红灯长亮表示控制器出现硬件故障；红灯闪烁表示检测到应用程序故障。

5）强制状态：熄灭表示未激活强制条件；琥珀色灯亮表示强制条件已激活。

6）输出状态：熄灭表示输出未通电；点亮表示输出已通电（逻辑状态）。

7）模块状态：常灭表示未上电；绿灯闪烁表示待机；绿灯长亮表示设备正在运行；红灯闪烁表示次要故障（主要和次要可恢复故障）；红灯长亮表示主要故障（不可恢复故障）；绿灯红灯交替闪烁表示自检。

在控制器的运行、调试和维护工作中，要充分利用状态指示灯的外部信息。例如，对于控制器的 DO 输出，即使外部不接负载，如果程序运行或通过强制使其有输出，且相应点的指示灯是亮的，即表示该输出状态正常。如果该路输出带了负载，而负载不动作，则需要检查外部负载的接线，而不是检查程序。当然，控制器的状态信息也可通过编程软件来查看。通过编程软件可以看到控制器内部更多的信息。

（2）通信接口

1）USB 接口。Micro800 系列控制器具有一个 USB 接口，可将标准 USB A 公头对 B 公头电缆作为控制器的编程电缆。

2）串行接口。控制器上还有一个嵌入式串行端口，可以使用该串行端口进行编程，所有嵌入式串行端口电缆长度均不得超过 3m。串行通信状态可通过串行通信指示灯反映，若灯熄灭，表示 RS 232/RS 485 无通信；若绿灯亮表示 RS 232/RS 485 上有通信。

3）嵌入式以太网。对于 Micro850 控制器，可通过其自带的 10/100 Base-T 端口（带嵌入式绿色和黄色 LED 指示灯）使用任何标准 RJ-45 以太网电缆将其连接到以太网，实现网络编程和通信。LED 指示灯用于指示以太网通信的发送和接收状态。以太网端口引脚映射如图 2-4 所示。网络状态指示说明见表 2-7。

触点编号	信号	方向	主要功能
1	TX+	OUT	发送数据+
2	TX−	OUT	发送数据−
3	RX+	IN	差分以太网接收数据+
4			端接
5			端接
6	RX−	IN	差分以太网接收数据−
7			端接
8			端接
屏蔽			框架地

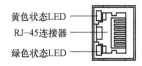

黄色状态LED

RJ-45连接器

绿色状态LED

黄色状态LED指示有连接(黄色常亮)或无连接(熄灭)。

绿色状态LED指示有活动(绿色闪烁)或无活动(熄灭)。

图 2-4　以太网端口引脚映射

表 2-7　网络状态指示说明

序号	状态	说　明
1	常灭	未上电，无 IP 地址。设备电源已关闭，或设备已上电但无 IP 地址
2	绿灯闪烁	无连接。IP 地址已组态,但没有连接以太网应用
3	红灯闪烁	连接超时（未接通）
4	红灯常亮	IP 重复,设备检测到其 IP 地址正被网络中另一设备使用,此状态只有启用了设备的重复 IP 地址检测（ACD）功能才适
5	绿灯红灯交替闪烁	自检。设备正在执行上电自检（POST）。执行 POST 期间,网络状态指示灯变为绿灯和红灯交替闪烁

（3）控制器安装

1）DIN 导轨安装。在 DIN 导轨上安装模块之前，使用一字螺钉旋具向下撬动 DIN 导轨锁销，直至其到达不锁定位置。先将控制器 DIN 导轨安装部位的顶部挂在 DIN 导轨中，然后按压底部直至控制器卡入 DIN 导轨，最后将 DIN 导轨锁销按回至锁定位置。

2）面板安装。首先将控制器按在要安装的面板上，确保控制器与外部设备保持正确间距，以利于其散热和通风，减少外部干扰。通过安装螺钉孔和安装脚标记钻孔，然后取下控制器。在标记处钻孔，最后将控制器放回并进行安装。

（4）控制器外部接线

Micro850 控制器有 12 种型号，不同型号的控制器的 I/O 配置不同。下面以 48 点产品目录号分别为 2080-LC30-48QVB/2080-LC30-48QBB/2080-LC50-48QVB/2080-LC50-48QBB 控制

器为例，介绍 Micro850 控制器的输入输出端子及其信号模式。

1）输入输出端子。上述主机为 48 点控制器的外部接线如图 2-5 和图 2-6 所示。在接线时应按照要求接线。输入输出端子中的公共端（COM）一般都是内部短接的，即用户不需要用导线在端子上将它们连接。

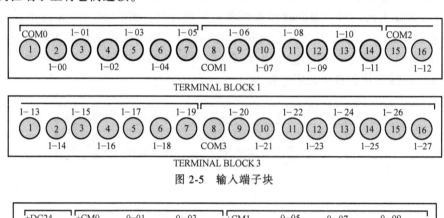

图 2-5　输入端子块

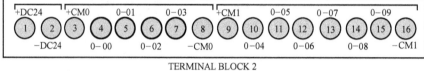

图 2-6　输出端子块

2）输入输出类型。选择控制器的数字量输入和输出时，要注意模块的"Sink"（灌入）或"Source"（拉出）类型。所谓的灌入或拉出，是针对 I/O 口而言的，如果电流是向 I/O口流入，则为灌入，如果电流是从 I/O 口流出则为拉出。有些厂家也称"Sink"为"漏型"，"Source"为"源型"。罗克韦尔自动化称这两种类型为灌入型和拉出型。之所以有这方面的要求，是因为有些外设（如接近开关）需要开关电源供电，由于接近开关有 NPN 和PNP 型，因此对电源的极性接法要求不同。而接近开关要和控制器的数字量输入连接，因此要考虑电流的方法。同样，对于像发光二极管等外部设备，控制器的数字量输出要驱动它，而发光二极管是有电流方向要求的。

当然不是所有的情况下都要考虑模块的灌入型和拉出型。当外设对电流方向没有要求时，就可以不考虑。例如，在工业现场，出于电气隔离的考虑，会将所有的开关量信号都通过继电器进行隔离，再将继电器的触点与控制器的数字量输入连接，这时选用哪种类型都可以。另外，如果负载是继电器，也不用考虑（当继电器线圈通断状态带 LED 指示时，就需要考虑连接方式了，否则继电器能工作，但接通时其 LED 指示灯不亮）。

Micro850 控制器的数字量输入和输出可分为灌入型和拉出型（这仅针对数字量输入，对模拟量输入则没有灌入型和拉出型之分），其接线如图 2-7~图 2-10 所示。

查看图 2-11，通过看控制器模块内部电路和外部电路，特别是 I/O 口的电流流向，读者可以更好地理解这两种不同的输入信号类型及其工作电路。

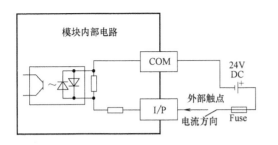

图 2-7　灌入型输入接线图

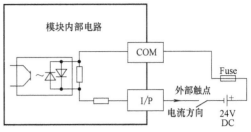

图 2-8　拉出型输入接线图

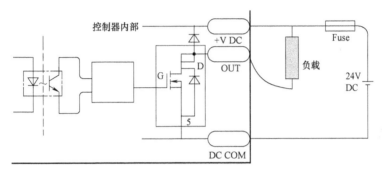

图 2-9　灌入型输出接线图

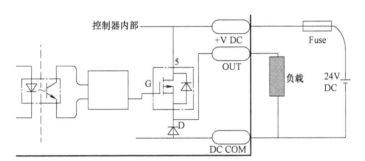

图 2-10　拉出型输出接线图

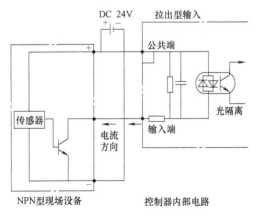

a) NPN 外部设备与拉出型模块连接信号流　　　　b) PNP 外部设备与灌入型模块连接信号流

图 2-11　Sink 和 Source 模式时电路原理图

2.2　Micro800 系列控制器功能性插件及其组态

2.2.1　功能性插件模块

1. Micro800 系列控制器功能性插件模块概述

Micro800 系列控制器通过尺寸紧凑的功能性插件模块改变基本单元控制器的"个性"，扩展嵌入式 I/O 的功能而不会增加控制器所占的空间，同时还可以增强通信功能，利用第三方产品合作伙伴的专长，开发各种功能模块，提升控制器功能，并与控制器更紧密地集成。功能性插件的灵活性能够充分地为 Micro830 和 Micro850 控制器所用。

功能性插件模块包括数字、模拟、通信和各种专用类型的模块，具体型号及参数说明见表 2-8。除了 2080-MEMBAK-RTC 功能性插件外，所有其他的功能性插件模块都可以插入到 Micro830/Micro850 控制器的任意插件插槽中。

表 2-8　Micro800 系列控制器功能性插件模块的技术规范

模块	类型	说　　明
2080-IQ4	离散	4 点，DC 12/24V 灌入型/拉出型输入
2080-IQ4OB4	离散	8 点，组合型，DC 12/24V 灌入型/拉出型输入 DC 12/24V 拉出型输出
2080-IQ4OV4	离散	8 点，组合型，DC 12/24V 灌入型/拉出型输入 DC 12/24V 灌入型输出
2080-OB4	离散	4 点，DC 12/24V 拉出型输出
2080-OV4	离散	4 点，DC 12/24V 灌入型输出
2080-OW4I	离散	4 点，交流/直流继电器输出
2080-IF2	模拟	2 通道，非隔离式单极电压/电流模拟量输入
2080-IF4	模拟	4 通道，非隔离式单极电压/电流模拟量输入
2080-OF2	模拟	2 通道，非隔离式单极电压/电流模拟量输出
2080-TC2	专用	2 通道，非隔离式热电偶模块
2080-RTD2	专用	2 通道，非隔离式热电阻模块
2080-MEMBAK-RTC	专用	存储器备份和高准确度实时时钟
2080-TRIMPOT6	专用	6 通道微调电位计模拟量输入
2080-SERIALISOL	通信	RS232/485 隔离式串行端口

有些 PLC 厂家，如日本三菱电机也有类似的这种功能性插件，但其种类远没有罗克韦尔自动化 Micro830/Micro850 控制器丰富。三菱电机小型 PLC 只有通信功能性插件，没有 AI、AO、DI 和 DO 功能性插件。要扩展这些 I/O 点，只有采用外部的扩展模块，这也是绝大多数 PLC 厂商的小型 PLC 所采用的扩展 I/O 点的策略。

2. Micro830/Micro850 控制器功能性插件模块特性

（1）离散型功能性插件

这些模块将来自用户设备的交流或直流通/断信号转换为相应的逻辑电平，以便在处理器中使用。只要指定的输入点发生通到断或断到通的转换，模块就会用新数据更新控制器。离散型功能性插件功能较简单，比较容易使用。

（2）模拟量功能性插件

2080-IF2 或 2080-IF4 功能性插件能够提供额外的嵌入式模拟量 I/O，2080-IF2 最多可增加 10 个模拟量输入，而 2080-IF4 最多可增加 20 个模拟量输入，并提供 12 位分辨率。它们的输入技术参数见表 2-9。

表 2-9　2080-IF2、2080-IF4 主要输入技术参数

属　性	2080-IF2	2080-IF4
非线性度（满量程的百分比）	±0.1%	
可重复性	±0.1%	
整个温度范围内的模块误差，−20~65℃（−4~149℉）	电压：±1.5% 电流：±2.0%	
输入通道组态	通过组态软件屏幕或用户程序	
现场输入校准	不需要	
扫描时间	180ms	
输入组与总线的隔离	无隔离	
通道与通道的隔离	无隔离	
最大电缆长度	10m	

2080-OF2 功能性插件能够提供额外的嵌入式模拟量 I/O，它最多可增加 10 个模拟量输出，并提供 12 位分辨率。其输出技术参数见表 2-10。这些功能性插件可在 Micro830/Micro850 控制器的任意插槽中使用，不支持带电插拔（RIUP）。从表中可以看出，模拟量功能性插件的最大电缆长度只有 10m，因此，这种插件主要适用于单机控制应用，而不适用于工业生产应用，因为传感器或执行器到控制器输入输出模块端子的距离要远远超过 10m。

表 2-10　2080-OF2 输出技术参数

属　性	2080-OF2
输出数，单端	2
模拟量正常工作范围	电压：DC 10V 电流：0~20mA
最大分辨率	12 位（单极性）
输出计数范围	0~65535
最大 D/A 转换速率（所有通道）	2.5ms
达到 63% 时的阶跃响应	5ms
电压输出时的最大电流负载	10mA
电流输出时的阻性负载	Ω（包括导线电阻）
电压输出时的负载范围	>1kΩ@ DC 10V
最大感性负载（电流输出）	0.01mH
最大电容性负载（电压输出）	0.1μF
总体精度	电压端子：±1%满量程@ 25℃ 电流端子：±1%满量程@ 25℃
非线性度（满量程的百分比）	±0.1%
可重复性（满量程的百分比）	±0.1%

（续）

属　性	2080-OF2	
整个温度范围内的输出误差，-20~65℃（-4~149℉）	电压：±1.5%	
	电流：±2.0%	
开路和短路保护	是	
输出过电压保护	是	
输入组与总线的隔离	无隔离	
通道与通道的隔离	无隔离	
最大电缆长度	10m	

2080-IF4 与传感器的接线如图 2-12 所示。电压变送器或电流变送器与模块连接时都不需要外接电源，而由模块内部电源向有关的端子供电。2080-OF2 与外部负载的接线如图 2-13 所示。电压负载或电流负载与模块连接时都不需要外接电源，而由模块的端子供电。

对于不同的输入输出信号类型，模拟量功能性插件模块除了要在软件中进行相应设置外，在端子接线时也是不一样的，这点应十分注意。

（3）专用功能性插件

1）非隔离式热电偶和热电阻功能性插件模块 2080-TC2 和 2080-RTD2。这些功能性插件模块（2080-TC2 和 2080-RTD2）能够在

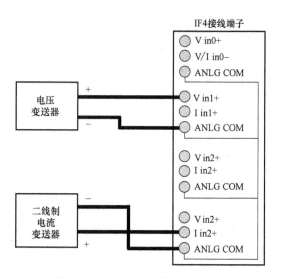

图 2-12　2080-IF4 与传感器的接线

使用 PID 时，帮助实现温度控制。这些功能性插件可在 Micro830/Micro850 控制器的任意插槽中使用，不支持带电插拔。

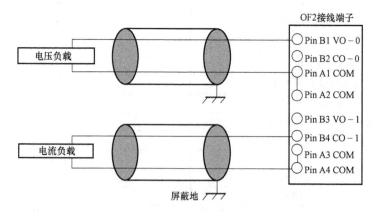

图 2-13　2080-OF2 与外部负载的接线

2080-TC2 双通道功能性插件模块支持热电偶测量。该模块可对 8 种热电偶传感器（分度号为 B、E、J、K、N、R、S 和 T）的任意组合中的温度数据进行数字转换和传输，模块

随附的外部 NTC 热敏电阻能提供冷端温度补偿。通过 CCW 编程组态软件，可单独为各个输入通道组态特定的传感器、滤波频率。该模块支持超范围和欠范围条件报警，即对于所选定的传感器，当通道温度输入低于正常温度范围的最小值，则模块将通过 CCW 编程组态软件的全局变量报告欠范围错误；如果通道读取高于正常温度范围的最大值，则报告超范围错误。欠范围和超范围错误报告检查并非基于 CCW 编程组态软件的温度数据计数，而是基于功能性插件模块的实际温度（℃）或电压。

2080-RTD2 模块最多可支持两个通道的热电阻测量应用。该模块支持 2 线和 3 线热电阻传感器接线。它对模拟量数据进行数字转换，然后再在其映象表中传送转换的数据。该模块支持与最多 11 种热电阻传感器的任意组合相连接。通过 CCW 编程组态软件，可对各通道单独组态。组态为热电阻输入时，模块可将热电阻读数转换成温度数据。和 2080-TC2 一样，该模块也支持超范围和欠范围条件报警处理。

为了增加抗干扰能力，提高测量准确度，2080-TC2 和 2080-RTD2 模块使用的所有电缆均必须是屏蔽双绞线，且屏蔽线必须短接到控制器端的机架地。建议使用 22AWG（American Wire Gauge）导线连接传感器和模块。为获取稳定一致的读数，传感器应外包油浸型热电阻保护套管。

热电偶和热电阻功能性插件完成了模/数转换后，把转换结果存储在全局变量中。表 2-11 描述了 CCW 编程组态软件全局变量中从热电偶和热电阻功能性插件模块读取的位/字信息。表 2-11 中的位信息及其含义见表 2-12。

表 2-11　全局变量数据映射表

字偏移量	位															
	15	14	13	12	11	10	09	08	07	06	05	04	03	02	01	00
00（如：_IO_P1_A1_00）	通道 0 的温度数据															
01（如：_IO_P1_A1_01）	通道 1 的温度数据															
02（如：_IO_P1_A1_02）	通道 0 的信息															
	UKT	UKR	保留				保留		OR	UR	OC	DI	CC	保留		
03（如：_IO_P1_A1_03）	通道 1 的信息															
	UKT	UKR	保留				保留		OR	UR	OC	DI	CC	保留		
04（如：_IO_P1_A1_04）	系统信息															
	保留			SOR	SUR	COC	CE	保留								

表 2-12　位定义说明

位名称	说　明
通道温度数据	从摄氏温度映射的温度计数值,包含一位小数
UKT（未知类型）	该位置位用于报告组态中的未知类型传感器错误
UKR（未知速率）	该位置位用于报告组态中的未知更新速率错误
OR（超范围）	该位置位表示通道输入超出范围。通道温度数据将显示所使用的各类型传感器的最大温度计数值,该值在超范围错误清除后才会变化
UR（欠范围）	该位置位表示通道输入欠范围。通道温度数据将显示所使用的各类型传感器的最小温度计数值,该值在欠范围错误清除后才会变化

(续)

位名称	说　明
OC(开路)	该位置位表示通道输入传感器开路
DI(非法数据)	通道数据字段中的数据为非法数据,用户无法使用。温度数据不可使用时,该位置位
CC(代码已校准)	该位置位表示温度数据已通过系统校准系数校准
SOR(系统超范围)	该位置位表示系统超范围错误,即环境温度高于 70℃
SUR(系统欠范围)	该位置位表示系统欠范围错误,即环境温度低于-20℃
COC(CJC 开路)	该位置位表示没有为热电偶模块连接 CJC 传感器,即开路 该位仅针对热电偶模块
CE(校准错误)	该位置位表示模块准确度不佳。默认情况下该位设置为 0,且应始终为 0。如果值不是 0,请联系技术支持人员

为了保持从热电偶和热电阻功能性插件模块读取的温度值的准确度,在将实际温度传送至 CCW 编程组态软件之前,会在固件中进行常规的数据映射转换,即固件将摄氏温度映射为 CCW 编程组态软件的数据计数,其计算公式为

$$CCW 编程组态软件的数据计数 = [温度(℃)+270.0]\times10$$

根据表 2-11 中两个通道的映射数据,可以根据以下公式得出摄氏温度值:

$$温度(℃) = (映射数据-2700)/10$$

2)存储器备份和高准确度实时时钟功能性插件模块 2080-MEMBAK-RTC。该插件可生成控制器中项目的副本,并增加准确的实时时钟功能而无需定期校准或更新。它还可用于复制/更新 Micro830/Micro850 应用程序代码。但是它不可用作附加的运行程序或数据存储。该插件本身带电,因此只可将其安装在 Micro830/Micro850 控制器最左端的插槽(插槽 1)中。该插件支持带电热插拔。

3)Micro800 6 通道微调电位计模拟量输入功能性插件模块 2080-TRIMPOT6。该插件可增加 6 个模拟量预设以实现速度、位置和温度控制。此功能性插件可在 Micro830/Micro850 控制器的任意插槽中使用。不支持带电插拔(RIUP)。

4)通信功能性插件模块 2080-SERIALISOL。2080-SERIALISOL RS232/RS485 隔离式串行端口功能性插件模块支持 CIP Serial(仅 RS232)、Modbus RTU(仅 RS232)以及 ASCII(仅 RS232)协议。不同于嵌入式 Micro830/Micro850 串行端口,该端口是电气隔离的,因此非常适合连接噪声设备(如变频器和伺服驱动器),以及长距离电缆通信,使用 RS485 时最长距离为 100m。

2.2.2　功能性插件组态

1. 功能性插件组态步骤

以下步骤使用带 3 个功能性插件插槽的 Micro850 24 点控制器来说明组态过程。本示例中采用 2080-RTD2 和 2080-TC2 功能性插件模块。

1)启动 CCW 编程组态软件,并打开 Micro850 项目。在项目管理器窗格中,右键单击 Micro850 并选择"打开"(Open),将显示"控制器属性"(Controller Properties)界面。

2)要添加 Micro850 功能性插件,可通过以下两种方式实现。

① 右键单击想要组态的功能性插件插槽,然后选择功能性插件,如图 2-14 所示。

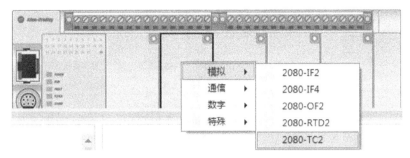

图 2-14　在设备图形界面添加功能性插件

② 右键单击控制器属性树中的功能性插件插槽,然后选择想要添加的功能性插件,如图 2-15 所示。

上述操作完成后,设备组态窗口中的设备图形界面和控制器属性界面都将显示所添加的功能性插件模块,如图 2-16 所示。

3) 单击 2080-RTD2 或 2080-TC2 功能性插件模块,设置组态属性。

图 2-15　在控制器属性界面添加功能性插件

a) 设备图形界面　　　　　　　　　　　b) 控制器属性界面

图 2-16　添加完两个功能性插件后的控制器

① 为 2080-TC2 指定通道 0 的"热电偶类型"(Thermocouple Type) 和"数据更新速率"(Update Rate)。通道 1 的"热电偶类型"为类型 E 和"数据更新速率"为 12.5Hz。通道 0 的热电偶为默认的类型 K,默认数据更新速率为 16.7Hz,如图 2-17a 所示。

② 为 2080-RTD2 指定"热电阻类型"(RTD 类型) 和"数据更新速率"(Update Rate)。热电阻的默认传感器类型为 100 Pt 385,默认数据更新速率为 16.7Hz,如图 2-17b 所示。

③ 2080-IF2 或 2080-IF4 是常用的模拟量模块。2080-IF2 的组态如图 2-18 所示。该模块的电流输入是 0~20mA,对应的数字量是 0~65535。若传感器是 4~20mA 标准信号,需要进行零点处理。具体见 2.2.3 节。

2. 功能性插件错误的处理

功能性插件在使用过程中会出现错误,可以根据其错误代码,进行初步的处理或恢复操作。部分功能性插件模块可能的错误代码及其处理措施见表 2-13。

a) 设置2080-TC2通道参数

b) 设置2080-RTD2通道参数

图 2-17　温度测量功能性插件通道设置

图 2-18　设置 2080-IF2 通道参数

表 2-13　Micro800 功能性插件的错误代码列表及建议的处理措施

错误代码	说明	建议的处理措施
在以下 4 个错误代码中，z 表示功能性插件模块的插槽编号。如果 z = 0，则无法识别插槽编号		
0xF0Az	功能性插件 I/O 模块在运行过程中出现错误	执行下列一项操作： ● 检查功能性插件 I/O 模块的状态和运行情况 ● 对 Micro800 控制器循环上电
0xF0Bz	功能性插件 I/O 模块组态与检测到的实际 I/O 组态不匹配	执行下列一项操作： ● 更正用户程序中的功能性插件 I/O 模块组态，使其与实际的硬件配置相匹配 ● 检查功能性插件 I/O 模块的状态和运行情况 ● 对 Micro800 控制器循环上电 ● 更换功能性插件 I/O 模块

（续）

错误代码	说明	建议的处理措施
在以下 4 个错误代码中,z 表示功能性插件模块的插槽编号。如果 z=0,则无法识别插槽编号		
0xF0Dz	对功能性插件 I/O 模块上电或移除功能性插件 I/O 模块时发生硬件错误	执行以下一项操作： ● 在用户程序中更正功能性插件 I/O 模块组态 ● 使用一体化编程组态软件构建并下载该程序 ● 对 Micro800 控制器进入运行模式
0xF0Ez	功能性插件 I/O 模块组态与检测到的实际 I/O 组态不匹配	执行以下一项操作： ● 在用户程序中更正功能性插件 I/O 模块组态 ● 使用一体化编程组态软件构建并下载该程序 ● 对 Micro800 控制器进入运行模式

2.2.3　2080-IF2 模块用于温度采集示例

某温度测控系统配置了热电阻进行温度采集，Pt100 热电阻为三线制，温度变送器为二线制仪表，两者配接进行信号采集。其中测温范围为−50～150℃，温度变送器输出为4～20mA。假设所用控制器为 Micro820，在该控制器的第一个插件模块位置插入 2080-IF2，设置该模块的通道 0 为电流输入，对全局变量的通道 0（_IO_PI_AI_00）分配别名"AI0"，定义全局变量 M820Temp 保存转换后的温度，其他变量都是变量变换所需要的局部变量，这些变量的第一个字母是小写英文字母l。然后分别用 ST 语言与梯形图进行编程。

（1）ST 语言程序

```
1  lReal_AI0:= ANY_TO_REAL(_IO_P1_AI_00);
2  (* 0-20mA的数字量是0-65535;4-20ma对应-50-150度，即4mA对应50度，0-20ma就对应-100到150*)
3  M820Temp:= lReal_AI0 /65535.0*250.0-100.0;
```

（2）梯形图程序

该温度采集程序还可以通过梯形图来编写，如图 2-19 所示。梯形图程序实现的功能也

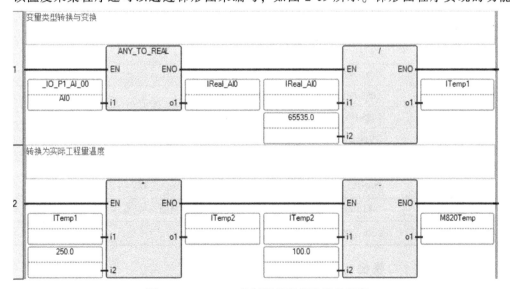

图 2-19　Micro800 控制器实现温度采集程序

是先前介绍的一系列数学变换。从上述 ST 语言编写的程序和梯形图程序的对比可以看出，用 ST 语言编写数学变换的程序是多么的简洁。关于编程语言的详细介绍和程序设计技术，可参考本书的第 3 和第 5 章。

2.3 Micro850 控制器扩展模块及其组态

2.3.1 Micro850 控制器扩展模块

1. Micro850 控制器扩展模块概述

Micro850 控制器扩展模块牢固地卡在 Micro850 控制器右侧，带有便于安装、维护和接线的可拆卸端子块；高集成度数字量和模拟量 I/O 减少了所需空间；隔离型的高分辨率模拟量、RTD 和 TC（分辨率高于功能性插件模块），准确度更高。可以将最多 4 个扩展 I/O 模块以任何组合方式连接至 Micro850 控制器，只要这些嵌入式、插入式和扩展离散 I/O 点的总数小于或等于 132。Micro850 扩展模块如图 2-20 所示。Micro850 扩展模块的技术规范见表 2-14。

图 2-20　Micro850 控制器扩展模块

表 2-14　Micro850 控制器扩展模块的技术规范

扩展 I/O 模块		
类别	产品目录号	描　述
数字量 I/O	2085-IQ16	16 点数字量输入，DC 12/24V，灌入型/拉出型
	2085-IQ32T	32 点数字量输入，DC 12/24V，灌入型/拉出型
	2085-OV16	16 点数字量输出，DC 12/24V，灌入型
	2085-OB16	16 点数字量输出，DC 12/24V，拉出型
	2085-OW8	8 点继电器输出，2A
	2085-OW16	16 点继电器输出，2A
	2085-IA8	8 点 120VAC 输入
	2085-IM8	8 点 240VAC 输入
	2085-OA8	8 点 120/240VAC 输出
模拟量 I/O	2085-IF4	4 通道模拟量输入，0~20mA，-10V~+10V，隔离型，14 位
	2085-IF8	8 通道模拟量输入，0~20mA，-10V~+10V，隔离型，14 位
	2085-OF4	4 通道模拟量输出，0~20mA，-10V~+10V，隔离型，12 位
专用	2085-IRT4	4 通道 RTD 以及 TC，隔离型，±0.5℃
母线终端器	2085-ECR	终端盖板

2. 数字量扩展 I/O 模块

Micro830/850 数字量扩展 I/O 模块是用于提供开关检测和执行的输入输出模块。数字量扩展模块主要包括：2085-IA8、2085-IM8、2085-IQ16 和 2085-IQ32T。数字量扩展 I/O 模块在每个输入/输出点都有一个黄色状态指示灯，用于指示各点的通/断状态。

3. 模拟量扩展 I/O 模块

（1）模拟量与数字量转换

2085-IF4 和 2085-IF8 模块分别支持四路和八路输入通道，而 2085-OF4 支持四路输出通道。各通道可组态为电流或电压输入/输出，默认情况下组态为电流模式。

为了更好地了解模拟量模块的信号转换，需要了解以下几个概念：

1）原始/比例数据。向控制器显示的值与所选输入成比例，且缩放成 A/D 转换器位分辨率所允许的最大数据范围。例如，对于电压范围是 $-10\sim10$V 的用户输入数据二进制值范围是 $-32768\sim32767$，此范围覆盖来自传感器的 $-10.5\sim10.5$V 满量程范围。

2）工程单位。模块将模拟量输入数据缩放为所选输入范围的实际电流或电压值。工程单位的分辨率是 0.001V 或 0.001mA 每计数。

3）范围百分比。输入数据以正常工作范围的百分比形式显示。例如，$0\sim10$V DC 相当于 $0\sim100\%$。也支持高于和低于正常工作范围（满量程范围）的量值。

4）满量程范围

① 有效范围为 $0\sim20$mA 信号的满量程范围值是 $0\sim21$mA。

② 有效范围 $4\sim20$mA 信号的满量程范围值是 $3.2\sim21$mA。

③ 有效范围 $-10\sim10$V 信号的满量程范围值是 $-10.5\sim10.5$V。

④ 有效范围 $0\sim10$V 信号的满量程范围值是 $-0.5\sim10.5$V。

2085-IF4、2085-IF8 和 2085-OF4 数据格式的有效范围见表 2-15。各数据格式的有效范围与各类型/范围（或正常范围）的满量程范围相对应。例如，$0\sim20$mA 有效范围的信号的满量程范围是 $0\sim21$mA（表中为 $0\sim21000$，因为该数值单位是 0.001mA）。其范围百分比是 $0\sim105\%$（表中为 $0\sim10500$，因为该数值单位是 0.01%）。其他以此类推。

表 2-15　2085-IF4、2085-IF8 和 2085-OF4 数据格式的有效范围

数据格式	类型/范围			
	$0\sim20$mA	$4\sim20$mA	$-10\sim10$V	$0\sim10$V
原始/比例数据	$-32768\sim32767$			
工程单位	$0\sim21000$	$3200\sim21000$	$-10500\sim10500$	$-500\sim10500$
范围百分比	$0\sim10500$	$-500\sim10625$	不支持	$-500\sim10500$

可以采用式（2-1）实现模拟值与数据格式的相互转换。

$$Y=\frac{(X-X_{f\min})*Y_{f\mathrm{scale}}}{X_{\mathrm{scale}}}+Y_{f\min} \tag{2-1}$$

式中，X 为原始数据；$X_{f\min}$ 为 X 满量程范围的最小值；X_{scale} 为 X 对应的满量程范围；$Y_{f\mathrm{scale}}$ 为 Y 的满量程范围；$Y_{f\min}$ 为 Y 的满量程范围的最小值。

例如：假设信号范围为 $4\sim20$mA，求原始/比例数据 X 等于 -20000 时的模拟值 Y。根据题意，这里给定 $X=-20000$，$X_{f\min}=-32768$，$X_{\mathrm{scale}}=32767-(-32768)=65535$，$Y_{f\mathrm{scale}}=21-3.2=17.8$mA，$Y_{f\min}=3.2$mA，代入式（2-1）可得

$$Y = \frac{[20000-(-32768)] \times 17.8}{65535} + 3.2 = 6.668 \text{mA}$$

假设信号范围为 4~20mA 的传感器信号为 $X = 10$mA，求其转换后的二进制 Y 值，这时也可以采用式（2-1）计算。

根据题意，这里给定 $X = 10$mA，$X_{fmin} = 3.2$mA，$X_{scale} = 21-3.2 = 17.8$mA，$Y_{fscale} = 32767$ $-(-32768) = 65535$，$Y_{fmin} = -32768$，代入式（2-1）可得：

$$Y = \frac{(10-3.2) \times 65535}{17.8} + (-32768) = -7732$$

（2）输入滤波器

对于输入模块 2085-IF4 和 2085-IF8，可以通过输入滤波器参数指定各通道的频率滤波类型。输入模块使用数字滤波器来提供输入信号的噪声抑制功能。移动平均值滤波器减少了高频和随机白噪声，同时保持最佳的阶跃响应。频率滤波类型影响噪声抑制，如下所述。用户需要根据可接受的噪声和响应时间选择频率滤波类型：

1）50/60Hz 抑制（默认值）；

2）无滤波器；

3）2 点移动平均值；

4）4 点移动平均值；

5）8 点移动平均值。

（3）过程级别报警

当模块超出所组态的各通道上限或下限时，过程级别报警将发出警告（对于输入模块，还提供附加的上上限报警和下下限报警）。当通道输入或输出降至低于下限报警或升至高于上限报警时，状态字中的某个位将置位，所有报警状态位都可单独读取或通过通道状态字节读取。

对于输出模块 2085-OF4，当启用锁存组态时，可以锁存报警状态位，可以单独组态各通道报警。

（4）钳位限制和报警

对于输出模块 2085-OF4，钳位会将来自模拟量模块的输出限制在控制器所组态的范围内，即使控制器发出超出该范围的输出。此安全特性会设定钳位上限和钳位下限。模块的钳位确定后，当从控制器接收到超出这些钳位限制的数据时，数据便会转换为该限值，但不会超过钳位值。在启用报警时，报警状态位还会置位。还可以在启用锁存组态时，锁存报警状态位。

例如，某个应用可能会将模块的钳位上限设为 8V，钳位下限设为 -8V。如果控制器将对应于 9V 的值发送到该模块，模块仅会对螺钉端子施加 8V 电压。可以对每个通道组态钳位限制（钳位上限/下限）、相关报警及其锁存。

2.3.2 Micro850 控制器扩展模块组态

1. 添加扩展 I/O 模块

1）在项目管理器窗格中，右键单击 Micro850 并选择"打开"（Open），或者用鼠标双击"Micro850"，Micro850 项目页面随即在中央窗口中打开，且 Micro850 控制器的图形副本位于第一层，控制器属性位于第二层，输出框位于最后一层。

2）在 CCW 编程组态软件窗口最右侧的"设备工具箱"（Device Toolbox）窗格中，选中 Expansion Modules 文件夹，见图 2-21 中①所示。

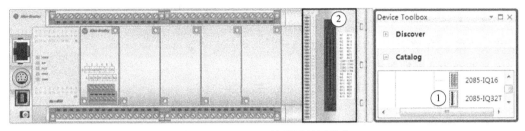

图 2-21　Micro850 控制器扩展模块

3）单击 2085-IQ32T 并将其拖到中央窗格的控制器图片右侧。随即显示 4 个蓝色的插槽，表示扩展 I/O 模块的可用插槽。将 2085-IQ32T 放到第一个插槽即控制器最右侧的插槽，见图 2-21 中②所示。

4）在"设备工具箱"（Device Toolbox）窗格的 Expansion Modules 文件夹中，将 2085-IF4 拖放到第二个扩展 I/O 插槽中，与 2085-IQ32T 相邻。

5）在"设备工具箱"（Device Toolbox）窗格的 Expansion Modules 文件夹中，将 2085-OB16 拖放到第三个扩展 I/O 插槽，与 2085-IF4 相邻。

6）在"设备工具箱"（Device Toolbox）窗格的 Expansion Modules 文件夹中，将 2085-IRT4 拖放到第四个扩展 I/O 插槽，与 2085-OB16 相邻。

需要注意的是，最后安装完扩展模块后需要安装 2085-ECR 终端盖板（母线终端器），否则系统会报错误。

至此完成了 4 个扩展模块的添加。模块添加完成后的控制器硬件如图 2-22 所示。在控制器属性窗口中可以看到扩展插槽上的控制器名称及其位置。

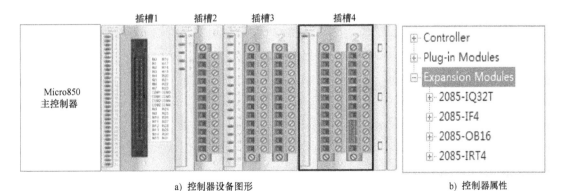

a）控制器设备图形　　　　　　　　　　　　　　b）控制器属性

图 2-22　添加完 4 个扩展模块后的控制器

除了上述方法外，还可以在控制器属性界面的窗口中，选中"Expansion Modules"，把该文件夹打开后，可以看到 4 个插槽，会显示已经插入的模块以及还是空闲的插槽。选中希望安装扩展模块的插槽，单击鼠标右键，会弹出模拟量与数字量菜单，还可以从菜单中进一步弹出模块，选用希望的模块，就完成了模块的插入过程，如图 2-23 所示。这样操作更加简单快速。

2. 编辑扩展 I/O 模块

（1）2085-IQ32T 属性配置

2085-IQ32T 是 32 为晶体管输出模块，可以设置的属性参数很少，只有接通断开的时间可以调整，如图 2-24 所示。

（2）2085-IF4 属性配置

2085-IF4 是一个 4 路模拟量输入模块，在如图 2-25 所示的属性配置窗口中，可以对 4 个通道单独进行设置。设置的参数包括：

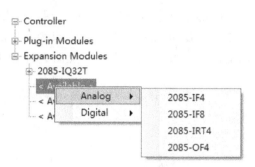

图 2-23 从控制器属性界面添加扩展模块

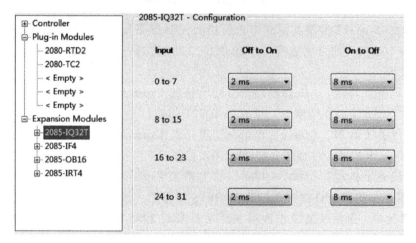

图 2-24 2085-IQ32T 属性配置窗口

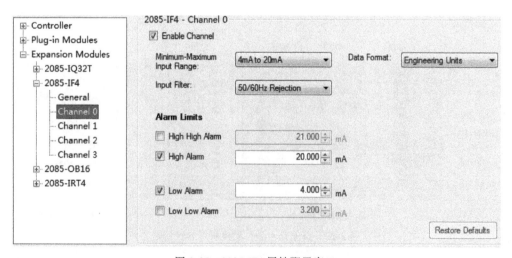

图 2-25 2085-IF4 属性配置窗口

1）信号类型，该模块可以输入的信号包括以下电流和电压共 4 种类型。

① 0~20mA 电流和 4~20mA 电流；

② DC 0~10V 和 DC −10~10V。

默认模式为 4~20mA 电流。

2）滤波频率：可有 5 种类型可以选择。

3）报警限：包括高报警限和低报警限。

4）数据格式等。包括原始/比例数据、工程单位或范围百分比 3 种，参数具体说明见前一节。

（3）2085-OB16 属性设置

2085-OB16 是一个 16 个通道的继电器输出模块，没有参数可以设置。

（4）2085-IRT4 属性设置

2085-IRT4 是一个 4 路热电偶输入模块，属性配置窗口如图 2-26 所示。可以设置的参数包括热电偶的类型、单位、数据格式、滤波参数等，具体可以见前一节。

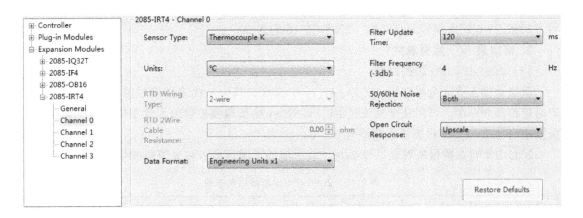

图 2-26　2085-IRT4 属性配置窗口

3. 删除和更换扩展 I/O 组态

控制器扩展模块配置好后，还可以进行编辑，包括删除、更换等。尝试删除插槽 2 中的 2085-IF4 和插槽 3 中的 2085-OB16。然后分别使用 2085-OW16 和另一个 2085-IQ32T 模块替换插槽 2 和 3 中的模块。该操作可以用两种方式完成，即在控制器设备图形界面上完成，或在控制器属性界面完成。首先选中相应插槽预删除的模块，然后执行删除操作。用先前介绍的添加扩展模块的方法添加所需的模块。

2.3.3　扩展 I/O 数据映射

1. 数字量 I/O 数据映射

（1）2085-IQ16 和 2085-IQ32T I/O 数据映射

可以从全局变量_IO_Xx_DI_yy 中读取数字量输入状态，其中 x 代表扩展插槽编号 1~4，yy 代表点编号，2085-IQ16 的点编号为 00~15，2085-IQ32T 的为 00~31。

（2）2085-OV16 和 2085-OB16 I/O 数据映射

可以从全局变量_IO_Xx_ST_yy 中读取数字量输出状态，其中 x 代表扩展插槽编号 1~4，yy 代表点编号 00~15。可以将数字量输出状态写入到全局变量_IO_Xx_DO_yy 中，其中 x 代表扩展插槽编号 1~4，yy 代表点编号 00~15。

（3）2085-IA8 和 2085-IM8 I/O 数据映射

可以从全局变量_IO_Xx_DI_yy 中读取数字量输入状态，其中 x 代表扩展插槽编号 1~4，yy 代表点编号 00~07。

（4）2085-OA8 I/O 数据映射

可以从全局变量_IO_Xx_ST_yy 中读取数字量输出状态，其中 x 代表扩展插槽编号 1~4，yy 代表点编号 00~07。可以将数字量输出状态写入到全局变量_IO_Xx_DO_yy 中，其中 x 代表扩展插槽编号 1~4，yy 代表点编号 00~07。

（5）2085-OW8 和 2085-OW16 I/O 数据映射

可以从全局变量_ IO_Xx_ST_yy 中读取数字量输出状态，其中 x 代表扩展插槽编号 1~4，yy 代表点编号，2085-OW8 的点编号为 00~07，2085-OW16 的为 00~15。可以将数字量输出状态写入到全局变量_IO_Xx_DO_yy 中，其中 x 代表的扩展插槽编号 1~4，yy 代表点编号，2085-OW8 的点编号为 00~07，2085-OW16 的为 00~15。

2. 模拟量 I/O 数据映射

（1）2085-IF4 I/O 数据映射

模拟量输入值从全局变量_IO_Xx_AI_yy 中读取，其中 x 代表扩展插槽编号 1~4，yy 代表通道编号 00~03。可以从全局变量 IO_Xx_ST_yy 中读取模拟量输入状态值，其中 x 代表扩展插槽编号 1~4，yy 代表状态字编号 00~02。

2085-IF4 状态数据映射表见表 2-16，表中域的说明可参考相关手册或帮助文件。

表 2-16　2085-IF4 状态数据映射表

字	R/W	15	14	13	12	11	10	9	8	7	6	5	4	3	2	1	0
状态 0	R	PU	GF	CRC	保留												
状态 1	R	保留		HHA1	LLA1	HA1	LA1	DE1	S1	保留		HHA0	LLA0	HA0	LA0	DE0	S0
状态 2	R	保留		HHA3	LLA3	HA3	LA3	DE3	S3	保留		HHA2	LLA2	HA2	LA2	DE2	S2

（2）2085-IF8 I/O 数据映射

模拟量输入值从全局变量_IO_Xx_AI_yy 中读取，其中 x 代表扩展插槽编号 1~4，yy 代表通道编号 00~07。可以从全局变量 IO_Xx_ST_yy 中读取模拟量输入状态值，其中 x 代表扩展插槽编号 1~4，yy 代表状态字编号 00~04。要想读取状态字中的各个位，可以在全局变量名称后附加 .zz，其中"zz"表示位编号 00~15。

（3）2085-OF4 I/O 数据映射

可以将模拟量输出数据写入到全局变量_IO_Xx_AO_yy 中，其中 x 代表扩展插槽编号 1~4，yy 代表通道编号 00~03。可以将控制位状态写入到全局变量_IO_Xx_CO_00.zz 中，其中 x 代表扩展插槽编号 1~4，"zz"代表位编号 00~12。

2085-OF4 控制数据映射见表 2-17，状态数据映射见表 2-18，表 2-18 中域说明见表 2-19。

表 2-17　2085-OF4 控制数据映射

字	位位置															
	15	14	13	12	11	10	9	8	7	6	5	4	3	2	1	0
控制 0	保留				CE3	CE2	CE1	CE0	UU3	UO3	UU2	UO2	UU1	UO1	UU0	UO0

表 2-18　2085-OF4 状态数据映射

字	位位置															
	15	14	13	12	11	10	9	8	7	6	5	4	3	2	1	0
状态 0	通道 0 数据值															
状态 1	通道 1 数据值															
状态 2	通道 2 数据值															
状态 3	通道 3 数据值															
状态 4	PU	GF	CRC	保留	保留	保留	保留	保留	E3	E2	E1	E0	S3	S2	S1	S0
状态 5	保留	保留	U3	O3	保留	保留	U2	O2	保留	保留	U1	O1	保留	保留	U0	O0
状态 6	保留															

表 2-19　2085-OF4 状态字的域说明

域		说明
CRC	CRC 错误	指示接收数据时发生 CRC 错误。所有通道故障位(Sx)也都置位。当下一次接收到正确的数据时,错误会被清除
Ex	错误	指示存在与通道 x 有关的 DAC 硬件错误、导线中断或负载电阻过高情况,相应的输入字(0~3)会显示错误代码,在用户通过在输出数据中写入 CEx 位来清除错误之前,相应通道会锁定(禁用)
GF	常规故障	指示已发生故障,包括:RAM 测试失败、ROM 测试失败、EEPROM 故障以及保留位。所有通道故障位(Sx)也都置位。
Ox	超范围标志	指示控制器正在试图使模拟量输出超出其正常工作范围或高于通道的钳位上限。但是,如果通道未设置钳位限制,则模块会继续将模拟量输出数据转换为最大满量程范围值
PU	上电	指示运行模式下意外发生 MCU 复位。所有通道错误位(Ex)和故障位(Sx)也都置位。复位后,模块保持无组态连接状态。下载完正确的组态后,PU 和通道故障位清零
Sx	通道故障	指示存在与通道 x 相关的错误
Ux	欠范围标志	指示控制器正在试图使模拟量输出低于其正常工作范围或小于通道的钳位下限(如果为通道设置了钳位限制)

对模块通道报警/错误解锁过程如下:

在运行模式下,写入 UUx 和 UOx 可清除任何锁存的欠范围和超范围报警。当解锁位置位并且报警条件不复存在时,报警将解锁。如果仍存在报警条件,则解锁位不起作用。

在运行模式下,写入 CEx 可清除任何 DAC 硬件错误位并重新启用错误禁用的通道 x。需要使解锁位保持置位,当来自相应输入通道状态字的验证结果表明报警状态位已清零后,需要将解锁位复位。

2.3.4　功能性插件模块与扩展模块的比较

对于 Micro850/Micro850 系列控制器的功能性插件与扩展 I/O 模块,从先前的介绍来看,似乎是可以互相替代的。但实际上,两者在性能等特点上还是有一定不同的。表 2-20 所示为两种类型的模块比较。用户在使用时,可以根据表中有关的参数结合应用需求合理确定选用功能性插件模块还是扩展模块或它们的组合。

表 2-20　功能性插件与扩展 I/O 模块的比较

序号	特点	功能性插件	扩展 I/O 模块
1	接线端子	不可拆卸	可拆卸
2	输入隔离	不隔离	隔离
3	模拟量转换准确度	12 位 1% 准确度; 1℃(TC/RTD)	14 位 12 位(输出)时 0.1%; 0.5℃(TC/RTD)
4	滤波时间	固定 50/60Hz	可设置
5	I/O 模块密度	2~4 点	4~32 点
6	尺寸大小	不增加原有尺寸	会增加安装原有尺寸
7	不同的模块种类	隔离串口,内存备份模块, RTC,支持第三方模块等	交流输入/输出模块

2.4　CIP 及 Micro800 系列控制器网络结构

2.4.1　CIP 及基于工业以太网的工业控制系统结构

1. CIP 概述

（1）CIP 特点

通用工业协议（Common Industrial Protocol，CIP）是一种为工业应用开发的应用层协议，被工业以太网、控制网、设备网 3 种网络所采用。3 种 CIP 的网络模型和 ISO/OSI 参考模型对照如图 2-27 所示。可以看出，3 种类型的协议在各自网络底层协议的支持下，CIP 用不同的方式传输不同类型的报文，以满足它们对传输服务质量的不同要求。

相对而言，采用 CIP 的 CIP 网络功能强大、灵活性强，并且具有良好的实时性、确定性、可重复性和可靠性。CIP 网络功能的强大，体现在可通过一个网络传输多种类型的数据，完成了以前需要两个网络才能完成的任务。其灵活性体现在对多种通信模式和多种 I/O 数据触发方式的支持。由于 CIP 具有介质无关性，即 CIP 作为应用层协议的实施与底层介质无关，因而可以在控制系统和 I/O 设备上灵活实施这一开放协议。

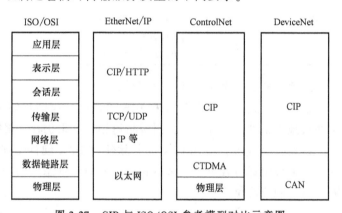

图 2-27　CIP 与 ISO/OSI 参考模型对比示意图

（2）显式报文与隐式报文

CIP 根据所传输的数据对传输服务质量要求的不同，把报文分为两种：显式报文和隐式报文。显式报文用于传输对时间没有苛求的数据，如程序的上传和下载、系统维护、故障诊断、设备配置等。由于这种报文包含解读该报文所需要的信息，所以称为显式报文。隐式报文用于传输对时间有苛求的数据，如 I/O、实时互锁等。由于这种报文不包含解读该报文所需要的信息，其含义是在网络配置时就确定的，所以称为隐式报文。由于隐式报文通常用于传输 I/O 数据，所以又称为 I/O 报文或隐式 I/O 报文。EtherNet/IP 对于面向控制的实时 I/O 数据采用 UDP/IP 来传送，而对于显式信息则采用 TCP/IP 来传送。

（3）面向连接特性

CIP 还有一个重要特点是面向连接，即在通信开始之前必须建立起连接，获取唯一的连接标识符（Connection ID，CID）。如果连接涉及双向的数据传输，就需要两个 CID。CID 的定义及格式是与具体网络有关的，比如，DeviceNet 的 CID 定义是基于 CAN 标识符的。通过获取 CID，连接报文就不必包含与连接有关的所有信息，只需要包含 CID 即可，从而提高了通信效率。不过，建立连接需要用到未连接报文。未连接报文需要包括完整的目的地节点地址、内部数据描述符等信息，如果需要应答，还要给出完整的源节点地址。

对应于两种 CIP 报文传输，CIP 连接也有两种，即显式连接和隐式连接。建立连接需要用到未连接报文管理器（Unconnected Message Manager，UCMM），它是 CIP 设备中专门用于处理未连接报文的一个部件。如果节点 A 试图与节点 B 建立显式连接，它就以广播的方式发出一个要求建立显式连接的未连接请求报文，网络上所有的节点都可接收到该请求，并判断是否是发给自己的，节点 B 发现是发给自己的，其 UCMM 就做出反应，也以广播的方式发出一个包含 CID 的未连接响应报文，节点 A 接收到后，得知 CID，显式连接就建立了。隐式连接的建立更为复杂，它是在网络配置时建立的，在这一过程中，需要用到多种显式报文传输服务。CIP 把连接分为多个层次，从上往下依次是应用连接、传输连接和网络连接。一个传输连接是在一个或两个网络连接的基础上建立的，而一个应用连接是在一个或两个传输连接的基础上建立的。

（4）生产者/消费者通信模式

在传统的源/目的通信模式下，源端每次只能和一个目的地址通信，源端提供的实时数据必须保证每一个目的端的实时性要求，同时一些目的端可能不需要这些数据，因此浪费了时间，而且实时数据的传送时间会随着目的端数目的多少而改变。

而 CIP 所采用生产者/消费者通信模式，数据之间的关联不是由具体的源、目的地址联系起来，而是以生产者和消费者的形式提供，允许网络上所有节点同时从一个数据源存取同一数据，因此使数据的传输达到了最优，每个数据源只需要一次性地将数据传输到网络上，其他节点就可以选择性地接收这些数据，避免了带宽浪费，提高了系统的通信效率，能够很好地支持系统的控制、组态和数据采集。

2. EtherNet/IP 工业以太网协议概述

在企业信息系统中，TCP/IP 以太网已经成为事实上的标准网络，将标准 TCP/IP 以太网延伸到工业实时控制，从而将控制系统与监视和信息管理系统集成起来，而 EtherNet/IP 就是为实现这一目的的标准工业以太网技术。EtherNet/IP 采用标准的 EtherNet 和 TCP/IP 技术来传送 CIP 通信包，这样，通用且开放的应用层协议 CIP 加上已经被广泛使用的 EtherNet 和 TCP/IP，就构成了 EtherNet/IP 的体系结构，其主要技术特点如表 2-21 所示。EtherNet/IP 在物理层和数据链路层采用以太网，其主要由以太网控制器芯片来实现。

表 2-21　EtherNet/IP 的主要特点和功能

网络大小	最多 1024 个节点
网络长度	10m
波特率	10Mbit/s
数据包	0~1500B
传输介质	同轴电缆,光纤,双绞线
总线拓扑结构	星形、总线形
传输寻址	主从、对等、多主等
系统特性	网络不供电,介质冗余,支持设备热插拔

3. 基于 EtherNet/IP 工业以太网的新型网络架构

工业控制系统的分层结构及与之对应的不同类型的总线协议确实给工业自动化系统的信息化带来了深刻的影响,但是,由于现场总线种类太多,多种现场总线互不兼容,导致不同公司的控制器之间、控制器与远程 I/O 及现场智能单元之间在实时数据交换上还存在很多障碍,同时异构总线网络之间的互联成本也较高,这都制约了现场总线的进一步应用。

工业以太网具有价格低廉、稳定可靠、波特率高、软硬件产品丰富、应用广泛以及支持技术成熟等优点,已成为最受欢迎的通信网络之一。为了适应工业现场的应用要求,各种工业以太网产品在材质的选用、产品的强度、适用性、可互操作性、可靠性、抗干扰性、本质安全性等方面都不断做出改进。特别是为了满足工业应用对网络可靠性能的要求,各种工业以太网的冗余功能也应运而生。为了满足工业控制系统对数据通信实时性的要求,多种应用层协议被开发出来。目前 HSE、Modbus TCP/IP、ProfiNet、Ethernet/IP 等 4 种类型应用层协议的工业以太网已经得到广泛支持,基于上述协议的各种类型控制器、变频器、远程 I/O 等已大量面世,以工业以太网为统一网络的工业控制系统集成方案已成熟并在实践中得到成功应用。

图 2-28 为基于 Ethernet/IP 工业以太网的工业控制系统结构示意图。该系统摒弃了传统的控制网和设备网,全部采用工业以太网设备。第三方设备可以通过网关连接到 Ethernet/IP 网络上。这种采用一种网络的系统结构的好处是整个控制系统网络更加简单,设备种类减少,从厂级监控到现场控制层的数据通信更加直接。

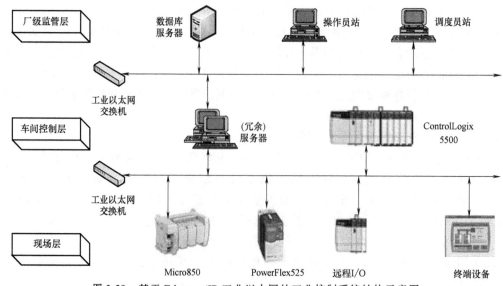

图 2-28　基于 Ethernet/IP 工业以太网的工业控制系统结构示意图

2.4.2 Micro800 系列控制器的网络结构

1. Micro830/Micro850/Micro870 控制器支持的通信方式

Micro830/Micro850/Micro870 控制器通过嵌入式 RS232/RS485 串行端口以及任何已安装的串行端口功能性插件模块支持以下串行通信协议：

1）Modbus RTU 主站和从站；

2）CIP Serial 服务器（仅 RS232）；

3）ASCII（仅 RS232）。

新增加的 CIP Serial 为串口带来了一些与 EtherNet/IP 相同的功能，即基于与 EtherNet/IP 相同的 CIP，但是却通过 RS232 串行端口实现。CIP Serial 的两个主要的应用如下。

（1）通过串口连接到终端 PanelView Component（PVC）

该方式与 Modbus 通信相比，易用性显著改善。与通过 EtherNet/IP 在 PVC 中以标签化方式引用变量的功能基本相同。当然，默认的波特率为 38400bit/s，与 Modbus RTU 相比，性能稍差。

（2）可利用串口将远程调制解调器连接到 CCW

此外，嵌入式以太网通信通道允许 Micro850 控制器连接到由各种设备组成的局域网，而该局域网可在各种设备间提供 10Mbit/s/100 Mbit/s 的传输速率。Micro830/Micro850 控制器支持以下以太网协议：

1）EtherNet/IP 服务器；

2）Modbus/TCP 服务器；

3）DHCP 客户端。

2. CIP 通信直通

在任何支持通用工业协议（CIP）的通信端口上，Micro830 和 Micro850 控制器都支持直通。支持的最大跳转数目为 2。跳转被定义为两个设备之间的中间连接或通信链路。在 Micro850 控制器中，跳转通过 EtherNet/IP 或 CIP Serial 或 CIP USB 实现。

（1）USB 到 EtherNet/IP

用户可通过 USB 从 PC 上传/下载程序到控制器 1。同样，可以通过 USB 到 EtherNet/IP 将程序下载到控制器 2 和控制器 3。从 USB 到 EtherNet/IP 的跳转如图 2-29 所示。

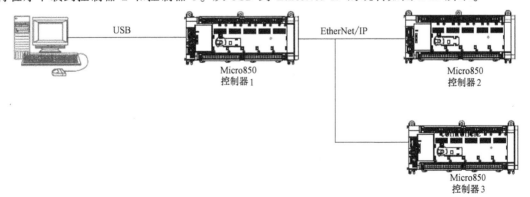

图 2-29　USB 到 EtherNet/IP 的跳转示意图

（2）EtherNet/IP 到 CIP Serial

从 EtherNet/IP 到 CIP Serial 的跳转如图 2-30 所示。Micro800 系列控制器不支持 3 个跳转（例如，EtherNet/IP→CIP Serial→EtherNet/IP）。

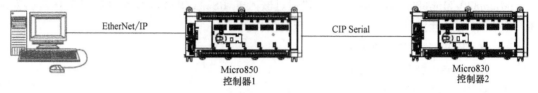

图 2-30　EtherNet/IP 到 CIP Serial 的跳转示意图

3. CIP Symbolic 服务器

任何符合 CIP 的接口都支持 CIP Symbolic，其中包括以太网（EtherNet/IP）和串行端口（CIP Serial）。该协议能够使人机界面软件或终端设备轻松地连接到 Micro830/Micro850 控制器。Micro850 控制器最多支持 16 个并行 EtherNet/IP 服务器连接。Micro830 和 Micro850 控制器均支持的 CIP Serial 使用 DF1 全双工协议，该协议可在两个设备之间提供点对点连接。协议中结合了数据透明性（ANSI - X3.28-1976 规范子类别 D1）和带有嵌入式响应的双向同步传输（子类别 F1）。Micro800 系列控制器通过与外部设备之间的 RS232 连接支持该协议，这些外部设备包括运行 RSLinx Classic 软件、PanelView Component 终端的计算机（防火墙版本 1.70 及更高版本）或者通过 DF1 全双工支持 CIP Serial 的其他控制器，例如带有嵌入式串行端口的 ControlLogix 和 CompactLogix 控制器。通过 CIP Symbolic 寻址，用户可访问除系统变量和保留变量之外的任何全局变量。

4. ASCII 通信

ASCII 提供了到其他 ASCII 设备的连接，例如条码阅读器、电子秤、串口打印机和其他智能设备。通过配置 ASCII 驱动器的嵌入式或任何插入式串行 RS232 端口，便可使用 ASCII。有关详细信息可参见 CCW 编程组态软件在线帮助。

5. Micro850 控制器的网络结构

（1）基于串行通信的控制网络结构

这种基于串行通信的控制网络结构如图 2-31 所示。Micro850 控制器作为主控制器，通过 RS232/RS485 串行设备通信和终端设备通信，也可通过 RS485 总线与变频器或伺服等其他串行设备通信。上位机可以通过串行通信或以太网与控制器通信。上位机还可以通过 USB 口下载终端程序。当然，由于控制器上串行接口的限制，当需要多个串口时，可以添加串行通信功能插件。

（2）基于 EtherNet/IP 的控制网络结构

由于以太网的普及以及互联的方便性、通信的快速性等特点，建议使用基于以太网的控制网络结构，该控制网络结构如图 2-32 所示。系统中各种控制器、终端设备、变频器、上位机等都通过以太网连接，实现数据交换。而且，Micro850 控制器还可以和网络中的其他 Logix 控制器通信，从而组成更大规模的控制网络，实现更广泛的监控功能。上位机中安装控制器 OPC 服务器，与控制器进行数据交换。Logix 控制器采用主动方式通过 CIP Symbolic 从 Micro850 控制器中读取数据。

由于上位机通过 OPC 服务器与现场控制器通信，因此，上位机中的监控软件的选择面更加广泛，目前多数的监控软件都支持 OPC 规范，而且在系统调试等方面采用 OPC 也有较多的好处。

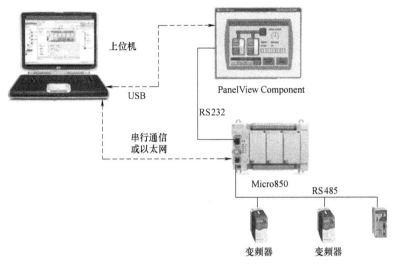

图 2-31　基于串行通信的控制网络结构示意图

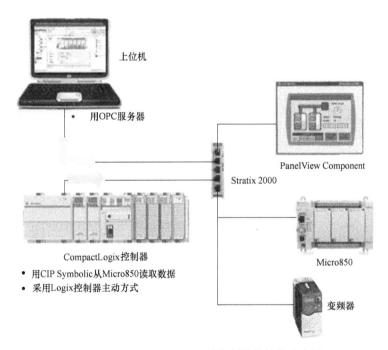

图 2-32　基于 EtherNet/IP 的控制网络结构示意图

2.4.3　Micro800 系列控制器的通信组态

1. USB 通信组态

把 USB 电缆分别连接到控制器和计算机的 USB 接口上，当控制器和计算机第一次连接时，连接后会自动弹出安装 USB 连接驱动窗口，选择第一个选项，单击"下一步"按钮。

USB 驱动安装成功后，即可运行 CCW 一体化编程组态软件。打开一个工程项目，双击控制器的图标。在弹出的窗口中单击"Connect"按钮，会弹出连接窗口，如图 2-33 所示。从窗口中选择要连接的控制器，从而完成通过 USB 口的连接。连接成功后，可以下载程序或监控程序运行。

2. 配置串行端口

配置串行端口可利用 CCW 一体化编程组态软件中的设备组态树将串行端口驱动程序配置为 CIP Serial、Modbus RTU、ASCII 或关闭。

（1）配置 CIP Serial 驱动程序

1）打开 CCW 编程软件，在设备组态树中，转到"控制器"（Controller）属性，单击"串行端口"（Serial Port）项。

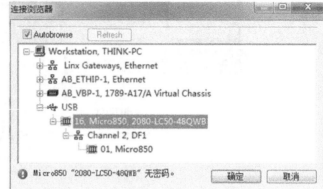

图 2-33 USB 驱动安装成功后的连接窗口

2）从"驱动程序"（Driver）字段中选择"CIP Serial"。

3）指定波特率。选择一个系统中所有设备均支持的波特率。将系统中的所有设备配置为同一波特率，默认波特率设为 38400bit/s。在大多数情况下，"奇偶校验"（Parity）和"站地址"（Station Address）应保留默认设置。

4）单击"高级设置"（Advanced Settings）设置高级参数。有关 CIP Serial 参数的描述可参考相关手册。

（2）配置 Modbus RTU

1）打开 CCW 一体化编程组态软件。在设备组态树中，转到"控制器"（Controller）属性，单击"串行端口"（Serial Port）项。

2）从"驱动程序"（Driver）字段中选择"Modbus RTU"。

3）指定以下参数：波特率、奇偶校验、单元地址及 Modbus 角色［即是主站（Master）、从站（Slave）或自动（Auto）］。波特率的默认值是 19200bit/s，奇偶校验默认值为无校验（None），Modbus 角色默认值为主站。

4）单击"高级设置"（Advanced Settings）项设置高级参数。有关高级参数的适用选项和默认配置可参考相关手册或帮助文件。

（3）配置 ASCII

1）打开 CCW 一体化编程组态软件。在设备组态树中，转到"控制器"（Controller）属性，单击"串行端口"（Serial Port）项。

2）在"驱动程序"（Driver）字段中选择"ASCII"项。

3）指定波特率和奇偶校验。波特率的默认值是 19200bit/s，奇偶校验设置为无校验（None）。

4）单击"高级设置"（Advanced Settings）项配置高级参数。

3. Ethernet 通信配置

1）打开一体化编程组态软件。在设备组态树中，转到"控制器"（Controller）属性，单击"以太网"（Ethernet）项。

2）在"以太网"（Ethernet）下，单击"Internet 协议"（Internet Protocol）。配置"Internet 协议（IP）设置"（Internet Protocol（IP）Settings）。指定是"使用 DHCP 自动获取 IP 地址"（Obtain the IP address automatically using DHCP）还是手动配置"IP 地址"（IP address）、"子网掩码"（Subnet mask）和"网关地址"（Gateway address）。

3）单击"检测重复 IP 地址"（Detect duplicate IP address）复选框以启用重复地址的检测。

4）在"以太网"（Ethernet）项下，单击"端口设置"（Port Settings）项。

5）设置端口状态（Port State）为"启用"（Enabled）或"禁用"（Disabled）。

6）要手动设置连接速度和双工，取消选中"自动协调速度和双工"（Auto-Negotiate speed and duplexity）选项框。然后，设置"速度"（Speed）（10 或 100Mbit/s）和"双工"（Duplexity）["半双工"（Half）或"全双工"（Full）]值。

7）如果希望将这些设置保存到控制器，则单击"保存设置到控制器"（Save Settings to Controller）项。

8）在设备组态树上的"以太网"（Ethernet）项下，单击"端口诊断"（Port Diagnostics）项，监视接口和介质计数器。控制器处于调试模式时，可使用和更新计数器。

复习思考题

1. 请上网查阅资料，比较罗克韦尔自动化的 Micro850 与西门子的 S7-1200 及三菱电机的 FX3U 产品的差异。

2. Micro850 控制器功能性插件与扩展模块相比有何异同。

3. Micro850 控制器支持的通信方式有哪些？

4. 为何目前工业以太网的应用在 I/O 层越来越多？

5. 上网查阅 CIP 的主要内容是什么？还有哪些工业以太网协议，其各自的主要应用领域是什么？

6. CIP 采用的生产者/消费者通信模式有何特点？

7. 什么是隐式报文？什么是显式报文？各用于什么数据的传输。

第 3 章 PLC 编程语言与 CCW 编程软件

3.1 PLC 编程语言标准 IEC 61131-3

3.1.1 传统 PLC 编程语言的不足

由于 PLC 的 I/O 点数可以从十几点到几千甚至上万点，因此其应用范围极广，大量用于从小型设备到大型系统的控制，是用量最大的一类控制器设备，众多的厂商生产各种类型的 PLC 产品或为之配套。由于大量的厂商在 PLC 的生产、开发上各自为战，造成 PLC 产品从软件到硬件的兼容性很差。在编程语言上，从低端产品到高端产品都支持的就是梯形图，它虽然遵从了广大电气自动化人员的专业习惯，具有易学易用等特点，但也存在许多难以克服的缺点。虽然一些中、高端的 PLC 还支持其他一些编程语言，但总体上来讲，传统的以梯形图为代表的 PLC 编程语言存在许多不足之处，主要表现在以下方面。

1）梯形图语言规范不一致。虽然不同厂商的 PLC 产品都可采用梯形图编程，但各自的梯形图符号和编程规则均不一致，各自的梯形图指令数量及表达方式相差较大。

2）程序可复用性差。为了减少重复劳动，现代软件工程特别强调程序的可复用性，而传统的梯形图程序很难通过调用子程序实现相同的逻辑算法和策略的重复使用，更不用说同样的功能块在不同的 PLC 之间使用。

3）缺乏足够的程序封装能力。一般要求将一个复杂的程序分解为若干个不同功能的程序模块。或者说，人们在编程时希望用不同的功能模块组合成一个复杂的程序，但梯形图编程难以实现程序模块之间具有清晰接口的模块化，也难以对外部隐藏程序模块的内部数据从而实现程序模块的封装。

4）不支持数据结构。梯形图编程不支持数据结构，无法实现将数据组织成如 Pascal、C 语言等高级语言中的数据结构那样的数据类型。对于一些复杂控制应用的编程，它几乎无能为力。

5）程序执行具有局限性。由于传统 PLC 按扫描方式组织程序的执行，因此整个程序的指令代码完全按顺序逐条执行。这对于要求即时响应的控制应用（如执行事件驱动的程序模块），具有很大的局限性。

6）对顺序控制功能的编程，只能为每一个顺控状态定义一个状态位，因此难以实现选择或并行等复杂顺控操作。

7）传统的梯形图编程在算术运算处理、字符串或文字处理等方面均不能提供强有力的支持。

由于传统编程语言的不足，影响了 PLC 技术的应用和发展，非常有必要制定一个新的控制系统编程语言国际标准。

3.1.2　IEC 61131-3 标准的产生

IEC 61131-3 是 IEC 组织制定的可编程控制器国际标准 IEC 61131 的第三部分，是第一个为工业自动化控制系统的软件设计提供标准化编程语言的国际标准。该标准得到了世界范围的众多厂商的支持，但又独立于任何一家公司。该国际标准的制定，是 IEC 工作组在合理地吸收、借鉴世界范围的各 PLC 厂商的技术和编程语言等的基础之上，形成的一套编程语言国际标准。

IEC 61131-3 国际标准得到了包括美国罗克韦尔自动化公司、德国西门子公司等世界知名公司在内的众多厂商的共同推动和支持，它极大地提高了工业控制系统的编程软件质量，从而也提高了采用符合该规范的编程软件编写的应用软件的可靠性、可重用性和可读性，提高了应用软件的开发效率。它定义的一系列图形化编程语言和文本编程语言，不仅对系统集成商和系统工程师的编程带来了很大的方便，而且对最终用户同样也带来了很大的好处。它在技术上的实现是高水平的，有足够的发展空间和变动余地，能很好地适应未来的进一步发展。IEC 61131-3 标准最初主要用于可编程控制器的编程系统，但由于其显著的优点，目前在过程控制、运动控制、基于 PC 的控制和 SCADA 系统等领域也得到了越来越多的应用。总之，IEC 61131-3 国际标准的推出，创造了一个控制系统的软件制造商、硬件制造商、系统集成商和最终用户等多赢的结局。

IEC 61131 标准共由 9 部分组成，我国等同采用了该标准，发布了 GB/T 15963 国家推荐标准，如 GB/T 15963.3 对应 IEC61131-3。在这 9 个部分中，IEC 61131-3 是 IEC 61131 标准中最重要、最具代表性的部分。IEC 61131-3 国际标准是下一代 PLC 的基础。

IEC 61131-3 制定的背景是：PLC 在标准的制定过程中正处在其发展和推广应用的鼎盛时期，而编程语言越来越成其进一步发展和应用的瓶颈之一；另一方面，PLC 编程语言的使用具有一定的地域特性：在北美和日本，普遍运用梯形图语言编程；在欧洲，则使用功能块图和顺序功能图编程；在德国，又常常采用指令表对 PLC 进行编程。为了扩展 PLC 的功能，特别是加强它的数据与文字处理以及通信能力，许多 PLC 还允许使用高级语言（如 BASIC、C）编程。同时，计算机技术特别是软件工程领域有了许多重要成果。因此，在制定标准时就要做到兼容并蓄，既要考虑历史的传承，又要把现代软件的概念和现代软件工程的机制应用于新标准中。

自 IEC 61131-3 正式公布后，它获得了广泛的接受和支持。首先，国际上各大 PLC 厂商都宣布其产品符合该标准，在推出其编程软件新产品时，遵循该标准的各种规定。其次，许多稍晚推出的 DCS 产品，或者 DCS 的更新换代产品，也遵照 IEC 61131-3 的规范提供 DCS 的编程语言，而不像以前每个 DCS 厂商都有自己的一套编程软件产品。再次，以 PC 为基础的控制作为一种新兴控制技术正在迅速发展，大多数基于 PC 的控制软件开发商都按照 IEC 61131-3 的编程语言标准规范其软件产品的特性。最后，正因为有了 IEC 61131-3，才真正出现了一种开放式的可编程控制器的编程软件包（如 Infoteam 公司的 OpenPCS、3S 公司的 CoDesys 等），它不具体地依赖于特定的 PLC 硬件产品，这就为 PLC 的程序在不同机型之间的移植提供了可能。

当然，需要说明的是，虽然许多 PLC 制造商都宣称其产品支持 IEC 61131-3 标准，但应该看到，这种支持只是部分的，特别是对于一些低端的 PLC 产品，这种支持就更弱了。因此，IEC 61131-3 标准的推广还有许多工作要做。

3.1.3 IEC 61131-3 标准的特点

IEC 61131-3 允许在同一个 PLC 中使用多种编程语言，允许程序开发人员对每一个特定的任务选择最合适的编程语言，还允许在同一个控制程序中的不同软件模块用不同的编程语言编制，以充分发挥不同编程语言的应用特点。标准中的多语言包容性很好地正视了 PLC 发展历史中形成的编程语言多样化的现实，为 PLC 软件技术的进一步发展提供了足够的技术空间和自由度。

IEC 61131-3 的优势还在于它成功地将现代软件的概念和现代软件工程的机制和成果用于 PLC 传统的编程语言。IEC 61131-3 的优势具体表现在以下几方面。

1）采用现代软件模块化原则。

① 编程语言支持模块化，将常用的程序功能划分为若干单元，并加以封装，构成编程的基础。

② 模块化时，只设置必要的、尽可能少的输入和输出参数，尽量减少交互作用和内部数据交换。

③ 模块化接口之间的交互作用均采用显性定义。

④ 将信息隐藏于模块内，对使用者来讲只需了解该模块的外部特性（即功能及输入和输出参数），而无需了解模块内算法的具体实现方法。

2）IEC 61131-3 支持自顶而下（Top Down）和自底而上（Bottom Up）的程序开发方法。自顶而下的开发过程是用户首先进行系统总体设计，将控制任务划分为若干个模块，然后定义变量和进行模块设计，编写各个模块的程序。自底而上的开发过程是用户先从底部开始编程，例如先导出功能和功能块，再按照控制要求编制程序。无论选择何种开发方法，IEC 61131-3 所创建的开发环境均会在整个编程过程中给予强有力的支持。

3）IEC 61131-3 所规范的编程系统独立于任一个具体的目标系统，它可以最大限度地在不同的 PLC 目标系统中运行。这样不仅创造了一种具有良好开放性的氛围，奠定了 PLC 编程开放性的基础，而且可以有效规避标准与具体目标系统关联而引起的利益纠葛，体现了标准的公正性。

4）将现代软件概念浓缩，并加以运用。例如：数据使用 DATA_ TYPE 声明机制；功能（函数）使用 FUNCTION 声明机制；数据和功能的组合使用 FUNCTION _ BLOCK 声明机制。

在 IEC 61131-3 中，功能块并不只是 FBD 语言的编程机制，它还是面向对象组件的结构基础。一旦完成了某个功能块的编程，并通过调试和验证证明了它确能正确执行所规定的功能，那么，就不允许用户再将它打开，改变其算法。即使是一个功能块因为其执行效率有必要再提高，或者是在一定的条件下其功能执行的正确性存在问题，需要重新编程，只要保持该功能块的外部接口（输入/输出定义）不变，仍可照常使用。同时，许多原始设备制造厂（OEM）将他们的专有控制技术压缩在用户自定义的功能块中，既可以保护知识产权，又可以反复使用，不必一再地为同一个目的而编写和调试程序。

5）完善的数据类型定义和运算限制。软件工程师很早就认识到许多编程的错误往往发生在程序的不同部分，其数据的表达和处理不同。IEC 61131-3 从源头上注意防止这类低级的错误，虽然采用的方法可能导致效率降低了一点，但换来的价值却是程序的可靠性、可读性和可维护性。IEC 61131-3 采用以下方法防止这些错误：

① 限制功能与功能块之间互联的范围，只允许兼容的数据类型与功能块之间的互联。

② 限制运算，只可在其数据类型已明确定义的变量上进行。

③ 禁止隐含的数据类型变换。比如，实型数不可执行按位运算。若要运算，编程者必须先通过显式变换函数 REAL-TO-WORD，把实型数变换为 WORD 型位串变量。标准中规定了多种标准固定字长的数据类型，包括位串、带符号位和不带符号位的整数型（8、16、32 和 64 位字长）。

6）对程序执行具有完全的控制能力。传统的 PLC 只能按扫描方式顺序执行程序，对程序执行的其他要求，如由事件驱动某一段程序的执行、程序的并行处理等均无能为力。IEC 61131-3 允许程序的不同部分、在不同的条件（包括时间条件）下、以不同的比率并行执行。

7）结构化编程。对于循环执行的程序、中断执行的程序、初始化执行的程序等可以分开设计。此外，循环执行的程序还可以根据执行的周期分开设计。

3.1.4　IEC 61131-3 标准的基本内容

IEC 61131-3 标准分为两个部分：公共元素和编程语言，如图 3-1 所示。

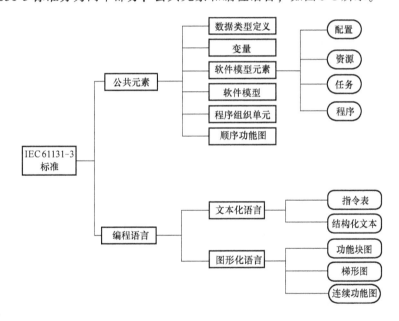

图 3-1　IEC 61131-3 标准的层次与结构

公共元素部分规范了数据类型定义与变量，给出了软件模型及其元素，并引入配置（Configuration）、资源（Resource）、任务（Task）和程序（Program）的概念，还规范了程序组织单元（程序、功能、功能块）和顺序功能图。

在 IEC 61131-3 中的编程语言部分规范了 5 种编程语言，并定义了这些编程语言的语法和句法。这 5 种编程语言是：文本化语言两种，即指令表语言 IL 和结构化文本语言 ST；图形化语言 3 种，即梯形图语言 LD、功能块图语言 FBD 和连续功能图语言 CFC。其中 CFC 是

IEC 61131-3 标准修订后新加入的，是西门子的 PCS7 过程控制系统中主要的控制程序组态语言，也是其他一些 DCS 常用的编程语言。由于要求控制设备完整地支持这 5 种语言并非易事，所以标准中允许部分实现，即不一定要求每种 PLC 都要同时具备这些语言。虽然这些语言最初是用于编制 PLC 逻辑控制程序的，但是由于 PLCopen 国际组织及专业化软件公司的努力，这些编程语言也支持编写过程控制、运动控制等其他应用系统的控制任务编程。

在 IEC 61131-3 标准中，顺序功能图 SFC 是作为编程语言的公共元素定义的。因此，许多文献也认为 IEC 61131-3 标准中含有 6 种编程语言规范，而 SFC 是其中的第 4 种图形化编程语言。实际上，还可以把 SFC 看作是一种顺控程序设计技术。

一般而言，即使一个很复杂的任务，采用这 6 种编程语言的组合，也能够编写出满足控制任务功能要求的程序。因此，IEC 61131-3 标准中的 6 种编程语言也是充分满足了控制系统应用程序开发的需要。

通常中、大型 PLC 支持比较多的编程语言，而小型、微型 PLC 支持的编程语言相对较少。作为微型 PLC，Micro850 控制器的编程语言包括梯形图 LD、结构化文本 ST 和功能块图 FBD。本章首先对这 3 种编程语言做介绍，然后再介绍顺序功能图 SFC。

3.2 Micro850 编程软件 CCW

3.2.1 CCW 软件概述

Micro800 系列控制器的设计、编程和组态软件是 Connected Components Workbench（CCW）。CCW 提供控制器编程和设备组态功能，并可与人机界面终端（HMI）编辑器集成。CCW 软件以成熟的罗克韦尔自动化技术和 Microsoft Visual Studio 平台为基础，符合控制系统编程软件国际标准 IEC 61131-3。此外，罗克韦尔自动化还提供免费的标准软件更新以及一定限度的免费支持，有助于减少用户开发的工作量。在软件的"帮助"菜单中可以连接到官方网站上大量的官方或第三方参考程序。

该软件的优势主要体现在：

（1）易于组态：单一软件包可减少控制系统的初期搭建时间

1）通用、简易的组态方式，有助于缩短调试时间；

2）简单的运动控制轴组态；

3）连接方便，可通过 USB 通信选择设备；

4）通过拖放操作实现更轻松的组态；

5）Micro800 系列控制器密码增强了安全性和知识产权保护。

（2）易于编程：用户自定义功能块可加快机器开发工作

1）支持符号寻址的结构化文本、梯形图和功能块编辑器；

2）广泛采用 Microsoft 和 IEC-61131 标准；

3）标准 PLCopen 运动控制指令；

4）通过罗克韦尔自动化及合作伙伴的示例代码以及用户自定义的功能块实现增值。

（3）易于可视化：标签组态和屏幕设计可简化人机界面终端组态工作

1）在 CCW 软件中完成 PanelView Component（罗克韦尔人机界面终端，简称 PVC）组态与编程，可获得更佳的用户体验；

2）HMI 标签可直接引用 Micro800 变量名，降低了复杂度并节省了时间；

3）包括 Unicode 语言切换、报警消息和报警历史记录以及基本配方功能。

CCW 软件包括标准版和开发版。标准版可更轻松地对控制器进行编程、组态设备和设计操作员界面屏幕。兼容的产品有：Micro800 系列控制器、PowerFlex 变频器、PanelView Component 图形终端、Kinetix Component 伺服驱动、Guardmaster 440C 可组态安全继电器。

开发版提供了附加功能来增强用户体验，这些功能包括：监视列表、用户自定义数据类型、知识产权保护。

CCW 编程软件运行在 Win7（32 位或 64 位）和 Windows Server 2008 R2（32 位或 64 位）、Win10 等操作系统。推荐的计算机硬件要求是 Pentium 4 以上处理器和 4G 以上内存。该软件可以在罗克韦尔官方网站注册后免费下载，现较新版本是 12.0 版，包括中文、英文等多种语言版本。

这里需要注意的是，CCW 编程软件有不同的版本，而 Micro800 系列控制器的固件也有不同的版本，在下载 CCW 工程时，要保持两个版本的一致性。如果控制器中的固件版本低于 CCW 工程的版本，则需要升级固件版本，与 CCW 版本一致后，才能下载。还需要注意的是，在固件升级过程中，要确保不能停电，否则控制器会损坏。另外，CCW 可以打开低版本的工程，但低版本的 CCW 不能打开高版本的 CCW 工程。

CCW 软件的使用还依赖罗克韦尔的 RSLinx 软件，其作用是提供 CCW 编程软件与 PLC 之间的通信驱动。安装 CCW 时会提示安装该软件。

目前版本的 CCW 软件还没有程序仿真功能，工程只有下载到控制器中才能调试。不过，CCW 的仿真功能开发已在罗克韦尔的工作计划中。

3.2.2　CCW 软件编程环境

学习编程软件首先要了解编程软件的基本组成，了解常用的功能及其实现方式，熟悉编程环境后，就可以逐步编写复杂的控制程序。

CCW 的编程界面如图 3-2 所示。其主要的图形元素如表 3-1 所示。

从其菜单结构看，主要包括文件、编辑、视图、设备、工具、通信、窗口和帮助。现对这些菜单下的二级菜单及其功能做下介绍。

1）文件。在该菜单下，可以完成工程的新建、打开、关闭、保存和另存为等功能。此外，还有一个导入设备菜单，可以导入设备文件及 PVC 应用。

2）编辑。和一般软件的编辑功能一样，该菜单主要用于与工程开发有关的编辑功能，包括剪切、复制、粘贴、删除等。

3）视图。该菜单下，主要包括工程组织、设备工具箱、工具箱、错误表单、输出窗口、快速提示、交叉索引浏览、文档概貌、工具条、全屏显示和属性窗口。其中的交叉索引浏览主要用于检索程序中的变量、功能和功能块等。

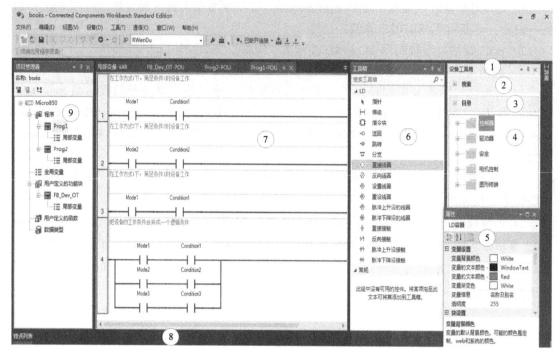

图 3-2　CCW 编程软件开发界面

表 3-1　CCW 编程界面主要图形元素

序号	名　称	说　明
1	设备工具箱	包含"搜索""类型"和"工具箱"选项卡
2	搜索	显示由本软件发现的、已连接至计算机的所有设备
3	类型	包含项目的所有控制器和其他设备
4	设备文件夹	每个文件夹都包含该类型的所有可用设备
5	工具箱	包含可以添加到 LD、FBD 和 ST 程序的元素。程序类别根据用户当前使用的程序类型进行更改
6	属性页	设置程序中变量、对象等属性
7	工作区	可用来查看和配置设备以及构建程序。内容由选择的选项卡而定,并在用户向项目中添加设备和程序时添加
8	Output	显示程序构建的结果,包含成功或失败状态
9	项目管理器	包含项目中的所有控制器、设备和程序要素

4）设备。该菜单主要是用于对程序编译调试、控制器连接与程序下载或上传、控制器固件更新、安全设置及文档生成程序。其中文档生成程序可以生成整个程序或部分程序（通过鼠标选择）的 Word 文档,用于程序打印等。

5）工具。该菜单主要包括生成打印的文档、多语言编辑、外部工具、导入和导出设置以及选项。其中"选项"中有编程环境、工程、CCW 应用、网格、IEC 语言等相关项的参数设置。

6）通信。该菜单主要用于编程计算机与 PLC 的通信设置。该通信功能主要依靠罗克韦尔的 RSLinx 软件。

3.3　Micro800 编程语言

3.3.1　梯形图编程语言

1. 梯形图组成元素

梯形图编程语言是从继电器—接触器控制基础上发展起来的一种编程语言，其特点是易学易用。特别是对于具有电气控制背景的人而言，梯形图可以看作是继电逻辑图的软件延伸和发展。尽管两者的结构非常类似，但梯形图软件的执行过程与继电器硬件逻辑的连接是完全不同的。

IEC 61131-3 标准定义了梯形图中用到的元素，包括电源轨线、连接元素、触点、线圈、功能和功能块等。

1）电源轨线——电源轨线的图形元素也称为母线。它的图形表示是位于梯形图左侧和右侧的两条垂直线。在梯形图中，能流从左电源轨线开始向右流动，经过连接元素和其他连接在该梯级的图形元素最终到达右电源轨线。

2）连接元素和状态——是指梯形图中连接各种触点、线圈、功能和功能块及电源轨线的线路，包括水平线路和垂直线路。连接元素的状态是布尔量。连接元素将最靠近该元素左侧图形符号的状态传递到该元素的右侧图形元素。连接元素在进行状态的传递中遵循以下规则：

① 水平连接元素从它的紧靠左侧的图形元素开始将该图形元素的状态传递到紧靠它右侧的图形元素。连接到左电源轨线的连接元素，其状态在任何时刻都为 1，它表示左电源轨线是能流的起点。右电源轨线类似于电气图中的零电位。

② 垂直连接元素总是与一个或多个水平连接元素连接。它由一个或多个水平连接元素在每一侧与垂直线相交组成。垂直连接元素的状态根据与其连接的各左侧水平连接元素状态或运算表示。

3）触点——是梯形图的图形元素。梯形图的触点沿用电气逻辑图的触点术语，用于表示布尔量的状态变化。触点是向其右侧水平连接元素传递一个状态的梯形元素。按静态特性分，触点可分为常开触点和常闭触点。常开触点在正常工况下触点断开，状态为 0；常闭触点在正常工况下触点闭合，其状态为 1。此外，在处理布尔量的状态变化时，要用到触点的上升沿和下降沿，这也称为触点的动态特性。

4）线圈——是梯形图的图形元素。梯形图的线圈也沿用电气逻辑图的线圈术语，用于表示布尔量状态的变化。线圈是将其左侧水平连接元素状态毫无保留地传递到其右侧水平连接元素的梯形图元素。在传递过程中，将左侧连接的有关变量和直接地址的状态存储到合适的布尔量中。线圈按照其特性可分为瞬时线圈（不带记忆功能）、锁存线圈（置位和复位）和跳变线圈（上升元跳变触发或下降沿跳变触发）等。

5）功能和功能块——梯形图编程语言支持功能和功能块的调用。

2. 梯形图的执行过程

梯形图采用网络结构，一个梯形图的网络以左电源轨线到右电源轨线为界。梯级是梯形图网络结构中的最小单位。一个梯级包含输入指令和输出指令。

输入指令在梯级中执行比较、测试的操作，并根据操作结果设置梯级的状态。例如，测试梯级内连接的图形元素状态的结果为 1，输入状态就被置 1。输入指令通常执行一些逻辑操作、数据比较操作等。输出指令检测输入指令的结果，并执行有关操作和功能，例如，使某线圈激励等。通常输入指令与左电源轨线连接，输出指令与右电源轨线连接。

梯形图执行时，从最上层梯级开始执行，从左到右确定各图形元素的状态，并确定其右侧连接元素的状态，逐个向右执行，操作执行的结果由执行控制元素输出，直到右电源轨线。然后，进行下一个梯级的执行过程，如图 3-3 所示。

当梯形图中有分支时，同样依据从上到下、从左到右的执行顺序分析各图形元素的状态，对垂直连接元素根据上述有关规则确定其右侧连接元素的状态，从而逐个从左到右、从上到下执行求值过程。

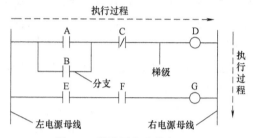

图 3-3　梯形图程序执行过程

3. 梯形图编程语言编程示例

在污水处理厂及污水、雨水泵站，有一种设备叫格栅，分为粗格栅和细格栅两种，其作用是滤除漂浮在水面上的漂浮物，粗格栅去除大的漂浮物，细格栅去除小的漂浮物。格栅的控制方式有两种：

1) 根据时间来控制，通常是开启一段时间、停止一段时间的脉冲工作方式。

2) 根据格栅前后的液位差进行控制。液位差超过某数值时起动，低于某数值时停机。其原理是格栅停机后，污物堆积影响到污水通过，会导致格栅前后液位差增大。

现要求用 CCW 软件编写梯形图程序来控制格栅设备。其中两种运行方式可在中控室操作站上选择；第一种方式工作时开、停的时间可设；第二种方式工作时液位差可以设置。

格栅控制梯形图程序如图 3-4 所示。这里没有采用自定义功能块而是直接写程序，等读者学习了后续内容，掌握了自定义功能块的使用后，可以用功能块来实现。因为一个工厂有多个这样设备，为了软件的可重用，方便程序的调试，应该用自定义功能块实现。

程序中，梯级 1 是工作方式 1 的工作条件逻辑，梯级 2 是工作方式 2 的逻辑，梯级 3 是设备总的工作程序。程序中将来要与上位机通信的变量是全局变量，而其他变量可以定义为本程序中的局部变量。程序中用全局变量"Mode"表示工作方式。需要注意的是程序中用了两个 TON 类型的定时器，根据要求其时间是可变的，因此，这里用了时间类型的变量，而非时间常数。实际应用中由于上位机不支持 TIME 类型，因此在 PLC 中要采用 ANY_TO_ TIME 功能块把上位机传来的表示时间的整型数转换为时间类型（TIME）参数后送给这两个时间类型变量。梯级 3 中 bMotorFau 表示设备故障信号，取过热继电器辅助触点的常开触点送入到 PLC 的 DI 通道。bAuto 表示设备控制的自动选择信号，转换开关打到自动档后触点闭合。手动操作时，转换开关不在自动位置，因此该触点断开。

4. 梯形图编程中的多线圈输出

某些设备有手动、半自动或自动操作模式，不同的模式运行方式不一样，而且每一个时刻只可能有一种方式在工作（即被工作模式转换开关选择）。布尔量 Mode1、Mode2 和 Mode3 分别表示 3 种不同的工作模式，假设每种模式该设备的工作逻辑最终都可以简化为 Condition1、Condition2 和 Condition3 3 个布尔类型变量。初学者很容易会写出如图 3-5a 所示

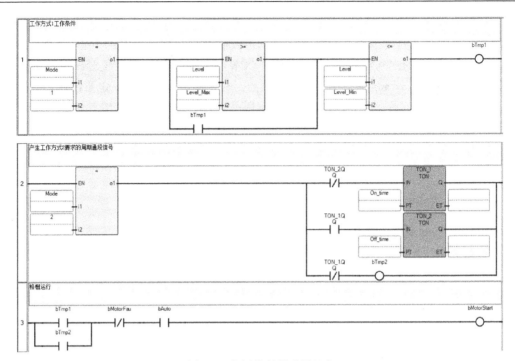

图 3-4　格栅控制梯形图程序

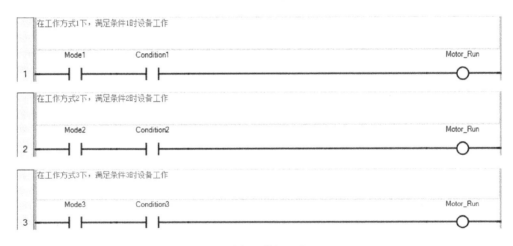

a) 多个线圈输出的程序

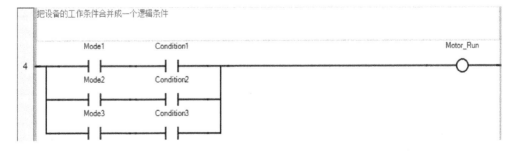

b) 消除多线圈输出的编程方式

图 3-5　多线圈输出及其正确编程

的多线圈输出程序，即一个输出变量反复作为线圈使用。由于 PLC 的扫描工作方式，这样的程序很容易导致运行时出现错误结果。对于多线圈输出，有些型号的 PLC 编译系统对这种情况会报警提示，有些会报错。Micro800 的 CCW 编程软件的编译系统对该逻辑的编译是能够通过的，但这并不表示运行结果会是可靠的。对于梯形图编程，一定要注意包含同样输出变量的线圈只能出现一次，作为触点可以使用任意次。对于 SFC 等编程语言，则没有这个限制。

为了消除多线圈输出，可以采用图 3-5b 所示的方式编程，即把设备工作的所有逻辑归并到一起，从而输出线圈只使用一次。

3.3.2　结构化文本编程语言

1. 结构化文本编程语言介绍

结构化文本编程语言（ST）是高层编程语言，类似于 PASCAL 编程语言。它不采用底层的面向机器的操作符，而是采用高度压缩的方式提供大量抽象语句来描述复杂控制系统的功能。一般而言，它可以用来描述功能、功能块和程序的行为，也可以在 SFC 中描述步、动作块和转移的行为。相比较而言，它特别适合于定义复杂的功能块。这是因为它具有很强的编程能力，可方便地对变量赋值，调用功能和功能块，创建表达式，编写条件语句和迭代程序等。结构化文本编程语言编写的程序格式自由，可在关键词与标识符之间的任何地方插入制表符、换行符和注释。它还具有易学易用、易读易理解的特点。

结构化文本编程语言编写的程序是结构化的，具有以下特点：

1）在结构化文本编程语言中，没有跳转语句，它通过条件语句实现程序的分支。

2）结构化文本编程语言中的语句是用";"分割的，一个语句的结束用一个分号。因此，一个结构化文本编程语言语句可以分成几行写，也可以将几个语句缩写在一行，只需要在语句结束处用分号分割即可。分号表示一个语句的结束，换行表示在语句中的一个空格。

3）结构化文本编程语言的语句可以注释，注释的内容包含在符号"（ * "和" * ）"之间。

4）一个语句中可以有多个注释，但注释符号不能套用。

5）结构化文本编程语言的基本元素是表达式。

2. 结构化文本编程语言编程示例

熟悉高级编程语言的工程师会喜欢用结构化文本编程语言，用该语言编写的程序比梯形图程序更加简捷。以下说明采用结构化文本编程语言编写的求 1~100 的和及阶乘的程序。首先定义变量，这里在变量定义时给变量赋了初值，如图 3-6a 所示。变量定义好后编辑代码。程序如图 3-6b 所示。然后进行程序的编译、下载和运行。读者有兴趣的话可以尝试用梯形图语言来实现上述功能，然后将两者比较，就会对不同的编程语言有更加深刻的认识，从而学会根据任务的要求选择最合适的编程语言，以简化程序的编写。

3.3.3　功能块图编程语言

1. 功能块图编程语言介绍

功能块图（Function Block Diagram，FBD）编程语言源于信号处理领域，是一种相对较新的编程方法，功能块图编程语言是在 IEC 61499 标准的基础上诞生的。该编程方法用框图

Name	Alias	Data Type	Dimension	Initial Value	Attribute	Comment
˘ ⌀ˣ	˘ ⌀ˣ	˘ ⌀ˣ	˘ ⌀ˣ	˘ ⌀ˣ	˘ ⌀ˣ	˘ ⌀ˣ
J		INT ˘		1	Read/Write ˘	临时变量
SUM		INT ˘		0	Read/Write ˘	累加和
FACTORIAL		INT ˘		1	Read/Write ˘	阶乘值

a) 变量定义

```
1    (* 求1到100的累加和以及100阶乘的例子 *)
2    IF J<100 THEN
3        J:=J+1;
4        SUM:=SUM + J;  (* 计算和 *)
5        (* 计算阶乘 *)
6        FACTORIAL:= FACTORIAL*J;
7    END_IF;
```

b) 代码部分

图 3-6　结构化文本编程语言程序示意图

的形式来表示操作功能，类似于数字逻辑门电路的编程语言，有数字电路基础的人很容易掌握。该编程语言用类似与门、或门的方框来表示逻辑运算关系，方框的左侧为逻辑运算的输入变量，右侧为输出变量；信号也是由左向右流向的，各个功能方框之间可以串联，也可以插入中间信号。在每个最后输出的方框前面逻辑操作方框数是有限的。功能块图经过扩展，不但可以表示各种简单的逻辑操作，而且也可以表示复杂的运算、操作功能。

功能块图编程语言在德国十分流行，西门子公司的"LOGO!"微型可编程控制器就使用该编程语言。在德国的许多介绍 PLC 的书籍中，介绍程序例子时多用该语言。和梯形图及顺序功能图一样，功能块图也是一种图形编程语言。

2. 功能块图程序的组成与执行

（1）功能块图网络结构

功能块图由功能、功能块、执行控制元素、连接元素和连接组成。功能和功能块用矩形框图图形符号表示。连接元素的图形符号是水平或垂直的连接线。连接线用于将功能或功能块的输入和输出连接起来，也用于将变量与功能、功能块的输入、输出连接起来。执行控制元素用于控制程序的执行次序。

功能和功能块输入和输出的显示位置不影响其连接。不同的 PLC 系统中，其位置可能不同，应根据制造商提供的功能和功能块显示参数的位置进行正确连接。

（2）功能块图的编程和执行

功能块图编程语言中，采用功能和功能块编程，其编程方法类似于单元组合仪表的集成方法。它将控制要求分解为各自独立的功能或功能块，并用连接元素和连接将它们连接起来，实现所需的控制功能。

功能块图编程语言中的执行控制元素有跳转、返回和反馈等类型。跳转和返回分为条件跳转或返回及无条件跳转或返回。反馈并不改变执行控制的流向，但它影响下次求值中的输入变量。标号在网络中应该是唯一的，标号不能再作为网络中的变量使用。在编程系统中，由于受到显示屏幕的限制，当网络较大时，显示屏的一个行内不能显示多个有连接的功能或功能块，这时，可以采用连接符连接，连接符与标号不同，它仅表示网络的接续关系。

3. 功能块图编程语言编程示例

假设某水箱液位采用 ON-OFF 方式进行控制。当实际液位测量值小于等于所设定的最小液位时,输出一个 ON 信号;当测量值大于等于最高液位时,输出一个 OFF 信号。

这样的 ON-OFF 控制在许多场合会用到。因此,可以首先编写一个 ON-OFF 控制的自定义功能块,然后,在程序中调用该功能块。图 3-7a 是该功能块的局部变量定义,图 3-7b 是功能块的代码部分,图 3-7c 是在程序中调用该功能块的一个实例,该实例描述了一个水箱液位控制实现。调用该功能块时,用实参代替形参,程序中 Actual_ Level、Min_ Level 和 Max_ Level 都是全局变量。Actual_ Level 是液位传感器信号转换后的液位,而 Min_ Level 和 Max_ Level 都是在上位机或终端上可以设置的水箱运行控制参数。Start_ Motor 是一个与水泵运行控制有关的局部变量,非水泵的起动信号,因为水泵的运行还受到工作方式、是否有故障等逻辑条件限制。

	Name	Alias	Data Type	Direction	Dimension	Initial Value	Attribute
	▾ 👷	▾ 👷	▾ 👷	▾ 👷	▾ 👷	▾ 👷	▾ 👷
	Actual_L		REAL ▾	VarInput ▾			Read ▾
	Max_L		REAL ▾	VarInput ▾			Read
	Min_L		REAL ▾	VarInput ▾			Read
	Out		BOOL ▾	VarOutput ▾			Write
+	RS_1		👷 RS ▾	Var		...	Read/Write ▾

a) 功能块局部变量定义

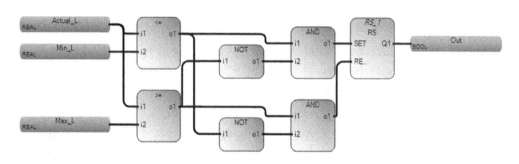

b) 功能块代码部分

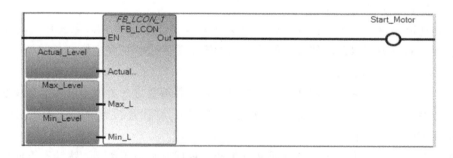

c) 用梯形图程序调用功能块

图 3-7 功能块图编程例子

由于液体不可能同时低于最低位和高于最高位,因此功能块中用 "RS" 或 "SR" 功能块指令都可以。

3.3.4　顺序功能图编程语言

1. 顺序功能图基本概念

顺序功能图（Sequence Function Chart，SFC）最早由法国国家自动化促进会提出。它是一种强大的描述控制程序的顺序行为特征的图形化语言，可对复杂的过程或操作由顶到底地进行辅助开发，允许一个复杂的问题逐层地分解为步和较小的能够被详细分析的顺序，因此，该方法十分精确、严密。

顺序功能图把一个程序的内部组织加以结构化，在保持其总貌的前提下将一个控制问题分解为若干可管理的部分。它由 3 个基本要素构成：步（Step）、动作块（Action Block）和转换（Transition）。每一步表示被控系统的一个特定状态，它与动作块和转换相联系。转换与某个条件（或条件组合）相关联，当条件成立时，转换前的上一步便处于非激活状态，而转换至的那一步则处于激活状态。与被激活的步相联系的动作块，则执行一定的控制动作。步、转换和动作块这 3 个要素可由任意一种 IEC 编程语言编程，包括 SFC 本身。

（1）步

用顺序功能图设计程序时，需要将被控对象的工作循环过程分解成若干个顺序相连的阶段，这些阶段就称之为"步"。例如：在机械工程中，每一步就表示一个特定的机械状态。步用矩形框表示，描述了被控系统的每一特殊状态。SFC 中的每一步的名字应当是唯一的，并且应当在顺序功能图中仅仅出现一次。一个步可以是活动的，也可以是非活动的。只有当步处于活动状态时，与之相应的动作才会被执行；而非活动步不能执行相应的命令或动作（但是当步活动时执行的动作可以保持，即当该步为非活动时，在该步执行的动作或命令可以保持，具体见动作限定符）。每个步都会与一个或多个动作或命令有联系。一个步如果没有连接动作或命令称为空步。它表示该步处于等待状态，等待后级转换条件为真。至于一个步是否处于活动状态，取决于上一步及其转移条件是否满足。

（2）动作块

动作或命令在状态框的旁边，用文字来说明与状态相对应的步的内容也就是动作或命令，用矩形框围起来，以短线与状态框相连。动作与命令旁边往往也标出实现该动作或命令的电器执行元件的名称或动作编号。一个动作可以是一个布尔变量、LD 语言中的一组梯级、SFC 语言中的一个顺序功能图、FBD 语言中的一组网络、ST 语言中的一组语句或 IL 语言中的一组指令。在动作中可以完成变量置位或复位、变量赋值、启动定时器或计算器、执行一组逻辑功能等。

动作控制功能块由限定符、动作名、布尔指示器变量和动作本体组成。动作控制功能块中的限定符作用很重要，它限定了动作控制功能的处理方法，表 3-2 所示为可用的动作控制功能块限定符。当限定符是 L、D、SD、DS 和 SL 时，需要一个 TIME 类型的持续时间。需要注意的是所谓非存储是指该动作只在该步活动时有效；存储是指该动作在该步非活动时仍然有效。例如，在动作是存储的启动定时器时，则即使该步为非活动状态了，该定时器仍然在工作；若是非存储的启动定时器，则一旦该步为非活动状态了，该定时器就被初始化。

表 3-2　动作控制功能块的限定符及其含义

序号	限定符	功能说明(中文)	功能说明(英文)
1	N	非存储	Non-Stored
2	R	复位优先	Overriding Reset
3	S	置位(存储)	Set Stored
4	L	时限	Time Limited
5	D	延迟	Time Delayed
6	P	脉冲	Pulse
7	SD	存储和延迟	Stored and Time Delayed
8	DS	延迟和存储	Delayed and Stored
9	SL	存储和时限	Stored and Time Limited
10	P1	脉冲(上升沿)	Pulse Rising Edge
11	P0	脉冲(下降沿)	Pulse Falling Edge

时限（L）限定符用于说明动作或命令执行时间的长短。例如，动作冷却水进水阀打开30s，表示该阀门打开的时间是30s。

延迟（D）限定符用于说明动作或命令在获得执行信号到执行操作之间的时间延迟，即所谓的时滞时间。

（3）转换

步的转换用有向线段表示。在两个步之间必须用转换线段相连接，也就是说，在两相邻步之间必须用一个转换线段隔开，不能直接相连。转换条件用与转换线段垂直的短划线表示。每个转换线段上必须有一个转换条件短划线。在短划线旁，可以用文字或图形符号或逻辑表达式注明转换条件的具体内容，当相邻两步之间的转换条件满足时，两步之间的转换得以实现。转换条件可以是简单的条件，也可以是具有一定复杂度的逻辑条件。

（4）有向连线

有向连线是水平或垂直的直线，在顺序功能图中，起到连接步与步的作用。有向连线连接到相应转换符号的前级步是活动步时，该转换是使能转换。当转换是使能转换时，相应的转换条件为真，发生转换的清除或实现转换。

当程序在复杂的图中或在几张图中表示时会导致有向连线中断，应在中断点处指出下一步名称和该步所在的页号或来自上一步的步名称和步所在的页号。

2. 顺序功能图的结构形式与结构转换

（1）顺序功能图的结构形式

按照结构的不同，顺序功能图可分为以下几种形式：单序列、并行序列、选择性序列和混合结构序列等。

1）单序列。单流程结构是顺序控制中最常见的一种流程结构，其结构特点是程序顺着工序步，步步为序地向后执行，中间没有任何的分支，如图3-8所示。单序列是顺序功能图编程基础。

2）选择性序列。选择性序列表示如果从多个分支状态或分支状态序列中只选择执行某一个分支状态或分支状态序列，如图3-9a所示。选择性分支的转换条件短划线画在水平单

线之下的分支上。每个分支上必须具有一个或一个以上的
转换条件。

在这些分支中，如果某一个分支后的状态或状态序列
被选中，当转换条件满足时会发生状态的转换。而没有被
选中的分支，即使转换条件已满足，也不会发生状态的转
换。需要注意的是，如果只选择一个序列，则在同一时刻
与若干个序列相关的转换条件中只有一个为真，应用时应
防止发生冲突。对序列进行选择的优先次序可在注明转换条件时规定。

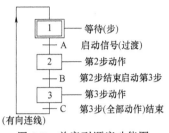

图 3-8　单序列顺序功能图

选择性序列汇合于水平单线。在水平单线以上的分支上，必须有一个或一个以上的转换
条件，而在水平单线以下的干支上则不再有转换条件。在选择性序列中，会有跳过某些中间
状态不执行而执行后边的某状态，这种转换称为跳步。跳步是选择性序列的一种特殊情况。
在完整的顺序功能图中，会有依一定条件在几个连续状态之间的局部循环运行。局部循环也
是选择性序列的一种特殊情况。

3）并行序列。当转换条件成立导致几个序列被同时激活时，这些序列称为并行序列，
如图 3-9b 所示。它们被同时激活后，每个序列活动步的进展是独立的。并行序列画在水平
双线之下。在水平双线之上的干支上必须有一个或一个以上的转换条件。当干支上的转换条
件满足时，允许各分支的转换得以实现。干支上的转换条件称为公共转换条件。在水平双线
之下的分支上，也可以有各自分支自己的转换条件。在这种情况下，表示某分支转换得以实
现除了公共转换条件之外，还必须具有特殊转换条件。

并行序列汇合于水平双线。转换条件短划线画在水平双线以下的干支上，而在水平双线
以上的分支上则不再有转换条件。此外，还有混合结构顺序流程图，即把通常的单序列、选
择性序列、并行序列等几种形式的流程图结合起来的情况，如图 3-9c 所示。

在用顺序功能图编程时，要防止出现不安全序列或不可达序列结构。在不安全序列结构
中，会在同步序列外出现不可控制和不能协调的步调。在不可达序列结构中，可能包含始终
不能激活的步。

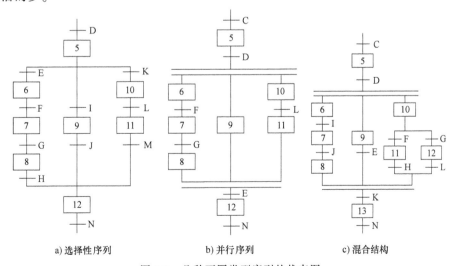

a) 选择性序列　　　　b) 并行序列　　　　c) 混合结构

图 3-9　几种不同类型序列的状态图

（2）顺序功能图的结构转换

在用顺序功能图初步分析控制流程时，可能会出现如图3-10所示的情况，前面的状态连续地直接从汇合线转换到下一个分支线，而没有中间状态。这样的流程组合既不能直接编程成，又不能采用以转换为中心的编程方法。此时，可以在流程图中插入不存在的虚设状态，如图3-11所示（4个图分别一一对应）。这个状态并不影响原来的流程，但加入之后就便于编程了。

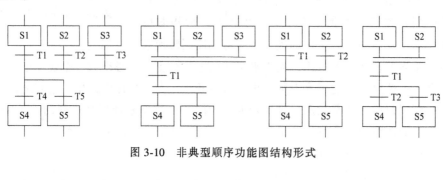

图3-10 非典型顺序功能图结构形式

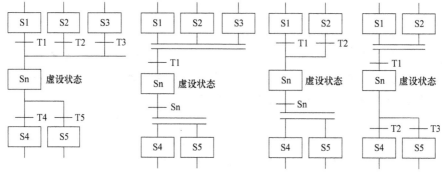

图3-11 加入虚设状态的顺序功能图

3. 顺序功能图程序与梯形图程序的转换

有些PLC，特别是一些小型PLC不支持顺序功能图编程，但在程序设计时，以顺序功能图的思路进行了分析，并且画出了其实现形式，这时可以将顺序功能图采用梯形图来实现。这种根据系统的顺序功能图设计出梯形图的方法，有时也称为顺序控制梯形图的编程方法，目前常用的编程方法有使用"启保停"电路及以转换为中心进行编程。

图3-12所示为采用以转换为中心的方式把顺序功能图程序转换为梯形图语言的基本原理。在该程序中，有2步、3个转换条件和2个动作。在梯形图中，大家看到这种转换实现方式是一致的，即当每一步状态和向下一步转换的条件满足时，通过对本步复位和对

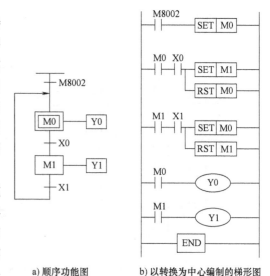

a) 顺序功能图   b) 以转换为中心编制的梯形图

图3-12 以转换为中心的编程方式

下一步置位实现向下一步转换。同时在每一步激活时执行一定动作。当然，本程序较简单，每步的动作没有改变同样的线圈状态的，如果存在该情况，则要利用先前梯形图程序中介绍的把对同样线圈的动作逻辑归类，以防止多线圈输出的情况。

4. 顺序功能图编程语言编程示例

交通灯控制

1）交通灯控制问题。假设某交通灯控制系统交通灯工作时序是：

东西红灯点亮 20s，南北绿灯点亮 20s；

东西红灯点亮 3s，南北绿灯闪烁 3s；

东西红灯点亮 2s，南北黄灯点亮 2s；

东西绿灯点亮 20s，南北红灯点亮 20s；

东西绿灯闪烁 3s，南北红灯点亮 3s；

东西黄灯点亮 2s，南北红灯点亮 2s。

这 6 步结束后，将会跳回第一步继续执行程序，具体如图 3-13 所示。

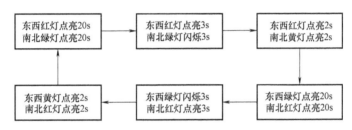

图 3-13　交通信号灯基本功能流程图

2）程序实现。显然，根据该交通灯的功能要求，很容易利用顺序功能图的思想画出如图 3-14 所示的顺序功能图。

由于 CCW 编程系统不支持顺序功能图的编程语言，因此，使用梯形图（LD）来模拟顺序功能图的相关功能。这里利用"启保停"电路的编程方法编写了自定义功能块，功能块本体如图 3-15 所示。

图 3-15 中全局变量及其含义如下：

① Stop 为启动开关状态；

② StateLast 为上一状态运行状态；

③ LastConversion 为向本状态转换条件；

④ NextConversion 为向下一状态转换条件；

⑤ StateNow 为本状态（包括线圈和自保持的常开触点）。

其实现步转换的原理如下：当上一状态和状态转换条件同时为"1"（闭合）时，本状态会被激活，同时使常开触点闭合进行自保持，接着断开上一状态。通过这种方法，就可以满足 SFC 在转换时的两个要求，即：

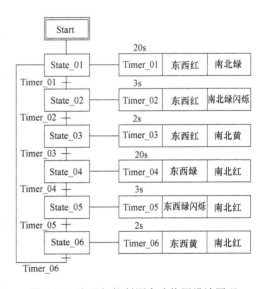

图 3-14　交通灯控制顺序功能图设计原理

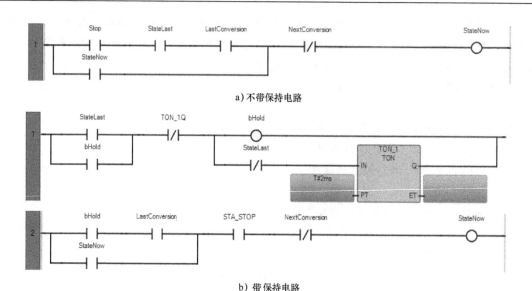

a) 不带保持电路

b) 带保持电路

图 3-15 "启保停" 电路梯形图逻辑

① 使所有由有向连线与相应转换符号相连的后续步都变为活动步；

② 使所有由有向连线与相应转换符号相连的前级步都变为非活动步。

但是在程序调试中发现，由于上一状态向下一状态转换时，一旦转换条件满足，上一状态立刻变为 OFF，导致图 3-15a 程序中的状态无法从上一状态转换到下一状态（即 StataNow 自保还没有成功时，上面的并联支路就断开了）。为此对程序进行了改进，即对上一状态（StateLast）的断开进行了延时，确保后面的状态转换程序能执行。为了减少延时对控制性能的影响，这里时间只设置为 2ms。具体程序如图 3-15b 所示。当然，如果被控系统对实时性要求很高，延时可能会影响系统性能，建议采用其他编程方法（本书第 5 章结合实际应用案例对在 CCW 编程环境下的顺控编程方法进行了详细分析）。

3.4 CCW 编程平台创建工程

3.4.1 工程创建步骤

用 CCW 创建 Micro850 工程项目的步骤如下：

1）创建新的工程，在工程中添加合适的控制器型号，在控制器中增加插件（Plug-in）模块和扩展（Expansion）模块，设置模块的参数，进行硬件组态。相关内容在本书的第 2 章中已做详细介绍。

2）定义变量。变量主要包括全局变量和局部变量。通常首先要定义全局 I/O 变量，给 I/O 变量设置别名（Alias）。别名和其他编程环境中的标签类似。由于 PLC 中地址很多，而具体的 I/O 点等又不容易记忆，而且 I/O 点又和现场的各种设备是关联的，因此，用别名编程容易记忆，程序的可读性也强，且便于调试。除了 I/O 变量，还可以定义其他的全局变量。定义变量包括变量名称、别名、数据类型、维度、初始值、读写属性和注释等。

3）针对项目的特点和应用要求，选择合适的程序设计方法和合适的编程语言进行程序开发。程序开发中，要注意多使用系统提供的功能和功能块，同时建议多使用用户自定义功能块，减少非结构化的程序，从而使程序结构上更明晰，且提高了程序的可重用性。编程时要多加注释，以便于后续调试、修改等。

4）程序的编译、下载和调试。该过程通常是一个反复的过程。程序的编译可以发现语法上等错误。由于 CCW 不提供程序的仿真运行功能，因此只有把程序下载到 PLC 中才能进行程序的功能调试。调试的过程不是发现一般语法上的错误，而是要检验程序的功能实现与预先设想是否一致。

现以一台水泵的起停控制为例，说明如何在 CCW 中开发 Micro850 控制器的应用程序。这只是一个最简单的程序，但通过该过程，就可以初步熟悉编程软件和程序开发的一般步骤。

水泵或各种电机设备在工业、楼宇等领域大量使用。考虑一个可以直接起动的水泵设备，该设备有一个点动的起动和一个点动的停止按钮，采用过热继电器进行保护。假设按下起动按钮后 3s 再起动电机，且起动、停止和过热继电器都使用常开触点。现用 Micro850 控制器来对设备进行控制。

（1）新建工程

首先新建工程，从设备文件夹中选择一个设备，如图 3-16 所示。CCW 支持多种罗克韦尔设备，这里选用 2080-LC50-48AW8PLC，这是 Micro850 系列的设备。设备添加好后，可以在项目管理器中看到该设备，在项目下还可以看到程序、全局变量、用户定义功能块和数据类型 4 个子项目，这些是添加控制器后软件自动生成的最基础的程序设计文件，如图 3-17 所示。用户的编程都围绕着该工程下的这几个程序文件而展开。例如在程序下用户可以增加 LD、ST 或 FBD 程序，在全局变量中定义全局变量，用 LD、ST 或 FBD 语言定义用户自己的功能块以及定义新的数据类型等。

图 3-16　CCW 中设备列表　　　　图 3-17　程序设计文件

双击图 3-17 中的 Micro850，就弹出如图 3-18 所示的窗口。可以在该窗口中进行硬件增加和配置，可以完成的设置包括：

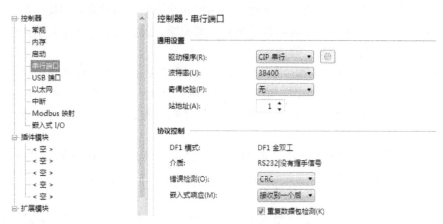

图 3-18 Micro850 设备窗口

1）控制器通用属性设置，主要是其名称和描述。

2）存储器使用，可以看到使用了多少存储空间，还有多少存储空间可用。这里的存储空间包括程序和数据。

3）包括通用设置和与协议有关的设置，在进行程序下载等操作时要在这里进行设置。Micro850 支持 CIP 串行、ModbusRTU 和 ModbusASCII 通信。

4）USB 端口属性观察。

5）以太网设置，设置以太网地址等一系列与以太网通信有关的属性。如图 3-19 所示。Micro850 内嵌以太网接口，可以采用以太网口下载程序和进行通信。

6）日期和时间设置。对于一些与时间有关的应用，要在这里进行设置。

7）中断设置：可以增加中断，设置中断类型及中断处理程序等。

8）启动/故障设置：设置控制器启动选项以及故障时的处理方式。

9）Modbus 映射：当采用 Modbus 通信时，需要进行地址的映射，以实现外围软、硬件与 PLC 的正确通信。

10）硬件编辑。可以增加功能性插件（Plug-in）模块和扩展（Expansion）模块，设置模块的参数，进行硬件组态。如图 3-20 所示。

要增加模块，首先选中相应的空槽位，这时在 PLC 的图形中可以看到该槽位会有黑框表示选中。单击鼠标右键，会弹出可以添加的大类，包括模拟、通信、数字和特殊模块。假设增加了 2080-IF2，如图 3-21 所示，则在右侧可以看到该模块的属性设置内容，可以对每个通道进行设置：

① 输入类型：可选电流或电压；

② 采样频率：50Hz、60Hz、250Hz、500Hz；

③ 输入状态：已启用或已禁用。

如添加了其他类型的模块，与模块相关的参数也进行类似的设置。

（2）定义变量

这里定义了 5 个变量别名，分别为 Run_ out 用于电机控制输出，对应 PLC 的第 20 路 DO 信号；Start 用于起动电机，对应 PLC 的第 1 路 DI 信号；Stop 用于停止电机，对应 PLC 的第 2 路 DI 信号；Fault_ sta 表示过热继电器来的故障信号，对应 PLC 的第 3 路 DI 信号；

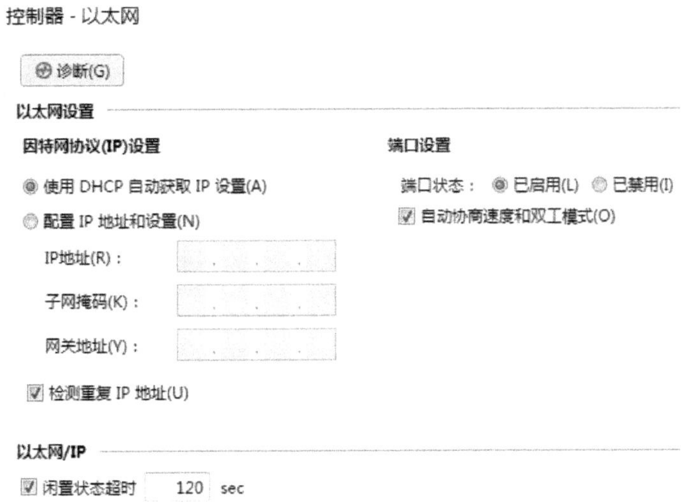

控制器 - 以太网
诊断(G)
以太网设置
因特网协议(IP)设置
使用 DHCP 自动获取 IP 设置(A)
配置 IP 地址和设置(N)
IP地址(R)：
子网掩码(K)：
网关地址(Y)：
检测重复 IP 地址(U)
端口设置
端口状态：
已启用(L)
已禁用(I)
自动协商速度和双工模式(O)
以太网/IP
闲置状态超时
120
sec

图 3-19　Micro850 Internet 协议设置窗口

Micro850
运行
远程
编程
运行
编程
连接
下载
上传
诊断
安全
帮助
2080-LC50-48QWB
Modbus 映射
嵌入式 I/O
插件模块
< 空
模拟
2080-IF2
属性

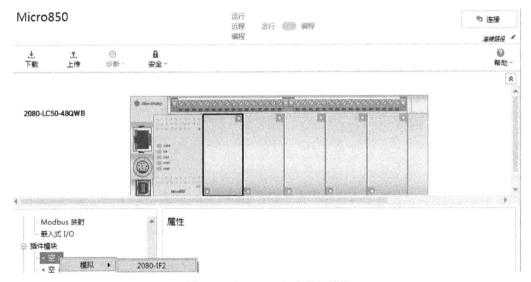

图 3-20　在 Micro850 中增加模块

串行端口
USB 端口
以太网
中断
Modbus 映射
嵌入式 I/O
插件模块
2080-IF2
配置
2080-IF2 - 配置
通道
0
输入类型
电流
频率
50 Hz
输入状态
已启用
通道
1
输入类型
电流
频率
50 Hz
输入状态
已启用

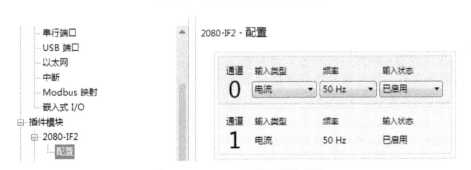

图 3-21　Micro850 中设置模块属性

Run_ sta 表示从接触器辅助触点来的电机的运行状态反馈信号，对应 PLC 的第 4 路 DI 信号。进行地址映射时需要注意的是一般起始地址都从“00”开始编号。定义好的变量如图

3-22所示。变量定义过程中，可以设置别名、数据类型、维数、初始值及读写属性等。

Micro850-VAR　Quick Tips

Name	Alias	Data Type	Dimension	Initial Value	Attribute
_IO_EM_DO_19	Run_out	BOOL			Read/Write
_IO_EM_DI_00	Start	BOOL			Read
_IO_EM_DI_01	Stop	BOOL			Read
_IO_EM_DI_02	Fault_sta	BOOL			Read
_IO_EM_DI_03	Run_sta	BOOL			Read

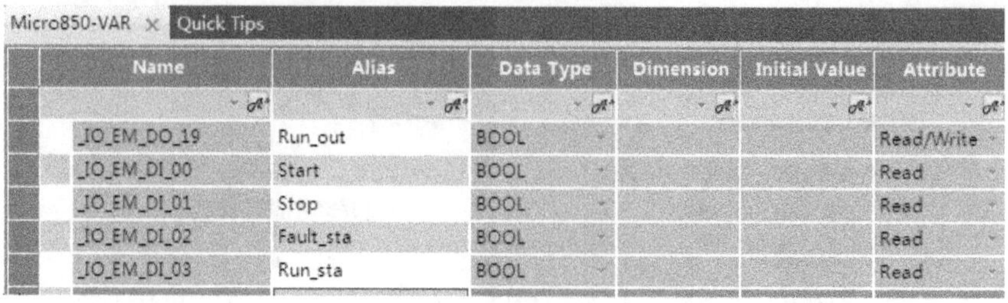

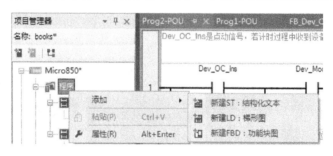

图3-22　全局变量定义

（3）程序设计

这里由于程序功能比较简单，采用经验法，用LD语言来编写程序。

在项目窗口中选中“程序”，单击鼠标右键在弹出的菜单中选中“添加”，出现3个选项。这里选“新建LD：梯形图”程序，如图3-23所示。正如先前介绍，Micro850控制器支持3种类型的IEC编程语言。实现不同功能的程序可以用不同的编程语言来编写。

图3-23　添加程序

在工作区中可以编辑梯形图程序。由于梯形图属于图形化编程语言，因此，要通过一系列图形元素的增加、编辑、修改来实现梯形图程序。Micro850控制器中提供了梯形图编程的工具箱，这些工具箱中包含了编写梯形图程序所需要的各种元件，如图3-24所示（图中把中、英文都列出了，实际只有中文或英文）。具体编程与操作过程如下：

1）从工具箱中拖动一个常开触点到第一行梯级中，如图3-25上半部分所示。在窗口中可以看到一个内含感叹号的用黄色填充底色的三角填充图符，这是因为还没有给该节点赋值，或与变量关联起来。

2）松开鼠标后，会弹出一个变量选择窗口，如图3-25下半部分所示。在变量选择窗口中，可以从以下分组的变量中选择变量：

① 用户全局变量：即用户定义的各种全局变量。

② 局部变量：即隶属于该程序的、用户

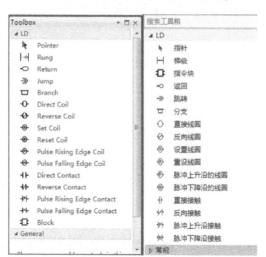

图3-24　梯形图编程工具箱

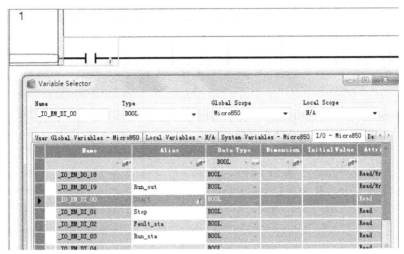

图 3-25　给梯形图中触点连接变量

定义的各种局部变量。

③ 系统变量：与 PLC 系统有关的变量，如遥控变量、首次扫描等。

④ I/O 变量：即 PLC 系统中的输入和输出变量。I/O 变量也属于全局变量的一种。

这里首先从 I/O 变量分组中选择"Start"变量。

除了通过变量选择窗口选择变量外，还可以用键盘输入或通过快捷方式输入。单击触点元件的上部区域（鼠标选中该触点后，会有一个矩形区域），会出现上述 4 类变量的列表，输入首字母后，相关的变量会出现，可以从中选择。

3）按同样的方式编辑其他节点。在编辑输出线圈时，使用了一个局部变量"tmpstart"。（后面的窗口可以看到）。这样完成了第一个梯级的编辑，如图 3-26 所示。给第一个梯级加上注释。每个梯级的注释颜色都是可以通过属性窗口加以设置，编辑时也可通过菜单或鼠标右键菜单取消注释的显示。本书中，为了便于读者看清，把相关的颜色都设置为浅色，而非系统默认的颜色（CCW7.0 后的版本对于注释行默认颜色有了调整，而且梯形图梯级号占用的空间也大大减少了）。

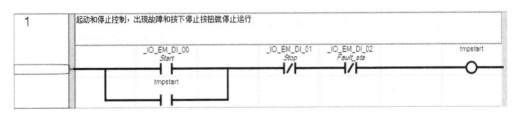

图 3-26　编辑好的第一个梯级

4）编辑第二个梯级。为了实现延时起动，这里用了一个系统提供的延时指令。从工具箱中选择"Block"拖动该梯级，如图 3-27 所示。松开后会显示图 3-28 所示的功能块选择对话框。选择类别中的"时间"以显示所有与时间有关的指令。从与时间有关的指令中选择"TON"，清除"EN/ENO"复选框，按确定退出。如果能记住指令名，可以在图 3-28 的"搜索"框中输入指令名，这样可以更快地实现指令输入。

图 3-27　通用功能块图形元素

"EN/ENO"复选框的作用是对于该指令的使能控制,即可以对该输入连接逻辑变量,从而通过逻辑变量的接通或断开来控制指令的执行。

图 3-28　功能块选择对话框

这时我们再观察局部变量窗口,可以发现除了先前定义的局部布尔变量"tmpstart"外,又增加了一个名为"TON_ 1"的 TON 类型的变量,如图 3-29 所示。

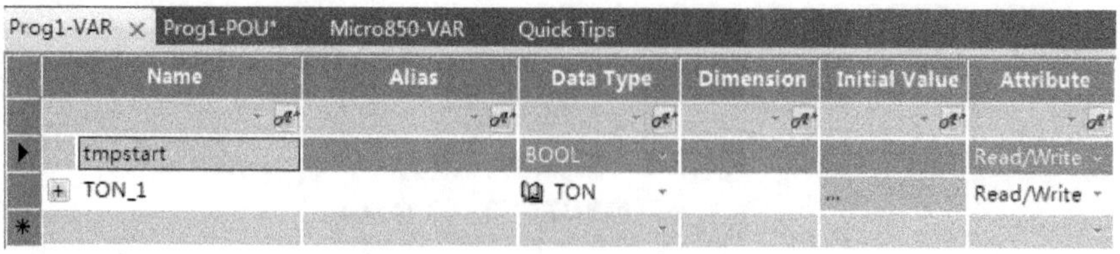

图 3-29　局部变量窗口

如果后面还添加了该类型的指令,系统自动按序号生成该类变量,如"TON_ 2"、"TON_ 3"等(用户也可以改成其他的名字)。"TON_ 1"就是这个 TON 功能块指令的一个实例(Instance)。这是所有的面向对象编程的特点,即变量和对象都要进行定义,即使其他高级编程语言也是这样。单击"TON_ 1"前面的"+",可以看到其内部参数的详细列表。有时为了程序有更好的可读性,可以不用系统默认的"TON_ 1",而用一个有意义的名称，如这里可用"TON_ Start"。

在 TON_ 1 中输入定时器的时间，电机功能块"PT"端矩形的上方，输入"t#3s"。然后在梯形图中增加输出触点，与变量"Run_ out"连接。这样完成了第二个梯级的输入，如图 3-30 所示。图 3-30 中，我们看到线圈上方的变量区既有"Run_ out"别名，又有实际的 I/O 地址。编程时可以选择线圈或触点中变量的显示方式，有 3 种形式可选，可以只显示别名，也可只显示实际地址，还可以两者都显示。

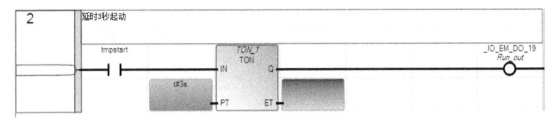

图 3-30　编辑好的第二个梯级

在一些应用中，通常要求时间变量可以通过触摸屏或上位机来更改，这时，就不能给 PT 赋予一个定值，而只能赋予一个时间类型的全局变量了（因为要与外部设备通信，因此不能是局部变量），在变量定义时可以设置一个初始数值/默认值。

由于 PLC 的指令较多，用户不可能把所有的都记下来，为此，CCW 提供了一个很有用的在线帮助功能，鼠标选中 TON 功能块，然后按 F1 键，就显示如图 3-31 所示的 TON 功能块的帮助窗口，该窗口详细地描述了与该指令有关的参数、功能描述及使用说明等。

（4）程序编译

上述程序输入完成后，就可以进行编译、下载和测试了。选中项目窗口中的"Micro850"，单击鼠标右键，弹出一个菜单，如图 3-32 所示。从菜单中选择"生成"，则开始进行程序的编译，编译完成后，在输出显示区会显示编译结果，如图 3-33 所示。

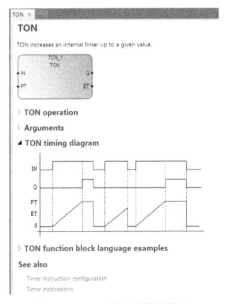

图 3-31　TON 指令的帮助窗口

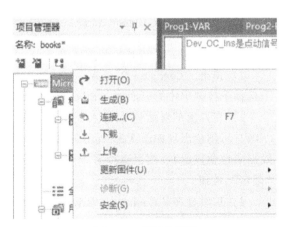

图 3-32　程序的编译

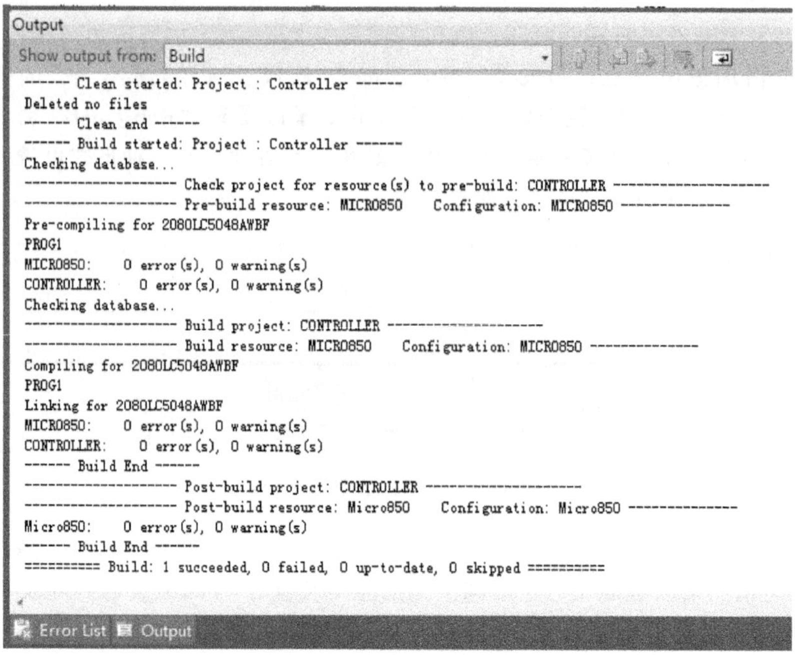

图 3-33　编译结果

如果程序中有错误，则在该输出窗口会有提示，可以根据提示进行程序的修改和完善，再次编译，直到编译通过为止。程序编译的结果包括警告和错误，如果程序有错误，则必须要排除。而对于警告，则不一定要进行处理。

3.4.2　工程下载与调试

1. 建立通信连接

（1）用 RSLink Classic 添加驱动

在下载工程之前首先要建立计算机与 PLC 的通信连接。这里主要介绍通过以太网连接，USB 连接比较简单。以下是建立以太网连接的大体步骤。

1）打开 RSLink Classic 软件，在菜单栏找到类似于电线的图标  ，名为"Configure Drivers"，将其打开。

2）弹出"Configure Drivers"对话框，如图 3-34 所示。在"Available Drivers Types"框下选择下拉菜单中的第四项"Ethernet/IP Driver"选项，单击"Add New…"按钮。

3）在弹出的对话框中输入驱动的名称（一般是系统默认"AB_ ETHIP-1"），单击"OK"后则会出现如图 3-35 所示的对话框。选择计算机中的网卡（通常笔记本电脑中的无线网卡也会显示），这里选择有线网卡"Realtek…"（具体与计算机中网卡设备有关），单击"确定"按钮。

4）这时会在"Configured Drivers"菜单中出现刚才建立好的 Ethernet/IP 驱动及其运行状态，如图 3-37 所示。

5）在"Workstation"中也会有相应的驱动选项，如果已创建好 PLC 和相关网络设备

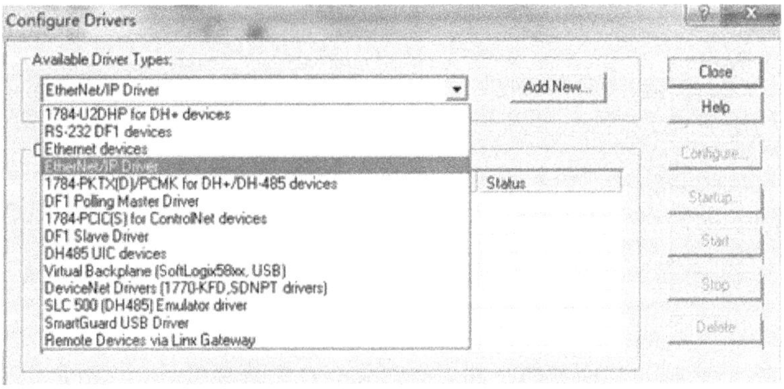

图 3-34　Configure Drivers 对话框

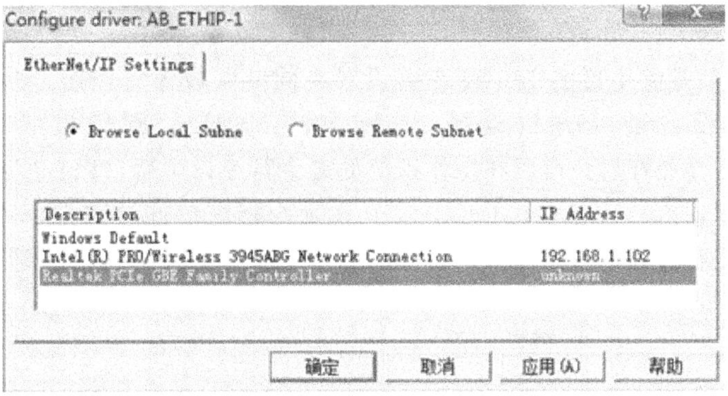

图 3-35　选择网卡

（如变频器）的连接，单击"＋"，则会出现相应的设备和其对应的 IP 地址。

此外，在建立驱动过程中，还可以选图 3-34 中的"Ethernet devices"，单击"Add New…"按钮。在弹出的对话框中输入驱动的名称（一般是系统默认"AB _ ETHIP-1"），单击"OK"按钮后则弹出如图 3-36 所示的对话框。如果系统中只有一台 PLC，则在 Host Name 中输入 IP 地址。如果有 2 台或 2 台以上设备，通过单击"Add New"按钮来

图 3-36　输入设备 IP 地址

添加要连接的设备。设备地址填写好后，就可以在"Configure Drivers"对话框中看到设备在运行了，如图 3-37 所示。

（2）PLC 的 Ethernet/IP 地址手动设置

PLC 的 IP 设置有两种方法，分别是通过 DHCP 分配 IP 和在 CCW 中手动设定 PLC 的 IP 地址。手动设定 IP 地址过程如下：

1）在 CCW 编译环境中，单击"Micro850"，会出现如图 3-38 所示的连接界面，在下方

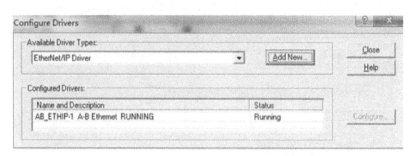

图 3-37　建立好的 Configure Drivers

有下拉菜单，在 "Ethernet" 中找到 "Internet Protocol" 选项。

2）选中 "Configure IP address and settings 配置 IP 地址和设置" 选项，分别填入所想设置的 "IP Address（IP 地址）"、"Subnet Mask（子网掩码）" 和 "Gateway Address（网关地址）"。

3）网关地址就是路由器的 IP，两者要设置在同一网段才可连接，保证前三段 IPv4 码相同。例如，假设之前计算机设置 IP 为 192.168.1.3，则可以设置 PLC 的 IP 为 192.168.1.2。IP 设置好后，可以在操作系统的命令行窗口中用 "Ping" 命令检查网络是否连通。例如，这里输入 "Ping 192.168.1.2"，在命令行窗口能看到指令的执行结果，从结果可以看到网络是否连通。如果不成功，要检查网络连接的硬件和设置等参数是否正确。

图 3-38　设置 PLC 的 IP 地址

2. 下载工程与调试

在完成工程编译、通信配置等后，就可以连接 PLC 并且下载工程了，下载前首先要把计算机与 PLC 进行连接。

1）连接。双击工程浏览器中的 "Micro850" 按钮，会出现如图 3-39a 所示的窗口。单击 "连接" 按钮，会出现 "连接浏览器" 窗口，用户在该窗口选择连接路径，即选择哪个 RSLink 中配置的驱动。在图 3-39a 所示的窗口也可进行程序的下载与上传（这时会自动进行程序编译、连接和上传或下载操作。若编译出错或驱动没配置好等，都会报错）。若连接成功，则设备窗口上部会如图 3-39b 所示，即控制器处于远程运行状态。在该窗口中可以断开连接或把设备状态在编程与运行之间进行切换，还可以诊断控制器信息、设置密码等。

2）下载。在工具栏中找到下载按钮，单击它，即可下载至有网线连接的控制器中。

该操作还可以和前面连接过程一起完成。

3）调试。在工具栏中找到调试按钮 ▶ ，单击它，即可在线调试程序。某污水厂格栅控制的一小段演示程序调试如图 3-39c 所示。

在调试窗口中，梯形图中触点、线圈的通与断、定时器当前值等都以不同的颜色动态显示。对于一些参数，例如程序中的类型为 TIME，初始值为 t#2s 的变量 TESET，在调试时可以双击该变量，会弹出变量监视窗口，在该窗口中找到该变量的逻辑值这一列，可以修改定时参数。其他一些内部触点等也可以采用该方式动态调试。

a) 与PLC连接前的状态

b) 连接成功后的状态

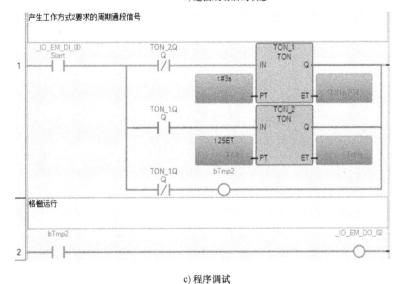

c) 程序调试

图 3-39　与 PC 连接及程序调试

3. 密码保护与程序文档创建

Micro850 控制器具有密码保护功能，以提高其安全性和进行知识产权保护，其主要特点有：

1）支持创建保密性很强的密码，甚至优于 Windows7 操作系统的密码机制。

2）无论是否允许访问控制器，控制器均可执行强制。

3）支持显示保护状态和用户名来确定当前用户。

4）CCW 与 PLC 的所有通信都对密码进行加密处理。

5）无后门密码，即一旦密码丢失，则必须刷机。因此，开发人员一定要加强密码保存和管理。

CCW 提供了工程文档创建的工具。选中工程管理器中的工程，单击鼠标右键，在弹出的菜单中选择"文档生产程序（打印）"，这时就可以创造整个工程的文档，该文档包含所有的变量、程序、用户自定义模块等；若选中某个程序，则创建该程序的文档。

复习思考题

1. IEC 61131-3 编程语言标准产生的背景是什么？为何该标准会得到广泛的推广和使用？

2. IEC 61131-3 标准的主要内容是什么？

3. IEC 61131-3 标准的编程语言有哪些？

4. CCW 编程软件支持哪些编程语言？

5. 为何说顺序功能图不只是一种编程语言，更是一种程序分析方法。

第 4 章　Micro800 PLC 指令系统

4.1　Micro800 控制器的内存组织

为 Micro800 控制器创建项目后，在生成（Build）时会以动态方式将内存分配为程序内存或数据内存。由于没有规定程序内存与数据内存的大小，因此，若程序内存使用得少，则数据内存可使用的空间就大，从而允许用户最大限度地使用控制器内存。

Micro800 控制器的内存可以分为：数据内存、程序内存、项目内存和配置内存。数据内存保存用户定义的变量、常数和编译器产生的临时变量等；程序内存保存数据文件、程序和功能块等；项目内存保存下载的项目及其注释；配置内存保存功能性插件的配置信息。

对于数据文件，一个字等同于 16 位内存。例如：

1 个整型数据文件元素 = 1 个用户字；

1 个长字文件元素 = 2 个用户字；

1 个定时器数据文件元素 = 3 个用户字。

对于程序文件，一个字等同于一个带有一个操作数的梯形图指令。例如：

1 个 XIC 指令，具有 1 个操作数，则占用 1 个用户字；

1 个 EQU 指令，具有 2 个操作数，则占用 2 个用户字；

1 个 ADD 指令，具有 3 个操作数，则占用 3 个用户字。

4.1.1　数据文件

Micro800 控制器的变量分为全局变量和局部变量，其中 I/O 变量默认为全局变量。全局变量在项目的任何一个程序或功能块中都可以使用，而局部变量只能在它所在的程序中使用。不同类型的控制器 I/O 变量的类型和个数不同，I/O 变量可以在 CCW 组态编程软件中的全局变量中查看。I/O 变量的名字是固定的，但是可以对 I/O 变量标记别名。除了 I/O 变量以外，为了编程的需要还要建立一些中间变量，变量的类型用户可以自己选择，常用的数据类型见表 4-1。

表 4-1　常用的数据类型

数　据　类　型	描　　　述	数　据　类　型	描　　　述
BOOL	布尔量	LINT	长整型
SINT	单整型	ULINT、LWORD	无符号长整型
USINT、BYTE	无符号单整型	REAL	实型
INT、WORD	整型	LREAL	长实型
UINT	无符号整型	TIME	时间
DINT、DWORD	双整型	DATE	日期
UDINT	无符号双整型	STRING	字符串

在项目组织器中，还可以建立新的数据类型，用来在变量编辑器中定义数组和字，这样方便定义大量相同类型的变量。变量的命名有如下规则：

1) 名称不能超过 128 个字符；

2) 首字符必须为字母；

3) 后续字符可以为字母、数字或者下划线字符。

数组也常常应用于编程中，下面介绍在项目中怎样建立数组。要建立数组首先要在 CCW 软件的项目组织器窗口中找到 Data Types，打开后建立一个数组的类型。如图 4-1 所示，建立数组类型的名称为 Array_ A，数据类型为布尔型，建立一维数组，数据个数为 10（维度一栏标示为 1..10），打开全局变量列表，建立名为 Array_ 1 的数组，数据类型可选

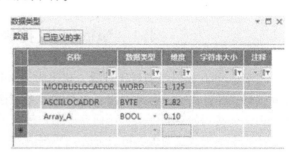

图 4-1　定义数组类型

择为自定心的 Array_ A，如图 4-2 所示。同理，建立二维数组类型时，维度一栏标示为 1..10..10。

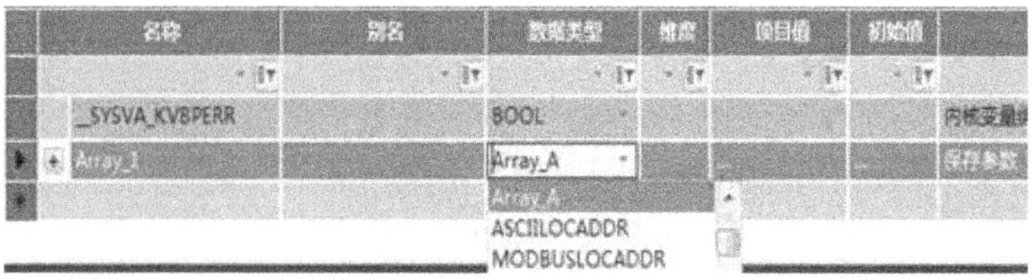

图 4-2　建立数组变量

4.1.2　程序内存

控制器的程序内存保存数据文件、程序文件和功能块文件。这里所说的功能块（Function Block），除了系统自身的功能块指令以外，主要是指用户根据功能需要，自己编写具有一定功能的功能块，可以在程序或者功能块中调用，相当于常用的子程序。每个功能块最多有 20 个输入和 20 个输出。Micro810 控制器最多可以有 2000 条含一个操作数的梯级。

项目文件不使用用户内存。但由于功能执行时会与 I/O 强制相关，因此每个输入和输出的数据元素大约使用 3 个用户字。

Micro800 控制器支持 20KB 的内存。内存可用于程序文件和数据文件。最大数据内存用量为 10KB。

4.2　Micro800 控制器的梯形图指令

4.2.1　梯形图指令元素

编辑梯形图程序时，可以从工具箱直接拖拽需要的指令符号到编辑窗口中使用，其可以

添加以下梯形图指令元素。

1. 梯级（Rung）

梯级是梯形图的组成元素，它表示一组电子元件线圈的激活（输出）。梯级在梯形图中可以有标签，以确定它们在梯形图中的位置。每个梯级的上面一行是注释行，编辑时可以隐藏。标签和跳转指令（JMP）配合使用，以控制梯形图的执行。梯级示意图如图 4-3 所示所示。

单击编辑框的最左侧，输入该梯级的标签，即完成了对该梯级标签的定义。

2. 线圈（Coil）

线圈（输出）也是梯形图的重要组成元件，它代表着输出或者内部变量。一个线圈代表着一个动作，它的左边必须有布尔元件或者一个指令块的布尔输出。线圈又分为以下几种类型。

1）直接输出（Direct coil），如图 4-4 所示。

图 4-3　梯形图梯级示意图　　　　　　　图 4-4　直接输出

左连接元件的状态直接传送到右连接元件上，右连接元件必须连接到垂直电源轨上，平行线圈除外，因为在平行线圈中只有上层线圈必须连接到垂直电源轨上，如图 4-5 所示。

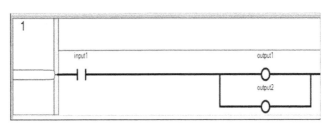

图 4-5　线圈连接示意图

2）反向输出（Reverse coil），如图 4-6 所示。

左连接元件的反状态被传送到右连接元件上，同样，右连接元件必须连接到垂直电源轨上，除非是平行线圈。

3）上升沿（正沿）输出（Pulse rising edge coil），如图 4-7 所示。

图 4-6　反向输出　　　　　　　　　图 4-7　上升沿（正沿）输出

当左连接元件的布尔状态由假变为真时，右连接元件的输出变量将被置 1（即为真），其他情况下输出变量将被重置为 0（即为假）。

4）下降沿（负沿）输出（Pulse falling edge coil），如图 4-8 所示。

当左连接元件的布尔状态由真变为假时，右连接元件的输出变量将被置 1（即为真），其他情况下输出变量将被重置为 0（即为假）。

5）置位输出（Set coil），如图 4-9 所示。

图 4-8　下降沿（负沿）输出　　　　　图 4-9　置位输出

当左连接元件的布尔状态变为真时，输出变量将被置真。该输出变量将一直保持该状态直到复位输出发出复位命令，如图 4-10 所示。

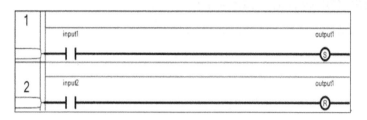

图 4-10　置位复位梯形图

6）复位输出（Reset coil），如图 4-11 所示。

当左连接元件的布尔状态变为真时，输出变量将被置假。该输出变量将一直保持该状态直到置位输出发出置位命令。

图 4-11　复位输出

3. 触点（Contact）

触点在梯形图中代表一个输入的值或是一个内部变量，通常相当于一个开关或按钮的作用，其有以下几种连接类型。

1）直接连接（Direct contact），如图 4-12 所示。

左连接元件的输出状态和该连接元件（开关）的状态取逻辑与，即为右连接元件的状态值。

2）反向连接（Reverse contact），如图 4-13 所示。

左连接元件的输出状态和该连接元件（开关）的状态的布尔反状态取逻辑与，即为右连接元件的状态值。

3）上升沿（正沿）连接（Pulse rising edge contact），如图 4-14 所示。

图 4-12　直接连接　　　　　图 4-13　反向连接　　　　　图 4-14　上升沿（正沿）连接

当左连接元件的状态为真时，如果该上升沿连接代表的变量状态由假变为真，那么右连接元件的状态将会被置真，这个状态在其他条件下将会被复位为"假"。

4）下降沿连接（Pulse falling edge contact），如图 4-15 所示。

当左连接元件的状态为真时，如果该下降沿连接代表的变量状态由真变为假，那么右连接元件的状态将会被置真，这个状态在其他条件下将会被复位为假。

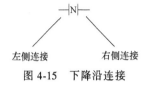

左侧连接　　　　右侧连接

图 4-15　下降沿连接

4. 指令块（Instruction block）

块（Block）元素指的是指令块，也可以是位操作指令块、函数指令块或者是功能块指令块。在梯形图编辑中，可以添加指令块到布尔梯级中。加到梯级后可以随时用指令块选择器设置指令块的类型，随后相关参数将会自动陈列出来。

在使用指令块时请牢记以下两点。

1）当一个指令块添加到梯形图中后，EN 和 ENO 参数将会添加到某些指令块的接口列表中。

2）当指令块是单布尔变量输入、单布尔变量输出或是无布尔变量输入、无布尔变量输出时，可以强制 EN 和 ENO 参数。可以在梯形图操作中激活允许 EN 和 ENO 参数（Enable EN/ENO）。

从工具箱中拖出块元素放到梯形图的梯级中后，指令块选择器将会陈列出来，为了缩小指令块的选择范围，可以使用分类或者过滤指令块列表，或者使用快捷键。

EN 输入：一些指令块的第一输入不是布尔数据类型，由于第一输入总是连接到梯级上的，所以在这种情况下另一种叫 EN 的输入会自动添加到第一输入的位置。仅当 EN 输入为真时，指令块才执行。下面举一个"比较"指令块的例子，如图 4-16 所示。

ENO 输出：由于第一输出另一端总是连接到梯级上，所以对于第一输出不是布尔型输出的指令块，另一端被称为 ENO 的输出自动添加到了第一输出的位置。ENO 输出的状态总是与该指令块的第一输入的状态一致。下面举一个"平均"指令块的例子，如图 4-17 所示。

EN 和 ENO 参数：在一些情况下，EN 和 ENO 参数都需要，如在数学运算操作指令块中，如图 4-18 所示。

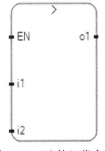

图 4-16　"比较"指令块

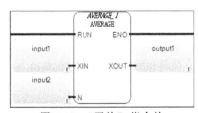

图 4-17　"平均"指令块

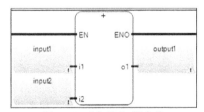

图 4-18　"加法"指令块

功能块使能（Enable）参数：在指令块都需要执行的情况下，需要添加使能参数，例如在"SUS"指令块中，如图 4-19 所示。

4.2.2　梯形图执行控制指令

1. 返回（Return）

当一段梯形图结束时，可以使用返回元件作为输

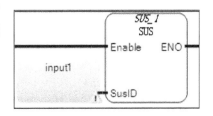

图 4-19　"SUS"指令块

出。注意，不能再在返回元件的右边连接元件。当左边的元件状态为布尔真时，梯形图将不执行返回元件之后的指令。当该梯形图为一个函数时，它的名字将被设置为一个输出线圈以设置一个返回值（返回给调用函数使用）。下面给出一个带返回元件的例子，如图 4-20 所示。

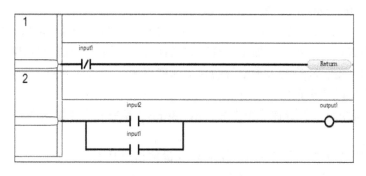

图 4-20　带返回元件的梯形图

2. 跳转（JMP）

条件和无条件跳转控制着梯形图程序的执行。注意，不能在跳转元件的右边再添加连接元件，但可以在其左边添加一些连接元件。图 4-21 所示为跳转和跳转返回指令执行过程。当跳转元件左边的连接元件的布尔状态为真时，跳转被执行，程序跳转至所需标签 LABEL 处开始执行，直到该部分程序执行到 RETURN 时，程序返回到原断点后的一个梯级，并继续往后执行。

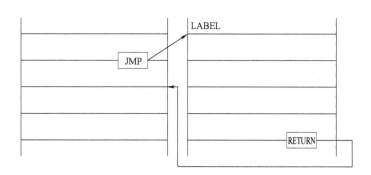

图 4-21　跳转和跳转返回指令执行过程

跳转分为无条件跳转和条件跳转两类。梯形图编程中，当跳转信号线开始于梯形图的左电源轨线时，该跳转是无条件的。在功能块图编程语言中，如果跳转信号线开始于布尔常数上，则该跳转是无条件的。

当跳转信号线开始于一个布尔变量、功能或功能块输出时，该跳转是条件跳转。只有程序控制执行到特定网络标号的跳转信号线，而其布尔值为 1 时才发生跳转。

3. 分支（Branch）

分支元件能产生一个替代梯级。可以使用分支元件在原来梯级的基础上添加一个平行的分支梯级。

4.3　Micro800 控制器的功能块指令

功能块指令是 Micro800 控制器编程中的重要指令，它包含了实际应用中的大多数编程功能。功能块指令种类及说明见表 4-2。

表 4-2　功能块指令种类及说明

种　类	描　述
报警（Alarm）	超过限制值时报警
布尔操作（Boolean operation）	对信号上升沿/下降沿以及设置或重置操作
通信（Communication）	部件间的通信操作
计时器（Timer）	计时
计数器（Counter）	计数
数据操作（Data manipulation）	取平均、最大、最小值
输入/输出（Input/Output）	控制器与模块之间的输入、输出操作
中断（Interrupt）	管理中断
过程控制（Process control）	PID 操作以及堆栈
程序控制（Program control）	主要是延迟指令功能块

1. 报警（Alarm）

（1）指令概述

功能块指令中的报警类功能块只有限位报警一种，如图 4-22a 所示。其详细功能说明如下。

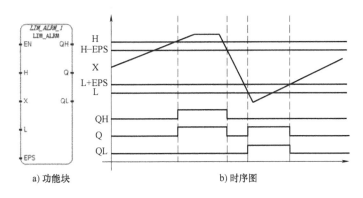

a) 功能块　　　　　　　　　　　b) 时序图

图 4-22　限位报警功能块及其时序图

该功能块用高限位和低限位限制一个实数变量。限位报警使用的高限位和低限位是 EPS 参数的一半。其参数列表见表 4-3。

表 4-3　限位报警功能块参数列表

参数	参数类型	数据类型	描　述
EN	Input	BOOL	功能块使能。为真时，执行功能块； 为假时，不执行功能块

（续）

参数	参数类型	数据类型	描　　述
H	Input	REAL	高限位值
X	Input	REAL	输入:任意实数
L	Input	REAL	低限位值
EPS	Input	REAL	滞后值(必须大于零)
QH	Output	BOOL	高位报警:如果 X 大于高限位值 H 时为真
Q	Output	BOOL	报警:如果 X 超过限位值时为真
QL	Output	BOOL	低位报警:如果 X 小于低限位值 L 时为真

　　下面简单介绍限位报警功能块的用法。限位报警的主要作用就是限制输入,当输入超过或者低于预置的限位安全值时,输出报警信号。在本功能块中 X 端接的是实际要限制的输入,其他参数的意义可以参考表 4-3。当 X 的值达到高限位值 H 时,功能块将输出 QH 和 Q,即高位报警和报警,而要解除该报警,需要输入的值小于高限位的滞后值（H-EPS）,这样就拓宽了报警的范围,使输入值能较快地回到一个比较安全的范围值内,起到保护机器的作用。对于低位报警,功能块的工作方式很类似。当输入低于低限位值 L 时,功能块输出低位报警（QL）和报警（Q）,而要解除报警则需输入回到低限位的滞后值（L+EPS）。可见报警 Q 的输出综合了高位报警和低位报警,使用时可以留意该输出。

　　（2）指令调用

　　该指令在功能块主程序、梯形图主程序和结构化文本主程序中的调用方式如图 4-23 所示。调用之前,必须在主程序中定义与指令有关的变量和功能块实例（LIM_ ALRM_ 1）。

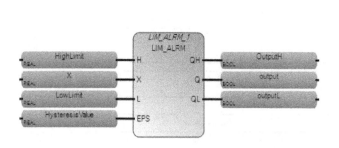

a) 功能块主程序调用LIM_ALRM

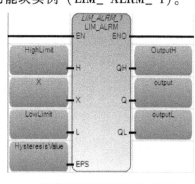

b) 梯形图主程序调用LIM_ALRM

```
1   HighLimit := 10.0;
2   X := 15.0;
3   LowLimit := 5.0;
4   HysteresisValue := 2.0;
5   LIM_ALRM_1(HighLimit, X, LowLimit, HysteresisValue);
6   OutputH := LIM_ALRM_1.QH;
7   OutputL := LIM_ALRM_1.QL;
8   output := LIM_ALRM_1.Q;
```

c)结构化文本主程序调用LIM_ALRM

图 4-23　主程序调用 LIM_ ALRM 功能块

2. 布尔操作（Boolean operation）

布尔操作类功能块主要有以下 4 种，其描述见表 4-4。

表 4-4　布尔操作类功能块

功能块	描　　述	功能块	描　　述
F_TRIG（下降沿触发）	下降沿侦测，下降沿时为真	R_TRIG（上升沿触发）	上升沿侦测，上升沿时为真
RS（重置）	重置优先	SR（设置）	设置优先

下面详细说明下降沿触发以及重置功能块的使用：

1）下降沿触发（F_TRIG）功能块如图 4-24 所示。该功能块用于检测布尔变量的下降沿，其参数列表见表 4-5。

表 4-5　下降沿触发功能块参数列表

参数	参数类型	数据类型	描　　述
CLK	Input	BOOL	任意布尔变量
Q	Output	BOOL	当 CLK 从真变为假时，为真；其他情况为假

2）重置（RS）功能块如图 4-25 所示。重置优先，其参数列表见表 4-6。

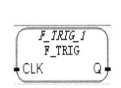

图 4-24　下降沿触发功能块

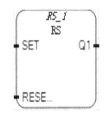

图 4-25　重置功能块

表 4-6　重置功能块参数列表

参数	参数类型	数据类型	描　　述
SET	Input	BOOL	如果为真，则置 Q1 为真
RESET1	Input	BOOL	如果为真，则置 Q1 为假（优先）
Q1	Output	BOOL	存储的布尔状态

重置功能块示例见表 4-7。

表 4-7　重置功能块示例表

SET	RESET1	Q1	Result Q1	SET	RESET1	Q1	Result Q1
0	0	0	0	1	0	0	1
0	0	1	1	1	0	1	1
0	1	0	0	1	1	0	0
0	1	1	0	1	1	1	0

3. 通信（Communication）

通信类功能块主要负责与外部设备通信，以及自身的各部件之间的联系。该类功能块见

表 4-8。

表 4-8　通信类功能块

功　能　块	描　　述
ABL(测试缓冲区数据列)	统计缓冲区中的字符个数(直到并且包括结束字符)
ACB(缓冲区字符数)	统计缓冲区中的总字符个数(不包括终止字符)
ACL(ASCⅡ清除缓冲寄存器)	清除接收,传输缓冲区内容
AHL(ASCⅡ握手数据列)	设置或重置调制解调器的握手信号
ARD(ASCⅡ字符读)	从输入缓冲区中读取字符并把它们放到某个字符串中
ARL(ASCⅡ数据行读)	从输入缓冲区中读取一行字符并把它们放到某个字符串中,包括终止字符
AWA(ASCⅡ带附加字符写)	写一个带用户配置字符的字符串到外部设备中
AWT(ASCⅡ字符写出)	从源字符串中写一个字符到外部设备中
MSG_MODBUS(网络通信协议信息传输)	发送 Modbus 信息

下面主要介绍 ABL、ACL、AHL、ARD、AWA 这几种功能块。

1) 测试缓冲区数据列 (ABL) 功能块如图 4-26 所示。测试缓冲区数据列功能块指令可以用于统计在输入缓冲区里的字符个数 (直到并且包括结束字符)。其参数列表见表 4-9。

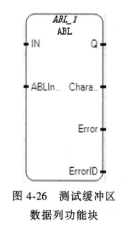

图 4-26　测试缓冲区
数据列功能块

表 4-9　测试缓冲区数据列功能块参数列表

参数	参数类型	数据类型	描　　述
IN	Input	BOOL	如果是上升沿(IN 由假变真),执行统计指令
ABLInput	Input	ABL/ACB(见表 4-10)	将要执行统计的通道
Q	Output	BOOL	假——统计指令不执行;真——统计指令已执行
Characters	Output	UINT	字符的个数
Error	Output	BOOL	假——无错误;真——检测到一个错误
ErrorID	Output	UINT	见表 4-11

ABL/ACB 数据类型见表 4-10。

表 4-10　ABL/ACB 数据类型

参数	数据类型	描　　述
Channel	UINT	串行通道号: 2 代表本地的串行通道口 5~9 代表安装在插槽 1~5 的嵌入式模块串行通道口;5 表示在插槽 1;6 表示在插槽 2;7 表示在插槽 3;8 表示在插槽 4;9 表示在插槽 5
TriggerType	USINT(无符号短整型)	代表以下情况中的一种:0 表示 Msg 触发一次(当 IN 从假变为真);1 表示 Msg 持续触发,即 IN 一直为真;其他值:保留
Cancel	BOOL	当该输入被置为真时,统计功能块指令不执行

ABL 错误代码见表 4-11。

表 4-11　ABL 错误代码

错 误 代 码	描　　　　　述
0x02	由于数据模式离线,操作无法完成
0x03	由于准备传输信号(Clear-to-Send)丢失,导致传送无法完成
0x04	由于通信通道被设置为系统模式,导致 ASCⅡ 码接收无法完成
0x05	当尝试完成一个 ASCII 码传送时,检测到系统模式(DF1)通信
0x06	检测到不合理参数
0x07	由于通过通道配置对话框停止了通道配置,导致不能完成 ASCⅡ 码的发送或接收
0x08	由于一个 ASCII 码传送正在执行,导致不能完成 ASCⅡ 码写入
0x09	现行通道配置不支持 ASCII 码通信请求
0x0a	取消(Cancel)操作被设置,所以停止执行指令,没有要求动作
0x0b	要求的字符串长度无效(D、负数或者大于 82)0。功能块 ARD 和 ARL 中也一样
0x0c	源字符串的长度无效或者是一个负数或者大于 82 或 0。对于 AWA 和 AWT 指令也一样
0x0d	在控制块中要求的数是一个负数或是一个大于存储于源字符串中字符串长度的数。对于 AWA 和 AWT 指令也一样
0x0e	ACL 功能块被停止
0x0f	通道配置改变

注:"0x" 前缀表示十六进制数。

2) ASCⅡ 清除缓存寄存器 (ACL) 功能块如图 4-27 所示。ASCII 清除缓存寄存器功能块指令用于清除缓冲区里接收和传输的数据, 该功能块指令也可以用于移除 ASCⅡ 队列里的指令。其参数列表见表 4-12。

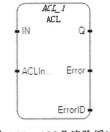

图 4-27　ASCⅡ 清除缓冲
寄存器功能块

表 4-12　ASCⅡ 清除缓冲寄存器功能块参数列表

参数	参数类型	数据类型	描　　　　　述
IN	Input	BOOL	如果是上升沿(IN 由假变真),执行该功能块指令
ACLInput	Input	ACL(见表 4-13)	传送和接收缓冲区的状态
Q	Output	BOOL	假——该功能块指令不执行;真——该功能块指令已执行
Error	Output	BOOL	假——无错误;真——检测到一个错误
ErrorID	Output	UINT	见表 4-11

ACL 数据类型见表 4-13。

表 4-13　ACL 数据类型

参数	数据类型	描　　　　　述
Channel	UINT	串行通道号:2 代表本地的串行通道口 5~9 代表安装在插槽 1~5 的嵌入式模块串行通道口;5 表示在插槽 1;6 表示在插槽 2;7 表示在插槽 3;8 表示在插槽 4;9 表示在插槽 5
RXBuffer	BOOL	当置为真时,清除接收缓冲区里的内容,并把接收 ASCII 功能块指令(ARL 和 ARD)从 ASCⅡ 队列中移除

（续）

参数	数据类型	描 述
TXBuffer	BOOL	当置为真时,清除传送缓冲区里的内容,并把传送 ASCII 功能块指令(AWA 和 AWT)从 ASCII 队列中移除

3) ASCII 握手数据列（AHL）功能块如图 4-28 所示。ASCII 握手数据列功能块指令可以用于设置或重置 RS232 请求发送（Request To Send，RTS）握手信号控制行。其参数列表见表 4-14。

表 4-14　ASCII 握手数据列功能块参数列表

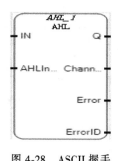

图 4-28　ASCII 握手
数据列功能块

参数	参数类型	数据类型	描 述
IN	Input	BOOL	如果是上升沿(IN 由假变真),执行该功能块指令
AHLInput	Input	AHLI 见表 4-15	设置或重置当前模式的 RTS 控制字
Q	Output	BOOL	假——该功能块指令不执行;真——该功能块指令已执行
ChannelSts	Output	WORD(见表 4-16)	显示当前通道规定的握手行的状态(0000~001F)
Error	Output	BOOL	假——无错误;真——检测到一个错误
ErrorID	Output	UINT	见表 4-11

AHLI 数据类型见表 4-15。

表 4-15　AHLI 数据类型

参数	数据类型	描 述
Channel	UINT	串行通道号;2 代表本地的串行通道口 5~9 代表安装在插槽 1~5 的嵌入式模块串行通道口;5 表示在插槽 1 6 表示在插槽 2;7 表示在插槽 3;8 表示在插槽 4;9 表示在插槽 5
ClrRts	BOOL	用于重置 RTS 控制字
SetRts	BOOL	用于设置 RTS 控制字
Cancel	BOOL	当输入为真时,该功能块指令不执行

AHL ChannelSts 数据类型见表 4-16。

表 4-16　AHL ChannelSts 数据类型

参数	数据类型	描 述
DTRstatus	UINT	用于 DTR 信号(保留)
DCDstatus	UINT	用于 DCD 信号(控制字的第 3 位),1 表示激活
DSRstatus	UINT	用于 DSR 信号(保留)
RTSstatus	UINT	用于 RTS 信号(控制字的第 1 位),1 表示激活
CTSstatus	UINT	用于 CTS 信号(控制字的第 0 位),1 表示激活

4) ASCII 字符读（ARD ASCII Read）功能块用于从缓冲区中读取字符，并把字符存入一个字符串中，如图 4-29 所示，其参数列表见表 4-17。

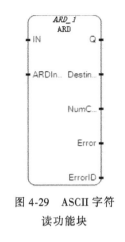

图 4-29　ASCII 字符
读功能块

表 4-17　ASCII 字符读功能块参数列表

参数	参数类型	数据类型	描　述
IN	Input	BOOL	如果是上升沿(IN 由假变真),执行该功能块指令
ARDInput	Input	ARD/ARL(见表 4-18)	从缓冲区中读取字符,最多 82 个
Q	Output	BOOL	假——该功能块指令不执行;真——该功能块指令已执行
Destination	Output	ASCIILOC	存储字符的字符串位置
NumChar	Output	UINT	字符个数
Error	Output	BOOL	假——无错误;真——检测到一个错误
ErrorID	Output	UINT	见表 4-11

表 4-18　ARD/ARL 数据类型

参数	数据类型	描　述
Channel	UINT	串行通道号;2 代表本地的串行通道口 5~9 代表安装在插槽 1~5 的嵌入式模块串行通道口;5 表示在插槽 1;6 表示在插槽 2;7 表示在插槽 3;8 表示在插槽 4;9 表示在插槽 5
Length	UINT	希望从缓冲区里读取的字符个数(最多 82 个)
Cancel	BOOL	当输入为真时,该功能块指令不执行,如果正在执行,则操作停止

5) ASCII 带附加字符写 (AWA) 功能块如图 4-30 所示。写功能块用于从源字符串向外部设备写入字符,且该指令附加在设置对话框里设置的两个字符中。该功能块的参数列表见表 4-19。

表 4-19　ASCII 带附加字符写功能块参数列表

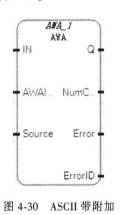

图 4-30　ASCII 带附加
字符写功能块

参数	参数类型	数据类型	描　述
IN	Input	BOOL	如果是上升沿(IN 由假变真),执行功能块指令
AWAInput	Input	AWA/AWT(见表 4-20)	将要操作的通道和长度
Source	Input	ASCIILOC	源字符串,字符阵列
Q	Output	BOOL	假—功能块指令不执行;真—功能块指令已执行
NumChar	Output	UINT	字符个数
Error	Output	BOOL	假—无错误;真—检测到一个错误
ErrorID	Output	UINT	见表 4-11

AWA/AWT 数据类型见表 4-20。

表 4-20　AWA/AWT 数据类型

参数	数据类型	描　述
Channel	UINT	串行通道号;2 代表本地的串行通道口 5~9 代表安装在插槽 1~5 的嵌入式模块串行通道口;5 表示在插槽 1 6 表示在插槽 2;7 表示在插槽 3;8 表示在插槽 4;9 表示在插槽 5

（续）

参数	数据类型	描　述
Length	UINT	希望写入缓冲区里的字符个数（最多 82 个）。提示：如果设置为 0，AWA 将会传送 0 个用户数据字节和两个附加字符到缓冲区
Cancel	BOOL	当输入为真时，该功能块指令不执行，如果正在执行，则操作停止

4. 计数器（Counter）

计数器类功能块主要用于加减计数，其描述见表 4-21。

表 4-21　计数器类功能块

功　能　块	描　述
CTD（减计数）	减计数
CTU（加计数）	加计数
CTUD（给定加减计数）	加减计数

下面主要介绍给定加减计数功能块指令。

给定加减计数（CTUD）功能块如图 4-31 所示。

从 0 开始加计数至给定值，或者从给定值开始减计数至 0，其参数列表见表 4-22。

表 4-22　给定加减计数功能块参数列表

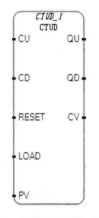

图 4-31　给定加减计数功能块

参数	参数类型	数据类型	描　述
CU	Input	BOOL	加计数（当 CU 是上升沿时，开始加计数）
CD	Input	BOOL	减计数（当 CD 是上升沿时，开始减计数）
RESET	Input	BOOL	重置命令（高级）（RESET 为真时 CV = 0 时）
LOAD	Input	BOOL	加载命令（高级）（LOAD 为真时 CV = PV）
PV	Input	DINT	程序最大值
QU	Output	BOOL	上限，当 CV>=PV 时为真
QD	Output	BOOL	上限，当 CV<=0 时为真
CV	Output	DINT	计数结果

5. 计时器（Timer）

计时器类功能块主要有以下 4 种，其描述见表 4-23。

表 4-23　计时器类功能块

功　能　块	描　述	功　能　块	描　述
TOF（延时断增计时）	延时断计时	TONOFF（延时通延时断）	在为真的梯级延时通，在为假的梯级延时断
TON（延时通增计时）	延时通计时	TP（上升沿计时）	脉冲计时

下面详细介绍上述指令。

1）延时断增计时（TOF）功能块如图 4-32 所示，增大内部计时器至给定值，其参数列表见表 4-24。

表 4-24　延时断增计时功能块参数列表

参数	参数类型	数据类型	描　述
IN	Input	BOOL	下降沿,开始增大内部计时器;上升沿,停止且复位内部计时器
PT	Input	TIME	最大编程时间,见 Time 数据类型
Q	Output	BOOL	为真,代表编程的时间没有消耗完
ET	Output	TIME	已消耗的时间,范围为 0ms~1193h2m47s294ms。注意:如果在该功能块使用 EN 参数,当 EN 置真时,计时器开始增计时,且一直持续下去(即使 EN 变为假)

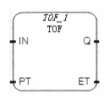

图 4-32　延时断增计时功能块

　　该功能块时序图如图 4-33 所示。从时序图可以看出,延时断增计时功能块其本质就是输入断开(即下降沿)一段时间(达到计时值)后,功能块输出(即 Q)才从原来的通状态(1 状态)变为断状态(0 状态),即延时断。从图中可以看出梯级条件 IN 的下降沿才能触发计时器工作,且当计时未达到预置值(PT)时,如果 IN 又有下降沿,计时器将重新开始计时。参数 ET 表示的是已消耗的时间,即从计时开始到目前为止计时器统计的时间,可以看出,ET 的取值范围是 0~PT 的设置值。输出 Q 的状态由两个条件控制,从时序图中可以看出:当 IN 为上升沿时,Q 开始从 0 变为 1,前提是原来的状态是 0,如果原来的状态是 1,即上次计时没有完成,则如果又碰到 IN 的上升沿,Q 保持原来的 1 的状态;当计时器完成计时后,Q 才回复到 0 状态。所以 Q 由 IN 的状态和计时器完成情况共同控制。

　　2)延时通增计时(TON)功能块如图 4-34 所示,增大内部计时器至给定值,其参数列表见表 4-25。

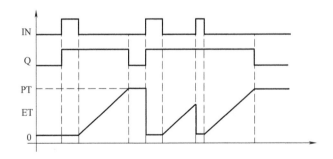

图 4-33　延时断增计时功能块时序图

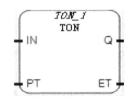

图 4-34　延时通增计时功能块

表 4-25　延时通增计时功能块参数列表

参数	参数类型	数据类型	描　述
IN	Input	BOOL	上升沿,开始增大内部计时器;下降沿,停止且复位内部计时器
PT	Input	TIME	最大编程的时间,见 Time 数据类型
Q	Output	BOOL	为真,代表编程的时间已消耗完
ET	Output	TIME	已消耗的时间,允许值范围为 0ms~1193h2m47s294ms 注意:如果在该功能块使用 EN 参数,当 EN 置真时,计时器开始增计时,且一直持续下去(即使 EN 变为假)

该功能块时序图如图4-35所示。从时序图可以看出，延时通增计时功能块的实质是输入 IN 导通后，输出 Q 延时导通。从图中可以看出梯级条件 IN 的上升沿触发计时器工作，IN 的下降沿能直接停止计时器计时。参数 ET 表示的是已消耗的时间，即从计时开始到目前为止计时器统计的时间，明显可以看出，ET 的取值范围也是 0～PT 的设置值。输出 Q 的状态也是由两个条件控制，从时序图中可以看出：当 IN 为上升沿时，计时器开始计时，达到计时时间后 Q 开始从 0 变为 1；直到 IN 变为下降沿时，Q 才跟着变为 0；当计时器未完成计时时，即 IN 的导通时间小于预置的计时时间，Q 将仍然保持原来的 0 状态。

3）延时通延时断（TONOFF）功能块如图4-36所示。该功能块用于在输出为真的梯级中延时通，在为假的梯级中延时断，其参数列表见表4-26。

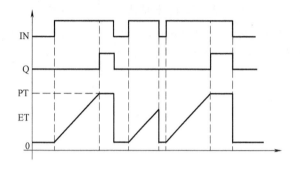

图 4-35　延时通增计时功能块时序图

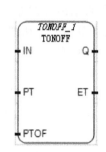

图 4-36　延时通延时断功能块

表 4-26　延时通延时断功能块参数列表

参数	参数类型	数据类型	描　述
IN	Input	BOOL	如果 IN 为上升沿,延时通计时器开始计时。如果程序设定的延时通时间消耗完毕,且 IN 是下降沿(从 1 到 0),延时断计时器开始计时,且重置已用时间(ET) 如果程序延时通时间没有消耗完毕,且处于上升沿,继续开启延时通计时器
PT	Input	TIME	延时通时间设置
PTOF	Input	TIME	关断延时时间设置
Q	Output	BOOL	为真,代表程序延时通时间消耗完毕,程序延时断时间没有消耗完毕
ET	Output	TIME	当前消耗时间。允许值范围为 0ms～1193h2m47s294ms。如果程序延时通时间消耗完毕且延时断计时器没有开启,消耗时间(ET)保持在延时通的时间值(PT) 如果设定的关断延时时间已过,且关断延时计时器未启动,则上升沿再次发生之前,消耗时间(ET)仍为关断延时(PTOF)值 如果延时断的时间消耗完毕,且延时通计时器没有开启,则消耗时间保持与延时断的时间值(PTOF)一致,直到上升沿再次出现为止 注意:如果在该功能块使用 EN 参数,当 EN 为真时,计时器开始增计时,且持续下去(即使 EN 被置为假)

4）上升沿计时（TP）功能块如图4-37所示。在上升沿，内部计时器增计时至给定值，若计时时间到，则重置内部计时器。其参数列表见表4-27。

表 4-27　上升沿计时功能块参数列表

参数	参数类型	数据类型	描　述
IN	Input	BOOL	如果 IN 为上升沿,内部计时器开始增计时(如果没有开始增计时) 如果 IN 为假且计时时间到,重置内部计时器。在计时期间任何改变将无效
PT	Input	TIME	最大编程时间
Q	Output	BOOL	为真,代表计时器正在计时
ET	Output	TIME	当前消耗时间。允许值范围为 0ms～1193h2m47s294ms 注意:如果在该功能块使用 EN 参数,当 EN 为真时,计时器开始增计时,且持续下去(即使 EN 被置为假)

　　该功能块时序图如图 4-38 所示。从该功能块的时序图可以看出,上升沿计时功能块与其他功能块明显的不同是其消耗时间（ET）总是与预置值（PT）相等。可以看出,输入 IN 的上升沿触发计时器开始计时,当计时器开始工作后,就不受 IN 干扰,直至计时完成。计时器完成计时后才接受 IN 的控制,即计时器的输出值保持住当前的计时值,直至 IN 变为 0 状态时,计时器才回到 0 状态。此外,输出 Q 也与之前的计时器不同,计时器开始计时时,Q 由 0 变为 1,计时结束后,再由 1 变为 0。所以 Q 可以表示计时器是否在计时状态。

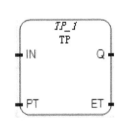

图 4-37　上升沿计时功能块

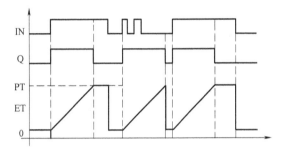

图 4-38　上升沿计时功能块时序图

6. 数据操作（Data manipulation）

数据操作类功能块主要有平均、最大值和最小值,其描述见表 4-28。

表 4-28　数据操作类功能块

功　能　块	描　述
AVERAGE(平均)	取存储数据的平均
MAX(最大值)	比较产生两个输入整数中的最大值
MIN(最小值)	比较产生两个输入整数中最小的数

　　下面举例说明该类功能块的参数及应用。

　　平均（AVERAGE）功能块如图 4-39 所示,用于计算每一循环周期所有已存储值的平均值,并存储该平均值。只有 N 的最后输入值被存储。N 的样本数个数不能超过 128 个。如果 RUN 命令为假（重置模式）,则输出值等于输入值。当达到最大的存储个数时,第一个存储的数将被最后一个替代。该功能块的参数列表见表 4-29。

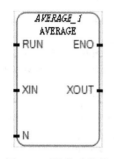

图 4-39　平均功能块

表 4-29　平均功能块参数列表

参数	参数类型	数据类型	描　　述
RUN	Input	BOOL	真为执行、假为重置
XIN	Input	REAL	任何实数
N	Input	DINT	用于定义样本个数
XOUT	Output	REAL	输出 XIN 的平均值
ENO	Output	BOOL	使能输出

注：需要设置或更改 N 的值时，需要把 RUN 置假，然后置回真。

7. 输入/输出（Input/Output）

输入/输出类功能块主要用于管理控制器与外设之间的输入和输出数据，详细描述见表 4-30。

表 4-30　输入/输出类功能块

功　能　块	描　　述
HSC（高速计数器）	设置要应用到高速计数器上的高和低预设值以及输出源
HSC_SET_STS（HSC 状态设置）	手动设置/重置高速计数器状态
IIM（立即输入）	在正常输出扫描之前更新输入
IOM（立即输出）	在正常输出扫描之前更新输出
KEY_READ（键状态读取）	读取可选 LCD 模块中的键的状态（只限 Micro810 控制器）
MM_INFO（存储模块信息）	读取存储模块的标题信息
PLUGIN_INFO（嵌入式模块信息）	获取嵌入式模块信息（存储模块除外）
PLUGIN_READ（嵌入式模块数据读取）	从嵌入式模块中读取信息
PLUGIN_RESET（嵌入式模块重置）	重置一个嵌入式模块（硬件重置）
PLUGIN_WRITE（写嵌入式模块）	向嵌入式模块中写入数据
RTC_READ（读 RTC）	读取实时时钟（RTC）模块的信息
RTC_SET（写 RTC）	向实时时钟模块设置实时时钟数据
SYS_INFO（系统信息）	读取 Micro800 控制器系统状态
TRIMPOT_READ（微调电位器）	从特定的微调电位模块中读取微调电位值
LCD（显示）	显示字符串和数据（只限于 Micro810 控制器）
RHC（读高速时钟的值）	读取高速时钟的值
RPC（读校验和）	读取用户程序校验和

下面将详细介绍上述功能块：

1）立即输入（IIM）功能块如图 4-40 所示。该功能块用于不等待自动扫描而立即输入一个数据。注意，对于刚发布的 Connected Components Workbench 版本，IIM 功能块只支持嵌入式的数据输入。

该功能块参数列表见表 4-31。

IIM/IOM 状态代码见表 4-32。

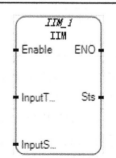

图 4-40　立即输入功能块

表 4-31　立即输入功能块参数列表

参数	参数类型	数据类型	描　　述
InputType	Input	USINT	输入数据类型:0 为本地数据;1 为嵌入式输入;2 为扩展式输入
InputSlot	Input	USINT	输入槽号;对于本地输入,总为 0;对于嵌入式输入,输入槽号为 1,2,3,4,5(插口槽号最左边为 1);对于扩展式输入,输入槽号是 1,2,3…(扩展 I/O 模式号,从最左边开始为 1)
Sts	Output	USINT	立即输入扫描状态,见 IIM/IOM 状态代码(见表 4-32)

表 4-32　IIM/IOM 状态代码

状态代码	描　　述	状态代码	描　　述
0x00	不使能(不执行动作)	0x02	输入/输出类型无效
0x01	输入/输出扫描成功	0x03	输入/输出槽号无效

2)存储模块信息(MM_INFO)功能块如图 4-41 所示。该功能块用于检查存储模块信息。当没有存储模块时,所有值变为零。其参数列表见表 4-33。

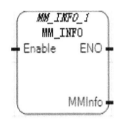

图 4-41　存储模块信息功能块

表 4-33　存储模块信息功能块参数列表

参数	参数类型	数据类型	描　　述
MMInfo	Output	见 MMINFO 数据类型(见表 4-34)	存储模块信息

MMINFO 数据类型见表 4-34。

表 4-34　MMINFO 数据类型

参数	数据类型	描　　述
MMCatalog	MMCATNUM	存储模块的目录号、类型编号
Series	UINT	存储模块的序列号、系列
Revision	UINT	存储模块的版本
UPValid	BOOL	用户程序有效(真为有效)
ModeBehavior	BOOL	模式动作(真为上电后,执行运行模式)
LoadAlways	BOOL	上电后,存储模块信息存于控制器
LoadOnError	BOOL	如果上电后有错误,则将存储模块信息存于控制器
FaultOverride	BOOL	上电后出现覆盖错误
MMPresent	BOOL	存储模块信息已存在

3)嵌入式模块信息(PLUGIN_INFO)功能块如图 4-42 所示。嵌入式模块信息可以通过该功能块读取。该功能块可以读取任意嵌入式模块的信息(除了 2080-MEMBAK-RTC 模块)。当没有嵌入式模块时,所有的参数值为零。其参数列表见表 4-35。

表 4-35　嵌入式模块的信息功能块参数列表

参数	参数类型	数据类型	描　述
SlotID	Input	UINT	嵌入槽号,槽号为 1,2,3,4,5(从最左边开始,第一个插槽号为 1)
ModID	Output	UINT	嵌入式模块物理 ID
VendorID	Output	UINT	嵌入式模块厂商 ID,对于 Allen Bradley 产品,厂商 ID 为 1
ProductType	Output	UINT	嵌入式模块产品类型
ProductCode	Output	UINT	嵌入式模块产品代码
ModRevision	Output	UINT	生产型号版本信息

4）嵌入式模块数据读取（PLUGIN_ READ）功能块如图 4-43 所示。该功能块用于从嵌入式模块硬件读取一组数据。其参数列表见表 4-36。

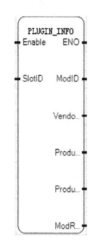

图 4-42　嵌入式模块信息功能块

图 4-43　嵌入式模块数据读取功能块

表 4-36　嵌入式模块数据读取功能块参数列表

参数	参数类型	数据类型	描　述
Enable	Input	BOOL	功能块使能。为真时,执行功能块指令,为假时,不执行功能块指令,所有输出数值为 0
SlotID	Input	UINT	嵌入槽号,槽号为 1,2,3,4,5(从最左边开始,槽号为 1)
AddrOffset	Input	UINT	第一个要读的数据的地址偏移量。从嵌入式模块的第一个字节开始计算
DataLength	Input	UINT	需要读的字节数量
DataArray	Input	USINT	任意曾用于存储读取于嵌入式模块 Data 中的数据的数组
Sts	Output	UINT	见嵌入式模块操作状态值(见表 4-37)
ENO	Output	BOOL	使能输出

嵌入式模块操作状态值见表 4-37。

表 4-37　嵌入式模块操作状态值

状态值	状 态 描 述	状态值	状 态 描 述
0x00	功能块未使能(无操作)	0x03	由于无效嵌入式模块,嵌入操作失败
0x01	嵌入操作成功	0x04	由于数据操作超出范围,嵌入操作失败
0x02	由于无效槽号,嵌入操作失败	0x05	由于数据奇偶校验错误,嵌入操作失败

5) 嵌入式模块重置（PLUGIN_ RESET）功能块如图 4-44 所示。该功能块用于重置任意嵌入式模块的硬件信息（除了 2080-MEMBAK-RTC）。硬件重置后，嵌入式模块可以组态或操作。其参数列表见表 4-38。

表 4-38　嵌入式模块重置功能块参数列表

参数	参数类型	数据类型	描　　述
SlotID	Input	UINT	嵌入槽号,槽号为 1,2,3,4,5(从最左边开始,槽号为 1)
Sts	Output	UINT	见嵌入式模块操作状态值

6) 读 RTC（RTC_ READ）功能块如图 4-45 所示。该功能块用于读取 RTC 预设值和 RTC 信息。

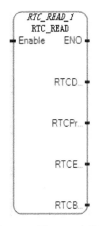

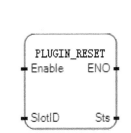

图 4-44　嵌入式模块重置功能块　　　　　　图 4-45　读 RTC 功能块

提示：当在带嵌入式的 RTC 的 Micro810 控制器中使用时，RTCBatLow 总是 0。当由于断电导致嵌入式的 RTC 丢失其负载或存储信息时，RTCEnabled 总是为 0。其参数列表见表 4-39。

表 4-39　读 RTC 功能块参数列表

参数	参数类型	数据类型	描　　述
RTCData	Output	RTC 数据类型(见表 4-40)	RTC 数据信息:yy/mm/dd,hh/mm/ss,week
RTCPresent	Output	BOOL	真代表 RTC 硬件嵌入;假代表 RTC 未嵌入
RTCEnabled	Output	BOOL	真代表 RTC 硬件使能(计时); 假代表 RTC 硬件未使能(未计时)
RTCBatLow	Output	BOOL	真代表 RTC 电量低;假代表 RTC 电量不低
ENO	Output	BOOL	使能输出

RTC 数据类型见表 4-40。

表 4-40　RTC 数据类型

参数	数据类型	描　　　述
Year	UINT	对 RTC 设置的年份，16 位，有效范围是 2000~2098
Month	UINT	对 RTC 设置的月份
Day	UINT	对 RTC 设置的日期
Hour	UINT	对 RTC 设置的小时
Minute	UINT	对 RTC 设置的分钟
Second	UINT	对 RTC 设置的秒
DayOfWeek	UINT	对 RTC 设置的星期

7）写 RTC（RTC_ SET）功能块如图 4-46 所示。该功能块用于设置 RTC 状态或是写 RTC 信息，其参数列表见表 4-41。

表 4-41　写 RTC 功能块参数列表

参数	参数类型	数据类型	描　　　述
RTCEnabled	Input	BOOL	真代表使 RTC 能使用 RTC 数据类型；假代表停止 RTC 提示；该参数在 Micro810 控制器中忽略
RTCData	Input	RTC（见表 4-40）	RTC 数据信息：yy/mm/dd, hh/mm/ss, week 当 RTCEnabled = 0 时，忽略该数据
RTCPresent	Output	BOOL	真代表 RTC 硬件嵌入；假代表 RTC 未嵌入
RTCEnabled	Output	BOOL	真代表 RTC 硬件使能（定时）；假代表 RTC 硬件未使能（未计时）
RTCBatLow	Output	BOOL	真代表 RTC 电量低；假代表 RTC 电量不低
Sts	Output	USINT	读操作状态，见表 4-42

图 4-46　写 RTC 功能块

RTC 设置状态值见表 4-42。

表 4-42　RTC 设置状态值

状　态　值	状　态　描　述	状　态　值	状　态　描　述
0x00	功能块未使能（无操作）	0x02	RTC 设置操作失败
0x01	RTC 设置操作成功		

8）系统信息（SYS_ INFO）功能块如图 4-47 所示。该功能块用于读取系统状态数据块，参数列表见表 4-43。

表 4-43　系统信息功能块参数列表

参数	参数类型	数据类型	描
Sts	Output	见表 4-44	系统状态数据块
ENO	Output	BOOL	使能输出

图 4-47　系统信息功能块

SYSINFO 数据类型见表 4-44。

表 4-44　SYSINFO 数据类型

参数	数据类型	描　述
BootMajRev	UINT	启动主要版本信息
BootMinRev	UINT	启动副本信息
OSSeries	UINT	操作系统(OS)系列,0代表系列 A 产品
OSMajRev	UINT	操作系统(OS)主要版本
OSMinRev	UINT	操作系统(OS)次要版本
ModeBehaviour	BOOL	动作模式(真代表上电后启动 RUN 模式)
FaultOverride	BOOL	默认覆盖(真代表上电后覆盖错误)
StrtUpProtect	BOOL	启动保护(真代表上电后启动保护程序)(对于未来版本)
MajErrHalted	BOOL	主要错误停止(真代表主要错误已停止)
MajErrCode	UINT	主要错误代码
MajErrUFR	BOOL	用户程序里的主要错误(为将来预留)
UFRPouNum	UINT	用户错误程序号
MMLoadAlways	BOOL	上电后,存储模块总是重新存储到控制器(真代表重新存储)
MMLoadOnError	BOOL	上电后,如果发生错误,则重新存储到控制器(真代表重新存储)
MMPwdMismatch	BOOL	存储模块密码不匹配(真代表控制器和存储模块的密码不匹配)
FreeRunClock	UINT	从 0～65535 每 100μs 递增一个数字,然后回到 0 的可运行时钟。如果需要比标准 1ms 的更高分辨率计时器,可以使用该全局范围内可以访问的时钟。注意:仅支持 Micro830 控制器。Micro810 控制器的值保持为 0
ForcesInstall	BOOL	强制安装(真代表安装)
EMINFilterMod	BOOL	修改嵌入的过滤器(真代表修改)

8. 过程控制（Process control）

过程控制类功能块见表 4-45。

表 4-45　过程控制类功能块

功　能　块	描　述	功　能　块	描　述
DERIVATE(微分)	一个实数的微分	IPIDCONTROLLER(PID)	比例、积分、微分
HYSTER(迟滞)	不同实值上的布尔迟滞	SCALER(量程转换)	鉴于输出范围缩放输入值
INTEGRAL(积分)	积分	STACKINT(整数堆栈)	整数堆栈

1）微分（DERIVATE）功能块如图 4-48 所示。

该功能块用于取一个实数的微分。如果 CYCLE 参数设置的时间小于设备的执行循环周期,那么采样周期将强制与该循环周期一致。注意:微分是以 ms 为时间基准计算的。要将该指令的输出换算成以 s 为单位表示的值,必须将该输出除以 1000。

该功能块的参数列表见表 4-46。

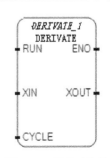

图 4-48　微分功能块

表 4-46 微分功能块参数列表

参数	参数类型	数据类型	描　述
RUN	Input	BOOL	模式:真代表普通模式;假代表重置模式
XIN	Input	REAL	输入:任意实数
CYCLE	Input	TIME	采样周期,0ms～23h59m59s999ms 之间的任意实数
XOUT	Output	REAL	微分输出
ENO	Output	BOOL	使能输出

2）迟滞（HYSTER）功能块如图 4-49 所示。

迟滞功能块用于上限实值滞后，其参数列表见表 4-47。

表 4-47 迟滞功能块参数列表

参数	参数类型	数据类型	描　述
XIN1	Input	REAL	任意实数
XIN2	Input	REAL	测试 XIN1 是否超过 XIN2+ EPS
EPS	Input	REAL	滞后值(必须大于零)
ENO	Output	BOOL	使能输出
Q	Output	BOOL	当 XIN1 超过 XIN2+ EPS 且不小于 XIN2-EPS 时为真

该功能块的时序图如图 4-50 所示。从其时序图可以看出当功能块输入 XIN1 没有达到功能块的高预置值时（即 XIN2+EPS），功能块的输出 Q 始终保持 0 状态，当输入超过高预置值时，输出才跳转为 1 状态。输出变为 1 状态后，如果输入值没有小于低预置值（XIN2-EPS），输出将一直保持 1 状态，如此往复。可见迟滞功能块是把功能块的输出 1 的条件提高了，又把输出 0 的条件降低了。这样的提高启动条件和降低停机条件在实际的应用场合中能起到保护机器的作用。

3）积分（INTEGRAL）功能块如图 4-51 所示。

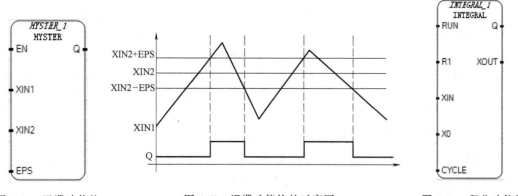

图 4-49　迟滞功能块　　　　图 4-50　迟滞功能块的时序图　　　　图 4-51　积分功能块

该功能块用于对一个实数进行积分。需要注意的是，如果 CYCLE 参数设置的时间小于设备的执行循环周期，那么采样周期将强制与该循环周期一致。首次初始化 INTEGRAL 功能块时，不会考虑其初始值。使用 R1 参数来设置要用于计算的初始值。建议不要使用该功能块的 EN 和 ENO 参数，因为当 EN 为假时循环时间将会中断，导致不正确的积分。如果选择使用 EN 和 ENO 参数，需把 R1 和 EN 置为真，来清除现有的结果，以确保积分正确。为防止丢失积分值，控制器从 PROGRAM 转换为 RUN 或 RUN 参数从假转换为真时，不会自动清除积分值。首次将控制器从 PROGRAM 转换到 RUN 模式以及启动新的积分时，使用 R1 参数可清除积分值。

该功能块的参数列表见表 4-48。

表 4-48　积分功能块参数列表

参数	参数类型	数据类型	描述
RUN	Input	BOOL	模式:真代表积分;假代表保持
R1	Input	BOOL	重置重写
XIN	Input	REAL	输入;任意实数
X0	Input	REAL	无效值
CYCLE	Input	TIME	采样周期。0ms~23h59m59s999ms 间的可能值
Q	Output	BOOL	非 R1
XOUT	Output	REAL	积分输出

4）量程转换（SCALER）功能块如图 4-52 所示。

该功能块用于基于输出范围量程转换输入值，例如

$$\frac{(\text{Input}-\text{InputMin})}{(\text{InputMax}-\text{InputMin})}\times(\text{OutputMax}-\text{OutputMin})+\text{OutputMin} \tag{4-1}$$

其参数列表见表 4-49。

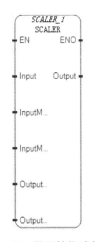

图 4-52　量程转换功能块

表 4-49　量程转换功能块参数列表

参数	参数类型	数据类型	描述
Input	Input	REAL	输入值
InputMin	Input	REAL	输入最小值
InputMax	Input	REAL	输入最大值
OutputMin	Input	REAL	输出最小值
OutputMax	Input	REAL	输出最大值
Output	Output	REAL	输出值

5）整数堆栈（STACKINT）功能块如图 4-53 所示。该功能块用于处理一个整数堆栈。STACKINT 功能块对 PUSH 和 POP 命令的上升沿检测。堆栈的最大值为 128。当重置（R1 至少置为真一次，然后回到假）后 OFLO 值才有效。用于定义堆栈尺寸的 N 不能小于 1 或大于 128。下列情况下，该功能块将处理无效值：

功能块参数列表见表 4-50。

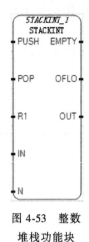

图 4-53 整数
堆栈功能块

表 4-50 整数堆栈功能块参数列表

参数	参数类型	数据类型	描述
PUSH	Input	BOOL	推命令(仅当上升沿有效),把 IN 的值放入堆栈的顶部
POP	Input	BOOL	拉命令(仅当上升沿有效),把最后推入堆栈顶部的值删除
R1	Input	BOOL	重置堆栈至"空"状态
IN	Input	DINT	推的值
N	Input	DINT	用于定义堆栈尺寸
EMPTY	Output	BOOL	堆栈空时为真
OFLO	Output	BOOL	上溢:堆栈满时为真
OUT	Output	DINT	堆栈顶部的值,当 OFLO 为真时 OUT 值为 0

9. 程序控制(Program control)

程序控制类功能块指令主要有暂停和限幅以及停止并启动 3 个功能块,具体说明如下。

1)暂停(SUS)功能块如图 4-54 所示。

该功能块用于暂停执行 Micro800 控制器,其参数列表见表 4-51。

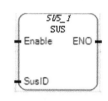

图 4-54 暂停功能块

表 4-51 暂停功能块参数列表

参数	参数类型	数据类型	描述
SusID	Input	UINT	暂停控制器的 ID
ENO	Output	BOOL	使能输出

2)限幅(LIMIT)功能块如图 4-55 所示。

该功能块用于限制输入的整数值在给定水平。整数值的最大和最小限制是不变的。如果整数值大于最大限值,则用最大限值代替它;小于最小限值时,则用最小限值代替它。其参数列表见表 4-52。

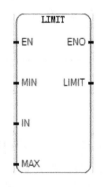

图 4-55 限幅功能块

表 4-52 限幅功能块参数列表

参数	参数类型	数据类型	描述
MIN	Input	DINT	支持的最小值
IN	Input	DINT	任意有符号整数值
MAX	Input	DINT	支持的最大值
LIMIT	Output	DINT	把输入值限制在支持的范围内的输出
ENO	Output	BOOL	使能输出

3）停止并重启（TND）功能块如图 4-56 所示。

该功能块用于停止当前用户程序扫描，并在输出扫描、输入扫描和内部处理后，用户程序将从第一个子程序开始重新执行。其参数列表见表 4-53。

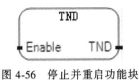

图 4-56　停止并重启功能块

表 4-53　停止并重启功能块参数列表

参数	参数类型	数据类型	描　　述
TND	Output	BOOL	如果为真,该功能块动作成功。注意:当变量监视开启时,监视变量的值将赋给功能块的输出;当变量监视关闭时,输出变量的值赋给功能块输出

4.4　Micro800 控制器的功能指令

4.4.1　主要的功能指令

功能（Function）类指令主要是数学函数，用于快速计算变量之间的数学函数关系。该大类指令分类及用途见表 4-54。这里功能在有些 PLC 书中也称为函数，这是因为英文 Function 中文翻译不同，而两种叫法都可以。本书中第 3 章节也采用功能的叫法，而不称函数。其与功能块的区别在本书第 3 章也做了介绍。

表 4-54　功能类指令分类及用途

种　　类	描　　述
算术（Arithmetic）	数学算术运算
二进制操作（Binary operation）	将变量进行二进制运算
布尔运算（Boolean）	布尔运算
字符串操作（String manipulation）	转换提取字符
时间（Time）	确定实时时钟的时间范围,计算时间差

1. 算术（Arithmetic）

算术类功能指令主要用于实现算术函数关系，如三角函数、指数幂、对数等。该类指令具体描述见表 4-55。

表 4-55　算术类功能块指令

功　能　块	描　　述
ABS（绝对值）	取一个实数的绝对值
ACOS（反余弦）	取一个实数的反余弦
ACOS_LREAL（长实数反余弦值）	取一个 64 位长实数的反余弦
ASIN（反正弦）	取一个实数的反正弦
ASIN_LREAL（长实数反正弦值）	取一个 64 位长实数的反正弦
ATAN（反正切）	取一个实数的反正切
ATAN_LREAL（长实数反正切值）	取一个 64 位长实数的反正切
COS（余弦）	取一个实数的余弦

（续）

功　能　块	描　述
COS_LREAL（长实数余弦值）	取一个 64 位长实数的余弦
EXPT（整数指数幂）	取一个实数的整数指数幂
LOG（对数）	取一个实数的对数（以 10 为底）
MOD（除法余数）	取模数
POW（实数指数幂）	取一个实数的实数指数幂
RAND（随机数）	随机值
SIN（正弦）	取一个实数的正弦
SIN_LREAL（长实数正弦值）	取一个 64 位长实数的正弦
SQRT（二次方根）	取一个实数的二次方根
TAN（正切）	取一个实数的正切
TAN_LREAL（长实数正切值）	取一个 64 位长实数的正切
TRUNC（取整）	把一个实数的小数部分截掉（取整）
Multiplication（乘法指令）	两个或两个以上变量相乘
Addition（加法指令）	两个或两个以上变量相加
Subtraction（减法指令）	两个变量相减
Division（除法指令）	两变量相除
MOV（直接传送）	把一个变量分配到另一个中
Neg（取反）	整数取反

下面举例介绍该类指令的具体应用。

1）反余弦值（ACOS）功能块如图 4-57 所示。

该功能用于产生一个实数的反余弦值。输入和输出都是弧度。其参数列表见表 4-56。

表 4-56　反余弦值功能块参数列表

参数	参数类型	数据类型	描　述
IN	Input	REAL	必须在 -1.0~1.0 之间
ACOS	Output	REAL	输入的反余弦值在 0.0~π 之间。无效输入时为 0.0

2）除法余数（模）（MOD）功能块如图 4-58 所示。

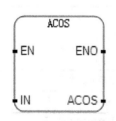

图 4-57　反余弦值功能块

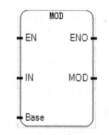

图 4-58　除法余数功能块

该指令用于产生一个整数除法的余数，其参数列表见表 4-57。

3）实数指数幂（POW）功能块如图 4-59 所示。

表 4-57 除法余数功能块参数列表

参数	参数类型	数据类型	描 述
IN	Input	DINT	任意有符号整数
Base	Input	DINT	被除数,必须大于零
MOD	Output	DINT	余数计算。如果 Base <= 0,则输出 -1

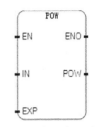

图 4-59 实数指数幂功能块

该指令产生如下形式的实数指数值:基底^{指数}（base ^{exponent}），其中 Exponent 为实数,其参数列表见表 4-58。

表 4-58 实数指数幂功能块参数列表

参数	参数类型	数据类型	描 述
IN	Input	REAL	基底,实数
EXP	Input	REAL	指数值,幂
POW	Output	REAL	结果(IN^{EXP}) 输出 1.0(如果 IN 不是 0.0 但 EXP 为 0.0) 输出 0.0(如果 IN 是 0.0,EXP 为负) 输出 0.0,(如果 IN 是 0.0 ,EXP 为 0.0) 输出 0.0,(如果 IN 为负,EXP 不为整数)

4）随机数（RAND）功能块如图 4-60 所示。

该指令从一个定义的范围中产生一组随即整数值,其参数列表见表 4-59。

表 4-59 随机数功能块参数列表

参数	参数类型	数据类型	描 述
base	Input	DINT	定义支持的数值范围
RAND	Output	DINT	随机整数值,在 0～base-1 范围内

5）乘法指令（Multiplication）功能块如图 4-61 所示。

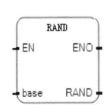

图 4-60 随机数功能块

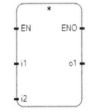

图 4-61 乘法指令功能块

该指令是两个及多个整数或实数的乘法运算。注意:可以运算额外输入变量。其参数列表见表 4-60。

表 4-60 乘法指令功能块参数列表

参数	参数类型	数据类型	描 述
i1	Input	SINT、USINT、BYTE、INT、UINT、WORD、DINT、UDINT、 DWORD、 LINT、 ULINT、 LWORD、REAL、LREAL	可以是整数或实数(所有的输入变量必须是同一数据类型)
i2	Input		
o1	Output		输入的乘法

6）直接传送指令（MOV）功能块如图 4-62 所示。直接将输入和输出相连接，当与布尔非一起使用时，将一个 i1 复制移动到 o1 中去。其参数列表见表 4-61。

表 4-61　直接传送指令功能块参数列表

参数	参数类型	数据类型	描述
i1	Input	BOOL、DINT、REAL、TIME、STRING、SINT、USINT、INT、UINT、UDINT、LINT、ULINT、DATE、LREAL、BYTE、WORD、DWORD、LWORD	输入和输出必须使用相同的数据类型
o1	Output		输入和输出必须使用相同的数据类型
ENO	Output	BOOL	使能信号输出

7）取反指令（Neg）功能块如图 4-63 所示。

图 4-62　直接传送指令功能块

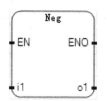

图 4-63　取反指令功能块

将输入变量取反。其参数描述见表 4-62。

表 4-62　取反指令功能块参数列表

参数	参数类型	数据类型	描述
i1	Input	SINT、INT、DINT、LINT、REAL、LREAL	输入和输出必须有相同的数据类型
o1	Output		

2. 二进制操作（Binary operation）

二进制操作类功能指令主要用于二进制数之间的与或非运算，以及实现屏蔽、位移等功能，该类功能指令见表 4-63。

表 4-63　二进制操作功能指令

功能块	描述
AND_MASK（与屏蔽）	整数位到位的与屏蔽
NOT_MASK（非屏蔽）	整数位到位的取反
OR_MASK（或屏蔽）	整数位到位的或屏蔽
ROL（左循环）	将一个整数值左循环
ROR（右循环）	将一个整数值右循环
SHL（左移）	将整数值左移
SHR（右移）	将整数值右移
XOR_MASK（异或屏蔽）	整数位到位的异或屏蔽
AND（逻辑与）	布尔与
NOT（逻辑非）	布尔非
OR（逻辑或）	布尔或
XOR（逻辑异或）	布尔异或

3. 布尔运算（Boolean）

布尔运算功能指令见表 4-64。

表 4-64　布尔运算功能指令

功能块	描　　述
MUX4B	与 MUX4 类似，但是能接受布尔类型的输入且能输出布尔类型的值
MUX8B	与 MUX8 类似，但是能接受布尔类型的输入且能输出布尔类型的值
TTABLE	通过输入组合，输出相应的值

4. 字符串操作（String manipulation）

字符串操作类功能指令主要用于字符串的转换和编辑，见表 4-65。

表 4-65　字符串操作功能指令

功　能　块	描　　述
ASCII（ASCII 码转换）	把字符转换成 ASCII 码
CHAR（字符转换）	把 ASCII 码转换成字符
DELETE（删除）	删除子字符串
FIND（搜索）	搜索子字符串
INSERT（嵌入）	嵌入子字符串
LEFT（左提取）	提取一个字符串的左边部分
MID（中间提取）	提取一个字符串的中间部分
MLEN（字符串长度）	获取字符串长度
REPLACE（替代）	替换子字符串
RIGHT（右提取）	提取一个字符串的右边部分

5. 时间（Time）

时间类功能指令主要用于确定实时时钟的年限和星期范围，以及计算时间差，见表 4-66。

表 4-66　时间类功能指令

功　能　块	描　　述
DOY（年份匹配）	如果实时时钟在年设置范围内，则置输出为真
TDF（时间差）	计算时间差
TOW（星期匹配）	如果实时时钟在星期设置范围内，则置输出为真

4.4.2　运算符功能指令

运算符类功能指令也是 Micro800 控制器的主要指令类，该大类指令主要用于转换数据类型以及比较，其中比较指令在编程中占有重要地位，它是一类简单有效的指令。运算符类功能指令的分类见表 4-67。

表 4-67　运算符类功能指令分类

种　　类	描　　述
数据转换（Data conversion）	将变量转换为所需数据
比较（Comparators）	变量比较

1. 数据转换（Data conversion）

数据转换功能指令主要用于将源数据类型转换为目标数据类型，在整型、时间类型、字符串类型的数据转换时有限制条件，使用时必须注意。该类功能指令见表 4-68。

表 4-68　数据转换功能指令

功　　能	描　　述
ANY_TO_BOOL（布尔转换）	转换为布尔型变量
ANY_TO_BYTE（字节转换）	转换为字节型变量
ANY_TO_DATE（日期转换）	转换为日期型变量
ANY_TO_DINT（双整型转换）	转换为双整型变量
ANY_TO_DWORD（双字转换）	转换为双字型变量
ANY_TO_INT（整型转换）	转换为整型变量
ANY_TO_LINT（长整型转换）	转换为长整型变量
ANY_TO_LREAL（长实数型转换）	转换为长实数型变量
ANY_TO_LWORD（长字转换）	转换为长字型变量
ANY_TO_REAL（实数型转换）	转换为实数型变量
ANY_TO_SINT（短整型转换）	转换为短整型变量
ANY_TO_STRING（字符串转换）	转换为字符串型变量
ANY_TO_TIME（时间转换）	转换为时间型变量
ANY_TO_UDINT（无符号双整型转换）	转换为无符号双整型变量
ANY_TO_UINT（无符号整型转换）	转换为无符号整型变量
ANY_TO_ULINT（无符号长整型转换）	转换为无符号长整型变量
ANY_TO_USINT（无符号短整型转换）	转换为无符号短整型变量
ANY_TO_WORD（字转换）	转换为字变量

下面举例说明该类功能的应用：

1）布尔转换（ANY_ TO_ BOOL）功能如图 4-64 所示，用于将变量转换成布尔变量，其参数列表见表 4-69。

表 4-69　布尔转换功能参数列表

参数	参数类型	数据类型	描　述
i1	Input	SINT、USINT、BYTE、INT、UINT、WORD、DINT、UDINT、DWORD、LINT、ULINT、LWORD、REAL、LREAL、TIME、DATE、STRING	任何非布尔值
o1	Output	BOOL	布尔值

图 4-64　布尔转换功能

例如，用 ST 语言调用该功能时，其输出见程序注释。

ares：= ANY_ TO_ BOOL（10）；（* ares 为 True *）

对如下指令 tres：= ANY_ TO_ BOOL（t#0s）；（* tres 为 False *）

2）短整型转换（ANY_ TO_ SINT）功能如图 4-65 所示，用于把输入变量转换为 8 位短整型变量，其参数列表见表 4-70。

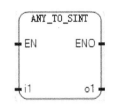

图 4-65　短整型转换功能

表 4-70　短整型转换功能参数列表

参数	参数类型	数据类型	描　述
i1	Input	非短整型	任何非短整型值
o1	Output	SINT	短型整数值
ENO	Output	BOOL	使能信号输出

例如，以下 3 个 ST 语言程序调用了该功能，其输出见程序注释。

bres：= ANY_ TO_ SINT（true）；（* bres 为 1）

tres：= ANY_ TO_ SINT（t#0s46ms）；（* tres 为 146 *）

mres：= ANY_ TO_ SINT（'0198'）；（* mres 为 198 *）

3）时间转换（ANY_ TO_ TIME）功能如图 4-66 所示，用于把输入变量（除了时间和日期变量）转换为时间变量，其参数列表见表 4-71。

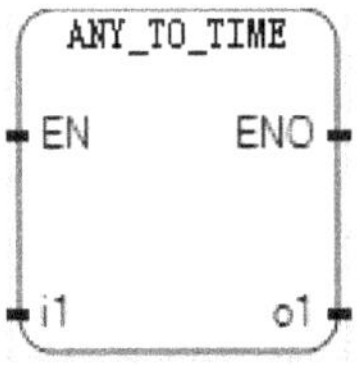

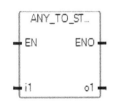

图 4-66　时间转换功能

表 4-71　时间转换功能参数列表

参数	参数类型	数据类型	描　述
i1	Input	见描述	任何非时间和日期变量。IN(当 IN 为实数时,取其整数部分)是以毫秒为单位的数。若输入为 STRING 类型,数值表毫秒数,例如 300032 代表 5 分 32 毫秒
o1	Output	TIME	代表 IN 的时间值,1193h2m47s295ms 表示无效输入
ENO	Output	BOOL	使能信号输出

例如，以下 2 个 ST 语言程序调用了该功能，其输出见程序注释。

ares：= ANY_ TO_ TIME（1256）；（* ares：= t#1s256ms *）

rres：= ANY_ TO_ TIME（1256.3）；（* rres：= t#1s256ms *）

4）字符串转换（ANY_ TO_ STRING）功能如图 4-67 所示，用于把输入变量转换为字符串变量，其参数列表见表 4-72。

图 4-67　字符串转换功能

表 4-72　字符串转换功能块参数列表

参数	参数类型	数据类型	描　述
i1	Input	见描述	任何非字符串变量
o1	Output	STRING	如果 IN 为布尔变量,则为假或真; 如果 IN 是整数或实数变量,则为小数; 如果 IN 为 TIME 值,可能为: TIME time1;STRING s1;time1:= 13ms s1:= ANY_TO_STRING(time1);（* s1 = '0s13' *）
ENO	Output	BOOL	使能信号输出

2. 比较（Comparators）

比较类指令属于操作符（Operator）类指令，主要用于数据之间的大小、等于比较，是编程中的一种简单有效的指令，见表4-73。

表4-73　比较功能指令

功 能 块	描 述
Equal(等于)	比较两数是否相等
Greater Than(大于)	比较两数中是否一个大于另一个
Greater Than or Equal(大于或等于)	比较两数中是否一个大于或等于另一个
Less Than(小于)	比较两数是否一个小于另一个
Less Than or Equal(小于或等于)	比较两数是否一个小于或等于另一个

4.5　高速计数器功能块指令

所有的 Micro830 和 Micro800 控制器都支持高速计数器（High-Speed Counter，HSC）功能，最多支持 6 个 HSC。高速计数器功能块包含两部分：一部分是位于控制器上的本地 I/O 端子；另一部分是 HSC 功能块指令。

4.5.1　HSC 功能块

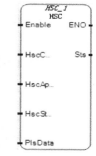

图 4-68　HSC 功能块

HSC 功能块用于启/停高速计数，刷新高速计数器的状态，重载高速计数器的设置，以及重置高速计数器的累加值。其功能块如图 4-68 所示。

注意：在 CCW 中高速计数器被分为两个部分：高速计数部分和用户接口部分。这两部分是结合使用的。本节主要介绍高速计数部分。用户接口部分由一个中断机制驱动，例如中断允许（UIE）、激活（UIF）、屏蔽（UID）或是自动允许中断（AutoStart），用于在高速计数器到达设定条件时驱动执行指定的用户中断程序，该功能块的参数列表见表4-74。

表4-74　HSC 功能块参数列表

参数	参数类型	数据类型	描 述
HscCmd	Input	USINT	功能块执行、刷新等控制命令,见表4-75
HscAppData	Input	HSCAPP	HSC 应用配置,通常只需配置一次,见表4-76
HscStsInfo	Input	HSCSTS	HSC 动态状态,通常在 HSC 执行周期里该状态信息会持续更新,见表4-82
PlsData	Input	PLS	可编程限位开关数据（Programmable Limit Switch,PLS）,用于设置 HSC 的附加高低及溢出设定值,见表4-81
Sts	Output	UINT	HSC 功能块执行状态,状态代码如下: 0x00-未采取行动（未启用） 0x01-HSC 执行成功 0x02-HSC 命令无效 0x03-HSC ID 超出范围 0x04-HSC 配置错误

1）HSC 命令参数（HscCmd）见表 4-75。

表 4-75　HSC 命令参数

HSC 命令	命令描述
0x00	保留,未使用
0x01	HSC 运行 启动 HSC(如果 HSC 处于空闲模式,且梯级使能); 只更新 HSC 状态信息(如果 HSC 处于运行模式,且梯级使能)
0x02	停止 HSC(如果 HSC 处于运行模式,且梯级使能)
0x03	上传或设置 HSC 应用数据配置信息(如果梯级使能)
0x04	重置 HSC 累加值(如果梯级使能)

注："0x" 前缀表示十六进制数。

2）HSC 应用数据类型（HscAppData）见表 4-76。

表 4-76　HSC 应用数据类型

参数	数据类型	描述
PLSEnable	BOOL	使能或停止可编程限位开关(PLS)
HscID	UINT	要驱动的 HSC 编号,见表 4-77
HscMode	UINT	要使用的 HSC 计数模式,见表 4-78
Accumulator	DINT	设置计数器的计数初始值
HPSetting	DINT	高预设值
LPSetting	DINT	低预设值
OFSetting	DINT	溢出设置值
UFSetting	DINT	下溢设置值
OutputMask	UDINT	设置输出掩码
HPOutput	UDINT	高预设值的 32 位输出值
LPOutput	UDINT	低预设值的 32 位输出值

注：OutputMask 指令的作用是屏蔽 HSC 输出的数据中的某几位,以获取期望的数据输出位。例如,对于 24 点的 Micro830 控制器,有 9 点本地(控制器自带)输出点用于输出数据,当不需输出第 0 位的数据时,可以把 OutputMask 中的第 0 位置 0 即可。这样即使输出数据上的第 0 位为 1,也不会输出。

HscID、HscMode、HPSetting、LPSetting、OFSetting、UFSetting 6 个参数必须设置,否则将提示 HSC 配置信息错误。上溢值最大为 +2147483647,下溢值最小为 −2147483647,预设值大小必须对应,即高预设值不能比上溢值大,低预设值不能比下溢值小。当 HSC 计数值达到上溢值时,会将计数值置为下溢值继续计数;达到下溢值时类似。

HSC 应用数据是 HSC 组态数据,它需要在启动 HSC 前组态完毕。在 HSC 计数期间,该数据不能改变,除非需要重载 HSC 组态信息(在 HscCmd 中写 03 命令)。但是,在 HSC 计数期间的 HSC 应用数据改变请求将被忽略。

① HscID 定义见表 4-77。

表 4-77　HscID 定义

位	描述
15~13	HSC 的模式类型;0x00——本地;0x01——扩展式(暂无);0x02——嵌入式
12~8	模块的插槽 ID;0x00——本地;0x01~0x1F——扩展式(暂无)模块的 ID 0x01~0x05——嵌入式模块的 ID
7~0	模块内部的 Hsc ID:0x00~0x0F——本地;0x00~0x07——扩展式(暂无);0x00~0x07——嵌入式 注意:对于初始版本的 Connected Components Workbench(CCW)只支持 0x00~0x05 范围的 ID

使用说明：将表中各位上符合实际要使用的 HSC 的信息数据组合为一个无符号整数，写到 HscAppData 的 HscID 位置上即可。例如，选择控制器自带的第一个 HSC 接口，即 15~13 位为 0，表示本地的 I/O；12~8 位为 0，表示本地的通道，非扩展或嵌入模块；7~0 位为 0，表示选择第 0 个 HSC，这样最终就在定义的 HscApp 类型的输入上的 HscID 位置上写入 0 即可。

② HSC 模式（HscMode），见表 4-78 所示。

表 4-78　HSC 模式

模式	功能	模式	功能
0	递增计数	5	有"重置"和"保持"控制信号的两输入计数
1	有外部"重置"和"保持"控制信号的递增计数	6	正交计数(编码形式,有 A,B 两相脉冲)
2	双向计数,并带有"外部方向"控制信号	7	有"重置"和"保持"控制信号的正交计数
3	有"重置"和"保持",且带有"外部方向"控制信号的双向计数	8	Quad X4 计数器
4	两输入计数(一个加法计数输入信号,一个减法计数输入信号)	9	有"重置"和"保持"控制信号的 Quad X4 计数器

注意：HSC3、HSC4 和 HSC5 只支持 0、2、4、6 和 8 模式。HSC0、HSC1 和 HSC2 支持所有模式。

3）HSCSTS 数据类型结构（HscStsInfo）见表 4-79，它可以显示 HSC 的各种状态，大多是只读数据，其中的一些标志可以用于逻辑编程。

表 4-79　HSCSTS 数据类型

参数	数据类型	描述
CountEnable	BOOL	使能或停止 HSC 计数
ErrorDetected	BOOL	非零表示检测到错误
CountUpFlag	BOOL	递增计数标志
CountDwnFlag	BOOL	递减计数标志
Mode1Done	BOOL	HSC 是 1(1A)模式或 2(1B)模式,且累加值递增计数至 HP 的值
OVF	BOOL	检测到上溢
UNF	BOOL	检测到下溢
CountDir	BOOL	1 为递增计数,0 为递减计数
HPReached	BOOL	达到高预设值
LPReached	BOOL	达到低预设值
OFCauseInter	BOOL	上溢导致 HSC 中断
UFCauseInter	BOOL	下溢导致 HSC 中断
HPCauseInter	BOOL	达到高预设值,导致 HSC 中断
LPCauseInter	BOOL	达到低预设值,导致 HSC 中断
PlsPosition	UINT	可编程限位开关(PLS)的位置
ErrorCode	UINT	错误代码,见表 4-80

（续）

参数	数据类型	描述
Accumulator	DINT	读取累加器实际值
HP	DINT	最新的高预设值设定,可能由 PLS 功能更新
LP	DINT	最新的低预设值设定,可能由 PLS 功能更新
HPOutput	UDINT	最新的高预设输出值设定,可能由 PLS 功能更新
LPOutput	UDINT	最新的低预设输出值设定,可能由 PLS 功能更新

关于 HSC 状态信息数据结构（HSCSTS）说明如下:

在 HSC 执行的周期里,HSC 功能块在"0x01"（HscCmd）命令下,状态将会持续更新。

在 HSC 执行的周期里,如果发生错误,错误检测标志将会打开,不同的错误情况对应见表 4-80 所示的错误代码。

表 4-80　HSC 错误代码

错误代码位	HSC 计数时的错误代码	错误描述
15~8(高字节)	0~255	高字节非零表示 HSC 错误由 PLS 数据设置导致; 高字节的数值表示触发错误 PLS 数据中的数组编号
7~0(低字节)	0x00	无错误
	0x01	无效 HSC 计数模式
	0x02	无效高预设值
	0x03	无效上溢
	0x04	无效下溢
	0x05	无 PLS 数据

4）PLS 数据结构（PlsData）。

可编程限位开关（PLS）数据是一组数组,每组数组包括高/低预设值以及上/下溢出值。PLS 功能是 HSC 操作模式的附加设置。当允许该模式操作时（PLSEnable 选通）,每次达到一个预设值,预设和输出数据将通过用户提供的数据更新（即 PLS 数据中下一组数组的设定值）。所以,当需要对同一个 HSC 使用不同的设定值时,可以通过提供一个包含将要使用的数据的 PLS 数据结构实现。PLS 数据结构是一个大小可变的数组。注意,一个 PLS 数据结构的数组个数不能大于 255。当 PLS 没有使能时,PLS 数据结构可以不用定义。表 4-81列出每组数组的基本元素。

表 4-81　PLS 数据结构元素作用表

命令元素	数据类型	元素描述
字 0~1	DINT	高预设值设置
字 2~3	DINT	低预设值设置
字 4~5	UDINT	高位输出预设值
字 6~7	UDINT	低位输出预设值

5）HSC 状态值代码（Sts 上对应的输出）,见表 4-82。

表 4-82　HSC 状态值

HSC 状态值	状态描述
0x00	无动作(没有使能)
0x01	HSC 功能块执行成功
0x02	HSC 命令无效
0x03	Hsc ID 超过有效范围
0x04	HSC 配置错误

在使用 HSC 计数时，注意设置滤波参数，否则 HSC 将无法正常计数。该参数在硬件信息中使用的是 HSC0，如图 4-69 所示，其输入编号是 input0~1。

HSC 一般用于计数达到要求后触发中断，进而处理用户自定义的中断程序。中断的设置在硬件信息中的 Interrupts 中能够找到，如图 4-70 所示。

图中，选择的是 HSC 类型的用户中断，触发该中断的是 HSC0，将要执行的中断程序是 HSCa（用户自定义）。该对话框中还看到 Auto Start（自动开始）参数，当它被置为真时，只要控

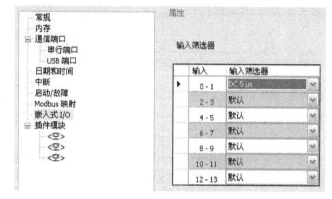

图 4-69　设置滤波参数

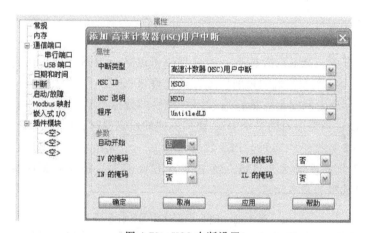

图 4-70　HSC 中断设置

制器进入任何"运行"或"测试"模式，HSC 类型的用户中断将自动执行。该位的设置将作为程序的一部分被存储起来。"Mask for IV"（IV 的掩码）表示当该位置假（0）时，程序将不执行检测到的上溢中断命令，该位可以由用户程序设置，且它的值在整个上电周期内将会保持住。类似的"Mask for IN"（IN 的掩码）、"Mask for IH"（IH 的掩码）和"Mask for IL"（IL 的掩码）分别表示屏蔽下溢中断、高设置值中断和低设置值中断。

4.5.2 HSC 状态设置

HSC 状态设置功能块用于改变 HSC 计数状态,其功能块如图 4-71 所示。注意:当 HSC 功能块不计数时(停止)才能调用该设置功能块,否则输入参数将会持续更新且任何 HSC_SET_STS 功能块做出的设置都会被忽略。

该功能块的参数列表见表 4-83。

4.5.3 HSC 的应用

1. 硬件连线

将 PTO 口脉冲输出口 O.00 直接接到 HSC(高速计数器)I.00 口上,使用 HSC 计数 PTO 口的脉冲个数,硬件接完以后需要对数字量输入 I.00 口进行配置方能计数到高速脉冲个数。打开 CCW 软件,双击 Micro850 图标,单击 Embedded I/O 口,将输入 0-1 号口选为 5μs,配置方法如图 4-72 所示。

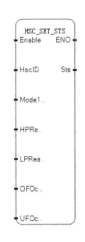

图 4-71 高速计数器
状态设置功能块

表 4-83 高速计数器状态设置功能块参数列表

参数	参数类型	数据类型	描述
HscID	Input	UINT(见表 4-76)	欲设置的 HSC 状态
Mode1Done	Input	BOOL	计数模式 1A 或 1B 已完成
HPReached	Input	BOOL	达到高预设值,当 HSC 不计数时,该位可重置为假
LPReached	Input	BOOL	达到低预设值,当 HSC 不计数时,该位可重置为假
OFOccurred	Input	BOOL	发生上溢,当需要时,该位可置为假
UFOccurred	Input	BOOL	发生下溢,当需要时,该位可置为假
Sts	Output	UINT	见表 4-79
ENO	Output	BOOL	使能输出

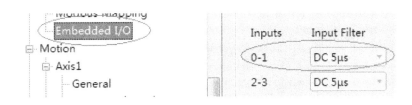

图 4-72 配置高速计数器脉冲输入口

2. 创建 HSC 模块

在 CCW 中建立一个例程,例程中创建 HSC 模块,创建相应的变量,并设置初始值,初始值的设置如图 4-73 所示。

其中 HscID 选择 0,表示选择 HSC0 计数器,使用 Micro800 的嵌入式输入口 0-3,Hsc-Mode 设置为 2,选择模式 2a,即嵌入式输入口 I.00 作为加/减计数器,I.01 作为方向选择位,I.01 置 1 时使用加计数器,置 0 时使用减计数器。HPSetting 设置为 100000,表示计数

100000 个脉冲，如果以每 200 个脉冲 1mm 计算，500mm 刚好达到 HPSetting 的值，即移动 500mm 的距离。

3. 启动 HSC 模块计数脉冲个数

利用上一节中编写的 Kinetix 3 的程序，使用 MC_MoveRelative 模块，使电机运行 1000mm。运行电机后，HSC 模块的状态显示如图 4-74 所示。

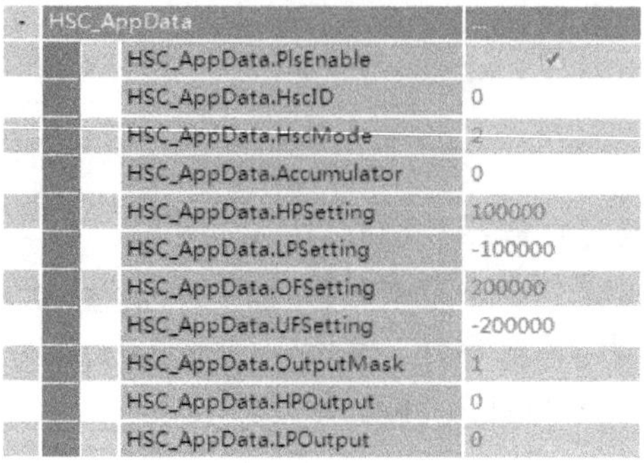

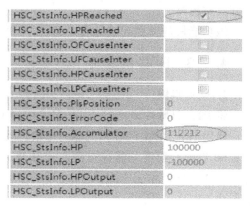

图 4-73 HSC 初始值设置

图 4-74 HSC 状态位

可以看到脉冲计数开始，计数器开始计数，当超过 100000 个脉冲时，HPReached 引脚置 1，表示电机到达高限位开关，在实际应用中可以将此信号作为电机停止信号，让电机停止运行。

复习思考题

1. Micro800 PLC 的程序文件有哪些？一个项目中有哪些程序文件？

2. Micro800 PLC 的变量有哪些？支持哪些数据类型？

3. Micro800 PLC 的指令系统中，有哪些是功能块指令？哪些是功能指令？两者的主要区别是什么？

4. 简要描述 HSC 指令的工作机理。

5. Micro800 中断指令有哪些？

6. 画出图 4-75 所示的梯形图程序运行后 L1 的信号波形。

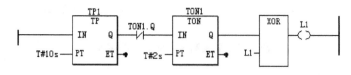

图 4-75 某梯形图程序

第5章　Micro800系列PLC程序设计技术

5.1　Micro800系列程序设计基础

在工业控制系统中，以PLC为代表的现场控制站（下位机系统）实现对被监控的过程、设备进行直接控制，应用软件的运行结果直接对被控的物理过程和设备产生影响。因此，软件的设计与开发极为重要。在进行PLC程序设计时，要根据被控过程的特点和要求选择合适的程序设计方法及编程语言。

PLC程序设计方法主要有经验设计法、时间顺序逻辑设计法、逻辑顺序程序设计法、顺序功能图法等几种。

在进行程序设计前，还有必要了解程序的执行过程，从而更好地把握程序设计原则，确保程序执行结果与预期一致。

5.1.1　Micro800系列的程序执行

1. 程序执行的概述

Micro800系列程序以扫描方式执行，一个Micro800系列程序周期或扫描由以下内容组成：读取输入、按顺序执行程序、更新输出和执行通信任务。程序名称必须以字母或下划线开头，后面可接多达127个字母、数字或单个下划线。支持梯形图、功能块图和结构化文本编程。根据可用的控制器存储器，可在一个项目中包含多达256个程序。默认情况下，程序是循环的（每个周期或扫描执行一次）。每个新程序添加到项目后，会为其分配一个连续的顺序编号。在CCW编程组态软件中启动项目管理器后，它将按此顺序显示程序图标，用户可在程序的属性中查看和修改程序的顺序编号。但是，项目管理器在项目下次打开之前不会显示新的顺序。Micro800系列控制器支持程序内跳转。通过将程序内的代码作为用户自定义的功能块（UDFB）封装，可调用其子例程。用户定义的功能块可在其他用户定义的功能块之内执行，最多支持5层嵌套。如果超出此限制，会出现编译错误。或者，也可以将程序分配给一个可用中断，然后仅在触发中断时执行。分配给用户故障例程的程序仅在控制器进入故障模式之前运行一次。

除用户故障例程外，Micro830/Micro850控制器还支持：

1）4个可选定时中断（STI）。STI会在每个设定点间隔（0~65535ms）执行一次分配的程序。

2）8个事件输入中断（EII）。EII会在每次选定输入上升或下降（可配置）时执行一次分配的程序。

3）2~6个高速计数器（HSC）中断。HSC会基于计数器的累计计数执行分配的程序。HSC的数量取决于控制器嵌入式输入的数量。

与周期/扫描关联的全局系统变量为

1) __SYSVA_CYCLECNT：周期计数器。

2) __SYSVA_TCYCURRENT：当前循环时间。

3) __SYSVA_TCYMAXIMUM：上次启动后的最大循环时间。

2. 执行规则

执行过程在一个回路内分为 8 个主要步骤，如图 5-1 所示。回路持续时间为程序的周期时间。

在已定义限制的情况下，被资源使用的变量会在扫描输入后更新，而为其他资源生成的变量会在更新输入前发送。如果已指定周期时间，资源则会等待这段时间过去后再开始执行新的周期。POU 执行时间会随 SFC 程序和指令（如跳转、IF 和返回等）中激活步骤数目的不同而不同。如果周期超过指定的时间，回路会继续执行周期，但会设置一个超限标志。这种情况下，应用程序将不再实时运行。如果未指定周期时间，资源将执行回路中的所有步骤，之后无需等待便可重新开始新的周期。

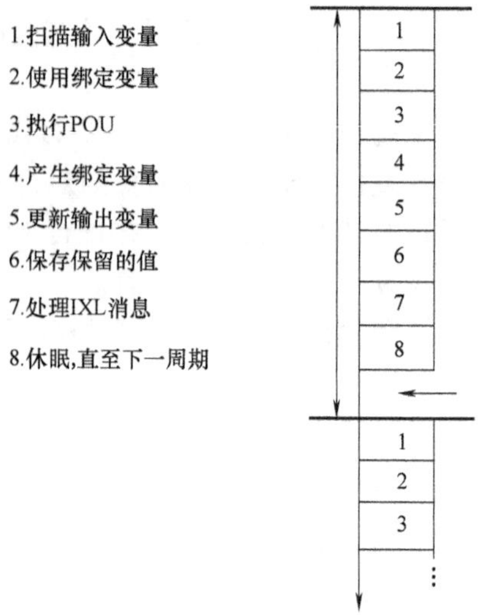

1. 扫描输入变量
2. 使用绑定变量
3. 执行POU
4. 产生绑定变量
5. 更新输出变量
6. 保存保留的值
7. 处理IXL消息
8. 休眠，直至下一周期

图 5-1　Micro800 系列程序执行过程示意图

3. 控制器加载和性能考量因素

一个程序扫描周期中，执行主要步骤时可能会被优先级高于主要步骤的其他控制器活动中断。这些活动包括：

1) 用户中断事件（包括 STI、EII 和 HSC 中断）。

2) 接收和传送通信数据包。

3) 运动引擎的周期执行。

如果这些活动中的一个或多个占用的 Micro800 系列控制器执行时间较多，则程序扫描周期时间会延长。如果低估这些活动的影响，可能会报告看门狗超时故障（0xD011），应设置少量的看门狗超时。实际应用中，如果以上的一个或多个活动负荷过重，则应在计算看门狗超时设置时提供合理的缓冲。

正是由于以上所述的程序执行中存在的时间不确定性，对于程序周期性执行期间需要精确定时的应用，如 PID，建议使用 STI 执行程序。STI 提供精确的时间间隔。不建议使用系统变量 __SYSVA_TCYCYCTIME 周期性执行所有程序，因为该变量也会使所有通信都以这一速率执行。

4. 上电和首次扫描

固件版本 2 及更高版本中，会清除上电和切换到 RUN 模式期间 I/O 扫描驱动的所有数字量输出变量。固件版本 2.x 还提供两个系统变量来表达上述状态，见表 5-1。

表 5-1　固件版本 2.x 中用于扫描和上电的系统变量

变量	类型	说明
_SYSVA_FIRST_SCAN	BOOL	首次扫描位 可用于每次从编程模式切换到 RUN 模式后立即初始化或重置变量 注：仅在首次扫描时为真，之后为假

（续）

变量	类型	说明
_SYSVA_POWER_UP_BIT	BOOL	上电位 从一体化编程组态软件中下载或从存储器备份模块（例如 2080-MEM-BAK-RTC、2080-LCD）加载后，可立即用于初始化或重置变量 注：上电后的首次扫描或首次运行新梯形图时为真

5. 内存分配

内存分配取决于控制器基座的尺寸，表 5-2 所示为 Micro800 系列控制器的可用内存。

表 5-2　Micro800 系列控制器的内存分配

属性	10/16 点	24/48 点
程序字[①]	4K	10K
数据字节	8KB	20KB

① 1 个程序字 = 12 个数据字节。

指令和数据大小的这些规范均为典型数。创建 Micro800 项目时，将以程序内存或数据内存的形式在构建时动态分配内存。这表示，如果缩短数据长度，程序大小可能会超过发布的规范，反之亦然。这种灵活性可使执行内存的使用率达到最高。除用户定义变量外，数据内存还包括构建期间由编译器生成的任意常量和临时变量。Micro830 和 Micro850 控制器也有用于存储整个已下载项目副本（包括注释）的项目内存，以及用于存储功能性插件设置信息的配置内存等。

6. 其他准则和限制

以下是使用 CCW 编程组态软件对 Micro800 系列控制器进行编程时需要考虑的一些准则和限制：

1）每个程序/程序组织单元（POU）最多可使用 64KB 内部地址空间。Micro830/Micro850 24/48 点控制器最多支持 10000 个程序字，只需 4 个程序组织单元即可使用所有可用的内部编程空间。建议将较大程序分割成若干个小程序，以提高代码可读性、简化调试和维护任务。

2）用户自定义功能块（UDFB）可在其他 UDFB 内执行，限制嵌套 5 层 UDFB，如图 5-2 所示。避免在创建 UDFB 时引用其他 UDFB，因为执行这些 UDFB 的次数过多会导致编译错误。

3）用于存在等式这种数学计算时，结构化文本（ST）比梯形逻辑更高效、更易于使用。如果习惯使用 RSLogix500 CPT 计算指令，则将 ST 与 UDFB 结合使用是一个不错的替换方案。例如，对于一个天文时钟计算，ST 使用的指令减少 40%，具体如下：

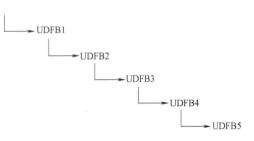

图 5-2　5 层 UDFB 调用示意图

LD 语言编程占用内存：内存使用率（代码）为 3148 个程序字；内存使用率（数据）为 3456 个字节。

ST 语言编程占用内存：内存使用率（代码）为 1824 个程序字；内存使用率（数据）

为 3456 个字节。

4) 下载或编译超过一定大小的程序时，可能会遇到"保留的内存不足"错误。一种解决方法是使用数组，尤其是在变量较多时。

5.1.2 典型环节编程

PLC 的指令种类繁多，通过这些指令的组合，可以进行控制器程序开发。在不同的应用中，总是存在一些共性的程序组合，实现诸如自锁和互锁、延时、分频等功能。典型编程环节对于经验法编程十分重要。本节介绍利用 Micro800 系列的编程指令实现的一些典型环节。

1. 具有自锁、互锁功能的程序

（1）具有自锁功能的程序

利用自身的常开触点使线圈持续保持通电即"ON"状态的功能称为自锁。图 5-3 所示的启动、保持和停止程序（简称启保停程序）就是典型的具有自锁功能的梯形图，bStart 为启动信号，bStop 为停止信号。

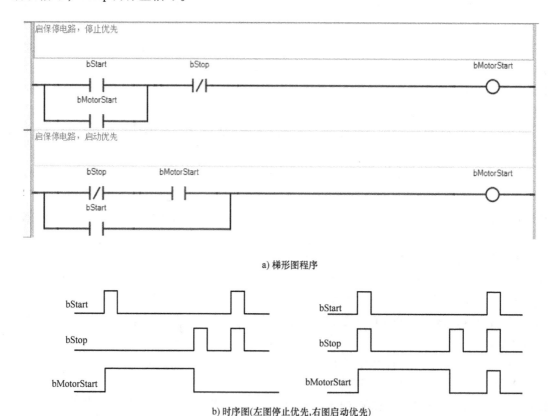

a) 梯形图程序

b) 时序图(左图停止优先,右图启动优先)

图 5-3　启动程序和时序图

图 5-3 中梯级 1 为停止优先程序，当 bStart 和 bStop 同时接通时，bMotorStart 断开。梯级 2 为启动优先程序，即当 bStart 和 bStop 同时接通时，bMotorStart 接通。当然，如果两个按钮不同时接通，则其运行结果是没有区别的。启保停程序也可以用置位（SET）和复位

（RST）等指令来实现。在实际应用中，启动信号和停止信号可能由多个触点组成的串、并
联电路提供。即启动是一个逻辑组合，停止也是一个逻辑组合。

从图 5-3b 中的信号时序图可以更好地看到输出信号与输入信号的关联。利用信号时序
图非常有利于程序的设计和理解。

（2）具有互锁功能的程序

利用两个或多个常闭触点来保
证线圈不会同时通电的功能称为
"互锁"。三相异步电动机的正反
转控制电路即为典型的互锁电路，
如图 5-4 所示。其中 KM1 和 KM2
分别是控制正转运行和反转运行的
交流接触器，SB1 是停止点动按
钮，SB2 是正转启动点动按钮，
SB3 是反转启动点动按钮，FR 是
热继电器。

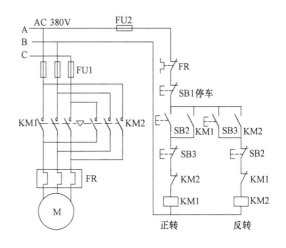

图 5-4　三相异步电动机的正反转控制电路

由于电动机不能同时正、反
转，因此，需要在软件上也设置互
锁功能。实现正反转控制功能的梯
形图是由两个启保停的梯形图再加上两者之间的互锁触点构成，如图 5-5 所示。在梯形图
中，将 bMotorBac（反转）和 bMotorFor（正转）的常闭触点分别与对方的线圈串联，可以
保证它们不会同时接通，因此 KM1 和 KM2 的线圈不会同时通电，从而实现了两个信号的互
锁。除此之外，为了方便操作和保证 bMotorFor 和 bMotorBac 不会同时接通，在梯形图中还
设置了"按钮联锁"，即将反转启动按钮 bBacStart 的常闭触点与控制正转的 bMotorFor 的线
圈串联，将正转启动按钮 bForStart 的常闭触点与控制反转的 bMotorBac 的线圈串联。

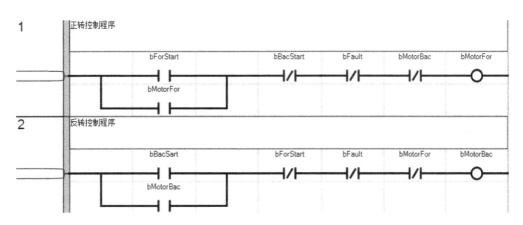

图 5-5　用 PLC 控制电动机正反转的梯形图程序

梯形图中的互锁和按钮联锁电路只能保证输出模块中与 bMotorFor 和 bMotorBac 对应的
硬件继电器的常开触点不会同时接通。由于切换过程中电感的延时作用，可能会出现一个接
触器还未断弧，另一个却已合上的现象，从而造成瞬间短路故障。可以用正反转切换时的延

时来解决这一问题，但是这一方案会增加编程的工作量，也不能解决上述的接触器触点故障引起的电源短路事故。如果因主电路电流过大或接触器质量不好，某一接触器的主触点被断电时产生的电弧熔焊而被粘连，其线圈断电后主触点仍然是接通的，这时如果另一接触器的线圈通电，仍将造成三相电源短路事故。

为了防止出现这种情况，除了采用软件互锁外，还应在 PLC 外部设置由 KM1 和 KM2 的辅助常闭触点组成的硬件互锁电路，假设 KM1 的主触点被电弧熔焊，这时它与 KM2 线圈串联的辅助常闭触点处于断开状态，因此 KM2 的线圈不可能得电。

这里，有些读者可能会想把接触器 KM1 和 KM2 的触点信号也采集进来，把它们加到正、反转的逻辑控制中，以确保互锁功能。不过，即使在这种情况下，还是建议控制线路上进行硬件互锁。

FR 是作过载保护用的热继电器，异步电动机长期严重过载时，经过一定延时，热继电器的常闭触点断开，常开触点闭合。其常闭触点与接触器的线圈串联，过载时接触器线圈断电，电动机停止运行，起到保护作用。在梯形图中，也加入了过热保护，FR 信号即为 bFault 变量，FR 的常开触点接入 PLC 的 DI 端子。

2. 分频电路逻辑程序

用 PLC 可以实现对输入信号的分频，2 分频逻辑的程序如图 5-6 所示。

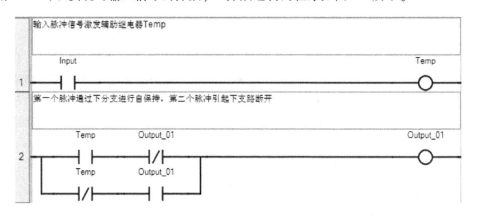

图 5-6 2 分频逻辑梯形图程序

将输入脉冲信号加入 Input 端，辅助继电器 Temp 瞬间接通，使得梯级 2 的上支路有能量流过导致 Output_01 线圈接通，该线圈一旦接通后就通过下支路进行自保。当第二个输入脉冲来到时，辅助继电器 Temp 接通，导致下支路断开（因为上支路有 Output_01 的常闭触点，因此，这时不可能使得 Output_01 接通），使线圈 Output_01 断开。上述过程循环往复，使输出 Output_01 的频率为输入端信号 Input 频率的一半。

n 分频逻辑指当输入为频率 f 的连续脉冲经 n 分频电路处理后，输出的是频率 f/n 的连续脉冲，也就是当输入 n 个脉冲时，对应输出为 1 个脉冲。图 5-7 所示为 3 分频电路。推理可得，只需将计数器的设定值改为 n，就是典型的 n 分频电路。

3. 多谐振荡电路逻辑

多谐振荡电路可以产生按特定的通/断间隔的时序脉冲，常用它来作为脉冲信号源，也可用它来代替传统的闪光报警继电器，作为闪光报警。

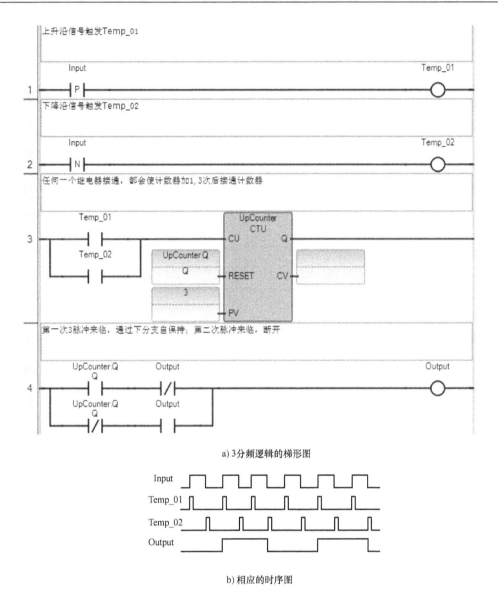

a) 3分频逻辑的梯形图

b) 相应的时序图

图 5-7 3分频逻辑的梯形图及时序图

程序如图 5-8 所示，Input 为启动输入按钮（带自保功能）。程序中用了两个接通延时定时器。当 Input 为 ON 时定时器 1 开始计时，10s 后定时器 Timer_01 定时时间到，其输出的常闭触点使 Output 的线圈接通，其常开触点接通 Timer_02 线圈。又经过 10s，Timer_02 定时时间到，其常闭触点断开 Timer_01 的线圈，使 Timer_01 复位，Timer_01 的常开触点接通 Output 线圈，有输出信号；而 Timer_02 的常闭触点又接通 Timer_01 的线圈，即 Timer_01 又重新开始计时。就这样，输出 Output 所接的负载灯按接通 10s、断开 10s 的谐振信号工作。由梯形图程序可知，接通时间为定时器 2 的定时值，而断开时间为定时器 1 的定时值。可以通过设定两个定时器的设定值来确定所产生脉冲的占空比。需要注意的是，定时器 2 接通的时间只有一个扫描周期，因此，其对占空比的影响可以忽略。

若要求 Input 信号变为 ON 的瞬间多谐振荡电路也立刻有输出，只需要把 Output 线圈前

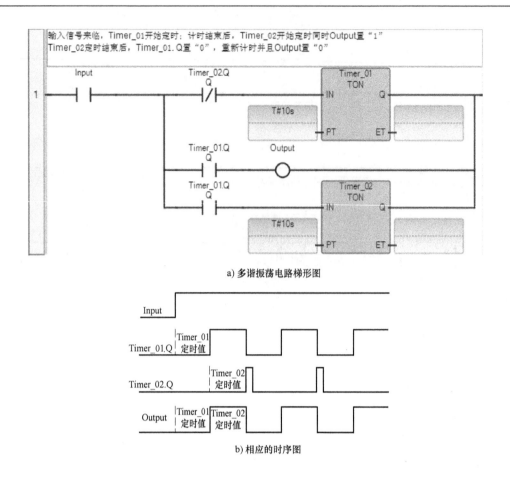

a) 多谐振荡电路梯形图

b) 相应的时序图

图 5-8　多谐振荡电路梯形图及其时序图

的 Timer_01.Q 的常开触点改为常闭触点。当然这时接通的时间为定时器 1 的定时时间，断开时间为定时器 2 的定时时间，即与先前程序的通、断时间相反。

4. 优先电路逻辑

（1）两个输入信号的优先电路逻辑

两个输入信号优先电路如图 5-9 所示，输入信号 Input_01 和 Input_02 先到者取得优先权，后到者无效。

（2）多个输入信号的优先电路逻辑

在多个故障检测系统中，有时可能当一个故障产生后，会引起其他多个故障，这时如能准确地判断哪一个故障是最先出现的，对于分析和处理故障是极为有利的。以下是 4 个输入信号的输入优先的简单控制电路，如图 5-10 所示。

在 4 个输入信号 Input_01、Input_02、Input_03 和 Input_04 中任何一个输入信号首先出现，例如 Input_02 信号先出现，则 Temp_02 接通，其常闭触点 Temp_02 全部打开，这时以后到来的输入信号 Input_01、Input_03、Input_04 都无法使 Temp_01、Temp_03 和 Temp_04 接通，从而可以迅速判断出 Input_01、Input_02、Input_03 和 Input_04 中哪一个输入信号是首发信号。同理，若有多个位置的输入，而要求对某一位置输入优先，其电路如图 5-11 所示。显然该程序中，Input_04 位置最为优先，Input_03 次之，Input_01 最低。

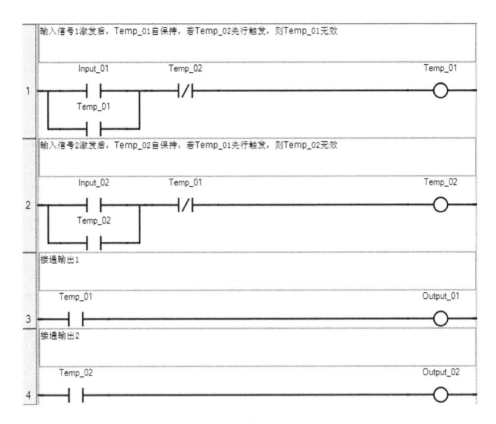

图 5-9　优先电路

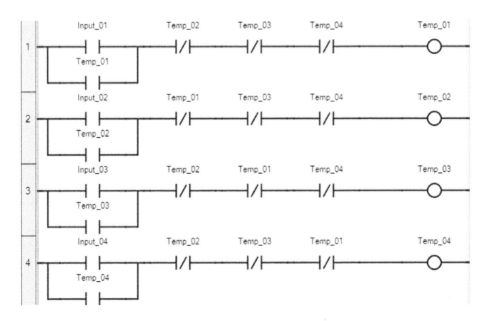

图 5-10　多输入信号的优先电路逻辑梯形图

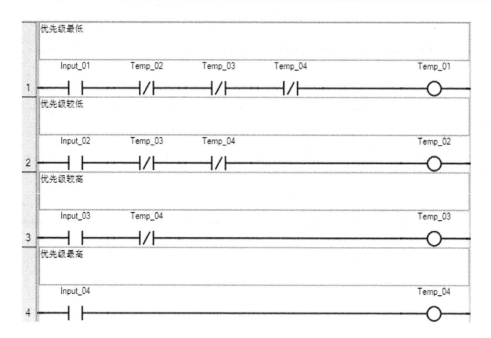

图 5-11　位置优先电路逻辑梯形图

5. 单按钮启停控制逻辑

通常一个电路的启动和停止控制是由两个按钮分别完成的，当一台 PLC 控制多个这种具有启停操作的电路时，将占用很多输入点。一般整体式 PLC 的输入/输出点是按 1∶1 的比例配置的，由于大多数被控设备是输入信号多，输出信号少，有时在设计一个不太复杂的控制电路时，也会面临输入点不足的问题。因此用单按钮实现启停控制是有现实意义的，这也是目前广泛应用单按钮启停控制电路的一个原因。

用计数器实现的单按钮启停控制逻辑程序如图 5-12 所示。当按钮 Input 按第一下时，输

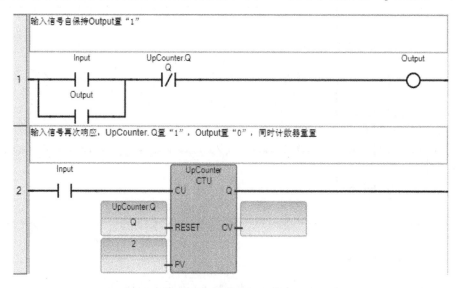

图 5-12　用计数器实现的单按钮启停控制逻辑梯形图

出 Output 接通，并自保持，此时计数器计数为 1；当按钮 Input 第二次按下时，计数器计数为 2，计数器接通，它的常闭触点断开输出 Output，它的常开触点使计数器复位，为下次计数做好准备，从而实现了用一个按钮完成奇次计数时启动、偶次计数时停止的控制。

6. 开、关类阀门设备运行超时逻辑程序

在工业现场，有大量两位阀门设备。例如，污水处理厂的控制污水进出生化池的堰门、排泥用的污泥闸门等就属于这类设备。当对设备发出开、关指令后，这些设备会由于各种原因，阀门不能开、关到位。因此，需要通过编程对设备开关过程加强监控，一旦到了预定的时间仍然没有收到阀门到位信号，则立即停止开、关指令，同时对超时标志位置位。当排除设备故障后，对计时功能复位，以便下次设备运行时恢复监控功能。

实现该功能的程序如图 5-13 所示。其中 Dev_OC_Ins 是点动的设备开或关的指令，Dev_Mode 是设备工作模式（通常是设备远控允许信号），Dev_OC_FB 是设备开或关的到位信号，来自现场的传感器，Dev_OT_Clear 是来自上位机的超时复位信号（通常是高电平脉冲），Dev_OT 是超时标志。

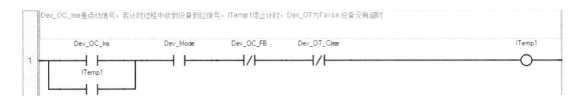

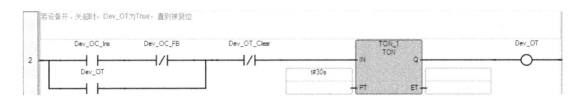

图 5-13　开、关类阀门设备运行超时监控程序

5.1.3　功能块的创建与使用

1. 用 LD 语言创建功能块

（1）问题产生的背景

在工业生产过程中，大量使用各种机电设备，如污水处理使用的大功率鼓风机、潜水泵等，化工厂等企业使用的大功率冷冻机组，以及其他各种类似设备。对这些设备除了要实现简单的手动或自动控制外，从维护和保养考虑还需要统计设备工作时间。设备工作达到一定时间后，要进行维护和保养，然后把时间清零。当然，该次工作时间还要累加到以往已经工作的时间，以得到设备的总工作时间。此外，设备的控制方式，除了现场手动控制外，还要接受中控的手动及自动控制。通常一个工厂有较多的这类设备，因此，非常有必要为这类设备开发功能块，这样可以简化程序的开发、维护，提高程序的可重用性。

（2）用梯形图语言创建自定义功能块

自定义功能块的创建过程是选中项目管理器的用户自定义功能块，然后再选中添加

（Add），可以用 3 种编程语言开发功能块，如图 5-14 所示。这里选用梯形图语言。功能块名字为"FB_Device"。

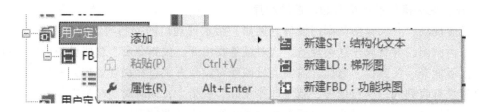

图 5-14　新建自定义功能块

　　功能块的定义及程序如图 5-15 所示。梯级 1 中假设上、下位机约定系统手动工作时，MODE 变量为 2，而自动时该变量为 1。即如果单击上位机人机界面中的手动按钮，上位机程序把该变量置 2。上述功能块中，ClearTime 变量须是一个有一定脉冲宽度的数字量。此外，由于控制系统编程时要协调上位机、控制器的工作流程与运行要求，变量类型等必须统一，否则，会出现变量不匹配而导致系统工作不正常。需要说明的是上述例子功能并不完善，根据具体的应用要求可以修改上述程序。例如，对于这里的计时功能，有些 PLC 有"INC"（变量增加）指令，这样收到一个 1 分钟脉冲，就可对计时变量增加 1。还有些 PLC 本身自带了一个特殊的系统布尔变量，该系统变量就是 1 分钟周期的脉冲信号，因此，在程序中就不用自己编写该脉冲信号了。此外，设备的控制模式，也有不同的方法实现。举这个例子的目的是让大家学习利用梯形图语言来编写自定义功能块。此外，上述计时是有误差的，即每次设备启停一次计时误差最大为 1 分钟，对于长时间工作的设备，该误差是可以忽略的。

　　功能块定义好后，要在程序中加以调用。不论自定义功能块是用何种编程语言开发的，都可以用其他的编程语言调用。在程序中调用功能块前，首先要定义功能块的实例。这里功能块实例名为"FB_Device_1"，其类型为"FB_Device"。若有多个这样的设备，就要定义多个该实例。此外，还要在程序中定义全局变量或局部变量，作为功能块调用的输入和输出变量（实参）。例子里定义的变量首字母都为"g"，表示这些变量都是全局变量。功能块的调用类似高级语言中函数调用时的实参传递给形参，实参必须要定义。图 5-16 给出了用 LD 语言、FBD 语言和 ST 语言调用该功能块的程序。

　　对于 5.1.2 节的开、关类阀门设备运行监控程序，也可以定义一个自定义功能块，图 5-17 所示的就是该功能块的定义过程。然后在主程序部分调用该功能块，如图 5-18 所示。

2. 用 ST 语言创建功能块

　　Micro850 有一个迟滞（HYSTER）指令，该指令用于滞环过程。当输出为 1 时，只有当输入信号 IN1 小于 IN2-EPS 时，输出才切换到 0；当输出为 0 时，只有输入信号 IN1 大于 IN2+EPS 时，输出才切换到 1。这里我们用 ST 语言来编写一个自定义功能块"FB_HYSTER"。其主要目的是让大家认识学习 ST 语言及其应用。

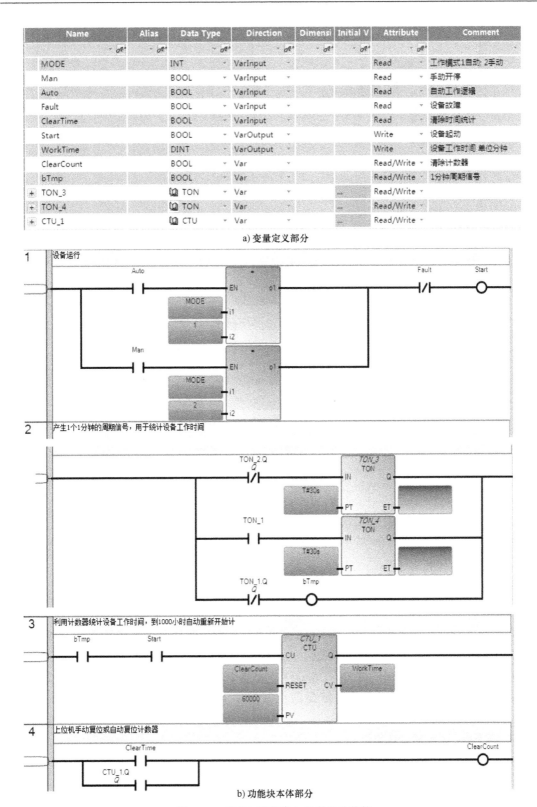

a) 变量定义部分

b) 功能块本体部分

图 5-15　用 LD 语言建立自定义功能块

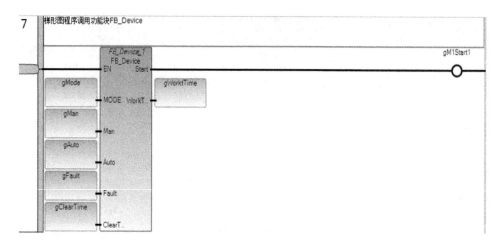

a) 用LD语言调用功能块"FB_Device"

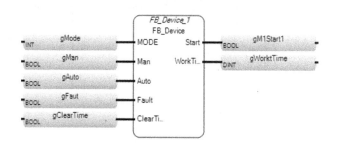

b) 用FBD语言调用功能块"FB_Device"

```
1  (* 调用自定义功能块FB_Device*)
2  FB_Device_1(gMode,gMan,gAuto,gFault,gClearTime);
3  (* 把功能块启动输出赋给全局变量*)
4  gM1Start1:=FB_Device_1.Start;
5  (* 把功能计时输出赋给全局变量*)
6  gWorkTime:=FB_Device_1.WorkTime;
```

c) 用ST语言调用功能块"FB_Device"

图 5-16 用 3 种编程语言调用自定义功能块

首先定义功能块的变量，然后用 ST 语言编写该功能块的代码（本体）部分，如图 5-19 所示。这样就完成了迟滞功能块的开发。

现在可以把该功能块用于位式（ON-OFF）控制中。其中 IN1 连接过程变量 PV，IN2 连接过程变量设定值 SP，EPS 连接所需要的控制偏差 EPS。程序变量定义及程序如图 5-20 所示。

3. 用 FBD 语言创建功能块

在工业生产过程中需要进行滤波处理，常用的一阶滤波环节数学模型在频域为

$$X_{\text{OUT}}(s) = \frac{1}{T_1(s)+1} X_{\text{IN}}(s)$$

对上述模型进行离散化，用差分近似微分，可以得到离散化算式：

$$X_{OUT}(k+1) = MX_{IN}(k) - (1-M)X_{OUT}(k)$$

式中
$$M = \frac{T_S}{T_S + T_1}$$

T_S 为采样周期。此模型不仅可以用于信号的一阶滤波，而且在控制系统仿真时，还可以作为被控对象的数学模型，也可以作为干扰通道的数学模型，还可以串联组成高阶模型。

名称	数据类型	维度	字符串大小	初始值	方向	特性
IDev_Mode	BOOL				VarInput	读取
IDev_OC_FB	BOOL				VarInput	读取
IDev_OT_Clear	BOOL				VarInput	读取
ITonPT	TIME				VarInput	读取
IDev_OC_Ins	BOOL				VarInput	读取
IDev_OT	BOOL				VarOutput	写入
ITemp1	BOOL				Var	读/写
⊞ TON_2	TON			...	Var	读/写

a) 功能块变量定义部分

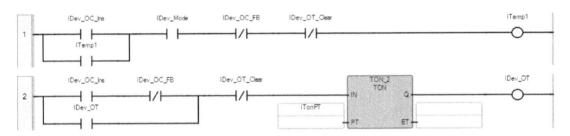

b) 功能块本体程序部分

图 5-17　用 LD 语言建立的阀门类设备运行监控自定义功能块

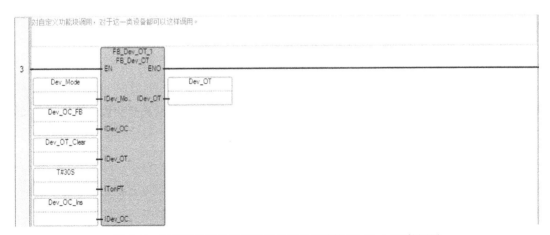

图 5-18　对阀门类设备运行监控自定义功能块 FB_Dev_OT 的调用

在 CCW 中用 FBD 语言编写上述功能块。首先新建一个 FBD 语言的自定义功能块，名

Name ▲	Alias	Data Type	Direction	Dimen	Initial Value	Attribute	Comment
	~ σ⁺	~ σ⁺	~	~	~	~	~ σ⁺	~
EPS		REAL ~	VarInput ~			Read ~	滞后值
IN1		REAL ~	VarInput ~			Read ~	输入信号
IN2		REAL ~	VarInput ~			Read ~	比较信号
Q		BOOL ~	VarOutput ~		0	Write ~	功能块输出

a) 功能块变量定义部分

```
1   IF IN1< (IN2-EPS) THEN
2      Q:=FALSE;   (* IN1减小*)
3   ELSIF IN1>(IN2+EPS) THEN
4      Q:=TRUE;   (* IN1增加 *)
5   END_IF;
```

b) 功能块本体部分

图 5-19   自定义迟滞功能块

Name	Alias	Data Type	Dimensio	Initial Val	Attribute	Comment
	~ σ⁺	~ σ⁺	~	~	~ σ⁺	~ σ⁺
PV		REAL ~			Read/Write ~	过程测量值
SP		REAL ~			Read/Write ~	过程设定值
EPS		REAL ~			Read/Write ~	偏差
Q		BOOL ~			Read/Write ~	位式控制器输出
- FB_HYSTER_1		FB_HYSTER ~			Read/Write ~	功能块实例
FB_HYSTER_1.IN1		REAL			Read/Write ~	输入信号
FB_HYSTER_1.IN2		REAL			Read/Write ~	比较信号
FB_HYSTER_1.EPS		REAL			Read/Write ~	滞后值
FB_HYSTER_1.Q		BOOL			Read/Write ~	功能块输出

a) 程序变量定义部分

```
1   (*调用功能块*)
2   FB_HYSTER_1(PV,SP,EPS);
3   (*功能块输出赋值*)
4   Q:=FB_HYSTER_1.Q;
```

b) 程序本体部分

图 5-20   自定义迟滞功能块用于位式控制

称为 FB_LAG1。然后在功能块局部变量表中定义如图 5-21a 所示的局部变量。变量的含义如图中注释。

功能块的本体部分用 FBD 语言来编写，其程序如图 5-21b 所示。

4. 功能块的导入与导出

工业控制系统就像计算机系统一样，性能越来越强，价格却相对稳定甚至下降。但工业控制系统开发与维护的成本却越来越高，这其中一个主要的原因就是与软件开发及系统维护有关的人力成本的增加，因此，从软件角度来说，加强软件的可重用性，可以有效降低这方面的成本。此外，还可以带来软件可靠性的提高。当一个软件模块经过反复多次测试后，其运行的稳定性与可靠性提高。以往，PLC 软件结构化程度差，编程语言规范性也差，很难

Name	Alias	Data Type	Direction	Dimensio	Initial V	Attribute	Comment
XIN		REAL ▾	VarInput ▾			Read ▾	输入信号
T1		REAL ▾	VarInput ▾			Read ▾	时间常数
TS		REAL ▾	VarInput ▾			Read ▾	采样周期
XOUT		REAL ▾	VarOutput ▾			Write	滤波输出

a) 变量定义部分

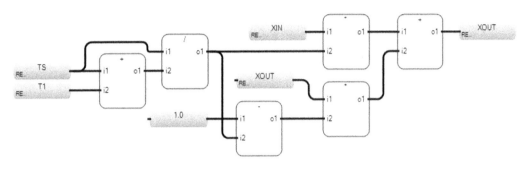

b) 程序本体部分

图 5-21　用 FBD 语言建立自定义功能块

在模块级实现软件的可重用。随着工业控制系统不断采用软件工程技术，编程语言标准化也被广泛采用，PLC 应用程序的结构化程度也不断提高，使得 PLC 软件在模块级可重用成为可能。不过这种可重用还不能在不同厂家的控制系统上实现。

Micro850 的用户自定义模块可以通过从工程导出，在其他工程再导入的方式实现功能块的重用。其操作如下：

1）模块导出　如图 5-22 所示。在工程中选择需要导出的功能块（见①），单击鼠标右键，出现属性窗口，在窗口中选择菜单"导出"，再选择导出菜单中的"导出程序"（见

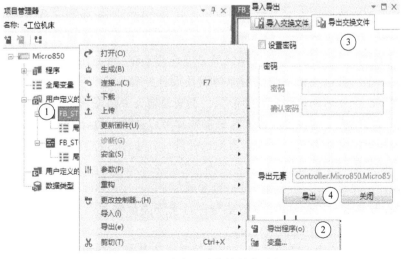

图 5-22　自定义功能块导出过程

②），这时会弹出一个窗口标题为"导入导出"的窗口（见③），在窗口中可以为模块设置密码。选择窗口上部的"导出交换文件"，然后单击窗口中的"导出"按钮（见④），会弹出一个"另存为"对话框，在这里可以选择存储导出文件的名称和路径，单击"确定"按钮就完成了导出文件的保存。

2）模块导入　如图5-23所示。在要导入功能块的工程管理器中，选中工程（见①），单击鼠标右键，出现一个浮动菜单，选择菜单中的"导入"后，出现一个弹出菜单，选择该菜单中的"导入交换文件"（见②），这时会弹出"导入导出"窗口，在窗口中选择"导入交换文件"（见③），通过"浏览"按钮（见④）选择要导入的文件，最后单击"导入"按钮（见⑤）。导入成功后，在工程中可以看到增加了一个导入的自定义功能块。

图5-23　自定义功能块导入过程

5.1.4　经验设计法程序设计

1. 经验设计法原理

工业电气控制线路中，有不少都是通过继电器等电器元件来实现对设备和生产过程的控制的。而继电器、交流接触器的触点都只有两种状态，即吸合和断开，因此，用"0"和"1"两种取值的逻辑代数设计电器控制线路是完全可行的。PLC的早期应用就是替代继电器控制系统，根据典型电气设备的控制原理图及设计经验，进行PLC程序设计。这个设计过程有时需要多次反复地调试和修改梯形图，不断地增加中间编程元件和触点，最后才能得到一个较为满意的结果。这种方法没有普遍的规律可以遵循，设计所用的时间、设计的质量与编程者的经验有很大的关系，所以有人把这种设计方法称为经验设计法。它可以用于逻辑关系较简单的梯形图程序设计。

用经验设计法设计PLC应用程序的一般步骤如下：

1）根据控制要求，明确输入/输出信号。对于开关量输入信号，一般建议用常开触点（在安全仪表系统中，要求用常闭触点）。

2）明确各输入和各输出信号之间的逻辑关系。即对应一个输出信号，哪些条件与其是逻辑与的关系，哪些是逻辑或的关系。

3）对于复杂的逻辑，可以把上述关系中的逻辑条件作为线圈，进一步确定哪些信号与其是逻辑与的关系，哪些信号是逻辑或的关系，直到该信号可以对应最终的输入信号或其他触点或变量。这些逻辑关系，既包括数字量逻辑、定时器等时间逻辑，也包括模拟量比较等逻辑条件。

4）确定程序中包括哪些典型的 PLC 逻辑电路。程序的逻辑分解到可以通过典型的 PLC 逻辑实现为止。

5）根据上述得到的逻辑表达式，选择合适的编程语言实现。通常，对于逻辑关系用梯形图编程比较方便。

6）检查程序是否符合逻辑要求，结合经验设计法进一步修改程序。

2. 经验设计法示例

以送料小车自动控制的梯形图程序设计为例说明。

（1）控制要求

某送料小车开始时停止在左边，左限位开关 Left_LS 的常开触点闭合。要求其按照如下顺序工作：

1）按下右行启动按钮 Start_R，开始装料，20s 后装料结束，开始右行。

2）碰到右限位开关 Right_LS 后停下来卸料，25s 后左行。

3）碰到左限位开关 Left_LS 后又停下来装料，这样不停地循环工作，直到按下停止按钮 StopCar。

被控对象的具体控制要求与信号如图 5-24 所示。

（2）程序设计与说明

程序设计思路以电动机正反转控制的梯形图为基础，该程序实质就是一个启保停程序逻辑。首先确定与该控制有关的输入和输出变量。输入变量包括限位开关信号、过载信号、启动和停止信号。输出信号是小车正、反转的驱动信号。

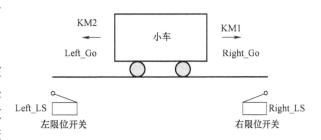

图 5-24 送料小车自动控制示意图

小车正转的控制条件是一个启动信号和使其停止的逻辑条件。而启动信号要求的逻辑条件为小车在最左边位置和右行启动按钮信号两个输入逻辑为真，然后以这两个输入的逻辑与作为定时器的输入，当定时时间就满足启动的逻辑条件。停止的逻辑包括过载信号、停止信号、右限位信号。停止条件中还需要增加一个正反转互锁信号。按照这样的思路就可以进一步完成程序的实现。

设计出的送料小车控制梯形图如图 5-25 所示，具体解释如下：为使小车自动停止，将 Right_LS 和 Left_LS 的常闭触点分别与 Right_Go 和 Left_Go 线圈串联。为使小车自动启动，将控制装、卸料延时的定时器 TON_1 和 TON_2 的常开触点作为小车右行和左行的主令信号，分别与手动启动右行和左行的 Right_Go、Left_Go 的常开触点并联，构成启动保持回路。用两个限位开关对应的 Left_LS 和 Right_LS 的常开触点分别接通装料、卸料电磁阀和相应的定时器。

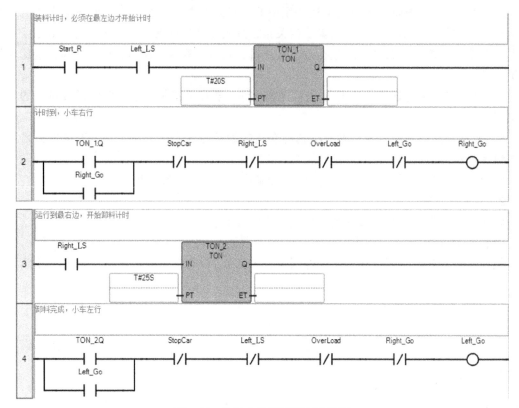

图 5-25　送料小车控制梯形图程序

程序中串联了过载保护 OverLoad，以确保出现过载时线圈断开，小车停车。另外，在右行和左行的逻辑中分别加入了互锁信号 Left_Go 和 Right_Go 的常闭触点，防止两个输出接触器 KM1 和 KM2 同时得电。

现假设在左限位开关和右限位开关的中间一点还安装有一个限位开关 Mid_LS，小车在 Mid_LS 和 Right_LS 两处都要各卸料 10s。显然，小车右行和左行的一个循环中两次经过 Mid_LS，第一次碰到它时要停下卸料，第二次碰到它时则要继续前进。这时在程序设计中，要设置一个具有记忆功能的编程元件，区分是第一次还是第二次碰到 Mid_LS。具体程序可以在上述卸料的程序基础上修改。

3. 设备有多种工作模式时的经验法编程

某些设备有手动、半自动或全自动操作模式，不同的模式运行方式不一样，而且每一个时刻只可能有一种方式在工作。而不同的工作方式，其对应的输出元件是一定的。对于这类设备的经验法编程，一般有两种方式：

1）对手动、半自动及全自动分别编制子程序，在主程序中利用跳转指令根据工作模式选择信号来分别执行相应的子程序。为了避免多线圈输出问题，在不同子程序中，设备的启动逻辑不用最终的输出标签，而用中间变量来表示。例如手动模式用标签 D1_Man_Run（这里 D1 表示设备号），半自动模式用标签 D1_Semi__Run，全自动模式用标签 D1_Auto_ Run。在设备总的启动逻辑中，用这 3 个条件的逻辑或来驱动最终的输出标签。当然，某些型号 PLC（如西门子产品）允许在子程序中用同样的输出，这样程序编写就更加简单了。采用这种方式处理设备多模式工作程序的好处是程序结构上显得相对清晰。

2）用一个梯形图逻辑处理手动、半自动及全自动逻辑，如图 5-26 所示。这里每种工作模式的逻辑条件可能很复杂，但最终还是可归并为一个逻辑条件，如示例图中的自动模式（Auto_Mode），其自动逻辑执行条件最终可用 Auto_Logic 标签来表示。由于不同的工作模式是用一个转换开关选择的，因此，不会出现逻辑上的混乱。此外，对于 Micro800 系列控制器，指令集中没有程序跳转指令，因此，也只有采用这种方式来编程。采用这种方式编程的好处是设备总的运行逻辑一目了然，且不用担心多线圈输出的问题。

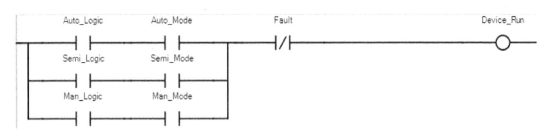

图 5-26　多种不同工作模式时的经验法编程

4. 经验设计法的特点

经验设计法对于一些比较简单的控制系统设计是比较奏效的，可以收到快速、简单的效果。但是，由于这种方法主要是依靠设计人员的经验进行设计，所以对设计人员的要求也比较高，特别是要求设计者有一定的实践经验，对工业控制系统和工业上常用的各种典型环节比较熟悉。经验设计法没有规律可遵循，具有很大的试探性和随意性，往往需经多次反复修改和完善才能符合设计要求，所以设计的结果往往不很规范，因人而异。

经验法一般只适合于较简单的或与某些典型系统相类似的控制系统的设计，或者用于某些复杂程序的局部设计（如设计一个功能块）。如果用来设计复杂系统梯形图，存在以下问题：

（1）考虑不周、设计麻烦、设计周期长

用经验设计法设计复杂系统的梯形图程序时，要用大量的中间元件来完成记忆、联锁、互锁等功能，由于需要考虑的因素很多，它们往往又交织在一起，分析起来非常困难，并且很容易遗漏一些问题。修改某一局部程序时，很可能会对系统其他部分程序产生意想不到的影响，往往花了很长时间，还得不到一个满意的结果。此外，经验法设计的程序一般系统性、整体性差。

（2）程序的可读性差、可重用性差、可维护性差

经验法设计程序一般都采用梯形图编程语言。这些梯形图是按设计者的经验和习惯的思路进行设计。因此，即使是设计者的同行，要分析这种程序也非常困难，更不用说维修人员了，这给 PLC 系统的维护和改进带来许多困难。采用梯形图设计的程序一般结构较差，影响了程序的可重用。

5.1.5　时间顺序逻辑程序设计法

1. 时间顺序逻辑设计方原理与步骤

时间顺序逻辑控制系统也是一类典型的顺序控制系统。典型的时间顺序逻辑控制的例子

是交通信号灯，道路交叉口红、绿、黄信号灯按照一定的时间顺序点亮和熄灭。因此，这类顺序控制系统的特点是系统中各设备运行时间是事先确定的，一旦顺序执行，将按预定时间执行操作命令。时间顺序控制系统有两种情况，一种是程序的执行时间与时钟周期有关，另外一种与时钟周期无关。对于前一种，假设系统在某个阶段停机，一旦再次启动，则停机这段时间的程序逻辑要跳过，按照当前的时钟周期与时间段运行。

时间顺序逻辑设计法适用于 PLC 各输出信号的状态变化有一定时间顺序的场合，在程序设计时根据画出的各输出信号的时序图，理顺各状态转换的时刻和转换条件，找出输出与输入及内部触点的对应关系，并进行适当化简。一般来讲，时间顺序逻辑设计法也依赖设计经验，因此应与经验法配合使用。

时间顺序逻辑控制系统的程序基本结构如图 5-27 所示。设备有一个启动条件和一个停止条件，这些条件是定时器的输出。如 TON_1.Q 定时器计时时间到，设备启动，TON_2.Q 定时器计时时间到，设备停止运行。

图 5-27　时间顺序逻辑控制系统的程序基本结构

用时间逻辑设计法设计 PLC 应用程序的一般步骤如下：

1）根据控制要求，明确输入/输出信号。

2）明确各输入和各输出信号之间的时序关系，画出各输入和输出信号的工作时序图。

3）将时序图划分成若干个时间区段，找出区段间的分界点，弄清分界点处输出信号状态的转换关系和转换条件。

4）对 PLC 内部辅助继电器和定时器/计数器等进行分配。

5）列出输出信号的逻辑表达式，根据逻辑表达式画出梯形图。

6）通过模拟调试，检查程序是否符合控制要求，结合经验设计法进一步修改程序。

2. 时序逻辑设计举例

某信号灯控制系统要求 3 个信号灯按照图 5-28 所示点亮和熄灭。当开关 S1 闭合后，信号灯 L1 点亮 10s 并熄灭，然后信号灯 L2 点亮 20s 并熄灭，最后，信号灯 L3 点亮 30s 并熄灭。该循环过程在 S1 断开时结束。

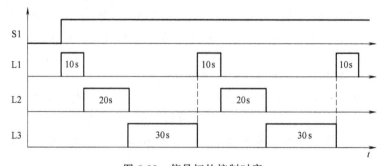

图 5-28　信号灯的控制时序

（1）用梯形图程序实现

程序中设计 3 个定时器 TON_1、TON_2 和 TON_3 用于对信号灯 L1、L2 和 L3 的定时，设定时间分别为 10s、20s 和 30s。

1）信号灯 L1、L2 和 L3 的编程。根据图 5-29 所示，信号灯 L1 的启动条件是 S1 为 1，停止条件是 TON_1.Q 为 1，程序如图 5-29 梯级 1 所示。信号灯 L2 的启动条件是 TON_1.Q 为 1，停止条件是 TON_2.Q 为 1，程序如图 5-29 梯级 2 所示。信号灯 L3 的启动条件是 TON_2.Q 为 1，停止条件是 TON_3.Q 为 1，程序如图 5-29 梯级 3 所示。

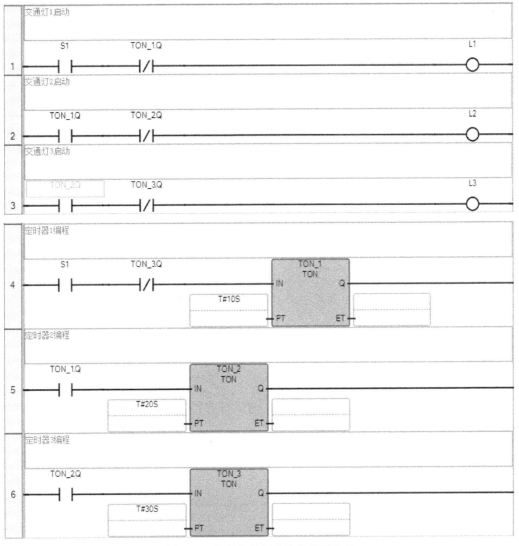

图 5-29 信号灯控制系统梯形图程序

2）定时器的编程。TON_1 的启动条件是 S1 为 1 与 TON_3.Q 为 0，因此，用逻辑与实现，TON_2 的启动条件是 TON_1.Q 为 0，TON_3 的启动条件是 TON_2.Q 为 0，如图 5-29 梯级 4~6 所示。

（2）通过扩展多谐振荡电路实现

在 5.1.2 节中学习了多谐振荡电路及其编程。该程序中只有两个时间（通、断时间）可调。在某些应用中，要求输入信号有效后，不仅通、断时间可调，而且要求脉冲信号输出与输入信号脉冲的时间间隔也可调，如图 5-30a 所示。对于这种情况，可以对原来的多谐振荡电路进行扩展，编写自定义功能块 FB_CYCLETIME 来实现。该功能块在输入信号为真后，输出先延时 T1 时间，然后以 T2 时间闭合（点亮），T3 时间断开（熄灭），并以此循环闭合和断开，当输入信号为假时，输出断开。

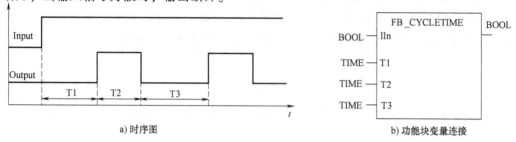

a) 时序图　　　　　　　　　　　　　　　　　b) 功能块变量连接

图 5-30　扩展多谐振荡电路时序图及其功能块

该功能块有一个布尔变量输入，3 个 TIME 类型的输入，一个布尔输出，如图 5-30b 所示。该功能块程序本体如图 5-31 所示。根据 IEC 61131-3 的规范要求，在 3 个定时器的输出都接了线圈。CCW 软件系统也允许功能块输出直接接右侧母线，即不用这 3 个线圈。在程序中用 TON_1.Q 等来代替。

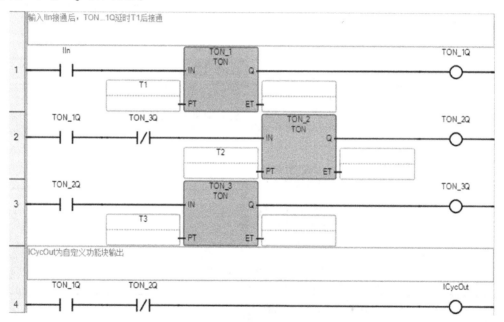

图 5-31　广义多谐振荡电路功能块程序本体

可以利用 3 个 FB_CYCLETIME 功能块来实现上述信号灯的控制。3 个输入信号都对应 S1，只是定时器的时间设置不同，见表 5-3。该系统中，每个信号灯的通、断时间和是 60s，即 T2 与 T3 之和为 60s。

表 5-3　信号灯 L1～L3 控制用功能块对应的定时器时间设置

信号灯	输入	T1	T2	T3
L1	S1	T#0S	T#10S	T#50S
L2	S1	T#10S	T#20S	T#40S
L3	S1	T#30S	T#30S	T#30S

　　该功能块可以用于多种时间循环的顺序控制中，只需要设置有关时间和启动信号，例如用于交通信号灯的控制中。采用该功能块，由于 T#0S 也需要一定的扫描时间，因此，可以保证不同 FB_CYCLETIME 功能块的同步。

　　2018 年第六届"A-B 杯"全国大学生自动化系统应用竞赛中就有一道题目，虽要求是用 Logix 控制器实现，但同样可以对上述方法稍加修改用 Micro800 系列控制器实现。

　　该题目要求如下：在 HMI 上按动"Start 启动"按钮后，第 1 个指示灯（LT1）以 4s 为周期开始闪烁（2s 亮，2s 灭），经过 10s 后，第 2 个指示灯（LT2）以 2s 为周期开始闪烁（1s 亮，1s 灭），再经过 10s 后，第 3 个指示灯（LT3）以 1s 为周期开始闪烁（0.5s 亮，0.5s 灭）；再经过 10s 后，3 个指示灯全部熄灭。另外，当按动"Start 启动"按钮后，在任何时候按下"Stop 停止"按钮，这 3 个指示灯应当全部熄灭。

　　根据要求，可以编写如图 5-32 所示的自定义功能模块 AOI。模块的输入是启动、停止、T1 时间、T2 时间、T3 时间和总的工作时间（30s）。指示灯 LT1 控制的主程序如图 5-33 所示。指示灯 LT2 和 LT3 的控制类似，为节省篇幅，这里不再给出。

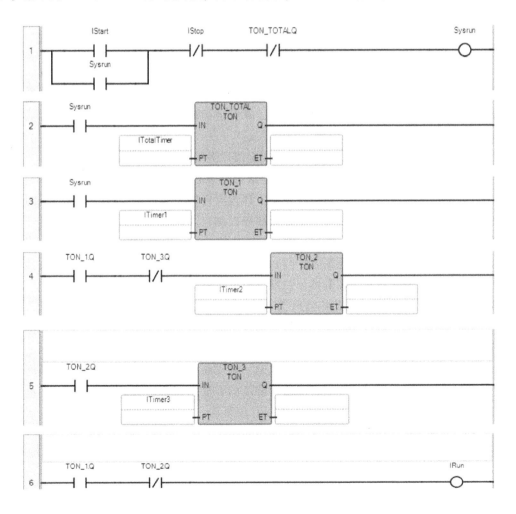

图 5-32　扩展后的广义多谐振荡电路自定义模块 AOI（程序部分）

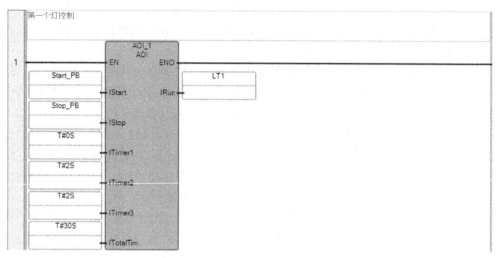

图 5-33 指示灯 LT1 控制的主程序

5.1.6 逻辑顺序程序设计法

1. 逻辑顺序程序设计法原理与步骤

逻辑顺序程序设计法按照逻辑的先后顺序执行操作命令，它与执行时间无严格关系，这是与时间逻辑顺序控制系统的不同之处。例如，某流体储罐系统中，可以通过两种方式来控制进料阀门实现储罐料位控制功能。

1）进料阀开启后开始计时，计时时间到规定值后关闭进料阀，停止进料。

2）进料阀开启后开始进料，当储罐中的上限位传感器激励后关闭阀门，停止进料。

对于第 1 种情况，属于时间逻辑顺序控制，因为阀门的关闭是受到阀门开启时间的逻辑条件控制的，而对于第 2 种情况，则属于逻辑顺序控制，因为阀门关闭的条件是由另外的传感器的状态决定的。

从程序实现的原理看，时间逻辑条件与状态逻辑条件都是影响程序执行的变量，因此，这两类程序在结构上是一致的。在具体分析设计时，可以相互借鉴。

逻辑顺序程序设计法适合 PLC 各输出信号的状态变化有一定的逻辑顺序的场合，在程序设计时首先要列出各设备的逻辑图，根据逻辑图表确定设备的启/停条件或动作条件，再结合经验法等进行程序的编写。

无论时间逻辑还是其他类型的逻辑顺序控制，利用顺序功能图进行程序分析是最好的方法，也是一种系统化的方法，要优于经验法等传统的方法。在顺序功能图的基础上，可以利用不同的编程语言来实现（假设 PLC 不支持 SFC 编程语言）。建议读者多尝试这种方法，一定会有所收获。具体内容可以参考 5.3 节的应用案例。

2. 逻辑顺序设计法举例

（1）单一设备的按钮启/停控制编程

单一设备的按钮启/停控制方法对控制系统的各运转设备分别进行分析，分析其运行和停止的逻辑关系，然后再进行程序合成。其特点是各设备都采用按钮进行启/停控制。程序的基本结构如图 5-34 所示。其中，RS 功能块可以用自保线路实现，一些应用中，需要用

RS 功能块或类似的线路。

图 5-34　逻辑顺序控制系统程序的基本结构

在本书先前的内容中已反复介绍了这类编程方法，这里就不再详细介绍了。

（2）单一设备的开关启/停控制编程

单一设备的开关启/停控制采用一个开关实现，即开关闭合时设备启动，开关断开时设备停止。因此，程序的结构如图 5-35 所示。

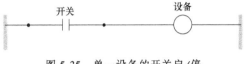

图 5-35　单一设备的开关启/停

以报警信号灯的控制为例介绍单一设备的开关启/停控制。声响控制系统也是采用类似的方法。这类设备工作原理是当某条件满足时就运行，不满足就停止。其梯形图程序如图 5-36 所示。

程序中，报警触点 AlarmC 是常开触点，T1Q 是方波信号发生器输出的闪烁信号，Lamp-

pAck 是报警确认信号，AlarmTest 是试验按钮信号，用于试验按钮灯。当报警信号超限后，AlarmC 触点闭合，由于 T1Q 是闪烁信号，因此，报警灯 LampOut 闪烁，表示该信号超限。操作人员看到信号灯的闪烁后，按下确认按钮，则 LampAck 闭合，因为 AlarmC 信号没有消失，因此，报警信号灯呈

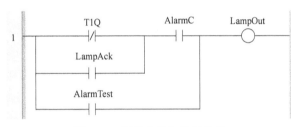

图 5-36　报警信号灯控制程序

现平光，即不再闪烁。操作人员进行信号的超限处理后，使得该信号不再超限，AlarmC 断开，报警灯 LampOut 熄灭。

在这类程序中，设备（信号灯）的点亮和熄灭是根据触点或试验按钮的闭合和断开来控制启/停的，因此，可以使用基本的控制结构编程。

5.1.7　Micro800 系列中断程序设计

1. Micro 控制器中断功能及其执行过程

（1）Micro 控制器中断功能

中断是一种事件，它会导致控制器暂停其当前正在执行的程序组织单元，执行其他 POU，然后再返回至已暂停 POU 被暂停时所在的位置。Micro830 和 Micro850 控制器可在程序扫描的任何时刻进行中断。可使用 UID/ UIE 指令来防止程序块被中断。

Micro830 和 Micro850 控制器支持以下用户中断：

1）用户故障例程。

2）事件中断（8 个）。

3）高速计数器中断（6 个）。

4）可选定时中断（4个）。

5）功能性插件模块中断（5个）。

（2）Micro 控制器中断执行过程

要执行中断，必须对其进行组态和启用。当任何一个中断被组态（和启用），且该中断随后发生时，用户程序将：

1）暂停其当前 POU 的执行。

2）基于所发生的中断执行预定义的 POU。

3）返回至被暂停的作业。

以图 5-37 所示来分析中断程序。图中 POU2 是主控制程序。POU10 是中断例程。在梯级 123 处发生中断事件，POU10 获得执行权利，在 POU10 被扫描执行后，立即恢复被中断执行的 POU2。

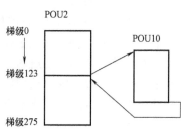

图 5-37　中断程序执行示意图

具体而言，如果在控制器程序正常执行的过程中发生中断事件：

1）控制器将停止正常执行。

2）确定发生的具体中断。

3）立即前往该用户中断所指定的 POU 的开始处。

4）开始执行该用户中断 POU（或一组 POU/功能块，如果指定的 POU 还调用了后续功能块）。

5）完成 POU。

6）从控制程序中断的位置开始恢复正常执行。

（3）用户中断的优先级

当发生多个中断时，执行顺序取决于优先级。如果一个中断发生时已存在其他中断但这些尚未实施，则将会根据优先级排定新中断相对于其他各未决中断的执行顺序。当再次可实施中断时，将按照从最高优先级到最低优先级的顺序来执行所有中断。如果在一个中断正在执行时，发生了一个优先级更高的中断，则当前正在执行的中断例程会被暂停，具有较高优先级的中断将执行。在此之后再执行该优先级较低的中断，完成后才会恢复正常运行。如果在一个中断正在执行时，发生了一个优先级相对较低的中断，并且该优先级较低的中断的挂起位已置位，则当前正在执行的中断例程会继续执行至完成。然后会运行较低优先级的中断，接着返回至正常运行。

2. Micro 控制器中断程序编写

（1）用户故障中断组态

例如要写一个用户故障中断程序，其作用是在发生特定用户故障时，选择在控制器关闭前进行清理。只要发生任何用户故障中断，故障例程就会执行。系统不会为非用户故障执行故障例程。用户故障例程执行后，控制器将进入故障模式，并会停止用户程序的执行。创建用户故障中断过程如下：

1）创建一个程序名称为"IntProg"的 POU。

2）在控制器属性窗口中单击中断（图 5-38①处），然后单击增加中断（图中②处），在弹出的增加用户故障中断窗口中选中它（图中③处），将该创建的"IntProg"POU 组态为用户故障例程（图中④处）。单击确定退出。中断增加后，可以通过配置来进行修改（图中⑥处）。组态中的其他参数可以用默认参数。

详细的用户中断指令请参见有关的使用手册。

（2）可选定时中断（STI）

可选定时中断（STI）提供了一种机制来解决对时间有较高要求的控制需求。STI 是一种触发机制，允许扫描或执行对时间敏感的控制程序逻辑。对于 PID 这类必须以特定的时间间隔执行计算应用程序或需要更为频繁地进行扫描的逻辑块需要使用 STI。

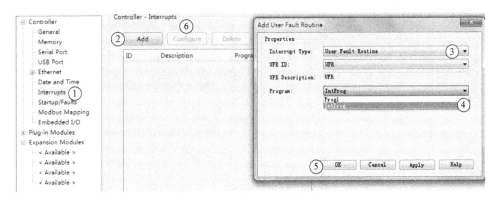

图 5-38　组态用户故障中断

STI 按照以下顺序运行：

1）用户选择一个时间间隔。

2）当设定有效的时间间隔且正确组态 STI 后，控制器会监测 STI 值。

3）经过设定的这段时间后，控制器的正常运行将被中断。

4）控制器随后会扫描 STI POU 中的逻辑。

5）当完成 STI POU 后，控制器会返回中断之前的程序并继续正常运作。

用 CCW 组态 STI 中断与组态故障中断类似，具体过程如图 5-39 中标注的操作顺序。组态中的其他参数可以用默认参数。

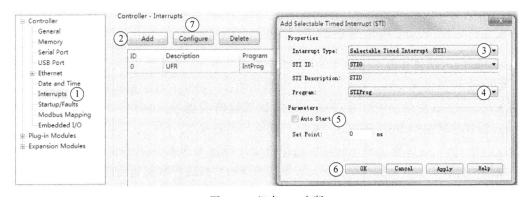

图 5-39　组态 STI 中断

STI 功能块组态和状态等详细信息请参见有关的使用手册。

（3）事件输入中断（EII）

为了克服 PLC 执行时的定时扫描对输入事件响应实时性差的问题，Micro850 控制器提供了事件输入中断（EII）功能，可允许用户在现场设备中根据相应输入条件发生时扫描特定的 POU。这里，EII 的工作方式通过 EIIO 定义。EII 输入的启用边沿在内置 I/O 组态窗口中组态。EII 中断的组态过程如图 5-40 中标注的操作顺序所示。

EII 功能的组态和状态等详细信息请参见有关的使用手册。

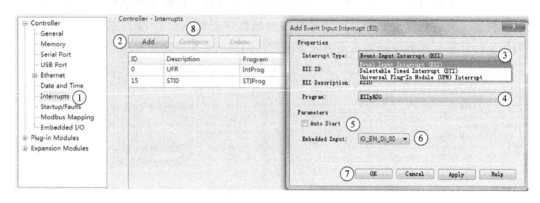

图 5-40　组态 EII 中断

5.2　Panel View 触摸屏界面设计

PLC 没有人机界面，为了实现信号显示、操作员输入和控制等人机交互功能，PLC 通常要外接各种工业面板（终端）。罗克韦尔自动化的 2711C 系列 PanelView Component C200、C300、C400、C600 和 C1000 终端属于较为低端的产品，不带操作系统。产品覆盖单色、彩色，尺寸从 2in⊖到 10.4in，带触摸屏或键盘接口。通信接口包括 RS323/RS422/RS485 串行接口或 USB 接口，部分机型还带以太网接口。该系列终端与 PanelView Plus 6 系列的 HMI 终端在编程方式上有所不同。前者在 CCW 中或基于 PC 的软件 DesignStation 2.0 以上版本编程，而后者则是通过 FactoryTalk View ME 6.0 以上软件编程。现对 2711C 系列终端触摸屏编程及其与 Micro850 PLC 的 Modbus 通信做介绍。

5.2.1　Modbus 地址映射与 PLC 通信口配置

1. Modbus 通信协议

Modbus 协议是 Modicon 公司开发的一种通信协议，最初的目的是实现 PLC 之间的通信。利用 Modbus 通信协议，PLC 通过串行口或者调制解调器连入网络。该公司后来还推出 Modbus 协议的增强型 Modbus Plus（MB+）网络，可连接 32 个节点，利用中继器可扩至 64 个节点。Modicon 公司最先倡导的这种通信协议，经过大多数公司的实际应用，逐渐被认可，成为一种事实上的标准通信协议，只要按照这种协议进行数据通信或传输，不同的系统就可以实现通信。比如，在 RS232/485 串行通信中，就广泛采用这种协议。

Modbus 协议包括 ASCII、RTU、TCP 等，并没有规定物理层。此协议定义了控制器能够认识和使用的消息结构，而不管它们是经过何种网络进行通信的。通过 Modbus 协议，不同

⊖　1in = 25.4mm。

厂商生产的控制设备和仪器可以连成工业网络，进行集中监控和管理。

Modbus 的 ASCII、RTU 协议规定了消息、数据的结构、命令和应答的方式，数据通信采用半双工主站从站方式，主站发出数据请求消息，从站接收到正确消息后就可以发送数据到主站以响应请求；主站也可以直接发消息修改从站的数据，实现双向读写。Modbus 协议需要对数据进行校验，串行协议中除奇偶校验外，ASCII 模式采用 LRC 校验，RTU 模式采用 16 位 CRC 校验，但 TCP 模式没有额外规定校验，因为 TCP 协议是一个面向连接的可靠协议。另外，Modbus 采用主从方式定时收发数据，在实际使用中如果某从站断开后（如故障或关机），主站可以诊断出来，而当故障修复后，网络又可自动接通。因此，Modbus 协议的可靠性较高。

Modbus/TCP 通信协议使用的 Modbus 映射功能与 Modbus RTU 相同，不过其通信在以太网上而非串行总线上。Modbus/TCP 在以太网上执行 Modbus 从站功能。Micro800 系列控制器支持 Modbus RTU 主站和 Modbus RTU 从站协议。Micro850 控制器最多支持 16 个并行Modbus TCP 服务器连接。除了配置 Modbus 映射表之外无需协议配置。

2. PLC 中 Modbus 地址映射

为了实现 PLC 与终端的通信，这里选用了 Modbus 协议，因此要把 PLC 中与终端通信的变量映射到一个 Modbus 地址。在 PLC 与终端的 Modbus 通信中，把 PLC 配置成从站，而终端配置成为主站。

Modbus 规范中设备地址的规定见表 5-4。

表 5-4　Modbus 协议地址规范

地址	范围	数据类型	读写属性
输出线圈	000001 ~ 065536	BOOL	读/写
输入线圈	100001 ~ 165536	BOOL	只读
输入寄存器	300001 ~ 365536	Word	只读
保持寄存器	400001 ~ 465536	Word	读/写

在 CCW 编程软件的 PLC 设置中，单击"Modbus Mapping"，选择需要与 PLC 通信的参数，然后分配地址，如图 5-41 所示。这里定义了 4 个变量及其数据类型、Modbus 地址等。这里要注意，由于"_SYSVA_CYCLECNT"是长整型（DINT），而 Modbus 中寄存器数据类型为 16 位的字（Word），所以该变量实际占用 2 个字节，300001 只是其起始地址。

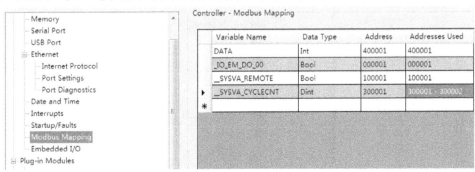

图 5-41　Modbus 地址映射

在通信前还需要对 PLC 的通信口参数进行选择，具体配置如图 5-42 所示。

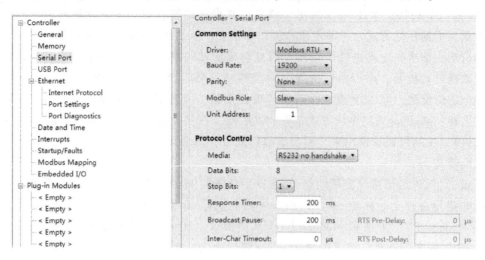

图 5-42　Modbus 通信时串口设置

5.2.2　添加终端设备

启动 CCW 生成一个包含 PLC 的项目，从设备工具箱中拖拉所需要的终端设备到项目管理器窗口，这里选择了 "2711C-T6T"，可以看到生成了一个 "PVcApplication" 的终端设备，该项目树下包含 "标签" "报警" "配方" 和 "画面" 等二级选项，如图 5-43 所示。双击 "PVcApplication" 图标，出现终端配置与设计的窗口，可以进行通信、屏幕、安全和语言等设置。

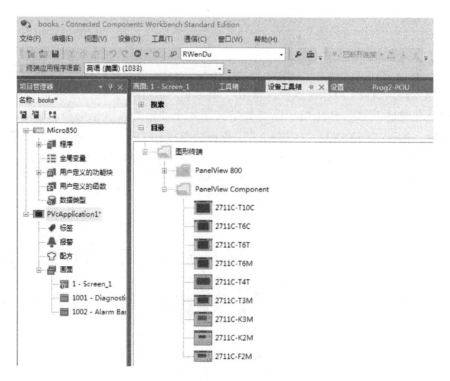

　　　　　　　　　图 5-43　在 CCW 中添加终端设备

通信设置界面如图 5-44 所示。在这里主要完成 3 个设置：

1）PLC 与终端的通信协议：这里要从下拉菜单中选择 Modbus 协议，通信中用到的地址就是先前介绍到的内容。

2）设置通信接口：这里要根据终端与 PLC 通信的接口选择，一个终端可能有多种通信接口，这里是选择实际所用的通信接口。系统默认是 RS232，其他还有 RS485、USB 及以太网接口。

3）PLC 设定：这里需要设置 PLC 的名称、控制器类型和地址，其他参数都可以留在以后设置。

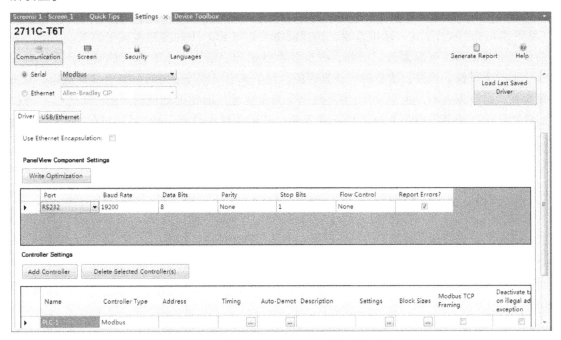

图 5-44　终端与 PLC 通信时的通信参数配置

5.2.3　终端界面程序设计

1. 在终端中添加变量

为了在终端界面中显示参数以及实现其他用户接口功能，还需要在终端中添加变量/标签。单击项目管理器中"PVcApplication"下的"Tags"，会弹出如图 5-45 所示的变量定义窗口。在此可以编辑变量。通过单击"Add"按钮，增加了 4 个变量。这 4 个变量也是先前在 PLC 中用 Modbus 地址进行映射的变量（见图 5-41）。在添加变量的过程中，要确保变量类型、地址及连接的 PLC 的准确性，否则数据可能连接不正常。当然，为了提高程序可读性，也可以增加变量的描述。

2. 编辑人机界面的屏幕（Screen）

单击"PVcApplication"下的"Screen_1"（图 5-46 中①处），会弹出该窗口的设计窗口。这里进行的设计包括：

1）首先从工具箱的"Drawing tools"条目下选文本"A"，然后用鼠标拖动到"Screen_1"中（图 5-46 中②处），双击该文本（或单击右键选择"属性"），把文本的显示名称改为

"DO 输出_0"。同时把文本框的边框颜色改为白色，即不显示边框。这样就完成了屏幕中第一个对象的设计。

2）再从工具箱中拖动"Maintained Push Button"到屏幕中（见图 5-46 中③处），双击该对象出现属性窗口（见图

Tag Name	Data Type	Address	Controller	Description
DO_0	Boolean	000001	PLC-1	DO第1路输出
DATA	16 bit integer	400001	PLC-1	
SYS_REMOTE	Boolean	100001	PLC-1	系统遥控指示
CYC_COUNT	32 bit integer	300001	PLC-1	

图 5-45　在人机界面中添加变量

5-46 中④处），把该对象的"Indicator Tag"和"Write Tag"与定义的变量"DO_0"关联（见图 5-46 中⑤处），这一步很重要，这样就将按钮与 PLC 中的变量实现了连接。当然，该对象还有其他属性可以修改，例如，改变其默认名称，给它一个有意义的名称，改变其大小、形状等属性。不过，这些都不是重要的。接下来定义该按钮的背景颜色显示动画。双击该按钮，出现图 5-47。由于"DO_0"是一个布尔变量，因此其数值为"1"或"0"。在图 5-47 中①处，当其数值是 0 时，单击背景色，从调色板中选择绿色，同时把显示文本改为"TURN ON"；按同样的方法修改第 2 行属性。这样，这个按钮的设计就完成了。

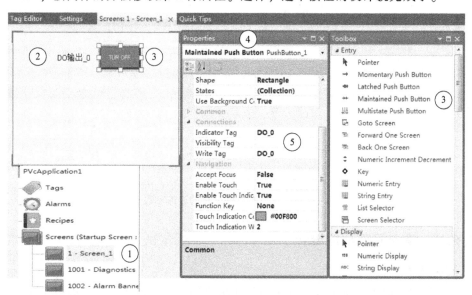

图 5-46　人机界面中屏幕对象设计过程

3）从工具箱中拖动一个文本对象，把文本内容改为"CYC_COUNT"；再从工具箱中拖动"Numeric Display"到屏幕中，在对象的属性窗口中，把其"Read Tag"与定义的变量"CYC_COUNT"关联。

4）从工具箱中拖动一个文本对象，把文本内容改为"SYS_REMOTE"；再从工具箱中拖动"Numeric Entry"到屏幕中，在对象的属性窗口中，把其"Write Tag"与定义的变量"SYS_REMOTE"关联。

5）从工具箱中拖动一个文本对象，把文本内容改为"DATA"；再从工具箱中拖动"Multistate Indicator"到屏幕中，在对象的属性窗口中，把其""Indicator Tag"和"Write Tag"与定义的变量"DATA"关联。

6）从工具箱的"Advanced"条目下拖动"Goto Config"到屏幕中，这是一个可以设置的功能调用。还可以根据需要添加其他功能调用，如调用登录窗口、退出登录、修改密码、报警窗口、配方等。

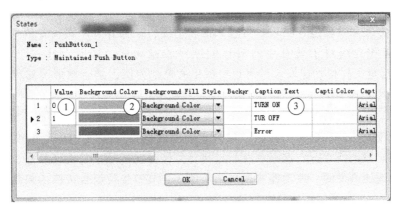

图 5-47　修改按钮的背景色属性

如果屏幕中有多个对象，还可以利用软件提供的功能，比如对齐、排列等，将屏幕设计得更加美观。

所有人机界面的设计都比较类似，其操作过程也比较接近。通常，学会一种终端或组态软件后，再学习其他类型终端界面开发就比较简单了，很容易上手。

至此，该人机界面的屏幕显示部分就完成了，设计完成的界面如图 5-48 所示。

3. 人机界面下载

人机界面编辑完成后，就可以下载到终端设备中了。首先把编程计算机与终端连接起来，利用设计软件提供的下载功能，就可以下载了。下载后，测试人

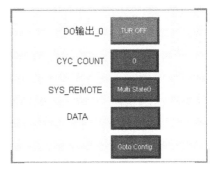

图 5-48　设计完成的人机界面屏幕

机界面的功能是否满足设计要求。通常，需要反复地修改、测试，直到最终达到设计要求。

5.3　Micro800 系列 PLC 逻辑顺序控制程序设计示例

在许多顺序控制程序设计中，除了可以利用"启保停"思想、"置位"和"复位"指令进行程序设计外，还可以用状态移位来实现，而且该方法更加简单，不少 PLC 也都有类似指令，如西门子 S7-200 系列 PLC 的 SHRB 移位寄存器指令。

对于具有复杂特性的顺序功能控制要求，单纯的 SHRB 指令已无法处理，考虑到大量生产过程具有明显的顺控特性，因此，主要的 PLC 生产厂商都有专门的顺控指令，以便于编写顺控程序。例如，三菱小型 PLC 有 STL 和 RET 指令配合其编译系统（因为这类梯形图程序中存在多线圈输出）来支持顺控程序的编写；西门子 S7-200 用 SCR（步进开始）、SCRT（步进转移）、SCRE（步进结束）指令组合及其保留的用于存储状态信息的顺控继电器（S0.0~S31.0）来支持顺控程序的编写。

由于 Micro800 系列 PLC 的指令相对较少，没有类似 SHRB 指令，也不支持 SFC 编程语言，且没有专门的处理复杂顺序控制的指令组合，从而造成顺控程序设计的困难。但是，由于其支持结构化文本编程和自定义功能块，因此，可以开发出所需要的自定义功能模块来处理上述问题。由于 Micro800 系列 PLC 支持结构化文本语言和支持自定义功能块，这为程序的编写带来了方便和灵活性，给设计者较大的自由度，从而弥补了其指令较少的不足。

5.3.1 节首先介绍对于具有单向流程的顺序控制功能，如何设计一个类似于西门子 SHRB 指令的自定义移位功能块。然后以机械手的控制为例，结合梯形图编程语言与自定义功能块来编写其 PLC 程序。

由于 5.3.1 节介绍的方法不能处理具有复杂分支的顺序功能图。为此，5.3.2 节介绍了如何编写一个较通用的自定义功能块，该自定义功能块类似其他 PLC 厂家面向顺控的专用指令组合，以处理包括并行、选择、并行选择等复杂分支的顺序功能图程序，并以自动分拣装置的控制为例加以说明。该功能块也被用于 5.3.3 节四工位组合机床的控制程序开发。

5.3.1　Micro800 PLC 在机械臂模拟控制中的应用

1. 机械臂模拟对象及其控制要求概述

机械臂模拟对象模拟制造业或物流行业流水线上某机械臂的工作流程，图 5-49 为其示意图。其工作过程设计如下：按下系统启动按钮后，传送带 A 带动上面的工件运行，传送带 A 状态指示灯亮。当光电开关 PS 检测仪扫描到工件后，传送带 A 停止运行，传送带 A 状态指示灯灭；机械手开始下降，下降状态指示灯 YV2 亮。当下限位检测元件 SQ2 检测到下限位信号后，停止下降，机械手夹工件，若干秒后抓取工件过程完成，夹紧状态指示灯 YV5 亮，机械手开始上升，上升状态指示灯 YV1 亮。当上限位检测元件 SQ1 检测到机械手到达上限位后，表示上升到位，YV1 指示灯灭。此时，机械臂左转，左转状态指示灯 YV3 亮，夹紧状态指示灯 YV5 仍保持

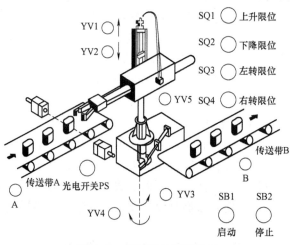

图 5-49　机械臂控制示意图

为亮，表示机械手夹紧工件并且左转。当左限位检测元件 SQ3 检测到限位信号后，停止左转。随后，机械手进入下降状态，下降状态指示灯 YV2 亮，夹紧状态指示灯 YV5 仍保持为亮，表示机械手夹紧工件并且下降。当下限位检测元件 SQ2 检测到下降到位信号后，机械手停止下降并松开工件，该过程持续若干秒。然后，机械手上升，上升状态指示灯 YV1 亮。当上限位检测元件 SQ1 检测到信号后，表示上升到位，机械手停止上升，YV1 灭，机械手进入右转，右转状态指示灯 YV4 亮，同时，传送带 B 开始运行，传送带 B 状态指示灯亮，当右限位检测元件 SQ4 检测到右限位信号后机械臂停止运行，YV4 灭。这样就完成了一轮工作循环。

图 5-49 符号说明如下：

PS：光电开关，按下后模仿检测仪扫描到工件。

SQ1：上升限位按钮，按下后模仿工件上升到达指定位置。

SQ2：下降限位按钮，按下后模仿工件下降到达指定位置。

SQ3：左转限位按钮，按下后模仿机械手左转到达指定位置。

SQ4：右转限位按钮，按下后模仿机械手右转到达指定位置。

YV1：上升状态指示灯。

YV2：下降状态指示灯。

YV3：左转状态指示灯。

YV4：右转状态指示灯。

YV5：夹紧状态指示灯。

A：传送带 A 状态指示灯。

B：传送带 B 状态指示灯。

2. 机械臂模拟对象控制程序设计分析

通过对机械臂工作过程分析可知，整个工作循环有以下 9 个状态（步）：

1）传送带 A 载着工件运行，A 灯亮，当检测仪扫描到工件时，传送带 A 停止，进入下一步。

2）机械手下降，YV2 亮，到达下限位 SQ2 后，进入下一步。

3）机械手停留 2s，用于夹紧工件，YV5 亮，2s 后，进入下一步。

4）夹紧工件后开始上升；YV1 亮，YV5 仍亮。到达上限位 SQ1 后，进入下一步。

5）向左转，YV3 亮，YV5 仍亮。到达左限位 SQ3 后，进入下一步。

6）向下降，YV2 亮，YV5 仍亮。到达下限位 SQ2 后，进入下一步。

7）等待 2s，用于松开工件。时间到，进入下一步

8）机械手上升，YV1 亮，到达上限位 SQ1 后，进入下一步。

9）右转，YV4 亮，B 灯亮，表示传送带 B 开始运行，右转到达右限位 SQ4 后，完成工作循环。

根据上述分析可知，可以用一个有 9 个状态的移位寄存器表示设备所处的状态，每个状态时执行一定的动作，而这些动作会触发一定的步转移条件，从而激活下一步，而上一步失活。这样，可以得到用 SFC 思路设计的程序流程图，如图 5-50 所示。

对于类似的顺控程序，都可以采用这样的分析方法，不仅可以提高编程效率，而且可以保证程序的质量、可读性和规范性。

3. 机械臂模拟对象程序实现

Micro800 系列编程软件 CCW 不支持 SFC 编程方

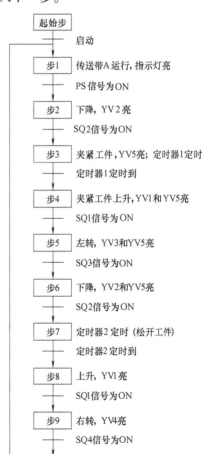

图 5-50　机械臂控制的 SFC 程序流程图

式，但可通过梯形图开发一个实现步转移的自定义功能块 FB_SHRB9，用全局数组变量 bStatus［1-9］表示 9 个状态。该功能块的使能端 EN 接状态转移的触发条件 bEnable 的上升沿脉冲信号，以确保只在状态转移时才调用该功能块，否则状态会混乱。位输入端 bBitIN 在系统初始化和最后一步返回时接收 1 个脉冲信号 bDataIN。bClear 输入端根据需要设为 True 或 False，分别表示实现状态转移还是状态清零。当然，这里介绍的方法不适合包含具有选择、并行等结构的顺控程序。5.3.2 节会介绍如何通过用户自定义功能来编写支持复杂结构的顺序功能图程序。

（1）具有 9 个状态的自定义功能块 FB_SHRB9 实现

该程序采用 ST 语言设计，程序比较简单。程序中的 bOutShift 是一个全局数组，数组的维数就是状态数；bClear 是一个局部布尔变量，表示是否要求停止，如要求停止就要对所有状态清零；bBitIN 也是一个局部布尔变量，表示触发状态移位的输入。后两个变量都是输入类型。需要注意的是，程序中的用于循环的局部变量 i 要定义成 DINT 型，而不能是 INT 型，否则编译不能通过。具体程序代码如下：

```
1   (*9位移位和复位程序*)
2   IF (bClear) THEN
3      (*如要求清零，则执行*)
4      FOR i := 1 TO 9 BY 1 DO
5         bOutShift[i]:=FALSE;
6      END_FOR;
7   ELSE
8      (*正常时实现移位*)
9      FOR i := 9 TO 2 BY -1 DO
10        bOutShift[i]:=bOutShift[i-1];
11     END_FOR;
12     bOutShift[1]:=bBitIN;
13  END_IF;
```

当然，还可对该功能块进行改进，增加一个输入变量表示状态的数量，这样程序的通用性就更高了。

（2）主程序实现

主程序如图 5-51 所示。注意，这里的启动按钮是常开触点，而停止按钮是常闭触点。该程序中，梯级 4 的功能是实现状态转移的触发条件，其中该梯级第 1 行是一旦按下启动按钮或上一个工作循环完成后的初始触发，而第 2~10 行则是每个状态及其对应的状态转移条件。需要特别注意的是该梯级的最后一行，一旦逻辑满足，就表示一轮工作完成，程序又回到了第 1 步。触发该动作完成的还有梯级 2 的 SQ4 并联触点，因为它会导致 bTemp2 接通，其上升沿触发 bDataIN，使得状态 1 移位到第 1 个状态寄存器。

从程序中还可以看到，状态转移的条件除了来自传感器的信号，还包括时间条件。程序的梯级 6、7 就是相应状态下对应的时间条件定时程序。实际上，状态转移条件可以是复杂逻辑组合。

从程序中还可以看到编写梯形图程序时是如何防止多线圈输出的。例如，梯级 10 的程序表示 YV5 的输出控制。可以看到，在不同时间、不同的状态条件下，都会要求该 YV5 有输出，但程序中把这些工作逻辑都并联在 YV5 线圈之前作为其逻辑条件，而输出只有一个线圈。在程序的其他部分，是看不到 YV5 线圈的，即该线圈只使用了一次。其他输出也是这样处理的。所以，在处理这类控制问题时，首先要归纳出每个输出设备在哪些步要工作。只要这个确定了，程序就不易出错了。

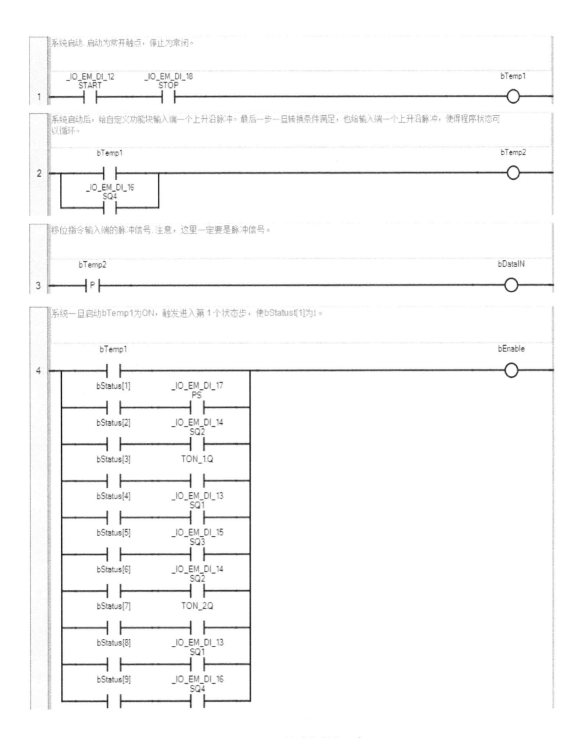

图 5-51　机械臂控制主程序

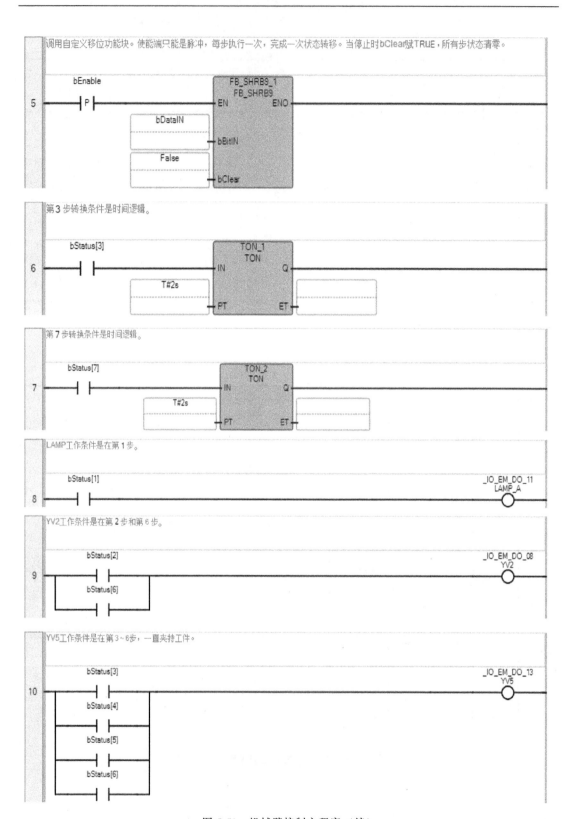

图 5-51　机械臂控制主程序（续）

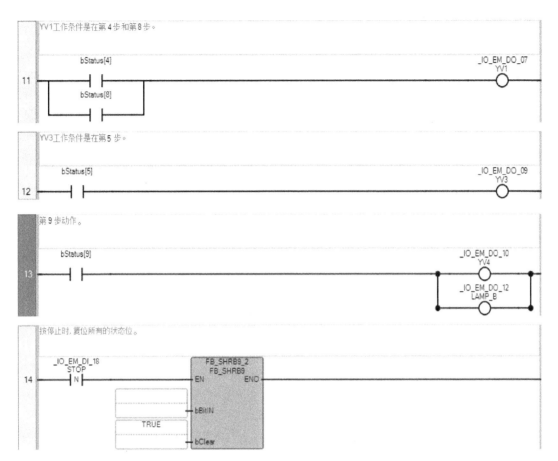

图 5-51　机械臂控制主程序（续）

另外就是停止的处理，如果程序处理不好，有可能在每一步执行中，即使按下了停止按钮，输出也停不下来，直到该步完成或最终一轮工序完成（停止条件在最后一步状态转移逻辑）。这里的 FB_SHRB9 自定义功能块把停止作为一个输入，一旦收到停止信号，立刻把所有状态复位，从而结束控制，这是通过确保该功能块每个扫描周期都会被执行来实现的。

5.3.2　Micro800 系列 PLC 在工业生产线控制中的应用

1. 输送机分拣大、小球生产线及其控制要求

某生产线输送机分拣大、小球装置如图 5-52 所示，其工作过程如下：

1）当输送机处于起始位置时，中上限位开关 SQ3 和中限位开关 SQ1 被压下，极限开关 SQ 断开。此时原位指示灯 LAMP 亮。

2）启动装置后，设备从原位动作，接通下行接触器 KM1，操作杆下行，一直到极限开关 SQ 闭合。此时，若碰到的是大球，则中下限位开关 SQ2 仍为断开状态；若碰到的是小球，则下限位开关 SQ2 为闭合状态。

3）接通控制吸盘电磁阀线圈 KM2（保持），吸盘吸起球 1s 后，接通上行接触器 KM3。

4）操作杆向上行，碰到中上限位开关 SQ3 后停止。

5）若吸到的是小球，则接通右行接触器 KM4，操作杆向右行，碰到右限位开关 SQ4 后停止。接通下行接触器 KM1，操作杆下行，一直到右下限位开关 SQ6 闭合后，再断开 KM1，

把球释放到球箱，对小球计数器加 1。设释放球需要 1s。球释放后，接通上行接触器 KM3，碰到右上限位开关 SQ8 后，接通左行接触器 KM5，碰到中限位开关 SQ1 后停止。若没有停止信号，继续执行。

6）若吸到的是大球，则接通左行接触器 KM5，操作杆向左行，碰到左限位开关 SQ5 后停止。接通下行接触器 KM1，操作杆下行，一直到左下限位开关 SQ7 闭合后，再断开 KM1，把球释放到球箱，对小球计数器加 1。设释放球需要 1s。球释放后，接通上行接触器 KM3，碰到左上限位开关 SQ9 后，接通右行接触器 KM4，碰到中限位开关 SQ1 后停止。若没有停止信号，继续执行。

7）生产过程中按下停止按钮后即停止运行。启动和停止按钮均为点动。

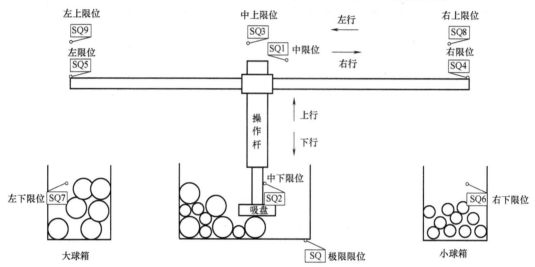

图 5-52　输送机大、小球自动分拣装置示意图

2. PLC 选型与 I/O 配置

根据上述自动化装置的工作原理和要求，可以确定系统的 I/O 点，并进行 PLC 选型和变量标签定义。可以选用 Micro820-20QBB 或 Micro820-20QWB 型号的 PLC。该型号 PLC 有 7 个 DO 和 12 个 DI，满足要求。该装置 PLC 控制系统的 I/O 分配表见表 5-5。

表 5-5　自动分拣装置 I/O 分配

序号	信号名称	PLC 地址	标签名(别名)
1	启动按钮信号(点动)	DI_00	StartB
2	停止按钮信号（点动）	DI_01	StopB
3	中限位开关 SQ1	DI_02	MidSQ1
4	中上限位开关 SQ3	DI_03	MidUpSQ3
5	极限开关 SQ	DI_04	LimSQ
6	中下限位开关 SQ2	DI_05	MidDownSQ2
7	右限位开关 SQ4	DI_06	RightSQ4
8	左限位开关 SQ5	DI_07	LeftSQ5
9	右下限位开关 SQ6	DI_08	RDownSQ6
10	左下限位开关 SQ7	DI_09	LDownSQ7
11	右上限位开关 SQ8	DI_10	RUpSQ8
12	左上限位开关 SQ9	DI_11	LUpSQ9

（续）

序号	信号名称	PLC 地址	标签名（别名）
13	原位指示灯 LAMP	DO_00	Y_Lamp
14	下行接触器 KM1	DO_01	Down_KM1
15	吸盘电磁阀 KM2	DO_02	Absorb_KM2
16	上行接触器 KM3	DO_03	Up_KM3
17	右行接触器 KM4	DO_04	Right_KM4
18	左行接触器 KM5	DO_05	Left_KM5

3. 分拣自动装置程序设计

（1）程序分析

从该分拣装置的工作过程看，具有明显的顺序功能特性。用顺序功能图法来分析该程序，结果如图 5-53 所示。可见，该顺序功能图是具有选择分支的，而非简单流程的。此外，

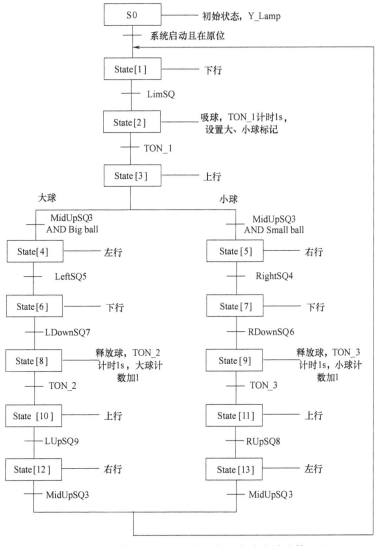

图 5-53　用顺序功能图思想分析大、小球自动分拣过程

一般的顺序流程图程序中会把设备停止按钮输入作为最后一步动作完成返回时的转换条件，这样，在顺序动作执行过程中，按停止按钮是不能停止设备工作的，这并不合理。为此，在本程序设计中专门写了一个自定义功能块，一旦执行停止按钮，就把所有的状态复位，确保设备立即停止执行。当然，对于某些工业生产过程，按下停止按钮时可能不能立即停止所有设备工作，要完成一定必要动作后设备才能停止，这要另当别论。另外，这里假设系统上电后，PLC 即开始工作，若设备在原位，原位指示灯亮。若按启动按钮后，设备开始工作。还可以用开关 SQ1 和 SQ3 的触点直接控制原位指示灯，这样，指示灯不用 PLC 控制，即使电气柜上电后，PLC 不运行，指示灯也能亮。

（2）顺序功能自定义功能块设计

这里开发自定义功能块 FB_STL，其中功能块局部变量定义如图 5-54 所示。模块的输入变量有当前状态号、下一个状态号的起始地址以及后续有几个状态。利用了全局数组 State[ ] 来实现功能块与主程序的数据交换，该数组表示流程图中的状态，与 S7-200 中的系统保留变量 S*.* 作用类似。可以根据需要定义 State[ ] 的维数。本程序中维数定义为 30，已足够用。

名称	数据类型	维度	字符串	初始值	方向	特性	注释
StateNow	DINT				VarInput	读取	当前状态号
NextStateS_No	DINT				VarInput	读取	下一个状态号起始地址
NextStateNo	DINT				VarInput	读取	后续状态数量
bOut	BOOL				VarOutput	写入	模块输出块
T_S	BOOL				Var	读/写	临时变量
I	DINT				Var	读/写	循环用临时变量

图 5-54　FB_STL 自定义功能块局部变量

自定义功能块的程序体如图 5-55 所示。程序首先根据当前状态的值确定功能块的输出 bOut。其次，判断后续状态的变化，若任意后续状态有被置位的，表示从当前状态向后一个或多个状态转移的条件已成立，则程序把当前状态复位。为了处理选择或并行分支，程序中用 NextState_No 输入变量表示后续状态的数量。需要注意的是，为了处理方便，要求选择或分支后紧接着的多个状态按顺序排列。如图 5-53 所示，选择分支后的两个状态分别为 State

```
 1  (*移位和复位程序*)
 2  IF (State[StateNow]) THEN
 3      bOut:=TRUE;
 4  ELSE
 5      bOut:=FALSE;
 6  END_IF;
 7  (*判断后续状态是否有被置位的，如有，表示状态转移条件成立了*)
 8  T_S:=State[NextStateS_No];
 9  FOR I := (NextStateS_No) TO (NextStateS_No+NextStateNo-1) BY 1 DO
10      T_S:=T_S OR State[I];
11  END_FOR;
12  (*如果后续任意状态被置位，把前面的状态复位。后续为选择或平行分支也能处理*)
13  IF (T_S) THEN
14      State[StateNow]:=FALSE;
15  END_IF;
```

图 5-55　FB_STL 自定义功能块程序本体部分

[4] 和 State [5]。程序中对于当前状态和后续状态没有连续要求。

三菱和西门子等公司的顺控指令对于并行或选择分支的状态数量是有限制的，而采用 FB_STL 自定义功能块则不受后续状态数量的限制。

（3）利用自定义功能块 FB_STL 设计分拣装置程序

利用上述分析，设计的程序如图 5-56 所示。在全局变量中定义了字符串变量 BallIndex 来表示球的类型，分别用字符串 Big ball 和 Small Ball 表示大球和小球。另外，还定义了全局变量 TotalBigBall 和 TotalSmallBall 表示输送的球的数量。因为是全局变量，这些参数都可在触摸屏或上位机上显示。

需要注意的是 FB_STL 功能块前的几个数字，分别表示当前状态号、后续状态起始状态号以及后续状态数量。以梯级 4 的该功能块为例，当前状态号为 1，其对应全局数组中的 State [1]；后续状态号为 2，其对应全局数组中的 State [2]；后续状态数量为 1，表示后面没有选择或并行分支。由于对每个梯级都有注释，这里就不再对程序详细说明。

虽然本实例只包含选择分支，但用本自定义功能块结合梯形图编程语言，也能实现对包含并行、并行选择等复杂分支的顺序功能图的编程。用这里介绍的方法处理复杂分支时，特别要注意分支的开始和结束的处理。如本实例中，图 5-56 的梯级 22，就要利用选择分支的结束条件对选择分支的最后两个状态进行复位（因为后面的程序没有调用 FB_STL 指令，并把 State [12] 和 State [13] 作为该功能块的 StateNow 变量输入），同时，通过对 State [1] 的置位使程序跳转到状态 1。

5.3.3　Micro800 系列 PLC 在四工位组合机床控制中的应用

1. 四工位组合机床及其控制要求

组合机床具有生产率高、加工精度稳定的优点，在汽车、柴油机、电机等一些具有一定生产批量的企业中得到了广泛应用。这里以四工位组合机床控制为例加以说明。该机床由 4 个滑台各载一个加工动力头，组成 4 个加工工位，除了 4 个加工工位外，还有夹具、上下料机械手、进料器、4 个辅助装置以及冷却和液压系统等共 14 个部分。机床的 4 个加工动力头同时对一个零件的 4 个端面以及中心孔进行加工，一次加工完成一个零件。加工过程由上料机械手自动上料，下料机械手自动取走加工完成的零件。该机床的俯视示意图如图 5-57 所示。

该机床通常要求具有全自动、半自动、手动 3 种工作方式。其中全自动和半自动工作过程如下：

（1）上料

按下启动按钮，上料机械手前进，将零件送到夹具上，夹具夹紧零件。同时进料装置进料，之后上料机械手退回原位，放料装置退回原位。

（2）加工

4 个工作滑台前进，4 个加工动力头同时加工，铣端面、打中心孔。加工完成后，各工作滑台退回原位。

（3）下料

下料机械手向前抓住零件，夹具松开，下料机械手退回原位并取走加工完的零件。

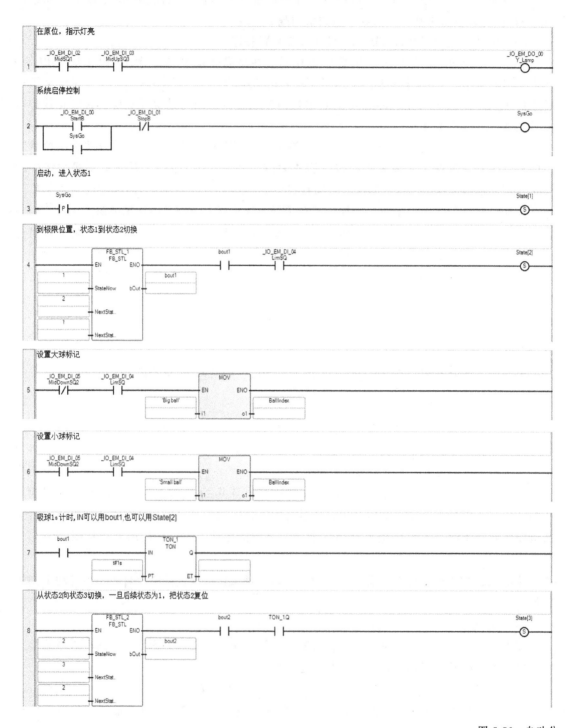

图 5-56　自动分

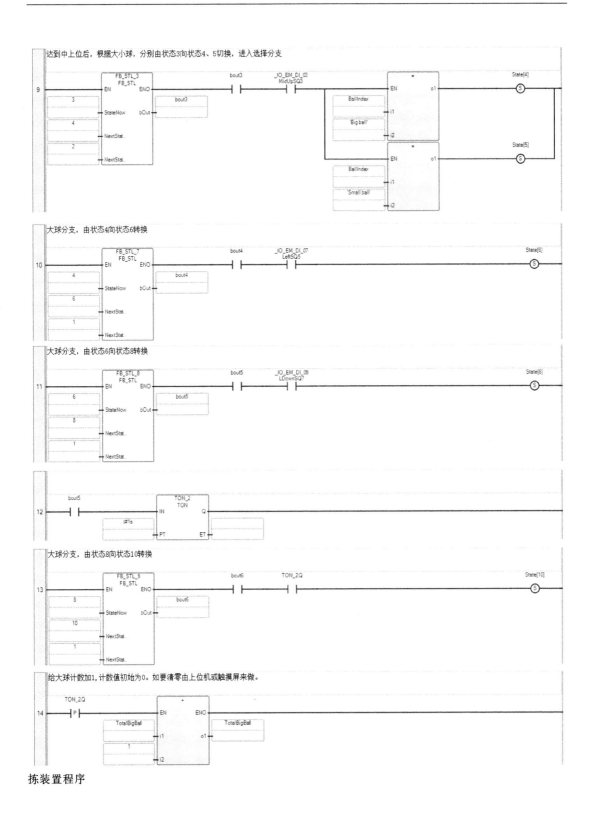

拣装置程序

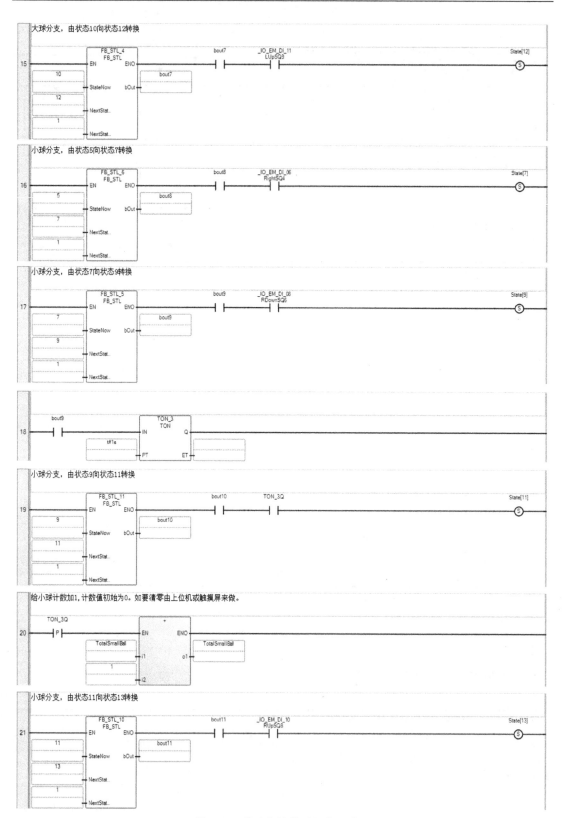

图 5-56 自动分拣装置程序（续）

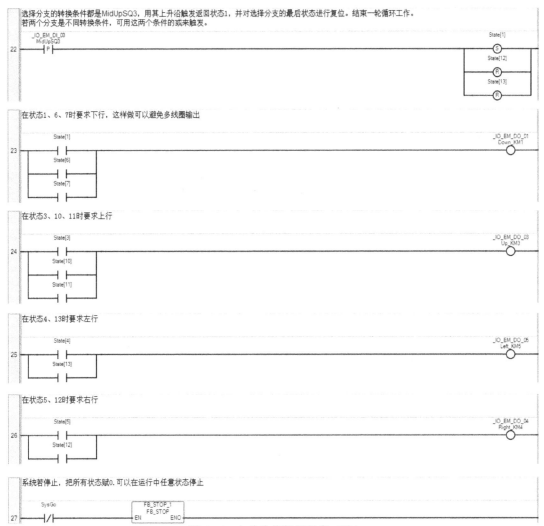

选择分支的转换条件都是MidUpSQ3，用其上升沿触发返回状态1，并对选择分支的最后状态进行复位。结束一轮循环工作。
若两个分支是不同转换条件，可用这两个条件的或来触发。

在状态1、6、7时要求下行，这样做可以避免多线圈输出

在状态3、10、11时要求上行

在状态4、13时要求左行

在状态5、12时要求右行

系统若停止，把所有状态赋0.可以在运行中任意状态停止

图 5-56　自动分拣装置程序（续）

这样就完成了一个工作循环。如果选择了预停，则每个循环完成后，机床自动停在原位，实现半自动工作方式；如果不选择预停，则机床自动开始下一个工作循环，实现全自动工作方式。

2. 四工位组合机床控制系统 PLC 选型与 I/O 配置

四工位组合机床电气控制系统有输入信号42 个，输出信号 27 个，均为开关量。其中外部输入元件包括 17 个检测元件、24 个按钮、1个选择开关；外部输出元件包括 16 个电磁阀、6 个接触器、5 个指示灯。

根据上述自动化装置的工作原理和要求，

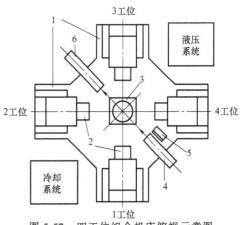

图 5-57　四工位组合机床俯视示意图
1—工作滑台　2—主轴　3—夹具　4—上料机械手
5—进料装置　6—下料机械手

可以确定系统的 I/O 点，并进行 PLC 选型和变量标签定义。可以选用 2080-LC50-48QWB 型号的 PLC（Micro800 系列）。该型号 PLC 有 28 个 DI 和 20 个 DO，再配置 2085-IQ16 和 2085-OW8 扩展模块各一个，即增加 16 点数字量输入模块一个，8 点继电器输出模块一个，从而满足系统要求。该装置 PLC 控制系统的 I/O 分配表见表 5-6 和表 5-7。

表 5-6 四工位组合机床 DI 分配表

序号	信号名称	PLC 地址	别名	序号	信号名称	PLC 地址	别名
1	滑台Ⅰ原位	DI_00	X0	22	选择开关	DI_21	X25
2	滑台Ⅰ终点	DI_01	X1	23	滑台Ⅰ进	DI_22	X26
3	滑台Ⅱ原位	DI_02	X2	24	滑台Ⅰ退	DI_23	X27
4	滑台Ⅱ终点	DI_03	X3	25	主轴Ⅰ点动	DI_24	X30
5	滑台Ⅲ原位	DI_04	X4	26	滑台Ⅱ进	DI_25	X31
6	滑台Ⅲ终点	DI_05	X5	27	滑台Ⅱ退	DI_26	X32
7	滑台Ⅳ原位	DI_06	X6	28	主轴Ⅱ点动	DI_27	X33
8	滑台Ⅳ终点	DI_07	X7	29	滑台Ⅲ进	X1_DI_00	X34
9	上料器原位	DI_08	X10	30	滑台Ⅲ退	X1_DI_01	X35
10	上料器终点	DI_09	X11	31	主轴Ⅲ点动	X1_DI_02	X36
11	下料器原位	DI_10	X12	32	滑台Ⅳ进	X1_DI_03	X37
12	下料器终点	DI_11	X13	33	滑台Ⅳ退	X1_DI_04	X40
13	夹紧	DI_12	X14	34	主轴Ⅳ点动	X1_DI_05	X41
14	进料	DI_13	X15	35	夹紧	X1_DI_06	X42
15	放料	DI_14	X16	36	松开	X1_DI_07	X43
16	润滑压力	DI_15	X17	37	上料器进	X1_DI_08	X44
17	润滑液面开关	DI_16	X20	38	上料器退	X1_DI_09	X45
18	总停	DI_17	X21	39	进料	X1_DI_10	X46
19	启动	DI_18	X22	40	放料	X1_DI_11	X47
20	预停	DI_19	X23	41	冷却开	X1_DI_12	X50
21	润滑油故障	DI_20	X24	42	冷却停	X1_DI_13	X51

表 5-7 四工位组合机床 DO 分配表

序号	信号名称	PLC 地址	别名	序号	信号名称	PLC 地址	别名
1	夹紧	DO_00	Y0	12	滑台Ⅱ退	DO_11	Y13
2	松开	DO_01	Y1	13	滑台Ⅳ进	DO_12	Y14
3	滑台Ⅰ进	DO_02	Y2	14	滑台Ⅳ退	DO_13	Y15
4	滑台Ⅰ退	DO_03	Y3	15	放料	DO_14	Y16
5	滑台Ⅲ进	DO_04	Y4	16	进料	DO_15	Y17
6	滑台Ⅲ退	DO_05	Y5	17	Ⅰ主轴	DO_16	Y20
7	上料进	DO_06	Y6	18	Ⅱ主轴	DO_17	Y21
8	上料退	DO_07	Y7	19	Ⅲ主轴	DO_18	Y22
9	下料进	DO_08	Y10	20	Ⅳ主轴	DO_19	Y23
10	下料退	DO_09	Y11	21	冷却电动机	X2_DO_00	Y24
11	滑台Ⅱ进	DO_10	Y12	22	润滑电动机	X2_DO_01	Y25

3. 四工位组合机床 PLC 控制程序设计

该组合机床有手动、半自动和全自动工作方式。这里只给出半自动和全自动工作程序，手动工作程序直接用梯形图编写就可以了（可参考 5.1.4 节中设备有多种工作模式时的经验法编程）。

这里主要采用顺序功能图程序设计方法来分析半自动和全自动的工作流程，具体如图 5-58 所示。可以看出，这是一个包括复杂流程的顺序功能图，还采用 5.3.2 节介绍的自定义功能块，结合梯形图编程语言来实现，程序如图 5-59 所示。

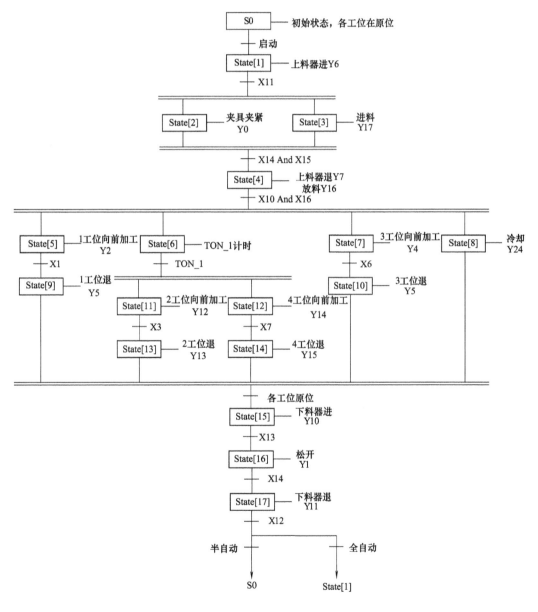

图 5-58　顺序功能图设计方法分析四工位组合机床控制流程

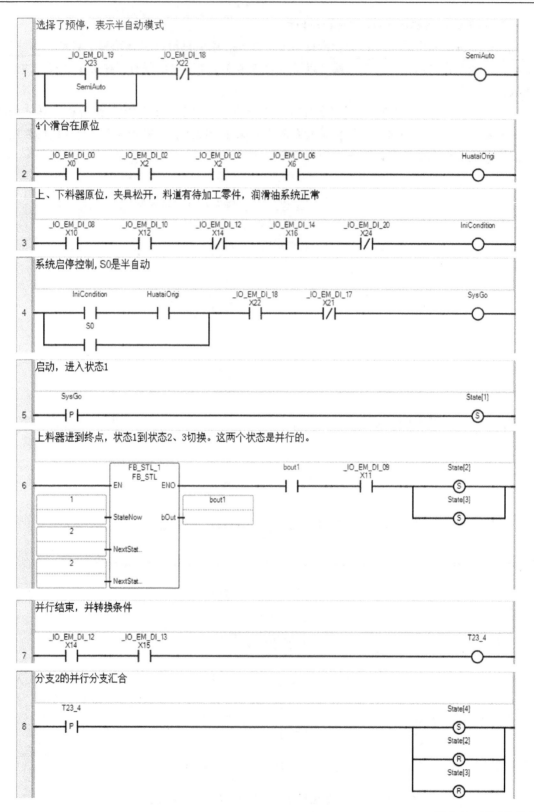

图 5-59 四工位组合

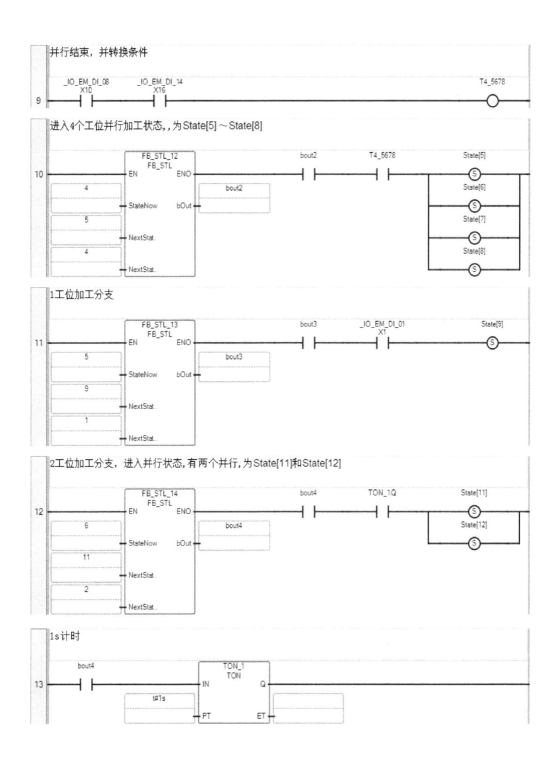

机床 PLC 控制程序

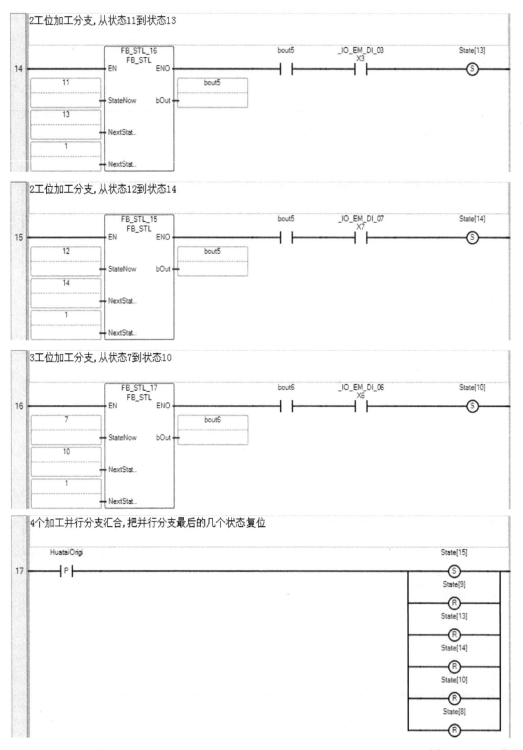

图 5-59 四工位组合

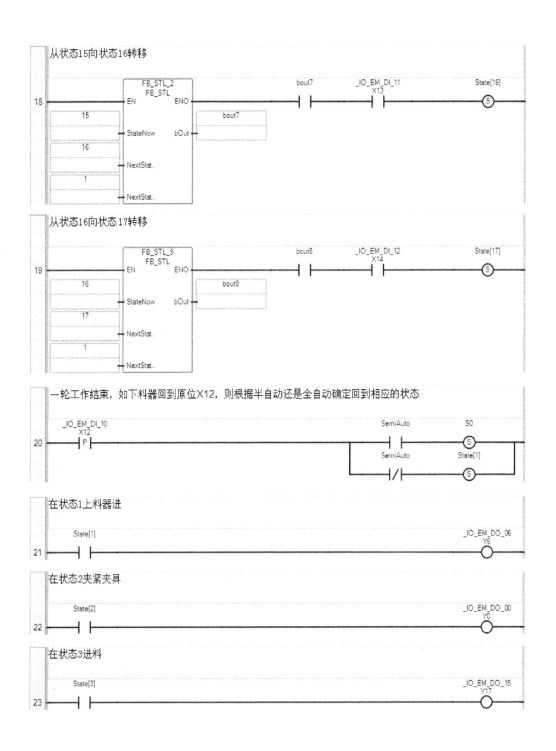

机床 PLC 控制程序

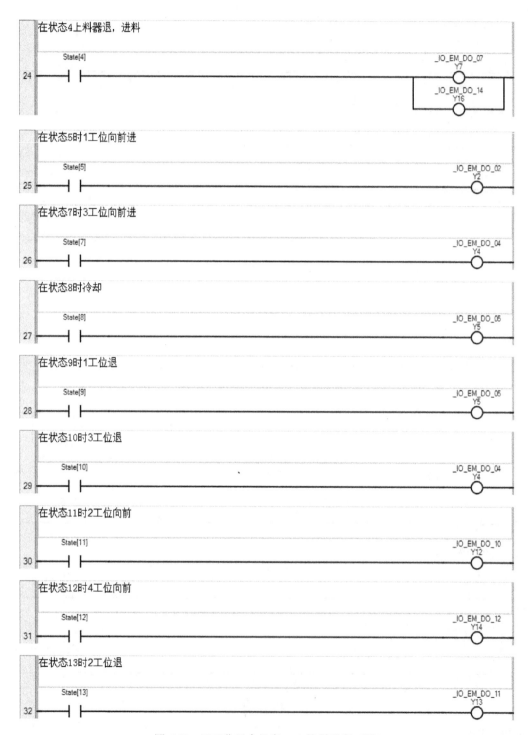

图 5-59　四工位组合机床 PLC 控制程序（续）

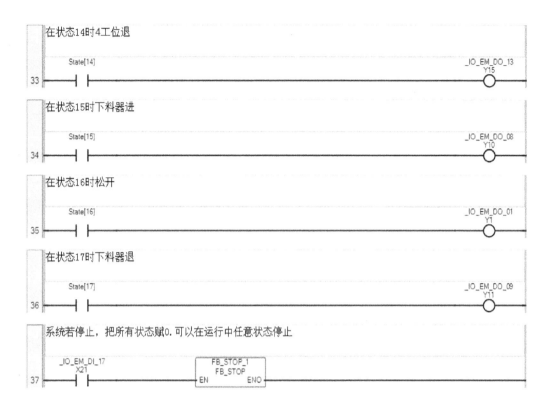

图 5-59　四工位组合机床 PLC 控制程序（续）

5.4　Micro800 系列 PLC 过程控制程序应用设计示例

5.4.1　Micro800 系列 PLC IPID 功能块

1. IPID 功能块及其参数

比例、积分、微分（PID）控制是应用最广泛的一种控制规律。从控制理论可知，PID 控制能满足相当多工业对象的控制要求，所以，它至今仍是一种最常用的控制策略。CCW 指令集提供了 PID 指令和 IPIDCONTROLLER 功能块，它们都基于 PID 控制理论，具有比例、积分、微分控制能力。与 PID 指令相比，控制程序可使用 IPIDCONTROLLER 功能块的 AutoTune 参数来实现参数自整定功能。IPIDCONTROLLER 功能块工作原理如图 5-60a 所示，其中 A 表示作用方向，取值为 1 或 −1；PG 为比例增益；DG 为微分增益；τ_i 为积分时间；τ_d 为微分时间。程序功能块如图 5-60b 所示。功能块参数见表 5-8。GAIN_PID 数据类型见表5-9。AT_Param 数据类型见表 5-10。在使用该功能块前，必须熟悉其功能块的输入和输入参数的作用、类型等。

PIDController 功能块以交互方式跟踪反馈，并防止积分饱和。当输出饱和时，会重新计算控制器的积分项，其新值会在达到饱和限制时提供输出。

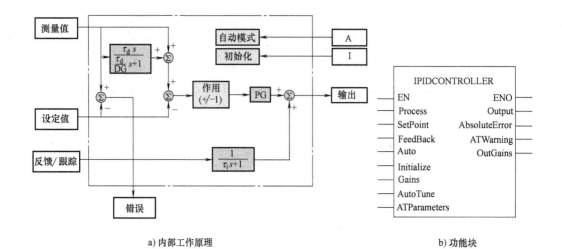

a) 内部工作原理   b) 功能块

图 5-60   IPIDCONTROLLER 功能块原理及其功能块图

表 5-8   IPIDCONTROLLER 功能块参数

参数	类型	数据类型	描　　述
EN	输入	BOOL	当为 TRUE 时,启用指令块。适用于梯形图编程 TRUE—执行 PID 计算 FALSE—指令块处于空闲状态
Process	输入	REAL	测量值
SetPoint	输入	REAL	设定值
FeedBack	输入	REAL	反馈信号,是应用于过程的控制变量的值 例如,反馈可以为 IPIDCONTROLLER 输出
Auto	输入	BOOL	PID 控制器的操作模式:TRUE—控制器以正常模式运行。FALSE—控制器导致将 R 重置为跟踪(F-GE)
Initialize	输入	BOOL	值的更改(TRUE 更改为 FALSE 或 FALSE 更改为 TRUE)导致在该循环期间控制器消除任何比例增益。同时还会初始化 AutoTune 序列
Gains	输入	GAIN_PID	IPIDController 的增益 PID。使用 GAIN_PID 数据类型定义增益输入的参数
AutoTune	输入	BOOL	TRUE—当 AutoTune 为 TRUE 且 Auto 和 Initialize 为 FALSE 时,会启动 AutoTune 序列。FALSE—不启动 AutoTune
ATParameters	输入	AT_Param	自动调节参数。使用 AT_Param 数据类型定义 ATParameters 输入的参数
Output	输出	REAL	来自控制器的输出值
AbsoluteError	输出	REAL	来自控制器的绝对错误 (Process-SetPoint)
ATWarnings	输出	DINT	自动调节序列的警告。可能的值有: 0—没有执行自动调节 1—处于自动调节模式 2—已执行自动调节 -1—ERROR 1 输入自动设置为 TRUE,不可能进行自动调节 -2—ERROR 2 自动调节错误,ATDynaSet 已过期

（续）

参数	类型	数据类型	描　述
OutGains	输出	GAIN_PID	在 AutoTune 序列之后计算的增益 使用 GAIN_PID 数据类型定义 OutGains 输出
ENO	输出	BOOL	启用"输出"。适用于梯形图编程

表 5-9　GAIN_PID 数据类型

参数	类型	描　述
DirectActing	BOOL	作用类型： TRUE—正向作用（输出与误差沿同一方向移动） FALSE—反向作用（输出与误差沿相反方向移动）
ProportionalGain	REAL	PID 的比例增益（≥0.0001） 当 ProportionalGain<0.0001 时，Proportional Gain = 0.0001 增益越高，比例作用越强。通常，P_Gain 是要调整的最重要增益，同时也是在运行时要调整的第 1 个增益
TimeIntegral	REAL	PID 的时间积分值（≥0.0001） 当 TimeIntegral<0.0001 时，TimeIntegral = 0.0001 积分时间越小，积分作用强
TimeDerivative	REAL	PID 的时间微分值（>0.0） 当 TimeDerivative≤0.0 时，TimeDerivative = 0.0 当 TimeDerivative = 0 时，IPID 用作 PI 微分时间越大，微分作用越强
DerivativeGain	REAL	PID 的微分增益（>0.0） 当 DerivativeGain<0.0 时，DerivativeGain = 0.1 PID 的微分增益（D_Gain）越大，微分作用越强

表 5-10　AT_Param 数据类型

参数	类型	描　述
Load	REAL	自整定过程的控制器初始值
Deviation	REAL	自动调节的偏差。用于评估自整定所需噪声频段的标准偏差。噪声频段 = 3×偏差[1]
Step	REAL	自整定的步长值。必须大于噪声频带并小于 1/2 自整定初始值
ATDynamSet	REAL	自整定时间，超过该时间放弃自整定（以秒为单位）
ATReset	BOOL	确定输出是否在自整定后重置为零： TRUE—将输出重置为零。FALSE—将输出保留为 Load 值

[1] 可以通过观察 Proces 输入的值来估算 ATParams.Deviation 值。例如，在包含温度控制的项目中，如果温度稳定在 22℃ 左右，并且观察到温度在 21.7~22.5℃ 之间波动，则可估算 ATParams.Deviation 为（22.5−21.7）/2 = 0.4。

2. IPID 控制器参数自整定方法

（1）参数整定前准备

在对控制器进行参数自整定前，要确保以下事项：

1）系统稳定。

2）IPIDCONTROLLER 的"Auto"输入设置为 FAISE。

3）AT_Param 已设置。必须根据过程和 DerivativeGain 值设置 Gain 和 DirectActing 输入，通常设置为 0.1。

（2）参数整定过程

请按以下步骤进行自整定：

1）将"Initialize"输入设置为 TRUE。

2）将"AutoTune"输入设置为 TRUE。

3）等待"Process"输入趋于稳定或转到稳定状态。

4）将"Initialize"输入更改为 FALSE。

5）等待"ATWarning"输出值更改为 2。

6）从"OutGains"获取整定后的值。

5.4.2 IPID 功能块应用示例

为了便于在无实际被控对象条件下来学习 PID 控制技术，这里以 5.1.3 节介绍的用 FBD 创建的一阶滤波功能块作为被控对象，采用 IPID 功能块进行控制为例，介绍 IPID 功能块的使用。

整个程序包括对象部分和控制器部分。相关的变量定义如图 5-61a 所示。程序部分采用 FBD 语言，如图 5-61b 所示。程序中把被控对象模型的输出作为 PID 控制器的测量输入，把控制器的输出作为被控对象模型的输入。

程序编写好后，可以对程序进行编译，如有错误可以根据编译提示进行改正，通过后把程序下载到控制器中，就可以在线调试了。程序调试界面如图 5-62 所示。在调试中，可以改变 PID 控制器参数、设定值，还可以通过改变 T1 和 TS 以改变对象特性。

5.4.3 PLC 在过程实验对象模拟量控制中的应用

某过程控制实验对象包括液位、流量、温度和压力参数的检测与控制。该对象对象主要硬件包括储水箱、水位槽、换热器、加热器及水管等。主要动力设备有磁力离心泵和增压泵。测量仪表包括热电阻及温度变送器、压力变送器、静压式液位变送器和流量变送器。执行器包括电磁阀、电动调节阀和变频器。实验对象还配置有 4 个数字显示仪表，可以把变送器的输出信号与仪表输入端连接，实现任意变量的显示。

控制器选用 2080-LC-48QWB，另外配备 2085-IF4 4 通道模拟量输入模块和 2085-OF4 4 通道模拟量输出模块。其中输入模块选择 0~10V 电压输入，输出模块选择 4~20mA 电流输出。模拟量模块的配置与使用在第 2 章硬件部分已做详细介绍，这里不再细述。

1. 水位槽液位 PID 控制

水位槽的进水来自磁力泵，出口安装在水位槽的底部，出口开孔尺寸固定，但出口手阀开度可变，以便于实验室改变开度，增加扰动。水位的测量通过静压式压力计测量，操纵变量是进水流量，通过改变电动调节阀的开度实现。该液位控制系统属单回路控制。其程序包括 3 个部分。

（1）液位测量与信号转换

程序如图 5-63a 所示。对应于 0~10V 液位输入电压信号，从 AI 模块第 1 个通道采集来的工程单位信号范围是 0~10000。而仪表量程是 0~300mm。因此，要把该工程单位转为实际的液位值 Level_PV。程序中 lVar1 和 lVar2 都是局部变量，程序中的常数 100.0 和 3.0 必须写成浮点形式，否则编译报错。

Name	Alias	Data Type	Dimensi	Initial Value	Attribute	Comment
+ IPIDCONTROLLER_1		IPIDCONT ▾	...		Read/Write ▾	控制器功能块实例
+ FB_LAG1_1		FB_LAG1 ▾	...		Read/Write ▾	滤波功能块实例
SV		REAL		0.8	Read/Write ▾	设定值
FB		REAL		0.0	Read/Write ▾	控制器反馈值
AUTO_RUN		BOOL			Read/Write ▾	控制器工作模式
INIT		BOOL			Read/Write ▾	初始化
+ PID1_Gain		GAIN_PID		...	Read/Write ▾	控制器增益
PID1_AT_EXEC		BOOL			Read/Write ▾	自整定输入
+ PID1_AT		AT_PARAM ▾		...	Read/Write ▾	自整定参数

a) 变量定义部分

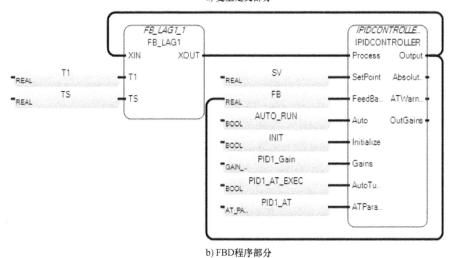

b) FBD 程序部分

图 5-61　一阶对象闭环控制程序

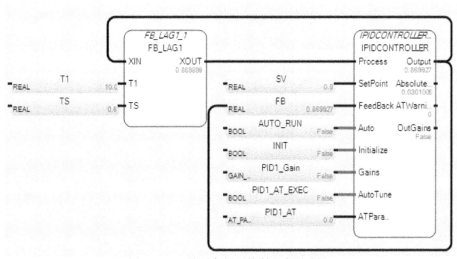

图 5-62　一阶对象闭环控制程序测试界面

（2）PID 控制

程序如图 5-63b 所示。这里要定义 PID 功能块的实例并把相应的参数赋给 PID 功能块。

PID 控制最关键的几个参数就是测量值、设定值和控制器输出。

（3）输出信号转换

程序如图 5-63c 所示。这里把控制器的输出转换为模拟量输出模块可以接收的信号范围。使用了限幅模块对控制器的输出进行了限幅。

在程序编写过程中，要利用到不少临时变量，这些变量应该定义为程序局部变量，而不要定义成全局变量。对于要与人机界面通信的变量，要定义全局变量。

对于 PID 程序的编写，由于不同的应用中，实际测量值的范围可能会很大或很小，这会导致 PID 参数整定的困难。一个较好的解决办法是不论实际测量值是多少，都把它转换为 0~100 范围的中间变量，这时，设定值也转换为 0~100 范围的中间变量。然后把变换过的中间变量作为 PID 模块的输入，这样，不仅 PID 参数容易调整，而且控制器输出的范围也不会太大或太小。当然，如果实际测量值范围与 100 相差不是太大，也可以不用这样变换。

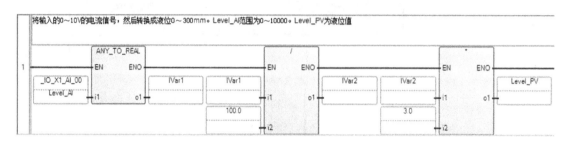

a) 液位测量与信号转换

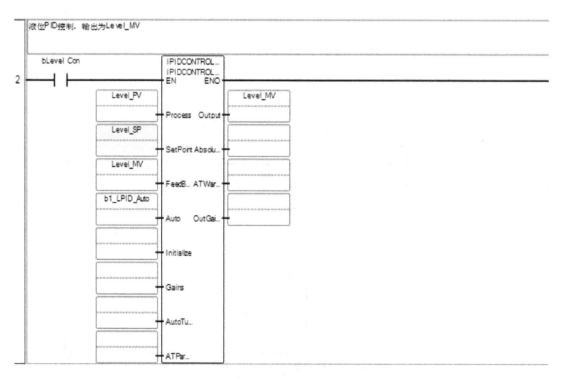

b) PID控制

图 5-63　过程控制对象液位控制 PLC 程序

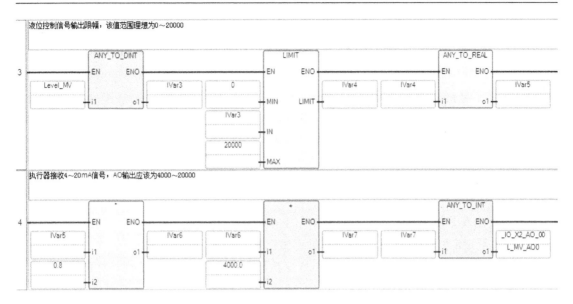

c) 输出信号转换

图 5-63　过程控制对象液位控制 PLC 程序（续）

2. 液位控制人机界面

采用 RSView32 开发了该液位对象的人机界面。其过程包括新建人机界面，在界面中可以增加图库中的图形或用户自己制作界面图形元素；添加文字、标签、趋势图和按钮等。标签是用来连接硬件中接口及控制器中的内部变量和监控界面的方式，通过标签可以把控制器中的变量关联到图形画面中，可以实时显示变量的值，对控制器中的变量赋值，从而完成界面的监控任务。本系统中人机界面标签/参数与控制器的连接是通过 OPC 实现的。液位控制过程人机界面如图 5-64 所示，可以看到，液位的过渡过程曲线还是比较好的。

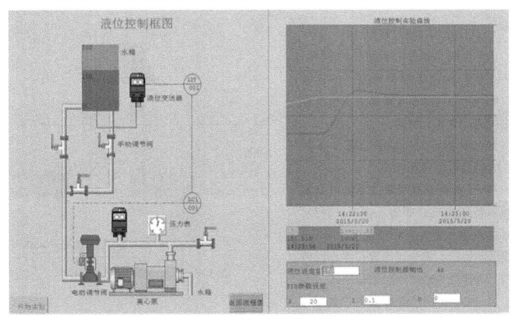

图 5-64　液位控制过程人机界面

5.5 Micro800 系列 PLC 运动控制程序应用设计示例

5.5.1 丝杠被控对象及其控制要求

丝杠设备是由设备本体及其检测与控制设备组成，包括丝杠（主体）、驱动电机（用于驱动丝杠的运转，带动滑块运动）、光电传感器（用于检测具体的滑块位置和速度）、限位开关（保护设备不被撞坏）和旋转编码器（用于连接 PLC 的 HSC 来记录丝杠的运转圈数而产生的脉冲）等。

本例程主要是使用 Micro850 及罗克韦尔 PowerFlex525 变频器实现丝杠按规定曲线加速、匀速和减速至指定位置，并以最快速度返回起始位置。其基本控制要求如下：

1）PLC 通过以太网接口与 PowerFlex525 变频器通信，控制变频器实现丝杠的启动、停止及加减速运行。

2）利用光电开关确定丝杠滑块的特殊位置。

3）利用编码器反馈确定丝杠（电动机）转速。

4）丝杠在任意位置时，一旦启动系统，则丝杠自动运行至刻度尺零点位置。

5）丝杠滑块在回到初始位置后，匀加速运行至第 2 个光电传感器位置，保持匀速速度运行至第 3 个传感器位置，匀减速运行并在第 4 个传感器位置停止。

6）在第 4 个传感器位置停止后，丝杠滑块返回初始位置，并在返回过程中，先后在第 3 个和第 2 个传感器位置上停止半秒。

7）在 RSView 中显示当前转速及每段行程运行时间。

5.5.2 控制系统结构与设备配置

1. 系统结构与硬件连接

丝杠控制系统结构如图 5-65 所示。整个系统包括用来编程和监控的计算机、Micro850 PLC 和变频器等，这些设备之间通过以太网连接。

丝杠和 PLC 的连接图如图 5-66 所示，它们的连接主要包括：

1）光电传感器和限位开关以及旋转编码器连接 PLC 的输入接口，另外，PLC 的数字量输入口还要接 4 个按钮，分别表示运行、停止、计数和停止计数功能。具体信号地址分配见表 5-11。

2）PLC 的数字量输出接口连接 4

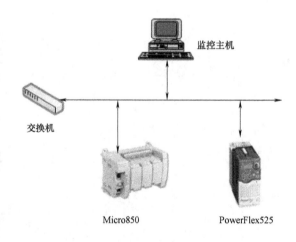

图 5-65 丝杠运动控制系统结构图

个指示灯，分别表示运行、停止、正转和反转指示。具体信号地址分配见表 5-12。

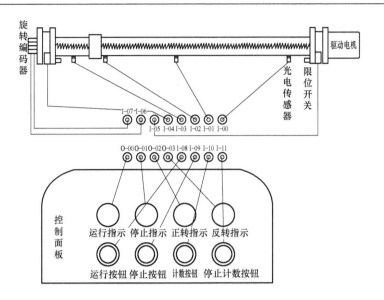

图 5-66　丝杠设备与 PLC 连接示意图

表 5-11　输入接口的分配

序号	连接硬件名称	硬件功能	PLC 的 DI 口
1	1#光电传感器		I-00
2	2#光电传感器	确定滑块的特殊位置和速度	I-01
3	3#光电传感器		I-02
4	4#光电传感器		I-03
5	1#限位开关	保护丝杠设备	I-04
6	2#限位开关		I-05
7	旋转编码器+	计数脉冲	I-06
8	旋转编码器-		I-07
9	运行按钮	设备开始运行	I-08
10	停止按钮	设备停止运行	I-09
11	计数按钮	使高速计数器开始计数脉冲	I-10
12	计数停止按钮	使高速计数器停止计数脉冲	I-11

表 5-12　输出接口的分配

序号	信号名称	硬件功能	PLC 的 DO 口
1	运行指示	点亮代表丝杠运转	O-00
2	停止指示	点亮代表丝杠停止	O-01
3	正转指示	点亮代表丝杠正向运转	O-02
4	反转指示	点亮代表丝杠反向运转	O-03

2. 变频器及其配置

PowerFlex525 是罗克韦尔公司的新一代交流变频器产品。它将各种电机控制选项、通信、节能和标准安全特性组合在一个高性价比变频器中，适用于从单机到简单系统集成的多种系统的各类应用。PowerFlex525 变频器提供了 EtherNet/IP 端口，可以支持 EtherNet 网络控制结构。变频器的 IP 设置也有两种方法，在变频器面板中进行设置或利用 BOOTP-DHCP Server 软件来配置。其中用变频器面板设置过程如下：

1）按下 "Esc" 键进入编写指令界面。

2）使闪烁光标停留在最高位，然后将其调整到 "C" 状态。

3）在 "C129" 里，按下 "Enter" 键，将数字改成 "192"，再按下 "Set" 键。

4）利用上述方法，将 C130、C131、C132 中的数字分别改成 168、1、13 即可。

操作面板中的 C129、C130、C131 和 C132 分别代表着 IPv4 位 IP 地址的四段点分十进制数；另外 P053 回车至 2 是恢复出厂设置，P046 回车至 5 是 Ethernet 通信方式，P047 回车至 15 是 Ethernet/IP 通信方式。

现在罗克韦尔自动化的 Logix 系列和 Micro 系列的 PLC 都自带断电保持 IP 地址的功能，即使不进行最后一步，PLC 也不会因为断电而丢失 IP 地址。但是有些设备，例如 PF525 Flex 变频器可能会因为断电而丢失 IP 地址。

3. 变频器驱动模块

变频器驱动模块如图 5-67 所示。该功能块属于用户自定义功能块，作用是通过 PLC 来驱动 PowerFlex525 变频器进行频率输出，驱动电机运转。该功能块较为复杂，有多个输入变量和输出变量，在此，选择比较重要的几个变量寄存器进行讲解。

（1）PFx_1_Cmd_Stop，BOOL 型

变频器停止标志位：该位为 "1" 时，表示变频器 PF525 停止运行；该位为 "0" 时，表示解除变频器 PF525 停止状态。

（2）PFx_1_Cmd_Start，BOOL 型

变频器启动标志位：该位为 "1" 时，表示变频器 PF525 启动运行；该位为 "0" 时，表示解除变频器 PF525 启动状态。

"解除" 的意思是没有改变原有状态，若要改变原有运行状态，则需要使用对立的命令来实现。

（3）PFx_1_Cmd_Jog，BOOL 型

变频器点动标志位：该位为 "1" 时，表示变频器 PF525 以 10Hz 的频率对外输出；该位为 "0" 时，表示变频器 PF525 停止频率输出。

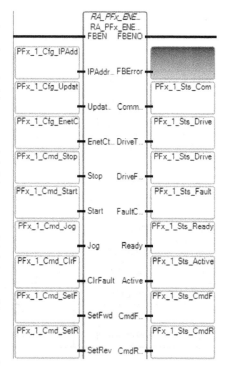

图 5-67　控制变频器用户自定义功能块 RA_PFx_ENET_STS_CMD

（4）PFx_1_Cmd_SetFwd，BOOL 型

变频器正向输出频率标志位：该位为 "1" 时，表示变频器 PF525 正向输出频率；该位为 "0" 时，表示解除变频器 PF525 正向输出频率。

（5）PFx_1_Cmd_SetRev，BOOL 型

变频器反向输出频率标志位：该位为 "1" 时，表示变频器 PF525 反向输出频率；该位为 "0" 时，表示解除变频器 PF525 反向输出频率。

（6）PFx_1_Cmd_SpeedRef，REAL 型

变频器频率给定寄存器：该寄存器用于用户给定所需要的变频器频率，是 REAL 型变量。

（7）PFx_1_Sts_DCBusVoltage，REAL 型

变频器输出电压指示寄存器：该寄存器指示变频器的三相输出电压，也已用来验证变频器与 PLC 是否连接上。输出值为 320 左右，则表示已经通信成功。

通过上述几个变量寄存器的值的改变，已经可以较好地利用 PLC 控制相关 PowerFlex525 变频器的频率输出和正转反转，其他的寄存器变量就不一一赘述。

4. 高速计数器 HSC 模块

高速计数器是指能计算比普通扫描频率更快的脉冲信号，它的工作原理与普通计数器类似，只是计数通道的响应时间更短，一般以 kHz 频率来计数，比如精度是 20kHz 等。

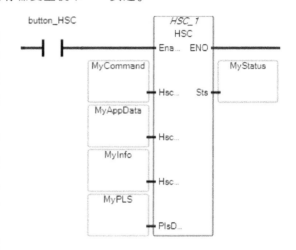

图 5-68　高速计数器 HSC 模块

该功能块用于启/停高速计数，刷新高速计数器的状态，重载高速计数器的设置，以及重置高速计数器的累计值。在 CCW 平台中，高速计数器被分为两个部分，高速计数部分和用户接口部分，这两部分是结合使用的。在此，结合图 5-68，选择比较重要的几个变量寄存器进行介绍。

（1）HSCCmd（MyCommand），USINT 型

功能块执行刷新等控制命令，其中：

1）0x00：保留，未使用。

2）0x01：执行 HSC，运行 HSC，只更新 HSC 状态信息。

3）0x02：停止 HSC。

4）0x03：上载或设置 HSC 应用数据配置信息。

5）0x04：重置 HSC 累加值。

（2）HSCAPP（MyAppData），HSCAPP 型

HSC 应用配置，通常只需配置一次，其中：

1）HscID，UINT 型：要驱动的 HSC 编号，见表 5-13。

表 5-13　HSC 编号

高速计数器	使用的输入
HSC0	0,1,2,3
HSC1	2,3
HSC2	4,5,6,7
HSC3	6,7
HSC4	8,9,10,11
HSC5	10,11

注：跟在字符串"HSC"后面的数字即代表 HscID 的含义。

2）HscMode，UINT 型：要使用的 HSC 计数模式，有 9 种模式。本次使用的是第 6 种计数模式，即正交计数（编码形式，有 A、B 两相脉冲）。注：HSC3、HSC4 和 HSC5 只支持 0、2、4、6 和 8 模式。HSC0、HSC1 和 HSC2 支持所有模式。

3）Accumulator，DINT 型：设置计数器的计数初始值。

上述的两个特殊寄存器在本次设计中是应用频率最多的寄存器，已经满足设计要求，其他的寄存器就不一一赘述。

最后要进行一个滤波的环节配置，如图 5-69 所示。选择"Embedded I/O"选项，将对应连接旋转编码器的 I/O 接口的选项改为"DC 5µs"，这样才能保证计数器在丝杠高速运转的时候进行计数。

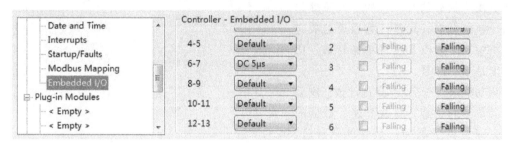

图 5-69　滤波过程

5.5.3　丝杠运动控制 PLC 程序设计

1. 丝杠运动控制程序顺序功能图（SFC）设计

由于丝杠运动控制过程十分适合采用顺序功能图的原理来进行设计，代码的实现部分可以利用梯形图。采用顺序功能图分析方法能够清晰地看到相关的逻辑步的相关状态。设计的 SFC 原理图如图 5-70 所示，具体解释如下：

1）M0 步：无论滑块在什么位置，在程序启动时都要恢复到起点位置。

2）M1 步：触碰到光电传感器 1 时，表明滑块已经恢复至起点位置，开始匀加速转动。

3）M2 步：触碰到光电传感器 2 时，加速结束，进行匀速运动。

4）M3 步：触碰到光电传感器 3 时，开始匀减速运动。

5）M4 步：触碰到光电传感器 4 时，表明正转已经结束，丝杠准备反转。

6）M5 步：再次触碰到光电传感器 3 时，停止 0.5s，继续运转。

7）M6 步：0.5s 时间到达之后，继续反向

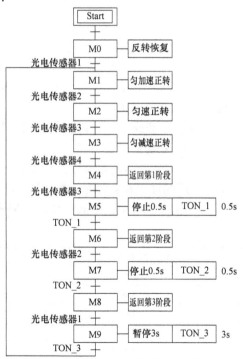

图 5-70　丝杠运转的顺序功能图

运转。

8）M7 步：再次触碰到光电传感器 2 时，停止 0.5s，继续运转。

9）M8 步：0.5s 时间到达之后，继续反向运转。

10）M9 步：再次触碰到光电传感器 1 后，表示整个运动结束。

2. 位置确定与速度计算

（1）滑块位置确定

丝杠运转一圈是 400 个脉冲，向前行进 4mm 的距离，则 1 个脉冲向前行进 0.01mm，高速计数器初始化后将计数器的计数值 accumulator 转化成实数后除以 1000 获得实时位置与传感器 1 之间的距离，加上传感器 1 距离零刻度的距离 x_sensor1 即可得到滑块在刻度尺上的位置，其别名为 Mylocation。程序如图 5-71 所示。

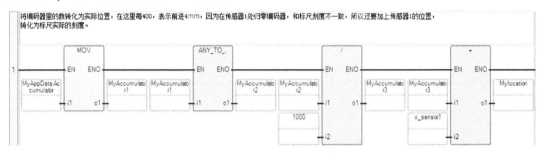

图 5-71　滑块位置确定程序

（2）传感器位置的确定（以传感器 2 为例）

由于滑块经过一个光电门需要时间即刚进入与刚离开在刻度尺上是两个位置，所以取两者平均值作为传感器 2 的位置，即 x_sensor2。程序中采用上升沿与下降沿分别将实时位置暂存来实现，程序如图 5-72 所示。

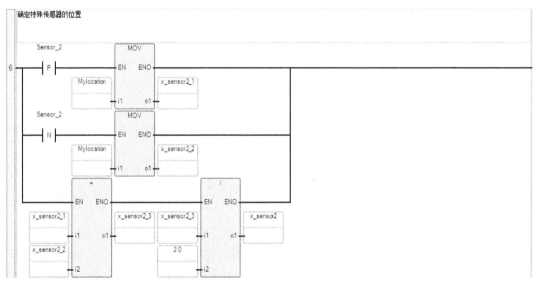

图 5-72　传感器位置确定程序

（3）滑块速度确定

根据速度定义，可以通过对滑块的实时位移进行微分运算得到其瞬时速度，再进行单位转化可得到用 cm/s 表示的速度 MySpeed。微分运算利用的是 CCW 中的功能块 DERIVATE，其中 100ms 为采样时间（理论上时间越小，精度越高，但是丝杠设备速度波动大，若采用高精度便会出现许多毛刺）。经过传感器 1 的速度计算程序如图 5-73 所示。

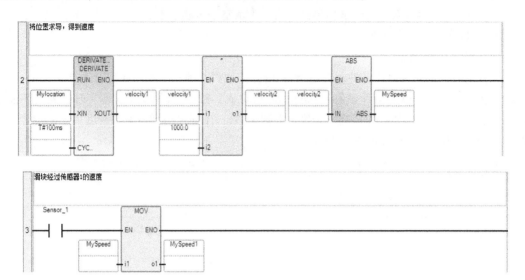

图 5-73　速度计算程序

3. 恢复原始位置阶段

在启动程序开始之前，需要将滑块恢复至传感器 1 位置。即无论滑块在什么位置，滑块正向匀速前进，直到触碰到限位开关，之后滑块反向运行，直到运行至光电传感器 1 时停止。可以在程序的开始加入一个系统内部的全局变量_SYSVA_FIRST_SCAN，功能是在第 1 次扫描的时候该逻辑量是 "1"，之后的扫描阶段全部是 "0" 状态，可以保证该状态步只执行一次。当然，也可以增加其他控制方式来调用该段程序。

程序在设计中，可以分为不同的阶段（用变量 step_Home 表示），在不同阶段，设置不同的频率和变频器的不同控制方式。其中程序分别如图 5-74 和图 5-75 所示。

此外，在执行滑块位置初始化功能时，要求关闭高速计数器，其程序如图 5-76 所示。

4. 正向加速匀速减速行驶阶段

加速阶段可以看作一个速度时间曲线，产生一个斜坡函数，在这个函数的作用下进行加速运转，如图 5-77 中的 TON_2 可以当作是一个输入的斜坡函数。

1）利用 TON_2 中的 TON_2.ET 寄存器的计时值变化作为速度的加速值，在这里主要控制的是变频器的频率，可以近似看作频率的加速。将 TON_2.ET 转换成为 REAL 型，再乘以一个转换系数，就可以得到速度的变化 T2，相当于不断在加速。程序如图 5-77 所示。

2）下一步，将 T2 中不断变化的频率值与 8 相加，得到最终的速度 T3，再将 T3 传送至 PFx_1_Cmd_SpeedRef 寄存器（内部存有变频器的频率输出）。程序如图 5-78 所示。

由于滑块移动存在摩擦力的原因，当变频器输出频率小于 8Hz 时，丝杠会无法带动滑块的运转，因此将 T2 中不断变化的频率值加 8Hz（由于不同的丝杠硬件系数的不同，在其他的丝杠上带动滑块运转的最小频率可能会是其他数值而不一定是 8Hz）。

3）图 5-79 中 TON_7 的作用是用于记录相关阶段的运行时间，用于输出至人机界面显示。

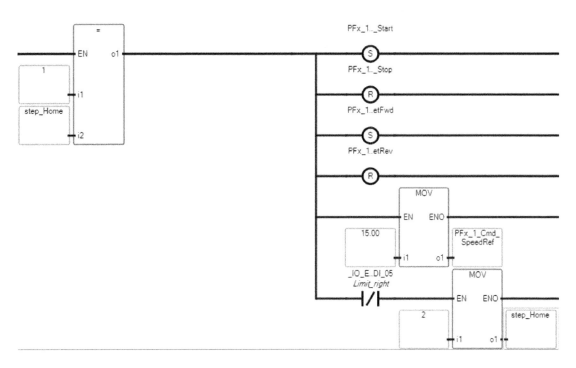

图 5-74　恢复原始位置部分程序——滑块正向运行到限位开关

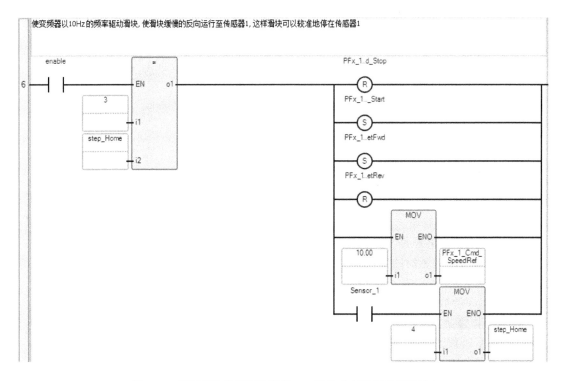

图 5-75　恢复原始位置部分程序——滑块反向运行至传感器 1

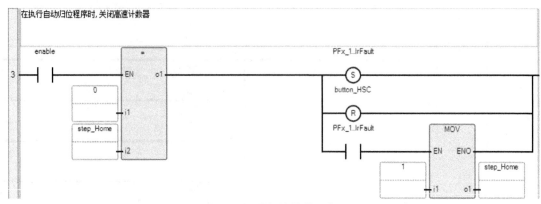

图 5-76　关闭计数器程序

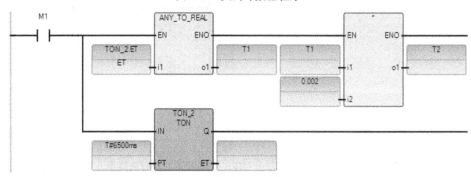

图 5-77　加速过程程序之一

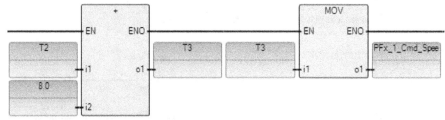

图 5-78　加速过程程序之二

4）匀速运行阶段只要将滑块触碰光电传感器 2 时的变频器频率值 T3 保持不变，送入寄存器 PFx_1_Cmd_SpeedRef 中即可，便能实现丝杠带领滑块匀速运动。

5）匀减速阶段的思路与匀加速阶段大体一样，区别是利用匀速时的 T3 值，减掉相应的定时器 ET 值（乘以系数之后），得到的 REAL 便是相应的最终速度。

5. 反向恢复阶段

反向恢复阶段就是在三段过程中反复使用前面匀加速和匀减速的编程方法，在触碰光电传感器 2 和光电传感器 3 时，将 PFx_1_Cmd_Start 寄存器置为"0"，将 PFx_1_Cmd_Stop 寄

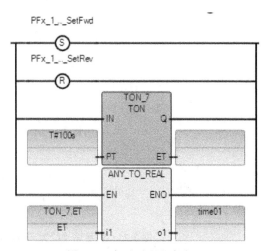

图 5-79　加速过程程序之三

存器置为 "1"，同时触发一个 0.5s 的定时器。在定时结束的时候，将 PFx_1_Cmd_Start 寄存器置为 "1"，将 PFx_1_Cmd_Stop 寄存器置为 "0"，这样，便又能继续运动。

5.5.4　丝杠控制人机界面设计

1. RSView32 人机界面

采用 RSView32 组态软件设计丝杠控制系统的人机界面。RSView32 是一种对自动控制设备或生产过程进行高速与有效监视和控制的组态软件。RSView32 是以 MFC（微软基础级）、COM（元件对象）组件技术为基础的中文 Windows 平台下的汉化人机接口软件包，是第一个在图形显示中利用 ActiveX、Visual Basic Application、OPC 的人机界面产品，提供了监视、控制及数据采集等必要的全部功能，具有使用方便、可扩展性强、监控性能高并有很高可重用性的监控组态软件包。其主要特点如下：

- 弹出式图形工具提示。
- PLC 数据库及 OPC 浏览器。
- 开发过程中的快速测试。
- 用 Microsoft VBA 检索对象模块。
- RSWho、Allen-Bradley PLC 及网络浏览器。
- 支持 NT 安全机制。
- 提供扩展功能的外持结构。

2. RSView 与 PLC 建立 OPC 连接

组态软件与硬件设备的连接是人机界面开发中的重要环节。目前，传统的驱动程序方式逐步被 OPC 通信所取代。罗克韦尔 PLC 拥有自己特定的 OPC，可以通过 OPC 实现人机界面与控制器的通信。下面简述 RSView32 与 PLC 建立 OPC 连接的过程与步骤。

1）打开 RSView32 软件界面，建立新的工程。在新工程界面下，选择 "Edit Mode" 选项，双击 "System" 文件夹将其展开，双击 "Node" 选项，则会弹出 "Node" 对话框。

2）在 "Data" 一栏中选择 "OPC Server"，在 "Name" 一栏中输入建立的名称，"Type" 中选择 "Local" 选项，选择 "Server" 框下的 "Name" 后的 "浏览" 按钮。

3）弹出 "OPC Server Browser" 对话框，选择第 2 行的 "RockWell . IXLCIP . Gateway. OPC. DA30. 1" 选项，单击 "OK" 按钮即可。这样便建立了 OPC 节点，以后的变量关联都要基于这个节点，如图 5-80 所示。

3. 人机界面上画面的编辑及变量关联

建立好 OPC 节点后，就要在工程中进行监控画面的绘制和变量的关联。

1）在 "Edit Mode" 选项栏中，双击 "Graphics" 文件夹将其展开，双击 "Display" 将会进入人机界面制作。在这里也可以选择 "Library" 选项，这里是图库，可以使用系统已经画好的图形作为用户人机界面的一部分，并建立自己的图库，如图 5-81 所示。

编辑好相关的人机界面后，需要进行变量的关联工作，下面以显示 PLC 中的 REAL 型寄存器变量为例来介绍。

2）在绘制菜单栏中选择 "Numeric Display" 选项，并把其拖动到界面中。

3）双击 "####（非运行状态下的 Numeric Display）"，会弹出 "Numeric Display" 对话框，在 "Expression" 框下单击 "Tags…" 按钮，将会弹出 "Tags" 对话框。

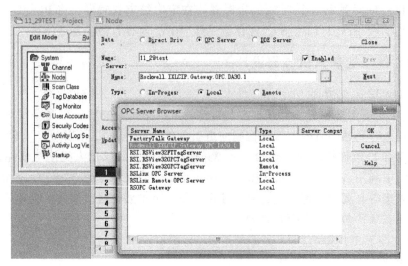

图 5-80　建立 OPC 节点

4）在"Tags"对话框中选择变量存放的文件夹，并单击"New Tag…"按钮，则会弹出"Tag Editor"对话框，如图 5-82 所示。

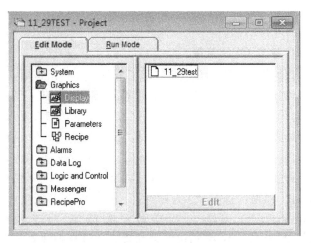

图 5-81　建立人机界面

5）在"Name"中填写变量名称，在"Type"中选择自己变量的类型（有 3 种类型：模拟量、数字量和字符串量），在"Data Source"选项中选择"Device"，"Node Name"选择刚刚建立好的 OPC 节点，在"Address"中，会有所有的 PLC 中定义的用户局部变量、全局变量和 I/O 接口，选择需要关联的变量，连续单击"OK"按钮即可完成变量关联，如图 5-83 所示。

4. 测试和运行

在 RSView32 中组态好人机界面中的各种图形元素并把动态的图形元素与变量关联好后，就可以测试人机界面的功能。人机界面的测试画面如图 5-84 所示。单击图中的"启动"和"停止"按钮，便可以控制丝杠的运转和停止；经过每个传感器时的速度及当前速度在图中显示出来，变频器上也会显示相关的输出频率的大小。

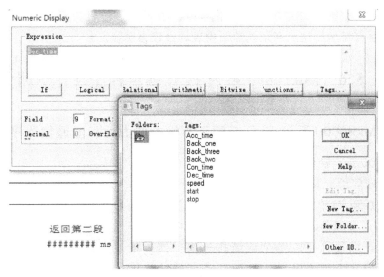

图 5-82　变量关联之一

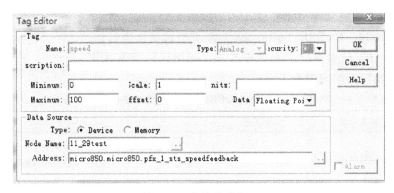

图 5-83　变量关联之二

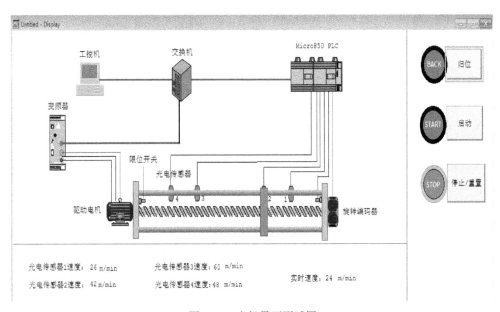

图 5-84　人机界面测试图

当然，如果下位机 PLC 中的状态变化很快，由于上下位机数据通信的速率限制，PLC 上的状态变化会有滞后，这点在运动控制中表现得较为明显。

5.6 Micro800 系列 PLC 通信程序设计示例

5.6.1 Micro800 系列 PLC 与第三方设备的 Modbus 通信程序设计

1. Micro800 系列控制器与第三方设备的串行通信

（1）串行通信指令 MSG_ MODBUS

Micro800 系列 PLC 支持通过串口与外部设备通信，相应的指令为 MSG_ MODBUS。该指令支持功能块图、梯形图和结构化文本 3 种编程语言。每个通道在一次扫描中最多可以处理 4 个消息请求。对于梯形图程序，将在梯形扫描结束时执行消息请求。

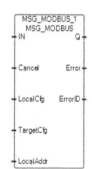

串口 Modbus 通信指令 MSG_ MODBUS 如图 5-85 所示。指令参数说明见表 5-14，MODBUSTARPARA 数据类型说明见表 5-15，MODBUSLOCPARA 数据类型说明见表 5-16，错误代码及其他更加详细的说明请参考编程指令手册。

图 5-85　通过串行端口发送 Modbus 消息指令 MSG_ MODBUS

表 5-14　MSG_ MODBUS 串行通信功能块参数列表

参数	参数类型	数据类型	描　述
IN	输入	BOOL	梯级输入状态。TRUE—检测到上升沿，启动指令块，前提是上一个操作已完成。FALSE—未检测到上升沿，不启动
Cancel	输入	BOOL	TRUE—取消指令块的执行。FALSE—当 IN 为 TRUE 时
LocalCfg	输入	MODBUSLOCPARA	定义结构输入（本地设备）。使用 MODBUSLOCPARA 数据类型定义本地设备的输入结构
TargetCfg	输入	MODBUSTARPARA	定义结构输入（目标设备）。使用 MODBUSTARPARA 数据类型定义目标设备的输入结构
LocalAddr	输入	MODBUSLOCADDR	MODBUSLOCADDR 是一个大小为 125 个字的数组，由读取命令用来存储 Modbus 从站返回的数据（1~125 个字），并由写入命令用来缓存要发送到 Modbus 从站的数据（1~125 个字）
Q	输出	BOOL	从程序扫描中同步更新此说明的输出。输出 Q 无法用于重新触发说明，因 IN 已进行沿触发。TRUE—MSG 指令已成功完成。FALSE—MSG 指令未完成
Error	输出	BOOL	指示发生了错误。TRUE—检测到错误。FALSE—没有错误
ErrorID	输出	UINT	标识错误的唯一数字。在 MSG_MODBUS 错误代码中定义该指令的错误

表 5-15　MODBUSTARPARA 数据类型

参数	数据类型	描　　述
Addr	UDINT	目标数据地址（1~65536）。发送时减 1
Node	USINT	默认从属节点地址为 1。范围为 1~247。"0"是 Modbus 广播地址，并且仅对 Modbus 写入命令（例如 5、6、15 和 16）有效

表 5-16　MODBUSLOCPARA 数据类型的参数值

参数	数据类型	描　　述
Channel	UINT	Micro800 系列 PLC 串行端口号：嵌入式串行端口为 2，安装在插槽 1 到插槽 5 中的串行端口插件为 5~9
TriggerType	USINT	表示以下之一：0—触发一次 Msg（当 IN 从 False 转为 True 时）；1—当 IN 为 True 时，连续触发 Msg
Cmd	USINT	表示以下之一：01—读取线圈状态（0xxxx）；02—读取输入状态（1xxxx）；03—读取保持寄存器（4xxxx）；04—读取输入寄存器（3xxxx）；05—写入单个线圈（0xxxx）；06—写入单个寄存器（4xxxx）；15—写入多个线圈（0xxxx）；16—写入多个寄存器（4xxxx）；其他—自定义命令支持
ElementCnt	UINT	限制：对于读取线圈/离散输入为 2000 位；对于读取寄存器为 125 个字；对于写入线圈为 1968 位；对于写入寄存器为 123 个字

（2）串行通信编程示例

PLC 控制系统常和其他的控制器、智能仪表、数据采集模块等混合使用。此外，由于 PLC 的模拟量模拟使用受到一定的限制，且其价格相对较高，而各种远程数据采集模块价格相对较低，在实际应用中，存在利用数据采集模块扩展 PLC 的模拟量输入的情况。这里以 Micro820 控制器与我国台湾鸿格公司的 Modbus 数据采集模块通信为例加以说明。

Micro820 控制器插槽 1 位置安装串行模块 2080-SERIALISOL，在 CCW 中对模块的通用配置中做如下设置：通信驱动选 Modbus RTU，波特率为 9600，无校验，Modubs 角色设为 Modbus 主站；在协议控制部分做如下配置：介质选 RS485，数据位为 8，停止位为 1。

所用的鸿格 Modbus 数据采集模块型号为 M-7050D，具有 7 路数字量输入和 8 路数字量输出。在使用前，首先用配套的软件 DCON_ Utility 对模块进行配置，设置模块的地址为 2，波特率为 9600，8 个数据位，1 个停止位，无校验。即要确保其通信参数与主站一致。

把 2080-SERIALISOL 通信模块的"+485"端子与模块的"DATA+"端子连接，"−485"端子与模块的"DATA−"端子连接，即完成 RS485 总线的硬件连接。一般的测试可以不加终端电阻，实际应用如果距离远，在总线两端需要加终端电阻。外部配电、接线及参数设置完成后，就可以进行通信编程。利用 MSG_ MODBUS 指令编写串行通信程序，主要是要对通信参数进行配置。这里分别对读、写线圈操作的编程进行说明。

1）读数据采集模块的多个线圈。首先在 CCW 中新建梯形图程序，在局部变量中，定义 MSG_ MODBUS 指令要用到的参数，具体如图 5-86 所示。为增加程序可读性，变量前都加"R_"。其中 R_ LocalCfg 的通道（Channel）为 5，是因为 2080-SERIALISOL 模块是插在 PLC 的插槽 1；触发模式选为 0；由于是读线圈，所以 Cmd 设为 1；读 8 个位状态，所以 ElementCnt 设为 8。R_ TargetCfg 的 Addr 设为 33，这是因为 M-7050D 模块规定其数字量输入的地址为 0x0020~0x0026（16 进制），起始地址为 32（十进制），按照指令参数要求该数值还要加 1，所以 Addr 是 33；Node 设为 2，这是已设置的 M-7050D 模块的地址。

名称			别名	数据类型	维度	项目值	初始值
			▼ ▦▼	▼ ▦▼	▼ ▦▼	▼ ▦▼	▼ ▦▼
⊞	R_LocalCfg			MODBUSLOC ▼		...	...
		R_LocalCfg.Channel		UINT			5
		R_LocalCfg.TriggerT		USINT			0
		R_LocalCfg.Cmd		USINT			1
		R_LocalCfg.Element(		UINT			8
⊞	R_TargetCfg			MODBUSTAR ▼		...	...
		R_TargetCfg.Addr		UDINT			33
		R_TargetCfg.Node		USINT			2
⊞	R_LocalAddr			MODBUSLOC ▼		...	...
		R_LocalAddr[1]		WORD			

图 5-86　读多个线圈时的参数配置

2）写数据采集模块的多个线圈。写指令与读指令参数配置类似，也是首先要定义该指令中要用到的变量，具体如图 5-87 所示。为增加程序可读性，变量前都加 "W_"。由于是写多个线圈，所以 Cmd 设为 15；W_TargetCfg 的 Addr 设为 1，这是因为 M-7050D 模块规定其数字量输出的地址为 0x0000~0x0007（16 进制），起始地址为 0（十进制），按照指令参数要求该数值还要加 1，所以 Addr 是 1；其他参数设置同读线圈指令配置。

名称			别名	数据类型	维度	项目值	初始值
			▼ ▦▼	▼ ▦▼	▼ ▦▼	▼ ▦▼	▼ ▦▼
⊟	W_LocalCfg			MODBUSLOC ▼		...	...
		W_LocalCfg.Channel		UINT			5
		W_LocalCfg.TriggerType		USINT			0
		W_LocalCfg.Cmd		USINT			15
		W_LocalCfg.ElementCnt		UINT			8
⊟	W_TargetCfg			MODBUSTAR ▼		...	...
		W_TargetCfg.Addr		UDINT			1
		W_TargetCfg.Node		USINT			2
⊟	W_LocalAddr			MODBUSLOC ▼		...	...
		W_LocalAddr[1]		WORD			146

图 5-87　写多个线圈时的参数配置

3）梯形图程序。Micro820 控制器与 M-7050D 模块的串行通信程序如图 5-88 所示。程序中，读写的周期为 1s，通过定时器实现。ComStart 是启动通信的触点。

在对程序进行测试时，如果数字量输入为 1110111（二进制），则 LocalAddr［1］的数值是 119（十进制），显然，这两者的数值是一致的，表明该指令执行是成功的。在实际应用中，还需要把 LocalAddr 中的十进制数转换为具体的数字量输入位变量对应的标签。

进行写多个寄存器测试时，当把 LocalAddr［1］设置为 146 时，模块的数字量输出指示灯为正确，其对应的状态为 10010010。该状态实际也可通过 Modbus 读指令读出，只需要把读线圈指令的 Addr 改为 1 就可以了。

通信过程中如果有错误，可以根据 ErrID 数值对照表格查找错误原因。

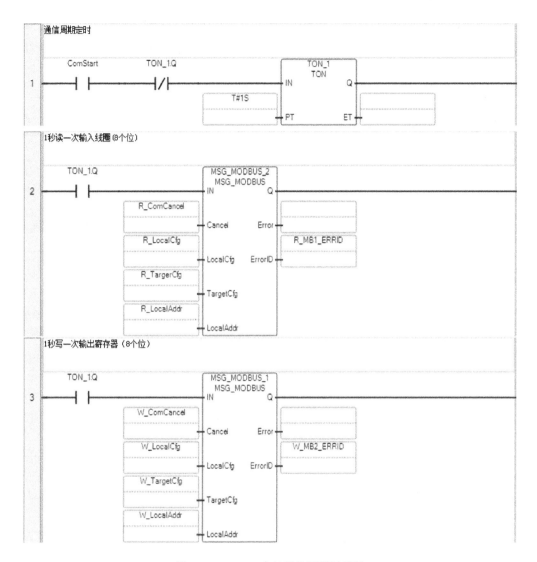

图 5-88　Modbus 串行通信梯形图程序

2. Micro800 系列控制器与第三方设备的 Modbus/TCP 通信

（1）MSG_ MODBUS2 编程指令

由于以太网技术在工业应用中的不断深入，以太网通信已从控制设备之间的联网深入到控制设备与现场设备的联网，如控制器与变频器及远程 I/O 的通信。Modbus/TCP 作为一种典型的工业以太网，可以实现大量的不同厂家设备的以太网通信。对于具有以太网接口的 Micro800 系列控制器，可以利用 MSG_ MODBUS2 指令通过以太网接口与第三方设备进行

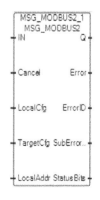

图 5-89　通过以太网接口发送 Modbus 消息指令 MSG_ MODBUS2

Modbus/TCP 通信。

通过以太网口发送 Modbus 消息指令是 MSG_ MODBUS2，如图 5-89 所示。指令参数说明见表 5-17，MODBUS2TARPARA 数据类型说明见表 5-18，MODBUS2LOCPARA 数据类型说明见表 5-19，错误代码及其他更加详细的说明请参考编程指令手册。

表 5-17　MSG_ MODBUS2 以太网通信功能块参数列表

参数	类型	数据类型	描　　述
IN	输入	BOOL	梯级输入状态。TRUE— 检测到上升沿,启动指令块,前提是上一个操作已完成。FALSE—未检测到上升沿,空闲
Cancel	输入	BOOL	TRUE—取消指令块的执行。如果取消 MSG_MODBUS2 指令的执行,不会保证取消要求发出的消息,但可保证不处理响应。FALSE—当 IN 为 TRUE 时
LocalCfg	输入	MODBUS2LOCPARA	定义结构输入(本地设备)。使用 MODBUS2LOCPARA 数据类型定义本地设备的输入结构
TargetCfg	输入	MODBUS2TARPARA	定义结构输入(目标设备)。使用 MODBUS2TARPARA 数据类型定义目标设备的输入结构
LocalAddr	输入	MODBUSLOCADDR	MODBUSLOCADDR 数据类型为 125 字数组 LocalAddr 使用情况:对于读取命令,存储 Modbus 从站返回的数据(1~125 个字)。对于写入命令,缓冲要发送到 Modbus 从站的数据(1~125 个字)
Q	输出	BOOL	TRUE—MSG 指令已成功完成。FALSE—MSG 指令未完成
Error	输出	BOOL	表示检测到错误。TRUE—发生错误。FALSE—没有错误
ErrorID	输出	UINT	标识错误的数字。Modbus2 错误代码中定义该指令的错误
SuberrorID	输出	UINT	用于确认状态位:位 0:EN-Enable;位 1:EW-Enable Wait;位 2:ST-Start;位 3:ER-Error;位 4:DN-Done;其他位保留
StatusBits	输出	UINT	当 Error 为 TRUE 时的 SubError 代码值 触发或重新触发 MSG 时,将清除先前设置的 SubErrorID

表 5-18　MODBUS2TARPARA 数据类型的参数值

参数	类型	描　　述
Addr	UDINT	目标设备的 Modbus 数据地址:1~65536。发送时减 1。如果地址值大于 65536,则固件使用地址的低字
NodeAddress[4]	USINT	目标设备的 IP 地址。IP 地址应为有效的单播地址并且不应为 0、多播、广播、本地地址或回送地址（127.x.x.x）。例如,指定 192.168.2.100;NodeAddress[0] = 192；NodeAddress[1] = 168;NodeAddress[2] = 2;NodeAddress[3] = 100
端口	UINT	目标 TCP 端口号。标准 Modbus/TCP 端口为 502。1~65535;设为 0 以使用默认值 502
UnitId	USINT	单位标识符。用于通过 Modbus 桥与从属设备通信。范围是 0~255。 如果目标设备不是桥,请设为 255
MsgTimeOut	UDINT	消息超时(毫秒)。等待已启动命令回复的时长。数值范围 250~10000；设为 0 以使用默认值 3000
ConnTimeOut	UDINT	TCP 连接建立超时(毫秒)。等待与目标设备成功建立 TCP 连接的时长。范围 250~10000;设为 0 以使用默认值 5000
ConnClose	BOOL	TCP 连接关闭行为。True—在消息完成时关闭 TCP 连接。False—在消息完成时不关闭 TCP 连接［默认］

表 5-19　MODBUS2LOCPARA 数据类型的参数值

参数	类型	描　述
通道	UINT	本地以太网端口号;4(对于 Micro850 和 Micro820 嵌入式以太网端口)
TriggerType	UDINT	消息触发器类型;0 表示触发一次 Msg(当 IN 从 False 转为 True 时);1~65535 表示循环触发器值(毫秒)。当 IN 为 True 并且先前消息执行完成时,定期触发消息。将该值设为 1 以尽快触发消息
Cmd	USINT	Modbus 命令:同表 5-18
ElementCnt	UINT	同表 5-18

（2）利用 MSG_ MODBUS2 指令进行以太网通信编程示例

这里以 Micro820 控制器与台达 DVP-12SE 控制器的 Modbus/TCP 以太网通信为例加以说明。其中 Micro820 为通信主站,台达 DVP-12SE 为 Modbus 通信从站。Micro820 控制器的 IP 地址为 192.168.1.3,台达控制器的 IP 地址为 192.168.1.2,端口为 502。程序实现的功能是向台达控制器的 Y0~Y15（数字量输出）地址写数据,从台达的 D0~D15 寄存器读数据。根据台达控制的地址映射,Y0~Y15 对应的 Modbus 线圈地址为 1281~1296。D0~D15 寄存器对应的 Modbus 寄存器地址为 4097~4112。

在程序设计中,利用了两个 MSG_ MODBUS2 指令,分别进行写多个线圈和读多个寄存器的操作。根据该指令的规范,2 个指令的参数设置分别如图 5-90 和图 5-91 所示。Micro820 控制器的通信程序如图 5-92 所示。图中的程序针对线圈和寄存器分别利用了一个 MSG_ MODBUS2 指令。在读寄存器的指令中,也可在线把图 5-91 中 R-LocafCfg. Cmd 从 3 改为 16,这时通过给 R_ LocalAdd 数组赋值,从而实现向从站寄存器写数据。

名称	别名	数据类型	维度	项目值	初始值	注释
W_LocalCfg		MODBUS2LO ▾		...	...	
W_LocalCfg.Channel		UINT			4	Local Channel number
W_LocalCfg.TriggerType		UDINT			0	0 = Trigger once, n = Cyclic Trigger
W_LocalCfg.Cmd		USINT			15	Modbus command
W_LocalCfg.ElementCnt		UINT			16	No. of elements to Read/Write
W_TargetCfg		MODBUS2TA ▾		...	...	
W_TargetCfg.Addr		UDINT			1281	Target's Modbus data address
W_TargetCfg.NodeAddress		MODBUS2NODE		...	...	Target node address
W_TargetCfg.NodeAddress[0]		USINT			192	
W_TargetCfg.NodeAddress[1]		USINT			168	
W_TargetCfg.NodeAddress[2]		USINT			1	
W_TargetCfg.NodeAddress[3]		USINT			2	
W_TargetCfg.Port		UINT			502	Target TCP port number
W_TargetCfg.UnitId		USINT			255	Unit Identifier
W_TargetCfg.MsgTimeout		UDINT			0	Message time out (in milliseconds)
W_TargetCfg.ConnTimeout		UDINT			0	Connection timeout (in milliseconds)
W_TargetCfg.ConnClose		BOOL			FALSE	Connection closing behavior
W_LocalAdd		MODBUSLOC ▾		...	...	
W_LocalAdd[1]		WORD				

图 5-90　以太网通信写多个线圈时的参数配置

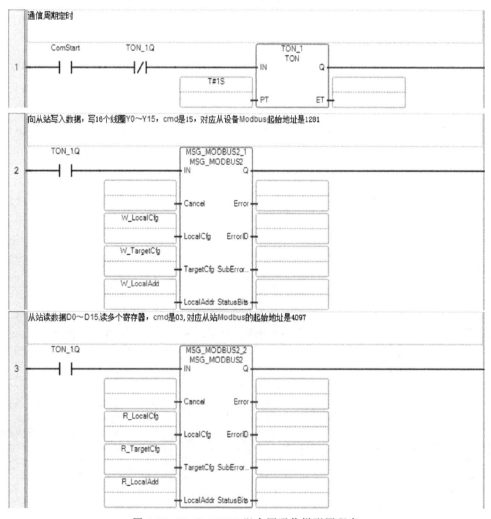

名称	别名	逻辑值	实际值	初始值	锁定	数据类型	维度	注释
- R_LocalCfg				...	☐	MODBUS2LO		
R_LocalCfg.Channel		4	不可用	4	☐	UINT		Local Channel number
R_LocalCfg.TriggerType		0	不可用	0	☐	UDINT		0 = Trigger once, n = Cyclic Trigger
R_LocalCfg.Cmd		3	不可用	3	☐	USINT		Modbus command
R_LocalCfg.ElementCnt		16	不可用	16	☐	UINT		No. of elements to Read/Write
- R_TargetCfg				...	☐	MODBUS2TA		
R_TargetCfg.Addr		4097	不可用	4097	☐	UDINT		Target's Modbus data address
- R_TargetCfg.NodeAddress				...	☐	MODBUS2NODI		Target node address
R_TargetCfg.NodeAddress[0]		192	不可用	192	☐	USINT		
R_TargetCfg.NodeAddress[1]		168	不可用	168	☐	USINT		
R_TargetCfg.NodeAddress[2]		1	不可用	1	☐	USINT		
R_TargetCfg.NodeAddress[3]		2	不可用	2	☐	USINT		
R_TargetCfg.Port		502	不可用	502	☐	UINT		Target TCP port number
R_TargetCfg.UnitId		255	不可用	255	☐	USINT		Unit Identifier
R_TargetCfg.MsgTimeout		0	不可用	0	☐	UDINT		Message time out (in milliseconds)
R_TargetCfg.ConnTimeout		0	不可用	0	☐	UDINT		Connection timeout (in milliseconds)
R_TargetCfg.ConnClose		☐	不可用	FALSE	☐	BOOL		Connection closing behavior
- R_LocalAdd				...	☐	MODBUSLOC		
R_LocalAdd[1]		98	不可用		☐	WORD		
R_LocalAdd[2]		90	不可用		☐	WORD		

图 5-91 以太网通信读多个寄存器时的参数配置（监控状态）

图 5-92 Modbus/TCP 以太网通信梯形图程序

5.6.2　Micro800 系列 PLC 与 Logix PLC 以太网通信程序设计

在工业控制系统中，通常会有不同型号的 PLC 在不同的生产工段工作，由于信息交互的需要，PLC 除了会与触摸屏或上位机通信外，PLC 之间也存在信息交互。现以 Micro820 系列 PLC 与 Logix 系列 CompactLogix PLC 通信加以说明。由于两个 PLC 都是罗克韦尔产品，因此，两个 PLC 之间的通信程序较为简洁。

假设两个 PLC 分别为 Micro820（固件版本为 10）和目录号是 1769-L36ERM 的 CompactLigix 控制器（固件版本号为 30）。其中 Micro820 系列 PLC 的编程软件是 V10.0 版的 CWW，Logix 控制器的编程软件是 V30.0 版的 Studio5000 Logix 设计器。两个 PLC 的 IP 地址分别为 192.168.1.5 和 192.168.1.3。两者已通过交换机进行了连接，通过测试，表明两个 PLC 的以太网物理连接正常。

要实现两个控制器的通信，可以利用 Logix 控制器的 MSG 指令。如果希望该指令能不停地反复执行，梯级条件则使用该指令 MESSAGE 结构数据标签使能位的 EN 属性的常开输入指令，如图 5-93 所示。程序运行后，如果指令执行正常，梯形图的左侧常闭触点是一直接通的。

图 5-93　连续执行 MSG 指令的梯形图程序

除了上述梯形图程序，还需要对指令进行组态。在增加 MSG 指令时，要输入 Message 控件名。这里定义的名称是 MSG_TEMP，是一个全局变量。双击 MSG 指令中的 ⬚，打开如图 5-94 所示的消息组态界面。在 "Message Type" 中选择 "CIP Data Table Read"，表示

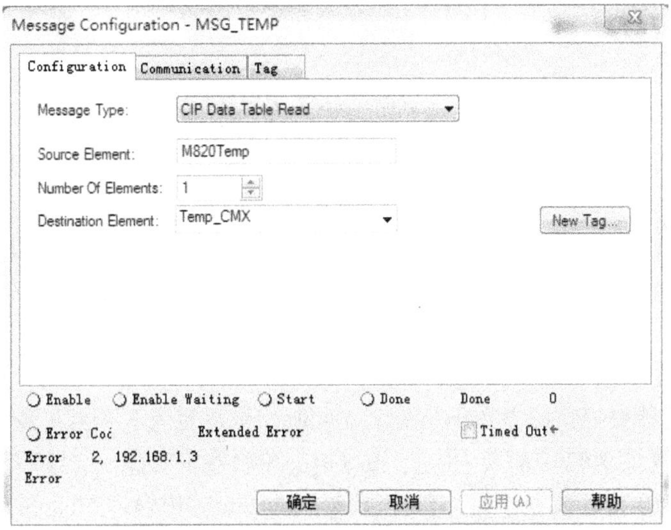

图 5-94　MSG 指令通信类别选择

Logix 控制器从 Micro820 系列 PLC 中读取数据，其中源数据需要填写对方控制器的变量，而目的数据元素需要填写本控制器的变量。因此，在 "Source Element" 中输入 Micro820 系列 PLC 中定义的存储温度数值的全局变量 M820Temp；在 "Number of Elements" 中输入 1；在 "Destination Element" 中输入 Logix 控制器中定义的全局变量 Temp_ CMX。也可以通过界面中的 "New Tag" 按钮来定义相关的变量。单击 "确定" 按钮退出该界面组态。

接着配置通信参数，如图 5-95 所示。其中的 "Path" 是通信的路径，这里填写的是 2.192.168.1.3。路径中第一个 2 表示 CompactLogix 控制器，后面跟的是 Micro820 PLC 的 IP 地址。路径也可通过 "Browse" 按钮来选择。所谓路径是指从一个控制器出发，到达另外一个控制器所经历的通道。路径与数据传送方向无关，不论 MSG 指令的操作是读信息还是写信息，路径总是从 MSG 指令发出的控制器指向被 MSG 指令访问的控制器。从路径的填写可以看出，路径是有一定的结构规格的，一般由一个或多个路段构成，路段复杂时可以经由不止一个网络，甚至可以是不同类型的网络，这也是 MSG 指令传送灵活的特点之一。界面中 "Cache Connections" 是缓冲式连接，此项被勾选，表示这条 MSG 指令固定的占用一个控制器的连接；如果取消，表示只有在运行这条 MSG 指令时才会占用控制器的连接。

图 5-95　MSG 指令通信参数配置

由于缓存式的连接在控制器中是有数量限制的，每个控制器不超过 32 个，这就意味着如果这种通信类型的 MSG 指令在同一个控制器中的使用数量要超过限量，就不得不取消 "Cache Connections" 的选项，还需要编写轮流执行 MSG 指令的逻辑程序，并互锁执行。需要注意的是，每个控制器限制 32 个缓存式连接并不表明控制器程序中只能使用 32 个 MSG 指令。

MSG 配置的第 3 个属性页是 Tag，如图 5-96 所示。

如果两个控制器要通信的参数不止 1 个，此时，可以定义 2 个全局数组，如在 Micro820 中定义 1 个 10 维数组 M820DATA [10]，在 Logix 控制器中定义一个 10 维全局数组 Temp_ CMX [10]，在 MSG 指令配置界面，在 "Source Element" 中输入 Micro820 系列 PLC 中定的全局变量 M820DATA [1]；在 "Number of Elements" 中输入 10；在 "Destination Element" 中输入 Logix 控制器中定义的全局变量 Temp_ CMX [1]。具体如图 5-97 所示。填写数组变量时，要求其数组长度不超过数组定义时的实际维数，否则 MSG 指令执行时会提示错误。此外，地址中数组变量必须指定首个元素编号。

如果要把 Logix 控制器中的参数写入 Micro820 控制器中，则在图 5-94 配置界面中，在 Message Type 中选择"CIP Data Table Write"。图中的目的数据元素为对方控制器变量地址，需要键入对方控制器的全局变量，源数据元素为本控制器数据变量，可以在本控制器的全局变量中已有的数据变量中选择，也可以临时创建。因此，可以看出，不同的数据传送方向，读数据或写数据决定了 MSG 指令中源数据和目的数据地址的不同。

程序编写好后，分别下载到相应的控制器中，可以通过监控观察通信是否正常。

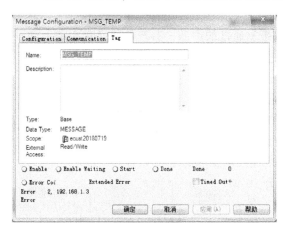

图 5-96　MSG 指令中选择 Tag

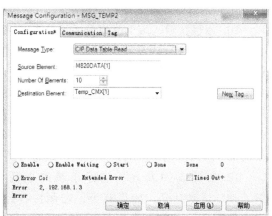

图 5-97　PLC 通信变量超过 1 个时 MSG 指令配置

复习思考题

1. 某霓虹灯共有 8 盏灯，设计一段程序每次只点亮一盏灯，间隔 1s 循环往复不止。

2. 编写用户功能块，要求输入信号 IN2 与输入信号 IN1 比较，如果大于，则输出 Q 是 IN1-IN2 的值，输出 Q1 为 1。反之，输出等于 IN2-IN1 的值，Q1 为-1。

3. 楼层灯 LAMP 可由楼下开关 F_ UP 和楼上开关 F_ DOWN 控制，控制要求是 LAMP 灯不亮时，只要其中任一个开关切换，LAMP 灯就点亮。当 LAMP 灯点亮时，只要其中任一开关切换，LAMP 灯就熄灭，设计程序实现。

4. 编写用户功能块 FLOWDATA，它根据输入的差压 DP 和满量程 FM，计算流量 FLOW，流量系数 K = 10，即 FLOW = K$\sqrt{\text{DP}}$。要求流量小于满量程 FM 的 0.75%时，输出流量值为 0，即小信号切除。

5. 编写程序，控制要求如下：将开关 START1 合上后，先延时 5s，然后，绿灯 GREEN 点亮 3s，然后熄灭，并每隔 6s，再点亮 3s，循环点亮和熄灭。

6. 编写用户函数，输入信号与 20 比较，如果大于 20，则输出 20，反之，输出等于输入。

7. 编写 3-8 编码器程序 P1，用 3 个开关信号 S1、S2、S3，使输出 OUT 根据 3 个信号输入的 0 或 1，分别输出 0~7（即 S1、S2、S3 全 1 时，输出 7，S1 为 1，输出 1；S2 为 1，输出 2；S1、S2 为 1，输出 3；S3 为 1，输出 4 等）。

8. 灯 L1 在开关 S1 合上后延迟 10s 点亮，点亮时间 15s，然后熄灭 20s，点亮 10s，等 10s，再点亮 15s，然后，熄灭 20s，点亮 10s，等 10s，再点亮 10s，如此循环，S1 断开熄灭，其时序图如图 5-98 所示。试用 FB_ CYCLETIME 来编写该程序。

9. 两台电动机的关联控制：在某机械装置上装有两台电动机。当按下正转启动按钮 SB2，电动机 1 正转；当按下反转启动按钮 SB3，电动机 1 反转；只有当电动机 1 运行时，并按下启动按钮 SB4，电动机 2 才能运行，电动机 2 为单向运行；两台电动机有同一个按钮 SB1 控制停止。试编写满足上述控制要求的 PLC 程序。

图 5-98　信号灯控制时序

10. 用接在输入端的光电开关 SB1 检测传送带上通过的产品，有产品通过时 SB1 为常开状态，如果在 10s 内没有产品通过，由输出电路发出报警信号，用外接的开关 SB2 解除报警信号。试编写满足上述控制要求的 PLC 程序。

11. 由两台三相交流电动机 M1、M2 组成的控制系统的工作过程为：当按下启动按钮 SB1 时，电动机 M1 启动工作；延时 5s 后，电动机 M2 启动工作；当按下停止按钮 SB2 时，两台电动机同时停机；若电动机 M1 过载，两台电动机同时停机；若电动机 M2 过载，则电动机 M2 停机而电动机 M1 不停机。试编写满足上述控制要求的 PLC 程序。

12. 如图 5-99 所示，当停车场内车辆少于 10 辆，指示灯绿灯亮，如果有车，左侧栏杆抬起，车进入停车场后，左侧栏杆落下。出车时，右侧栏杆抬起，车从停车场右侧出，出车后 10s 栏杆落下。停车场内最多能停 10 辆车，达到 10 辆车，指示灯红灯亮，左侧栏杆不会再抬起。遇到紧急情况启动 SO 开关，栏杆落下，传感器失灵，启动手动开关 ST，栏杆抬起。试编写满足上述控制要求的 PLC 程序。

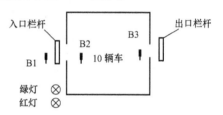

图 5-99　停车场示意图

13. 用 PLC 控制自动轧钢机，如图 5-100 所示。控制要求：当启动按钮按下，M1、M2 运行，传送钢板，检测传送带上有无钢板的传感器 S1（为 ON），表明有钢板，则电动机 M3 正转，S1 的信号消失（为 OFF），检测传送带上钢板到位后 S2 有信号（为 ON），表明钢板到位，电磁阀 Y1 动作，电动机 M3 反转，如此循环下去，当按下停车按钮则停机。

14. 用 PLC 改造图 5-101 所示的继电器-接触器电气控制电路，要求增加点动功能，有电源指示、运行指示、点动指示。请绘制 PLC 控制 I/O 接口接线图，并且编写控制程序。

15. 用功能块图或顺序功能表图编程语言编写程序，实现物料的混合控制。生产过程和信号波形如图 5-102 所示。其操作过程说明如下：操作人员检查混合罐液位是否已排空，已排空后由操作人员按下 START 启动按钮，自动开物料 A 的进料

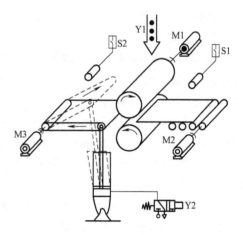

图 5-100　轧钢机工作示意图

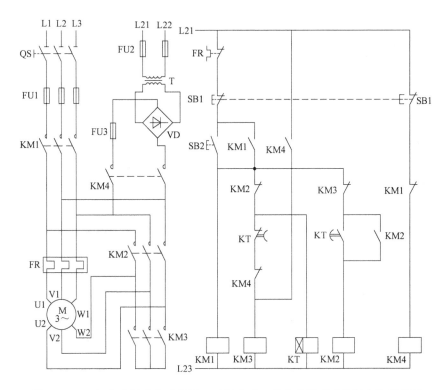

图 5-101　三相交流异步电动机丫-△减压启动、停车能耗制动控制电路原理图

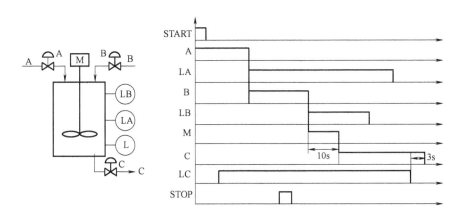

图 5-102　物料混合过程及其时序图

阀 A，当液位升到 LA 时，自动关进料阀 A，并自动开物料 B 的进料阀 B。当液位升到 LB时，关进料阀 B，并启动搅拌电动机 M，搅拌持续 10s 后停止，并开出料阀 C。当液位降到L 时，表示物料已达下限，再持续 3s 后，物料可全部排空，自动关出料阀 C。整个物料混合和排放过程结束，进入下次混合过程，如此循环。当按下 STOP 停止按钮时，在排空过程后关闭出料阀 C。

16. 图 5-103 所示为专用钻床控制系统工作示意图，其控制要求如下：

1）左、右动力头由主轴电动机 M1、M2 分别驱动。

2）动力头的进给由电磁阀控制气缸驱动。

3）工件位置由 SQ1～SQ6（即到位的检测信号）控制。

4）设 S01 为启动按钮，SQ0 闭合为夹紧到位，SQ7 闭合为放松到位。

工作循环过程：当左、右滑台在原位按 S01 启动按钮→工件夹紧→左、右滑台同时快进→左、右滑台工进并启动动力头电动机→挡板停留（延时 3s）→动力头电动机停，左、右滑台分别快退到原处→松开工件。

试选用合适的 Micro800 系列控制器，采用顺序功能图设计方法，利用梯形图语言编写控制程序。

17. 如图 5-104 所示，某专用钻床用两只钻头同时钻两个孔，开始自动运行之前两个钻头在最上面，上限位开关 DI03 和 DI05 为 ON，操作人员放好工件后，按下启动按钮 DI01，工件被夹紧（DI00）后两只钻头同时开始工作，钻到由限位开关 DI02 和 DI04 设定的深度时分别上行，回到限位开关 DI03 和 DI05 设定的起始位置分别停止上行，两个都到位后，工件被松开（DI06），松开到位后，加工结束，系统返回初始状态。试选择合适的 Micro800 系列控制器，编写 I/O 表，用顺序功能图方法设计程序，用梯形图语言编写控制程序。

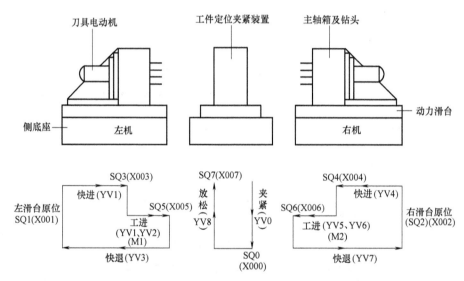

图 5-103　专用钻床工作过程示意图

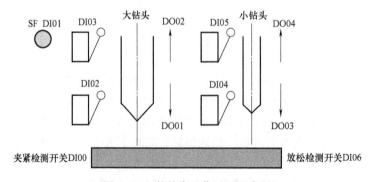

图 5-104　某钻床工作过程示意图

第6章 工业人机界面与工业控制组态软件

6.1 工业人机界面

人机界面是指人和机器在信息交换和功能上接触或互相影响的人机结合面,英文称作 Human Machine Interface(HMI),有些地方也称为 Man Machine Interface(MMI)。目前由于信息技术已经深入地影响了人民的生活和工作,特别是各种移动设备的广泛应用,使得人们几乎时时刻刻都要进行人机操作,比如利用手机上网、在银行 ATM 机上操作等。

在工业自动化领域,主要有两种类型的人机界面。

1)在制造业流水线及机床等单体设备上,大量采用了 PLC 作为控制设备,但是 PLC 自身没有显示、键盘输入等人机交互功能,因此,通常需要配置触摸屏或嵌入式工业计算机作为人机界面,它们通过与 PLC 通信,实现对生产过程的现场监视和控制,同时还可以进行参数设置、参数显示、报警、打印等功能。图 6-1 所示为某应用中的终端操作界面。针对触摸屏这类嵌入式人机界面〔或称操作员终端面板(Operator Interface Panel)〕,通常需要在 PC 机上利用设备配套的人机界面开发软件,按照系统的功能要求进行组态,形成工程文件,对该文件进行功能测试后,将工程文件下载到触摸屏存储器中,从而实现监控功能。为了与位于控制室的人机界面应用有所区别,这种类型的人机界面也常称作终端(以下用此称法)。

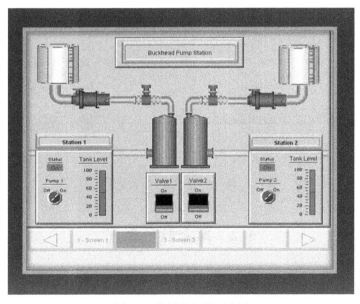

图 6-1 终端人机界面应用

由于 PLC 与终端的组合几乎是标配,因此,几乎所有的主流 PLC 厂商都生产终端设备,同时，还有大量的第三方厂商生产终端。通常，这类厂商的终端配套的人机界面开发软件支持市面上主流的 PLC 产品和多种通信协议，因此能和各种厂商的 PLC 配套使用。一般而言，第三方厂商的设备在价格上有较大优势，支持的设备种类也较多。

2）工业控制系统通常是分布式控制系统，各种控制器在现场设备附近安装，为了实现全厂的集中监控和管理，需要设立一个统一监视、监控和管理整个生产过程的中央监控系统，中央监控系统的服务器与现场控制站进行通信，工程师站、操作员站等需要安装配置对生产过程进行监视、控制、报警、记录、报表功能的工控应用软件，具有这样功能的工控应用软件也称为人机界面，这一类人机界面通常是用工控组态软件（简称为组态软件）开发的。与触摸屏终端相比，不存在工程下装（download）的问题，这类应用软件直接运行在工作站上（通常是商用机器、工控机或工作站）。图 6-2 所示为用罗克韦尔自动化 FactoryTalk View Studio 工控组态软件开发的污水处理过程监控系统人机界面。上一段中介绍的配置嵌入式工控机的应用也属于此类，只是这类应用中工控机是安装在设备配套的控制柜上，而不是放在中控室的。

本章将重点介绍内容更加丰富的工控组态软件，并对终端做一些介绍。

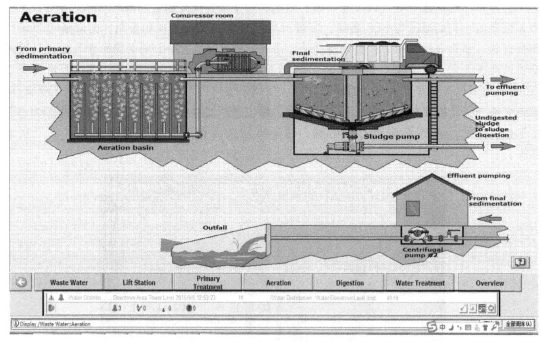

图 6-2　FactoryTalk View 人机界面应用

6.2　组态软件概述

6.2.1　组态软件的产生及发生

工业控制的发展经历了手动控制、仪表控制和计算机控制等几个阶段。随着集散控制系统的发展和在石油、化工、冶金、造纸等领域的广泛应用，集散控制中采用组态工具来开发控制系统应用软件的技术得到了广泛的认可。特别是随着 PC 的普及和计算机控制在众多行业应用中的增加，以及人们对工业自动化要求的不断提高，传统的工业控制软件已无法满足各类应用系统的需求和挑战。在开发传统的工业控制软件时，一旦工业被控对象有变动，就必须修改其控制系统的源程序，导致开发周期延长；已开发成功的工控软件又因控制项目的不同而很难重复使用。这些因素导致了工控软件价格昂贵、维护困难、可靠性低。

随着微电子技术、计算机技术、软件工程和控制技术的发展，作为用户无需改变运行程序源代码的软件平台工具——工控组态软件（Configuration Software）便逐步产生且不断发展。由于组态软件在实现工业控制的过程中免去了大量烦琐的编程工作，解决了长期以来控制工程人员缺乏丰富的计算机专业知识与计算机专业人员缺乏控制工程现场操作技术和经验的矛盾，极大地提高了自动化工程的开发效率及工控应用软件的可靠性。近年来，组态软件不仅在中小型工业控制系统中广泛应用，也成为大型 SCADA 系统开发人机界面和监控应用程序最主要的应用软件，在配电自动化、智能楼宇、农业自动化、能源监测等领域也得到了众多应用。在 DCS 中，其操作员站等人机接口也是采用组态软件，只是这些软件与控制器组态软件及 DCS 中其他应用软件进行了更好的集成。艾默生的 DeltaV 的操作员界面就是艾默生收购 iFix 并在此基础上进一步开发的，因此，熟悉 iFix 组态软件应用开发的工程技术人员在使用 DeltaV 时很容易上手。

"组态"的概念最早来自英文 Configuration，其含义是使用软件工具对计算机及软件的各种资源进行配置与编辑（包括进行对象的创建、定义、制作和编辑，并设定其状态特征属性参数），达到使计算机或软件按照预先设置，自动执行特定任务，满足使用者要求的目的。在控制界，"组态"一词首先出现在 DCS 中。组态软件自 20 世纪 80 年代初诞生至今，已有 30 多年的发展历史。应该说组态软件作为一种应用软件，是随着 PC 的兴起而不断发展的。20 世纪 80 年代的组态软件，像 Onspec、Paragon 500、早期的 FIX 等都运行在 DOS 环境下，图形界面的功能不是很强，软件中包含着大量的控制算法，这是因为 DOS 具有很好的实时性。20 世纪 90 年代，随着微软的图形界面操作系统 Windows 3.0 风靡全球，以罗克韦尔自动化的 RSView 等为代表的人机界面开发软件开创了 Windows 操作系统下运行工控软件的先河。目前，主要的组态软件有罗克韦尔自动化的 FactoryTalk View Studio 和 RSView32，美国 GE 公司的 Proficy iFIX（收购的产品）和 Proficy Cimplicity，德国西门子公司的 WinCC，施耐德公司的 Wonderware Intouch（从 Invensys 收购）与 Vijeo Citect（从澳大利亚西雅特 CIT 公司收购）以及法国彩虹计算机公司 PcVue 等。国产产品主要有北京亚控科技公司的组态王、力控元通科技的 Forcecontrol 和大庆紫金桥软件公司的紫金桥等。

纵观各种类型的工控组态软件，尽管它们都具有各自的技术特色，但总体上看，这些组态软件具有以下的主要特点：

1）延续性和扩充性好。用组态软件开发的应用程序，当现场硬件设备有增加，系统结构有变化或用户需求发生改变时，通常不需要很多修改就可以通过组态的方式顺利完成软件功能增加、系统更新和升级。

2）封装性高。组态软件所能完成的功能都用一种方便用户使用的方法包装起来，对于用户，不需掌握太多的编程语言技术（甚至不需要编程技术），就能很好地完成一个复杂工程所要求的所有功能。

3）通用性强。不同的行业用户都可以根据工程的实际情况，利用组态软件提供的底层设备（PLC、智能仪表、智能模块、板卡、变频器等）的I/O驱动程序、开放式的数据库和画面制作工具，完成一个具有生动图形界面、动画效果、实时数据显示与处理、历史数据、报警和记录、具有多媒体功能和网络功能的工程，不受行业限制。

4）人机界面友好。用组态软件开发的监控系统人机界面具有生动、直观的特点，动感强烈，画面逼真，深受现场操作人员的欢迎。

5）接口趋向标准化。如组态软件与硬件的接口，过去普遍采用定制的驱动程序，现在普遍采用OPC规范。此外，数据库接口也采用工业标准。

由于市场对组态软件的巨大需求，从1990年开始，国产组态软件逐步出现，如北京亚控科技发展有限公司的组态王系列产品、北京三维力控科技有限公司的力控软件等。这些产品以价格低、驱动丰富等特点，在中小型工业监控系统开发中得到了广泛应用，积累了大量客户。近年来，随着计算机软、硬件技术的发展，组态软件的开发门槛逐步降低，越来越多的公司加入到组态软件的开发中来，新的产品不断出现。但总体来讲，虽然这些新的产品都具有一定的技术特色，但主要的功能还是比较相似，出现了明显的趋同性。

6.2.2　组态软件的功能需求

组态软件的使用者是自动化工程设计人员。组态软件包的主要目的是让使用者在生成适合自己需要的应用系统时不需要修改软件程序的源代码，因此不论采取何种方式设计组态软件，都要面对和解决控制系统设计时的公共问题，满足这些要求的组态软件才能真正符合工业监控的要求，能够被市场接受和认可。这些问题主要有以下几点：

1）如何与采集、控制设备进行数据交换，即广泛支持各种类型的I/O设备、控制器和各种现场总线技术和网络技术。

2）多层次的报警组态和报警事件处理、报警管理和报警优先级等。如支持对模拟量、数字量报警及系统报警等；支持报警内容设置，如限值报警、变化率报警、偏差报警等。

3）存储历史数据并支持历史数据的查询和简单的统计分析。工业生产操作数据，包括实时和历史数据是分析生产过程状态，评价操作水平的重要信息，对加强生产操作管理和优化具有重要作用。

4）各类报表的生成和打印输出。不仅组态软件支持简单的报表组态和打印，还要支持采用第三方工具开发的报表与组态软件数据库连接。

5）为使用者提供灵活、丰富的组态工具和资源。这些工具和资源可以适应不同应用领域的需求，此外，在注重组态软件通用性的情况下，还能更好地支持行业应用。

6）最终生成的应用系统运行稳定可靠，不论对于单机系统还是多机系统，都要确保系统能长期安全、可靠、稳定地工作。

7）具有与第三方程序的接口，方便数据共享。

8）简单的回路调节、批次处理和SPC过程质量控制等高级功能。

9）如果内嵌入软逻辑控制，则软逻辑编程软件要符合IEC 61131-3标准。

10）安全管理，即系统对每个用户都具有操作权限的定义，系统对每个重要操作都可以形成操作日志记录，同时有完备的安全管理制度。

11）对Internet/Intranet的支持，可以提供基于Web的应用。随着移动应用的增加，新型的组态软件要支持安卓或iOS移动终端。

12）多机系统的时钟同步。系统可由 GPS 全球定位时钟提供标准时间，同时向全系统发送对时命令，包括监控主机和各个客户机、下位机等。可实现与网络上其他系统的对时服务，支持人工设置时间功能。

13）开发环境与运行环境切换方便，支持在线组态功能，即在运行环境时也可以进行一些功能修改和组态，刷新和修改后的功能即时生效。

14）信息安全保障。工控应用软件要减少漏洞，提高信息安全防护水平，确保工控应用软件系统的信息安全。

15）工控组态软件的易用性。开发人员在利用工控组态软件开发工控应用软件时，只需要通过简单的操作，就可以实现工程的生成、设备组态、网络配置、图形界面编辑、逻辑与控制（事件、配方处理等）、报警、报表、用户管理等功能。

为了设计出满足上述要求的组态软件系统，要特别注意系统的架构设计和关键技术的使用。在设计中，一方面要兼顾一般性与特性，也要遵从通用软件的设计思想，注重安全性和可靠性、标准化、开放性和跨平台操作等。

6.3　组态软件系统构成与技术特色

6.3.1　组态软件的总体结构及其相似性

组态软件主要作为 SCADA 系统及其他控制系统的上位机人机界面的开发平台，为用户提供快速构建工业自动化系统数据采集和实时监控功能服务。而不论什么样的过程监控，总是有相似的功能要求，例如流程显示、参数显示和报警、实时和历史趋势显示、报表、用户管理、监控功能等。正因为如此，不论什么样的组态软件，它们在整体结构上都具有相似性，只是不同的产品实现这些功能的方式有所不同。

从目前主流的组态软件产品来看，组态软件多由开发系统与运行系统组成，如图 6-3 所示。系统开发环境是自动化工程设计师为实施其控制方案，在组态软件的支持下进行应用程序的系统生成工作所必须依赖的工作环境，通过建立一系列用户数据文件，生成最终的图形目标应用系统，供系统运行环境运行时使用。

系统运行环境由若干个运行程序支持，如图形界面运行程序、实时数据库运行程序等。在系统运行环境中，系统运行环境将目标应用程序装入计算机内存并投入实时运行。不少组态软件都支持在线组态，即在不退出系统运行环境下修改组态，使修改后的组态在运行环境中直接生效。当然，如果修改了图形界面，则必须刷新该界面新的组态才能显示。维系组态环境与运行环境的纽带是实时数据库，如图 6-3 所示。

运行环境系统由任务来组织，每个任务包括一个控制流程，由控制流程执行器来执行。任务可以由事件中断、定时时间间隔、系统出错或报警及上位机指令来调度。每个任务有优先级设置，

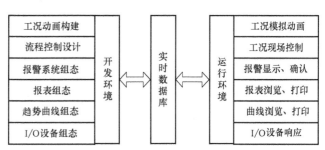

图 6-3　组态软件结构

高优先级任务能够中断低优先级任务。同优先级的程序若时间间隔设置不同，则可以通过竞争，抢占 CPU 使用权。在控制流程中，可以进行逻辑或数学运算、流程判断和执行、设备扫描及处理和网络通信等。此外，运行环境还包括以下一些服务：

1）通信服务：实现组态软件与其他系统之间的数据交换。

2）存盘服务：实现采集数据的存储处理操作。

3）日志服务：实现系统运行日志记录功能。

4）调试服务：辅助实现开发过程中的调试功能。

组态软件的功能相似性还表现在以下几个方面：

1）目前绝大多数工控组态软件都可以运行在 Windows 2000/Win7 环境下，部分还可以运行在 Win10 操作系统下。这些软件界面友好、直观、易于操作。

2）现有的组态软件多数以项目（Project）的形式来组织工程，在该项目中，包含了实现组态软件功能的各个模块，包括 I/O 设备、变量、图形、报警、报表、用户管理、网络服务、系统冗余配置和数据库连接等。

3）组态软件的相似性还表现在目前的组态软件都采用 TAG 数来组织其产品和进行销售，同一公司产品的价格主要根据点数的多少而定，而软件的加密多数采用硬件狗，部分产品也支持软件 License。

6.3.2　组态软件的功能部件

为了解决 6.2.2 节指出的功能需求问题，完成监控与数据采集等功能，简化程序开发人员的组态工作，易于用户操作和管理，一个完整的组态软件基本上都包含以下一些部件，只是不同的系统，这些构件所处的层次、结构会有所不同，名称也会不一样。

1. 人机界面系统

这里人机界面系统实际上就是所谓的工况模拟。人机界面组态中，要利用组态软件提供的图形工具，制作出友好的图形界面给控制系统使用，其中包括被控过程流程图、曲线图、棒状图、饼状图、趋势图，以及各种按钮、控件、文本等元素。人机界面组态中，除了开发出满足系统要求的人机界面外，还要注意运行系统中画面的显示、操作和管理。图 6-4 所示为 FactoryTalk View Studio 图形编辑窗口。

在组态软件中进行工程组态的重要一步即制作工况模拟画面，画面制作分为静态图形设计和动态属性设置两个过程。静态图形设计类似于"画画"，用户利用组态软件中提供的基本图形元素，如线、填充形状、文本及设备图库，在组态环境中"组合"成工程的模拟静态画面。静态图形设计在系统运行后保持不变，与组态时一致。动态属性设置则完成图形的动画属性，与实时数据库中定义的变量建立相关性的连接关系，作为动画图形的驱动源。动态属性与确定该属性的变量或表达式的值有关。表达式可以是来自 I/O 设备的变量，也可以是由变量和运算符组成的数学表达式，它反映图形大小、颜色、位置、可见度、闪烁性等状态的特征参数，随着表达式值的变化而变化。人机界面系统的设计还包括报警组态及输出、报表组态及打印、历史数据检索与显示等功能。各种报警、报表、趋势的数据源都可以通过组态作为动画链接的对象。

组态软件给用户最深刻印象的就是图形用户界面。在组态软件中，图形主要包括位图与矢量图。所谓位图就是由点阵所组成的图像，一般用于照片品质的图像处理。位图的图形格式多采用逐点扫描、依次存储的方式。位图可以逼真地反映外界事物，但放大时会引起图像失真，并且占用空间较大。即使现在流行的 jpeg 图形格式也不过是采用对图形隔行隔列扫描从而进行存储的，虽然所占用空间变小，但是同样会在放大时引起失真。矢量图是由轮廓和填空组成的图形，保存的是图元各点的坐标，其构造原理与位图完全不同。矢量图形在数学上定义为一系列由线连接的点。矢量文件中的图形元素称为对象，每个对象都是一个自成一体的实体，它具有颜色、形状、轮廓、大小和屏幕位置等属性。因为每个对象都是一个自成一体的实体，所以可以在维持它原有清晰度和弯曲度的同时，多次移动和改变它的属性，而不影响图例中其他对象。矢量图的优点主要表现在以下三点：

1）克服了位图所固有的缺陷，文件体积小，具有无级缩放、不失真的特点，并可以方便地进行修改、编辑。

2）基于矢量图的绘图同分辨率无关，这意味着它们可以按照最高分辨率显示到输出设备上，并且现场操作站显示器的升级等不影响矢量图画面。

3）可以和位图图形集成在一起，也可以把它们和矢量信息结合在一起以产生更加完美的图形。

正因为如此，在组态软件中大量使用矢量图。

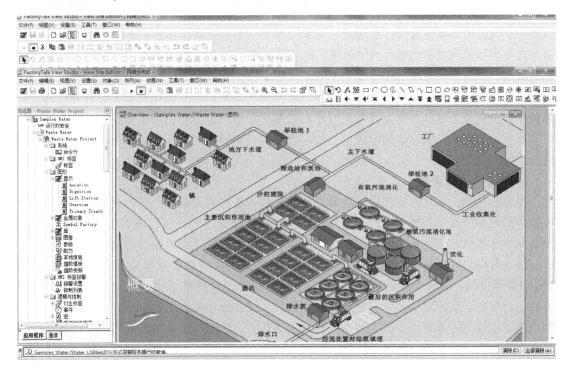

图 6-4　FactoryTalk View Studio 图形编辑窗口

2. 实时数据库系统

实时数据库是组态软件的数据处理中心，特别是对于大型分布式系统，实时数据库的性能在某种方面决定了监控软件的性能。它负责实时数据运算与处理、历史数据存储、统计数据处理、报警处理、数据服务请求处理等。实时数据库实质上是一个可统一管理的、支持变结构的、支持实时计算的数据结构模型。在系统运行过程中，各个部件独立地向实时数据库输入和输出数据，并完成自己的差错控制以减少通信信道的传输错误，通过实时数据库交换数据形成互相关联的整体。因此，实时数据库是系统各个部件及其各种功能性构件的公用数据区。

组态软件实时数据库系统的含义已远远超过了一个简单的数据库或一个简单的数据处理软件，它是一个实际可运行的，按照数据存储方式存储、维护和向应用程序提供数据或信息支持的复杂系统。因此，实时数据库系统的开发设计应该视为一个融入了实时数据库的计算机应用系统的开发设计。

数据库是组态软件的核心，数据来源途径的多少将直接决定开发设计出来的组态软件的应用领域与范围。组态软件基本都有与广泛的数据源进行数据交换的能力，如提供更多厂家的硬件设备的 I/O 驱动程序；能与 Microsoft Access、SQL Sever、Oracle 等众多的 ODBC 数据库连接；全面支持 OPC、OPC UA 标准，从 OPC 服务器直接获取动态数据；全面支持动态数据交换（DDE）标准和其他支持 DDE 标准的应用程序，如与 EXCEL 进行数据交换；全面支持 Windows 可视控件及用户自己用 VB 或 VC++开发的 ActiveX 控件。

组态软件实时数据库的主要特征是实时、层次化、对象化和事件驱动。所谓层次化是指不仅记录一级是层次化的，在属性一级也是层次化的。属性的值不仅可以是整数、浮点数、布尔量和定长字符串等简单的标量数据类型，还可以是矢量和表。采取层次化结构便于操作员在一个熟悉的环境中对受控系统进行监视和浏览。对象是数据库中一个特定的结构，表示监控对象实体的内容，由项和方法组成，项是实体的一些特征值和组件，方法表示实体的功能和动作。事件驱动是 Windows 编程中最重要的概念，在组态软件中，一个状态变化事件引起系统产生所有报警、时间、数据库更新，以及任何关联到这一变化所要求的特殊处理。如数据库刷新事件通过集成到数据库中的计算引擎执行用户定制的应用功能。

此外，组态软件实时数据库还支持处理优先级、访问控制和冗余数据库的数据一致性等功能。

3. 设备组态与管理

组态软件中，实现设备驱动的基本方法是：在设备窗口内配置不同类型的设备构件，并根据外部设备的类型和特征设置相关属性，将设备的操作方法和硬件参数配置、数据转换、设备调试等都封装在设备构件中，以对象的形式与外部设备建立数据的传输特性。

组态软件对设备的管理是通过对逻辑设备名的管理实现的，具体地说就是每个实际的 I/O 设备都必须在工程中指定一个唯一的逻辑名称，此逻辑设备名就对应一定的信息，如设备的生产厂家、实际设备名称、设备的通信方式、设备地址等。在系统运行过程中，设备构件由组态软件运行系统统一调度管理。通过通道连接，它可以向实时数据库提供从外部设备采集到的数据，供系统其他部分使用。

采取这种结构形式使得组态软件成为一个"与设备无关"的系统，对于不同的硬件设备，只需要定制相应的设备构件放置到设备管理子系统中，并设置相关的属性，系统就可以对该设备进行操作，而不需要对整个软件的系统结构做任何改动。

4. 网络应用与通信系统

广义的通信系统是指传递信息所需的一切技术设备的总和。这里所谓的通信系统是组态软件与外界进行数据交换的软件系统，对于组态软件来说，包含以下几个方面：

1) 组态软件实时数据库等与 I/O 设备的通信。

2）组态软件与第三方程序的通信，如与 MES 组件的通信、与独立的报表应用程序的通信等。

3）复杂的分布式监控系统中，不同 SCADA 节点之间的通信，如主机与从机间的通信（系统冗余时）、网络环境下 SCADA 服务器与 SCADA 客户机之间的通信、基于 Internet 或 Intranet 应用中的 Web 服务器与 Web 客户机的通信等。

组态软件在设计时，一般都要考虑到解决异构环境下不同系统之间的通信。用户需要自己的组态软件与主流 I/O 设备及第三方厂商提供的应用程序之间进行数据交换，应使开发设计的软件支持目前主流的数据通信和数据交换标准。组态软件通过设备驱动程序与 I/O 设备进行数据交换，包括从下位机采集数据和发送来自上位机的设备指令。设备驱动程序是由高级语言编写的 DLL（动态连接库）文件，其中包含符合各种 I/O 设备通信协议的处理程序。组态软件负责在运行环境中调用相应的 I/O 设备驱动程序，将数据传送到工程中各个部分，完成整个系统的通信过程。组态软件与 I/O 设备之间通常通过以下几种方式进行数据交换，即串行通信方式（支持 Modem 远程通信）、板卡方式（ISA 和 PCI 等总线）、网络节点方式（各种现场总线接口 I/O 及控制器）、适配器方式、DDE（快速 DDE）方式、OPC 方式、ODBC 方式等。可采用 NetBIOS、NetBEUI、IPX/SPX、TCP/IP 协议联网。

自动化软件正逐渐成为协作生产制造过程中不同阶段的核心系统，无论是用户还是硬件供应商都将自动化软件作为全厂范围内信息收集和集成的工具，这就要求自动化软件大量采用"标准化技术"，如 OPC、DDE、ActiveX 控件、COM/DCOM 等，这样使得自动化软件演变成软件平台，在软件功能不能满足用户特殊需要时，用户可以根据自己的需要进行二次开发。

5. 控制系统

控制系统以基于某种语言的策略编辑、生成组件为代表，是组态软件的重要组成部分。组态软件控制系统的控制功能主要表现在弥补传统设备（如 PLC、DCS、智能仪表或基于 PC 的控制）控制能力的不足。目前实际运行中的工控组态软件都是引入"策略"或"事件"的概念来实现组态软件的控制功能。策略相当于高级计算机语言中的函数，是经过编译后可执行的功能实体。控制策略构件由一些基本功能模块组成，一个功能模块实质上是一个微型程序（但不是一个独立的应用程序），代表一种操作、一种算法或一个变量。在很多组态软件中，控制策略是通过动态创建功能模块类的对象实现的。功能模块是策略的基本执行元素，控制策略以功能模块的形式来完成对实时数据库的操作、现场设备的控制等功能。在设计策略控件的时候可以利用面向对象的技术，把对数据的操作和处理封装在控件内部，而提供给用户的只是控件的属性和操作方法。用户只需在控件的属性页中正确设置属性值和选定控件的操作方法，就可以满足大多数工程项目的需要。而对于特殊的复杂控制工程，开发设计组态软件时应该为用户提供创建运行策略的良好构架，使用户比较容易地将自己编制或定制的功能模块以构件的形式装入系统设立的控件箱内，以便在组态控制系统中方便地调用，实现用户自定义的功能。

目前组态软件对控制系统的支持更多是集成符合 IEC61131-3 标准的编程语言和环境来实现，使得控制功能的实现更加标准化。

此外，为了提高组态软件对特定事件发生时的事件处理能力，一些组态软件还提供了事件编辑功能。图 6-5 所示为 FactoryTalk View Studio 的事件组态窗口。用户可以编辑事件发生的逻辑条件及事件发生后执行的动作。

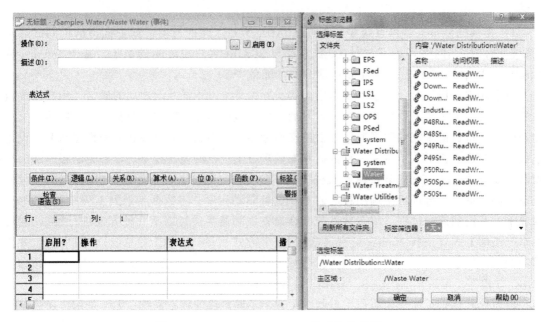

图 6-5　FactoryTalk View Studio 的事件组态窗口

6. 系统安全与用户管理

组态软件提供了一套完善的安全机制。用户能够自由组态控制菜单、按钮和退出系统的操作权限，只允许有操作权限的操作员对某些功能进行操作和对控制参数进行修改，防止意外地或非法地关闭系统、进入开发环境修改组态或者对未授权数据进行更改等操作。图 6-6 所示为 FactoryTalk View Studio 用户和组的安全设置窗口。

组态软件的操作权限机制和 Windows 操作系统类似，采用用户组和用户的机制来进行操作权限的控制。在组态软件中可以定义多个用户组，每个用户组可以有多个用户，而同一用户可以隶属于多个用户组。操作权限的分配是以用户组为单位进行的，即某种功能的操作哪些用户组有权限，而某个用户能否对这个功能进行操作取决于该用户所在的用户组是否具备对应的操作权限。通过建立操作员组、工程师组、负责人组等不同操作权限的用户组，可以简化用户管理，确保系统安全运行。

FactoryTalk View Studio、iFix 等还可以将这种用户管理和操作系统的用

图 6-6　FactoryTalk View Studio 用户和组的安全设置窗口

户管理关联起来，以简化应用软件的用户管理。一些组态软件（如组态王）还提供了工程密码、锁定软件狗、工程运行期限等功能，来保护使用组态软件的开发者所得的成果，开发者还可利用这些功能保护自己的合法权益。

7. 脚本语言

脚本语言（script languages，scripting programming languages，scripting languages）是为了缩短传统编程语言所采用的编写-编译-链接-运行（edit-compile-link-run）过程而创建的计算机编程语言。脚本语言又被称为扩建的语言，或者动态语言，通常以文本（如 ASCII）保存。相对于编译型计算机编程语言首先被编译成机器语言而执行的方式，用脚本语言开发的程序在执行时，由其所对应的解释器（或称虚拟机）解释执行。脚本语言的主要特征是程序代码，即脚本程序，也是最终可执行文件。脚本语言可分为独立型和嵌入型，独立型脚本语言在其执行时完全依赖于解释器，而嵌入型脚本语言通常在编程语言中（如 C、C++、VB、Java 等）被嵌入使用。

工业控制系统中脚本程序的起源要追溯到 DCS 中的高级语言。早期的多数 DCS 均支持 1~2 种高级语言（如 Fortran、Pascal、Basic、C 等）。1991 年 Honeywell 公司新推出的 TDC3000LCN/UCN 系统支持 CL（Control Lanuage）语言，这既简化了语法，又增强了控制功能，把面向过程的控制语言引入了新的发展阶段。

虽然采用组态软件开发人机界面把控制工程师从繁琐的高级语言编程中解脱出来了，它们只需要通过鼠标的拖、拉等操作就可以开发监控系统，但是，这种采取类似图形编程语言方式开发系统毕竟有其局限性。在监控系统中，有些功能的实现还是要依赖一些脚本。例如可以在按下某个按钮时，打开某个窗口；或当某一个变量的值变化时，用脚本触发系列的逻辑控制，改变变量的值、图形对象的颜色、大小，控制图形对象的运动等。

所有的脚本都是事件驱动的。事件可以是数据更改、条件、单击鼠标、计时器等。在同一个脚本程序内处理顺序按照程序语句的先后顺序执行。不同类型的脚本决定在何处以何种方式加入脚本控制。目前组态软件的脚本语言主要有以下几种：

1）Shell 脚本语言。Shell 脚本主要由原本需要在命令行输入的命令组成，或在一个文本编辑器中，用户可以使用脚本来把一些常用的操作组合成一组序列。这些语言类似 C 语言或 BASIC 语言，这种语言总体上比较简单，易学易用，控制工程师也比较熟悉。但是总体上这种编程语言功能比较有限，能提供的库函数也不多，但实现成本相对较低。图 6-7a 所示为 FactoryTalk View Studio 脚本命令编辑向导，该向导把用户能利用的各种函数都列出了，从而不需要用户记忆这些指令，减少了命令错误引起的问题。

2）采用 VBA（Visual Basic for Application），如 FactoryTalk View、iFIX 等组态软件。VBA 比较简单、易学。采用 VBA 后，整个系统编程的灵活性大大加强，控制工程师编程的自由度也扩大了很多，一些组态软件本身不具有的功能通过 VBA 可以实现，而且控制工程师还可以利用它开发一些针对特定行业的应用。图 6-7b 所示为 FactoryTalk View 的 VBA 脚本语言编程窗口。

3）支持多种脚本语言，目前来看，只有西门子的 WinCC。脚本语言的使用，极大地增强了软件组态时的灵活性，使组态软件具有了部分高级语言编程环境的灵活性和功能。典型的如可以引入事件驱动机制，当有窗口装入、卸载事件，或有鼠标左、右键的单击、双击事件，又或有某键盘事件及其他各种事件发生时，就可以让对应的脚本程序执行。

a) 脚本命令编辑向导

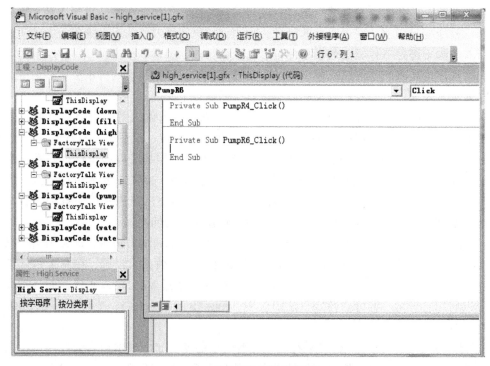

b) VBA脚本语言编程窗口

图 6-7 FactoryTalk View SE 的脚本语言

脚本程序一般都具有语法检查等功能，方便开发人员检查和调试程序，并通过内置的编译系统将脚本编译成计算机可以执行的运行代码。

脚本程序不仅能利用脚本编程环境提供的各种字符串函数、数学函数、文件操作等库函数，还可以利用 API 函数来扩展组态软件的功能。

8. 运行策略

所谓运行策略，是用户为实现对运行系统流程自由控制所组态生成的一系列功能模块的总称。运行策略的建立，使系统能够按照设定的顺序和条件操作实时数据库，控制用户窗口的打开、关闭以及设备构件的工作状态，从而达到对系统工作过程精确控制及有序调度的目的。通过对运行策略的组态，用户可以自行完成大多数复杂工程项目的监控软件，而不需要繁琐的编程工作。

按照运行策略的不同作用和功能，一般把组态软件的运行策略分为启动策略、退出策略、循环策略、报警策略、事件策略、热键策略及用户策略等。每种策略都由一系列功能模块组成。

启动策略是指在系统运行时自动被调用一次，通常完成一些初始化等工作。

退出策略是指在退出时自动被系统调用一次。退出策略主要完成系统退出时的一些复位操作。有些组态软件的退出策略可以组态为退出监控系统运行状态转入开发环境、退出运行系统进入操作系统环境、退出操作系统并关机三种形式。

循环策略是指在系统运行时按照设定的时间循环运行的策略，在一个运行系统中，用户可以定义多个循环策略。

报警策略是用户在组态时创建的，在报警发生时该策略自动运行。

事件策略是用户在组态时创建的，当对应表达式的某种事件状态为真时，事件策略被自动调用。事件策略里可以组态多个事件。

热键策略由用户在组态时创建，在用户按下某个热键时该策略被调用。

用户策略由用户在组态时创建，在系统运行时供系统其他部分调用。

当然，需要说明的是，不同的组态软件中对于运行策略功能的实现方式是不同的，运行策略的组态方法也相差较大。

6.3.3　组态软件技术特色

不同的组态软件在系统运行方式、操作和使用上都会有自己的特色，但它们总体上都具有以下特点。

（1）简单灵活的可视化操作界面。组态软件多采用可视化、面向窗口的开发环境，符合用户的使用习惯和要求。以窗口或画面为单位，构造用户运行系统的图形界面，使组态工作既简单直观，又灵活多变。用户可以使用系统的默认架构，也可以根据需要自己组态配置，生成各种类型和风格的图形界面及组织这些图形界面。

（2）实时多任务特性。实时多任务性是工控组态软件的重要特点和工作基础。在实际工业控制中，同一台计算机往往需要同时进行实时数据的采集、处理、存储、检索、管理、输出，算法的调用，实现图形、图表的显示，报警输出，实时通信等多个任务。实时多任务特性是衡量系统性能的重要指标，特别是对于大型系统，这一点尤为重要。

3）强大的网络功能。可支持 Client-Server 模式，实现多点数据传输；能运行于基于 TCP/IP 网络协议的网络上，利用 Internet 浏览器技术实现远程监控；提供基于网络的报警系统、基于网络的数据库系统、基于网络的冗余系统；实现以太网与不同的现场总线之间的通信。

4）高效的通信能力。简单地说，组态软件的通信，即上位机与下位机的数据交换。开放性是指组态软件能够支持多种通信协议，能够与不同厂家生产的设备互连，从而实现完成监控功能的上位机与完成数据采集功能的下位机之间的双向通信，它是衡量工控组态软件通信能力的标准。能够实现与不同厂家生产的各种工控设备的通信是工控组态软件得以广泛应用的基础。

5）接口的开放特性 接口开放可以包括两个方面的含义：

① 用户可以很容易地根据自己的需要，对组态软件的功能进行扩充。由于组态软件是通用软件，而用户的需要是多方面的，因此，用户或多或少都要扩充通用版软件的功能，这就要求组态软件留有这样的接口。例如，现有的不少组态软件允许用户可以很方便地用 VB 或 VC++等编程工具自行编制或定制所需的设备构件，装入设备工具箱，不断充实设备工具箱。有些组态软件提供了一个高级开发向导，自动生成设备驱动程序的框架，为用户开发 I/O 设备驱动程序工作提供帮助。用户还可以使用自行编写动态链接库 DLL 的方法在策略编辑器中挂接自己的应用程序模块。

② 组态软件本身是开放系统，即采用组态软件开发的人机界面要能够通过标准接口与其他系统通信，这一点在目前强调信息集成的时代特别重要。人机界面处于综合自动化系统的最底层，它要向制造执行系统等上层系统提供数据，同时接受其调度。此外，用户自行开发的一些先进控制或其他功能程序也要通过与人机界面或实时数据库的通信来实现。

现有的组态软件一方面支持 ODBC 数据库接口，另一方面普遍符合 OPC 规范，它们既可以作为 OPC 服务器，也可以作为 OPC 客户机，这样可以方便地与其他系统进行实时或历史数据交换，确保监控系统是开放的系统。

6）多样化的报警功能。组态软件提供多种不同的报警方式，具有丰富的报警类型，方便用户进行报警设置，并且系统能够实时显示报警信息，对报警数据进行存储与应答，并可定义不同的应答类型，为工业现场安全、可靠运行提供了有力保障。

7）良好的可维护性。组态软件由几个功能模块组成，主要的功能模块以构件形式来构造，不同的构件有着不同的功能，且各自独立、易于维护。

8）丰富的设备对象图库和控件。对象图库是分类存储的各种对象（图形、控件等）的图库。组态时，只需要把各种对象从图库中取出，放置在相应的图形画面上即可。也可以自己按照规定的形式制作图形加入到图库中。通过这种方式，可以解决软件重用的问题，提高工作效率，也方便定制许多面向特定行业应用的图库和控件。

9）丰富、生动的画面。组态软件多以图像、图形、报表、曲线等形式，为操作员及时提供系统运行中的状态、品质及异常报警等相关信息；用大小变化、颜色变化、明暗闪烁、移动翻转等多种方式增加画面的动态显示效果；对图元、图符对象定义不同的状态属性，实现动画效果，还为用户提供了丰富的动画构件，每个动画构件都对应一个特定的动画功能。

6.4　罗克韦尔 FactoryTalk View Studio 组态软件

6.4.1　FactoryTalk View Studio 特点

2013 年初，罗克韦尔自动化推出最新 9.0 版的 FactoryTalk View Studio 套件，包括用于开发和测试机器级应用的软件 FactoryTalk View Machine Edition（ME）与现场级人机界面应用的组态软件 FactoryTalk View Site Edition（SE）。该软件为制造商尤其是过程行业制造商提供更强的功能以及更好的操作体验。该版本软件报警管理更高效、安装更简单，能够进一步提升用户体验，并在多种生产环境中实现集成数据的共享。

FactoryTalk View SE 软件可在单一系统中支持更多 HMI 客户端和服务器，从而扩大了支持 FactoryTalk View SE 报警子系统 FactoryTalk 报警和事件的系统规模。新的 FactoryTalk 报警和事件报警子系统已经符合 ISA 报警标准，并且支持搁置状态。

最新版本还在安装过程和设计环境方面做了很大改善。FactoryTalk View SE 和 ME 软件简化了新的安装工作流程，可自动安装各个 Factory Talk View 组件，从而缩短安装时间。在设计时间方面，FactoryTalk View Studio 设计环境具有全新查找和替换功能，用户可针对 HMI 和全局对象显示画面，在多个服务器和画面范围内查找和替换标签或字符串。

添加了与市面上 Web 浏览器功能类似的导航按钮，操作员可借此更快速、更直观地导航各个画面，解决生产问题。客户端工作站可以跟踪操作员打开的各个画面，同时操作员也可以使用导航按钮快速地显示并浏览导航历史画面。FactoryTalk View 软件还增强了绘图能力，借助浓淡绘制法以及对 PNG 格式图形的支持，为操作员提供更为逼真的过程视图。

FactoryTalk View SE Station 软件具备全新的网络选件，可使单一计算机 HMI 更好地与 FactoryTalk Historian SE 和 ME 软件等产品集成。全新的 FactoryTalk View SE Station 软件联网后，用户可以直接在操作员工作站浏览 FactoryTalk Historian SE 服务器，选择标签并查看这些标签的历史信息。

FactoryTalk View ME 软件可为 Panel View Plus6 操作员终端应用提供更好的设备连接和诊断功能。Panel View Plus6 操作站可直接连接智能过载继电器或电力监测器等非控制器设备，并显示这些设备中的数据，节省控制器的内存空间。FactoryTalk View ME 软件还具备全新的 ActiveX 控件和运行时功能，使得操作员可以直接在显示画面中查看 Panel View Plus 终端的诊断信息，例如温度、负载、电池电压和网络 IP 设置等。

FactoryTalk View 的主要特点有：

1）使用 FactoryTalk View SE，可以用一种映射工厂或过程的方式来分配应用项目的各个部分。分布式应用项目可以包括几个服务器，它们分布于网络中的多台计算机上。多个客户端用户可以从网络上的任何位置同时访问该应用项目。

2）为工厂或者过程创建单机的应用项目，这些过程自成一体，并且与过程的其他部分之间没有关联。

3）使用专业的面向对象的图形和动画来创建和编辑图形显示画面。简单的拖拽和剪切复制技术可以简化应用项目组态的操作。

4）使用来源于图形库的图形，或者从其他的绘图包，例如 CorelDRAW 和

AdobePhotoshop 导入文件。

5）使用 FactoryTalk View 的 ActiveX 包容功能来实现先进的技术。例如，将 Visual Basi-cActiveX 控件或其他的 ActiveX 对象嵌入图形显示画面来扩展 FactoryTalk View 的功能。使用 FactoryTalk View SE Client Object Model（FactoryTalk View SE 客户端对象模型）和 VBA 与其他 Windows 程序（如 Microsoft Access 和 Microsoft SQL Server）共享数据，与其他 Windows 程序（如 Microsoft Excel）数据交互，并且自定义和扩展 FactoryTalk View 以适应用户的特殊需求。

6）使用 FactoryTalk View 高效的工具快速开发应用程序，例如，直接引用数据服务器标签、Command Wizard（命令向导）、Tag Browser（标签浏览器）。

7）避免重复输入信息。使用 PLC Database Browser（PLC 数据库浏览器）将 A-B PLC 或者 SLC 的数据库导入。利用 FactoryTalk View 的直接标签应用功能，可直接使用那些存在于控制器或者设备中的标签。

8）使用 FactoryTalk View 报警通知功能来监视具有多种严重程度的过程事件。创建多个报警汇总，以便为整个系统提供除了查看报警以外的特殊报警数据。

9）创建反映过程变量与时间之间关系的趋势图。在每个趋势中都可以显示多达 100 条画笔曲线（标签）的实时或历史数据。

10）将数据同时记录到 FactoryTalk 诊断日志文件和远程 ODBC 数据库中，以便提供产品数据的各种记录。

11）用户还可以使用第三方的程序，如 Microsoft Access 和 Seagate Crystal Reports 直接查看或者操作 ODBC 格式的日志数据，而不用转化这些文件。

12）通过禁用 Windows 键盘来锁定操作员只能够进行 FactoryTalk View SE Client（FactoryTalk View SE 客户端）操作，从而防止操作员运行其他程序或进行其他操作影响计算机系统稳定，或因进行上述操作而影响正常工作。

6.4.2　FactoryTalk View Studio 组件

FactoryTalk View Studio 不仅包含用于创建完整人机交互界面项目的编辑器，还包含用于测试应用程序的软件。使用该编辑器可以创建用户所需的从简单应用到复杂应用的监控应用程序。FactoryTalk View Studio 组态开发环境包括 FactoryTalk ViewSE 客户端、FactoryTalk View SE 服务器、FactoryTalk 报警和事件、FactoryTalk 服务平台、FactoryTalk 管理控制台、FactoryTalk 目录和 FactoryTalk 激活等部件。FactoryTalk View 包含了人机界面中所需要的过程控制操作面板和图形库。预定义的过程控制操作面板是与各种 Logix5000 指令（如 PIDE、D2SD 和最新的 ALMD、ALMA 指令）配合工作的。大量的图形库对象具备预定义动画功能，既可以直接使用，也可以根据需要进行适当修改。应用程序开发完毕后，就可以使用 FactoryTalk View SE Client（FactoryTalk View SE 客户端）查看或者与该应用程序进行交互操作了。

1. FactoryTalk View 管理控制台

FactoryTalk View Administration Console（FactoryTalk View 管理控制台）是在 FactoryTalk View SE 应用程序部署之后，用于管理这些应用程序的软件。FactoryTalk View 管理控制台包含一小部分的 FactoryTalk ViewStudio 编辑器，因此可以对应用程序进行一些微小的改动，而不用安装 FactoryTalk View Studio。FactoryTalk View 管理控制台被限制为只能运行两个小时，告警信息会提前五分钟弹出。如需继续使用该部件，则只要关闭再重新打开即可。

使用 FactoryTalk View 管理控制台，可以完成以下功能：

1）更改 HMI 服务器的属性；

2）更改数据服务器的属性；

3）为应用程序添加 FactoryTalk 用户，使用运行时安全编辑器；

4）对命令和宏设置安全，使用运行时安全命令编辑器；

5）在命令行中运行 FactoryTalk View 命令；

6）使用报警设置编辑器来修改 HMI 标签报警的记录和通知方式；

7）修改数据记录模型的路径；

8）使用 Tools 菜单中的诊断设置编辑器来修改系统活动记录的内容和频率；

9）使用 Tools 菜单中的报警记录设置编辑器来修改报警记录的位置并管理记录文件；

10）使用标签导入和导出向导来导入和导出 HMI 标签。

2. FactoryTalk View SE Client

FactoryTalk View SE Client（FactoryTalk View SE 客户端）是用来与 FactoryTalk View SE 服务器上的本地或网络应用程序（已用 FactoryTalk View Studio 开发完成）进行交互的软件。要设置 FactoryTalkView SE 客户端，需要使用 FactoryTalk View SE 客户端向导来创建一个配置文件。配置 FactoryTalkView SE 客户端时，HMI 服务器可以不必运行。使用 FactoryTalk View SE 客户端，可以完成以下功能：

1）同时对来自多个服务器的多个图形画面进行调用、查看和交互操作；

2）执行报警管理；

3）查看实时和历史趋势；

4）调整设定值；

5）启动和停止服务器上的有关组件；

6）提供安全的操作环境。

3. FactoryTalk View SE 服务器

FactoryTalk View SE 服务器，也叫作 HMI 服务器，用于存储 HMI 工程组件（如图形显示画面、全局对象、宏等），并将这些组件提供给客户。该服务器包含标签数据库，可以执行报警检测与历史数据管理（记录）功能。FactoryTalk 报警和事件可以被用来代替 FactoryTalk View SE HMI 报警检测。为保持与已有的应用程序兼容，FactoryTalk View 还继续支持传统的 HMI 报警检测。

FactoryTalk View SE 服务器没有用户界面。一旦安装了，它就作为一组"傻瓜型"的 Windows 服务器来运行，并在客户端需要时为其提供信息。

4. FactoryTalk 报警和事件

在 FactoryTalk 报警和事件中，FactoryTalk View SE 只支持 HMI 标签报警检测。为保持与已有的应用程序兼容，FactoryTalk View 还继续支持传统的 HMI 报警检测。

通过 FactoryTalk 报警和事件，可以将整个 FactoryTalk 系统内的多个 FactoryTalk 产品整合到一个通用一致的报警和事件系统中。FactoryTalk 报警和事件支持以下两种类型的报警检测：

1）基于设备的报警检测。在 RSLogix 5000（V16 及以上的）中为控制器程序编写报警指令，并下载到控制器中。控制器检测报警状态并发布报警信息，该信息被转发到系统的显示画面或历史记录。

2）基于标签的报警检测。在不具备内置报警检测功能的设备中，通过为标签指定报警条件的方式来设置基于标签的 FactoryTalk 报警。可使用基于标签的报警将这些设备整合到一个集成的 FactoryTalk 报警和事件系统中。可以为早先的可编程控制器中的标签，通过 OPC 数据服务器通信的第三方设备中的标签或者 HMI 服务器标签数据库中的标签设置基于标签的报警。对于原本就支持基于设备报警的 Logix5000 控制器，如果不想设置内置报警检测功能，则也可以设置基于标签的报警。

5. FactoryTalk 服务平台

FactoryTalk 服务平台为一个 FactoryTalk 系统内的产品和应用程序提供通用的服务（如诊断信息、健康状态监视服务和访问实时数据）。

6. FactoryTalk 目录

FactoryTalk 目录（FactoryTalk Directory）通过共用地址薄使 FactoryTalk 产品和组件访问工厂资源（如 HMI 显示画面和标签）。通过在目录中引用控制器中定义的标签，HMI 可以自动获得它们。使用 FactoryTalk Directory，没有必要在另外的标签数据库中重新创建或者导入标签。

FactoryTalk View Site Edition 应用程序使用以下两种类型的 FactoryTalk 目录：

1）FactoryTalk 本地目录管理本地应用程序。所有项目信息和相关软件产品（除 OPC 数据服务器外）都位于一个单一计算机上。本地应用程序不能跨网络共享。

2）FactoryTalk 网络目录管理网络应用程序。网络应用程序包含分布在网络中多台计算机上的多个服务器和客户端。一个网络目录对加入到单个网络应用程序内的所有 FactoryTalk 的产品进行管理。

在安装 FactoryTalk 服务平台时，计算机上同时设置了本地目录和网络目录。

7. FactoryTalk 管理控制台

用程序和管理 FactoryTalk 系统。只有采用 FactoryTalk View Studio 才能创建 HMI 服务器。使用 FactoryTalk 管理控制台可以：

1）在 FactoryTalk 目录下创建和配置应用程序、区域（area）和数据服务器；

2）创建和配置报警和事件服务器，包括基于标签的和基于设备的 FactoryTalk 报警和事件服务器；

3）为基于标签的报警检测配置报警条件；

4）将安全动作组织为组；

5）为记录历史报警和事件信息创建数据库定义；

6）为诊断信息配置路径、记录和查看的选项；

7）备份和恢复整个目录、单个应用程序或系统设置；

8）为 OPC 数据服务器、标签报警和事件服务器设置冗余；

9）配置客户端计算机以识别网络目录服务器的位置；

10）配置系统范围策略设置；

11）使用安全服务为 FactoryTalk 配置安全。

6.4.3　FactoryTalk View SE 应用程序

1. FactoryTalk View SE 应用程序

1）网络应用程序。FactoryTalk View SE 监控系统软件为真正的分布式可扩展多服务器、多客户端结构，系统扩展时可直接增加人机界面服务器和数据服务器，其网络应用程序的系统结构及不同节点的软件配置如图 6-8 所示。FactoryTalk View SE 人机界面服务器可以从多个数据服务器读取数据，客户端可以从多个人机界面服务器读取数据（包括标签、画面和报警等），同时客户端也可以直接从多个数据服务器读取数据（即支持数据标签的直接引用）。网络应用程序具有一个或多个区域（area），每个区域只能有一个 HMI 服务器，一个或多个数据服务器（实际系统中建议只加入一个）。一个区域内还可以包含多个区域。

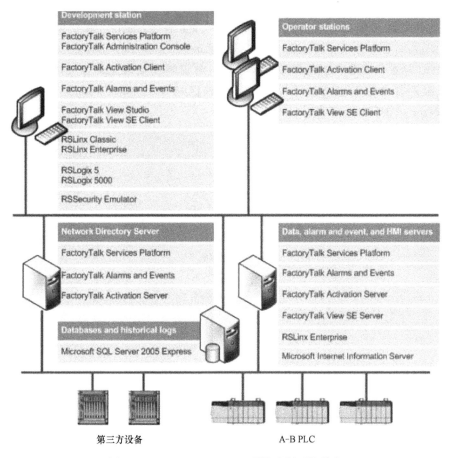

图 6-8　FactoryTalk View SE 网络应用系统结构

一旦创建了一个应用程序及 HMI 服务器，就可以使用 FactoryTalk View Studio 编辑器在 HMI 项目内创建应用程序的组件，例如图形显示画面、全局对象和数据记录模型等。

区域是网络架构系统的关键部分，区域是应用程序内部的逻辑划分，在分布式应用程序里，区域使得用户可以将一个应用程序分成若干方便管理的逻辑部分，或按照对用户正在控制的过程有意义的方式来组织应用程序。一个区域可能代表过程的一部分或一个阶段，或在过程设备处于的某个区域。

例如，一个汽车厂可以被划分为几个区域，称为冲压与装配、主体车间、喷涂车间、发动机与传送。一个面包车间可以被划分为几个区域，称为配料、混合、烘烤和包装。除此之外，使用相同生产线的车间可以被划分为几个区域，称为流水线 1、流水线 2、流水线 3，等。这允许用户为该应用程序添加新的同样的生产线，只需将 HMI 服务器工程复制到新的区域中。

根区域，即所有的分布式应用程序都有一个系统预定义区域，被称为应用程序根区域。应用程序根区域具有和应用程序相同的名称。应用程序根区域可以包含一个 HMI 服务器，一个或多个数据服务器。

图 6-9 所示为 FactoryTalk View SE 网络应用程序的例子，从中可以看出其程序结构。该实例是关于污水处理的，该污水处理系统包括污水收集、污水处理、配水和公共设施部分。这样可以把该水务系统分成以上几个区域。名为"Samples Water"的应用程序包含四个区域，分别是"Waste Water""Water Distribution""Water Treatment"和"Water Utilities"。对于区域"Waste Water"，有一个名称为"Waste Water Project"的 HMI 服务器。在服务器下，有系统、HMI 标签、图形、HMI 标签报警、逻辑与控制及数据记录等文件夹，这些都是每一个 HMI 服务器中可以组态的不同组件。在根区域"Samples Water"下有一个名称为 RSLinx Enterprise 的数据服务器。

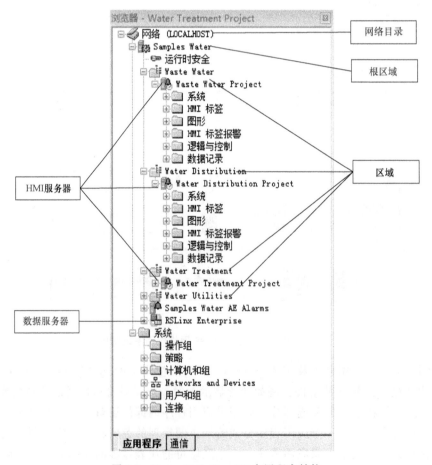

图 6-9　FactoryTalk View SE 应用程序结构

2）本地应用程序。本地应用程序类似于 RSView32 项目，即所有的应用程序组件和 FactoryTalk View SE 客户端都位于同一台计算机。本地应用程序只包含一个 HMI 服务器（创建应用程序时在根区域下自动创建）。图 6-10 所示为一个作为单机 FactoryTalk 系统一部分的本地应用程序的系统结构及节点软件配置示例。

2. FactoryTalk View SE 应用程序服务器

1）HMI 服务器。HMI 服务器是在客户端向其发送请求时能够将信息提供给客户端的软件程序。HMI 服务器可存储 HMI 工程组件（如图形显示画面），并将这些组件提供给客户端。每台 HMI 服务器同时也可以管理标签数据库，以及执行报警检测和记录历史数据。

2）数据服务器。数据服务器为网络上的物理设备提供访问路径，使得应用程序可以监视和控制这些设备内部的数值。数据服务器使得客户端可以访问 Logix5000 控制器内的标签、PLC 和其他与 OPC-DA 2.0/3.0 规范兼容的数据服务器上的数据，而不必使用 HMI 标签。

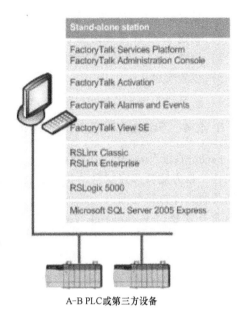

图 6-10　FactoryTalk View SE 本地应用系统结构

数据服务器可以是罗克韦尔自动化设备服务器（RSLinx Enterprise）和提供标签值的第三方 OPC 数据服务器。配置好数据服务器后，就可以为每一个特定的控制器（ControlLogix 处理器）设置一个指向路径。正确配置完成的数据服务器支持直接浏览标签。

FactoryTalk View SE 支持以下类型的数据服务器：

1）罗克韦尔自动化设备服务器（RSLinx Enterprise）。在与 Logix5000 控制器通信时或有大量客户端时优先选用，因为其能提供最佳的性能。还可以采用 RSLinx Enterprise 服务器来订阅基于设备的 FactoryTalk 报警和事件。

2）OPC 数据服务器（包括 RSLinx Classic）支持任何遵从 OPC 数据存取标准（OPC DA）2.0/3.0 规范的数据服务器。通过 OPCFactoryTalk View 可以从以下设备获取标签值：

① 罗克韦尔自动化控制器和设备，使用 RSLinx Classic（OEM 或 Gateway）作为 OPC 服务器；

② 第三方控制器，例如西门子、施耐德、GE、三菱电机等产品的 PLC 及其他各种类型设备的 OPC 服务器，这些 OPC 服务器可以是厂商提供的，也可以是第三方开发的，如 6.5.1 节介绍的 Kepware OPC 服务器。

3. 创建 FactoryTalk View SE 应用程序步骤

以下为创建 FactoryTalk View SE 应用程序的基本步骤：

1）创建本地或网络应用程序；

2）如果是网络应用程序，则添加一个或多个区域；

3）如果是网络应用程序，则在每一区域可添加一个 HMI 服务器（对于本地应用程序，会在根区域下自动创建），为 HMI 服务器选择任意操作面板画面；

4）设置数据服务器的数据通信，添加一个或多个以下类型的数据服务器；

① 罗克韦尔自动化设备服务器（Rockwell Automation Device Server）；

② OPC 数据服务器；

5）设置标签报警和事件服务器；

6）创建 HMI 服务器的图形画面、全局对象和其他组件；

7）设置 FactoryTalk 报警和事件的历史记录；

8）设置安全；

9）设置运行时的 FactoryTalk View SE 客户端。

6.4.4　FactoryTalk View Machine Edition 终端应用程序开发工具

FactoryTalk View Machine Edition（ME）是用于开发和运行人机界面（HMI）应用程序的软件，是为监视和控制自动化的过程和机器而设计的，主要用于从 Panel View Plus 专用终端到台式计算机范围内的各种平台，其开发环境如图 6-11 所示。它也是罗克韦尔整个人机界面开发套件 FactoryTalk View Studio 中的一种组件。该软件还需要 FactoryTalk Services Platform View 的各组件共享的软件支持。另外，为了支持和各种 PLC 等设备通信，还需要安装 RSLinx Enterprise，该工具软件是根椐 FactoryTalk 技术建立的通信服务器，有助于 FactoryTalk View Machine Edition 应用程序的开发和运行。

FactoryTalk View Machine Edition 集成了大量开发图形界面的元素、功能和属性，远远超过 CCW 内嵌的人机界面开发环境。

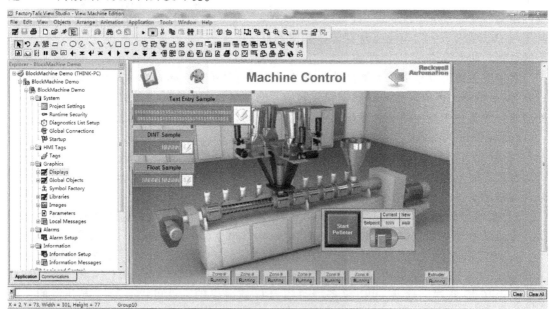

图 6-11　FactoryTalk View ME 开发环境

6.5　人机界面与控制器通信技术

6.5.1　OPC 规范及 OPC 服务器配置与测试

1. OPC 规范与 OPC 服务器

目前组态软件与硬件设备通信中，最原始的通信方式是通过专用驱动程序，如图 6-12a

所示。然而，这种方式存在许多问题。首先必须要分别为不同的硬件设备开发不同的驱动程序（即服务器），然后，在各个应用程序（即客户机）中分别为不同的服务器开发不同的接口程序。因此，对于由多种硬件和软件系统构成的复杂系统，这种模型的缺点是显而易见的，即对于客户应用程序开发方，要处理大量与接口有关的任务，不利于系统开发、维护和移植，因此这类系统的可靠性、稳定性及扩展性较差；对于硬件开发商，要为不同的客户应用程序开发不同的硬件驱动程序。解决该问题的一个有效方式就是采用 OPC 规范，从而形成如图 6-12b 所示的结构。

OPC 是 OLE for Process Control 的简称，即用于过程控制的对象链接与嵌入。OPC 规范定义了一个工业标准接口，它基于微软的 OLE/COM（Component Object Model，COM）技术，它使得控制系统、现场设备与工厂管理层应用程序之间具有更大的互操作性。OLE/COM 是一种客户机/服务器模式，具有语言无关性、代码重用性、易于集成性等优点。OPC 规范了接口函数，不管现场设备以何种形式存在，客户都以统一的方式去访问，从而保证软件对客户的透明性，使得用户完全从底层的开发中脱离出来。由于 OPC 规范基于 OLE/COM 技术，同时 OLE/COM 的扩展远程 OLE 自动化与 DCOM 技术支持 TCP/IP 等多种网络协议，因此可以将 OPC 客户机、服务器在物理上分开，分布于网络的不同节点上。

采用该规范后，制造厂商、用户和系统集成商都可以实现各自的好处，具体表现在以下几个方面：

1）设备开发者：可以使设备驱动程序开发更加简单，即只要开发一套 OPC 服务器即可，而无需为不同的客户程序开发不同的设备驱动程序。这样它们可以更加专注于设备自身的开发，当设备升级时，只要修改 OPC 服务器的底层接口就可以。采用该规范后，设备开发者可以从驱动程序的开发中解放出来。

2）系统集成商：可以从繁杂的应用程序接口中解脱出来，更加专注于应用程序功能的开发和实现，而且应用程序的升级也更加容易，不再受制于设备驱动程序。

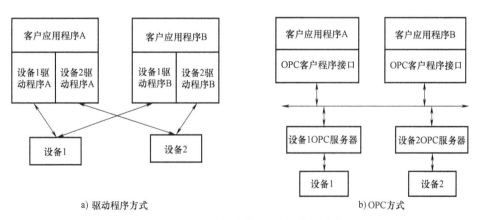

a) 驱动程序方式　　　　　　　　　　　b) OPC方式

图 6-12　两种不同的客户机/服务器实时通信模型

3）用户：可以选用各种各样的商业软件包，使得系统构成的成本大为降低，性能更加优化。同时可以更加容易地实现由不同供应厂商提供的设备来构成混合的工业控制系统。

正是因为 OPC 技术的标准化和适用性，OPC 规范及新的 OPC 统一架构（OPC UA）规范得到了工控领域硬件和软件制造商的承认和支持，成为工控业界公认的事实上的标准。目前，大量的设备厂商都开发了自己设备的 OPC 服务器，一些第三方公司，如 Kepware 也专门开发了市场上主流设备的 OPC 服务器。虽然 OPC 规范中 OPC 类型较多，如 OPC 报警与事件、OPC 历史数据存取和 OPC 批量服务器等，但使用最多的是 OPC DA（OPC Data Access，数据存取）规范，它也是其他 OPC 规范的基础。

虽然目前组态软件仍然大量采用驱动方式与现场控制器等设备通信，但是采用 OPC 规范是一种更加有效的方法，这里将对此方式进行介绍。

2. Kepware 公司 OPC 服务器与 Micro800 系列 PLC 的以太网通信

美国 Kepware 公司的 KEPServerEX 是行业先进的连接平台，该平台的设计使用户能够通过一个直观的用户界面来连接、管理、监视和控制不同的自动化设备和软件应用程序。KEPServerEX 利用 OPC 和以 IT 为中心的通信协议（如 SNMP、ODBC 和 Web 服务）来为用户提供单一来源的工业数据。该平台能较好满足客户对性能、可靠性和易用性的要求。KEPServerEX 提供了 170 多种设备驱动程序、客户端驱动程序和高级插件，这些驱动程序和插件支持连接成千上万设备和其他数据源。KEPServerEX 平台的 OPC Connectivity Suite 让系统和应用程序工程师能够从单一应用程序中管理他们的 OPC 数据访问（DA）和 OPC 统一架构（UA）服务器。通过减少 OPC 客户端与 OPC 服务器之间的通信数量，可确保 OPC 客户端应用程序按预期运行。

以下将说明如何利用 KEPServerEX 创建 Micro820 控制器的 OPC 连接。首先运行该 OPC 服务器软件 "KEPServerEX 6 Configuration"。在项目下的 Connectivity 下建立新的通道（Channel），这里命名为 "Micro820Ethernet"，然后在 Micro820Ethernet 这个通道下建立设备（Device），这里命名为 "1#Micro820"，如图 6-13 所示。通道和设备都可以利用软件的向导生成，生成后若有错误，则可以在属性页加以修改。

其中在建立新的通道时，要指定计算机中选用的网卡，其他参数可以是缺省的，如图 6-14 所示。在建立设备过程中，要选定所连接的设备及其与 OPC 服务器通信的协议类型，这里选的是 "Allen-Bradley Micro800 Ethernet"。此外，还要填写设备的 IP 地址和端口，这里为 192.168.1.3。这里填写的 IP 地址与端口号需要与 Micro820 控制器中组态的一致，否则通信不会成功，如图 6-15 所示。

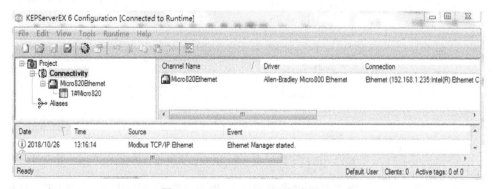

图 6-13　KEPServerEX 配置主界面

通道、设备建立后，就可以在设备下建立标签，这里标签就是具体要通信的变量。一般的 OPC 服务器与罗克韦尔控制器通信时，必须把控制器与外部通信的变量放置在控制器标签（即全局变量）中，控制器中的程序的局部变量不能与外部设备通信。这里首先添加了一个 I/O 变量，变量名称定义为"DO_ 06"，然后设置变量的地址为"_ IO_ EM_ DO_ 06"，变量类型为布尔型，具有读/写属性，如图 6-16 所示。再定义一个全局变量，名称为"Start"，地址为"START"（即控制器标签中的全局变量标签名），变量类型为布尔型，具有读/写属性，如图 6-17 所示。

图 6-14 通道的属性界面

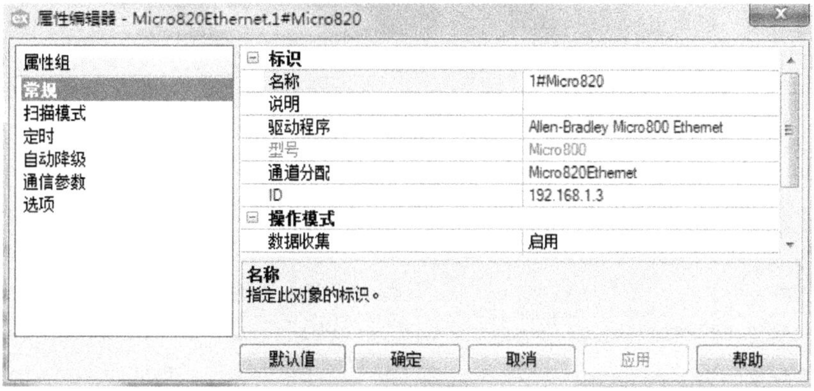

图 6-15 设备的属性界面

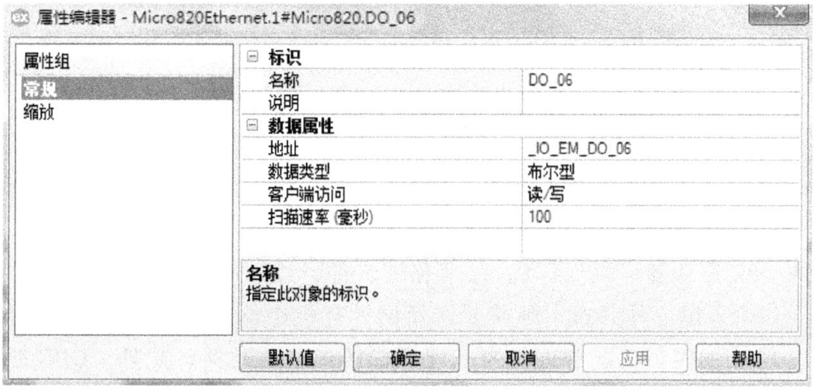

图 6-16 I/O 变量的标签定义界面

在所有的标签定义完成后，就可以进行测试（实际是首先定义几个标签，测试通信是

图 6-17　全局变量的标签定义界面

否成功，若成功，则说明先前的操作都是正确的，可以添加更多的变量）。单击软件"Tools"菜单下的"Launch OPC Quick Client"，就可在此 OPC 客户端检查通信，如图 6-18所示。

可鼠标单击图 6-18 界面中标签侧（即窗口右侧）中的标签，了解具体的通信情况。例如单击"DO_ 06"标签，若通信正常，则会出现如图 6-19 所示的界面。从项目质量可以了解通信是否成功，若该值为 192，则表示通信成功。从图 6-19 还可以看出采用 OPC 规范通信的优势，即除了可以了解通信是否成功外，还能看到时间戳，即数据通信刷新的时间，而传统的采用驱动程序方式通信时是无法了解相关信息的。

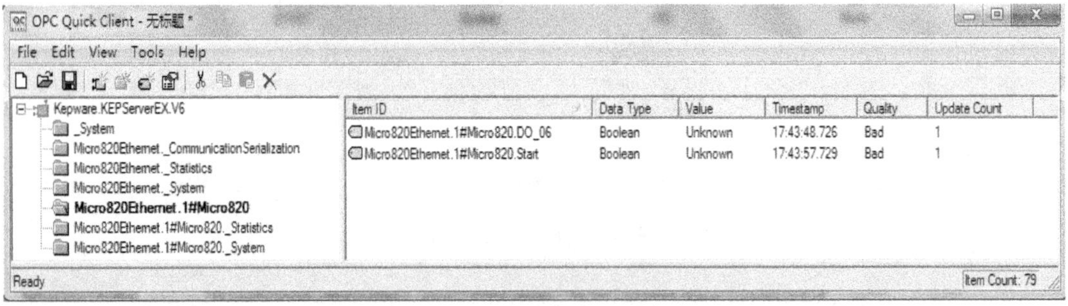

图 6-18　在 OPC 客户端测试 OPC 服务器与设备通信

在该客户端，还可以对标签值进行修改，如选中"DO_ 06"，单击鼠标右键，选中"Asynchronous 2.0 write"，会出现如图 6-20 所示的窗口，在该窗口可以修改具有写属性标签的值。如修改成功，则客户端中该标签的当前值就会变化，控制器中的该全局标签的值也会变化。

配置好的 OPC 服务器可以保存成 opf 等格式文件，这样可以把该配置拷贝到其他的计算机中。不过，如果采用这种方式，则需要在新的计算机中修改 OPC 服务器配置中的通道设置，即把图 6-14 中的网络适配器选择为新计算机的网络适配器。此外，OPC 服务器中配置的标签也可以导出为 csv 文件保存后再导入到其他 OPC 服务器中。也可以在 csv 文件中定义标签或在 csv 文件中修改标签，然后再导入到 OPC 服务器中。在 Excel 中修改标签要比在OPC 服务器中定义标签效率更高，特别是标签数量很多时。

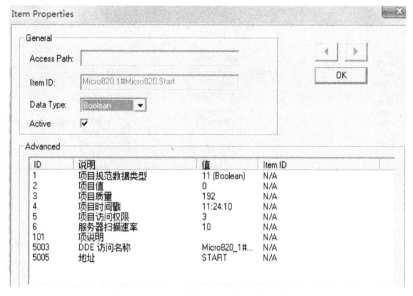

图 6-19　OPC 通信时标签的属性窗口

图 6-20　修改标签的数值

6.5.2　组态软件中添加 OPC 服务器及标签

虽然目前主流的组态软件都支持 OPC 规范，并且可以作为 OPC 服务器与其他 OPC 客户软件进行实时数据交换，但组态软件与 OPC 服务器通信时是作为 OPC 客户端的。组态王是国产组态软件的主流产品，市场占有率较高。目前组态王没有 Micro800 系列控制器的以太网通信驱动，而 OPC 服务器是解决该问题的方法。虽然可以通过 Rslink 的 OPC 服务器功能实现与组态王的通信，但这里接着 6.5.1 节的内容，介绍如何在组态王中添加 6.5.1 节介绍的 OPC 服务器，从而实现组态王工程与 Micro820 控制器的以太网通信。

运行组态王 6.60，如图 6-21 所示。在开发环境下，选择工程浏览器中设备子文件夹下的"OPC 服务器"，在右侧窗口中单击"添加 OPC 服务器"，这时会弹出窗口，该窗口中列出了本地计算机上可用的所有 OPC 服务器。这里选择 6.5.1 节用的"Kepware KEPServerEX V6"。如果要选用网络节点上的 OPC 服务器，则需要输入网络节点名进行查找。

在组态王中添加了 OPC 服务器后，可以单击选用"Kepware KEPServerEX V6"，单击鼠标右键弹出菜单中的"本机 \ Kepware KEPServerEX V6"，会弹出如图 6-22 所示的窗口，在"OPC 设备测试"选项卡下可以看到 OPC 服务器的寄存器列表，可以选择"Start"，单击"添加"按钮，则该标签会放入"采集列表"窗口中，然后可以单击"读取"按钮，观察变量值、时间戳等是否正常。

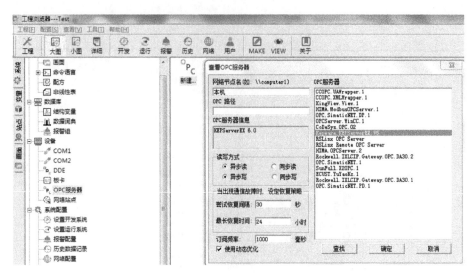

图 6-21　选择要用的 OPC 服务器并添加到设备中

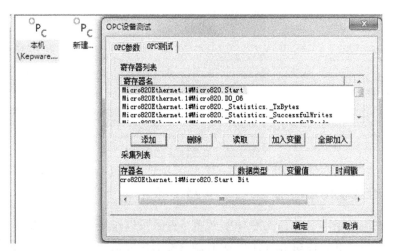

图 6-22　在组态王中测试与 OPC 服务器的通信

　　OPC 服务器选择好后，可用看到 OPC 设备中就有了刚才添加的 OPC 服务器。这时就可以在数据字典中定义变量，并把定义的变量关联到该 OPC 服务器中的标签。例如，新建一个 I/O 离散类型的变量 Start，在连接设备中选择"本机 \ Kepware KEPServerEX V6"，然后单击寄存器文本框右侧的下拉箭头，会弹出该 OPC 服务器的根节点及其下面的 OPC 配置，这里选择"Micro820Ethernet"（通道）下的"Micro820Ethernet. 1#Micro820"（设备）下的"Start"标签，则完成了组态王变量 Start 与 OPC 服务器"Start"标签的关联（这里为了统一上位机人机界面中变量名称与控制器中的变量标签，所以上位机中变量名与控制器中的一致，组态王中变量名也可以自定义，只要符合组态王中变量定义规则）。设置变量类型为"Bit"，读写属性为"读写"。这样就完成了变量的定义，具体如图 6-23 所示。在图 6-23 中，变量的其他属性可以根据要求进行选择。例如，如果选择了"保存参数"，则当变量的域（可读可写型）值发生了变化，组态王运行系统退出时，系统会自动保存该值。组态王运行系统再次启动后，变量的初始域值为上次系统运行退出时保存的值。当选择了"保存数值"，则系统运行时，当变量的值发生了变化，组态王运行系统退出时，系统会自动保存该值。组态王运行系统再次启动后，变量的初始值为上次系统运行退出时保存的值。初始值内容与所定义的变量类型有关，定义模拟量时出现编辑框可输入一个数值，定义离散量时出现开或关两种选择，定义字符串变量时出现编辑框可输入字符串。这些设置的数值规定了组态王工程开始运行时变量的初始值。

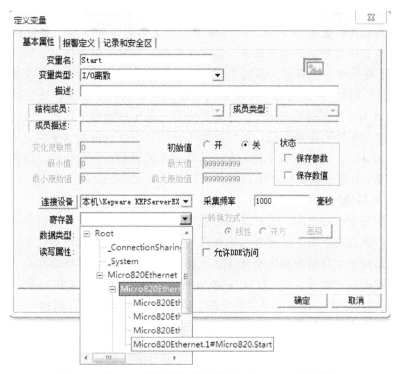

图 6-23　与 OPC 服务器标签关联的组态王工程变量定义

6.6　用组态软件开发工业控制系统上位机的人机界面

不论选用什么样的组态软件开发工业控制系统（特别是 SCADA 系统）的人机界面，通常包括以下一些内容。当然，具体组态工作除了与监控系统要求有关外，还取决于所选用的组态软件，不同的组态软件在完成类似功能时会有不同的操作方法和步骤。

6.6.1　组态软件选型

目前，组态软件种类繁多，各具特色，任一组态软件都有其优点和不足。通常进行选型时，要考虑以下几个方面。

1. 系统规模

系统规模的大小在很大程度上决定了可选择的组态软件的范围，对于一些大型系统，如城市燃气 SCADA 系统、西气东输 SCADA 等。考虑到系统的稳定性和可靠性，通常都使用国外有名的组态软件。而且国外一些组态软件供应商能提供软、硬件整体解决方案，确保系统性能，并能够提供长期服务。如罗克韦尔自动化的 FactoryTalk View Studio，美国通用电气公司的 iFIX，德国西门子公司的 WinCC 和法国施耐德公司的 Intouch（施耐德从英国 Invensys 收购而来）等。对于一些中、小型系统，完全可以选择国产的组态软件，应该说，在中、小规模的工业控制系统上，国产组态软件是有一定优势的，其性价比较高。

各种组态软件，其价格是按照系统规模来定的。组态软件的基本系统通常是以 I/O 点数来计算，并以 64 点的整数倍来划分的，如 64 点、128 点、256 点、512 点、1024 点及无限点等。不同的软件市场策略不同，点数的划分也不一样。组态软件中，I/O 点包含两种类型，一种是组态软件数据字典中定义的与现场 I/O 设备连接的变量，对模拟输入和输出设备，就对应模拟 I/O 变量；对数字设备，如电机的启、停和故障等信号，就对应数字 I/O 变量。I/O 变量还有另外一种情况，即 PLC 中用于控制目的而用到的寄存器变量，如三菱电机中的 M 和 D 等寄存器，若这些寄存器变量在组态软件中进行了定义，则也要进行统计。另一种就是软件设计中要用到的内部变量，这些内部变量也在数据字典中定义，但它们不与现场设备连接。这里要特别注意的是，不同的组态软件对 I/O 点的定义不同，有些软件的 I/O 点是指前者，如 iFIX；而有些软件的 I/O 点是指两种的总和，如组态王。通常在选型中，考虑到系统扩展等，I/O 点数要有 20% 的裕量。

2. 组态软件的稳定性和可靠性

组态软件应用于工业控制，因此其稳定性和可靠性十分重要。一些组态软件应用于小的工业控制系统，其性能不错，但随着系统规模的变大，其稳定性和可靠性就会大大下降，有些甚至不能满足要求。目前考察组态软件稳定性和可靠性主要根据该软件在工业过程，特别是大型工业过程的应用情况。如 CITEC 在澳大利亚的采矿厂的工业控制系统，其 I/O 点数超过 10 万，在国内宝钢，也有上万点的应用，因此，该软件曾经在国内的一些大型项目中得到一定的应用。当然，随着国产组态软件应用的工程应用案例不断增加，功能的不断升级，在一些大型工程中，国产组态软件已经有成功的应用。如在国内的一些大型污水处理厂，采用组态王做上位机人机界面的系统 I／O 规模已达到万点。

3. 软件价格

软件价格也是在组态软件选型中考虑的重要方面。组态软件的价格随着点数的增加而增加，不同的组态软件价格相差较大。在满足系统性能要求的情况下，可以选择价格较低的产品。购买组态软件时，还应注意该软件开发版和运行版的使用。有些组态软件，其开发版只能用于开发，不能在现场长期运行，如组态王。而有些组态软件，其开发版也可以在现场运行。因此，若用组态王软件开发工业控制系统的人机界面，则要同时购买开发版（I/O 点数大于 64 时）和运行版。目前许多组态软件还分服务器和客户机版本，服务器与现场设备通信，并为客户机提供数据。而客户机本身不与现场设备通信，客户机的 License 价格较低。因此对于大型的工业控制系统，通常可以配置一个或多个服务器，再根据需要配置多个客户机，这样可以有较高的性价比。

4. 对 I/O 设备的支持

对 I/O 设备的支持即驱动问题，这一点对组态软件十分重要。再好的组态软件，如果不能和已选型的现场设备通信，则也不能选用，除非组态软件供应商同意替客户开发该设备的驱动，当然，这很可能要付出一定的经济代价。目前组态软件支持的通信方式包括：

1）专用驱动程序，如各种板卡、串口等设备的驱动。

2）DDE、OPC 等方式。DDE 属于即将淘汰的技术，但仍然在大量使用；而 OPC 是目前更加通用的方式，但一般 OPC 服务器需要购买。当然，在没有专用的驱动时，OPC 服务器是比较好的解决方案。

5. 软件的开放性

现代工厂不再是自动化"孤岛"，非常强调信息的共享。因此组态软件的开放性变得十分重要，组态软件的开放性包含两个方面的含义：一是指它与现场设备的通信；二是指它作为数据服务器，与管理系统等其他信息系统的通信能力。现在许多组态软件都支持 OPC 技术，即它既可以是 OPC 服务器，也可以是 OPC 客户。

6. 服务与升级

组态软件在使用中都会碰到或多或少的问题，因此能否得到及时的帮助变得十分重要。另外，还要考虑到系统升级要求，系统要能够平滑过渡到未来新的版本甚至新的操作系统。在这方面，不同的公司有不同的市场策略，购买前一定要求向软件供应商询问清楚，否则将来可能会有麻烦。

6.6.2　用组态软件设计工业控制系统人机界面

由于 SCADA 系统的整体性比集散控制系统差，因此，在开发人机界面时，用组态软件开发 SCADA 系统要更加复杂一些，特别是通信设置及标签定义等。这里，以 SCADA 系统为例，说明用组态软件设计 SCADA 系统的人机界面过程，集散控制系统人机界面设计也可以参考以下内容。

1. 根据系统要求的功能，进行总体设计

这是系统设计的起点和基础，如果总体设计有偏差，则会给后续的工作带来较大麻烦。进行系统总体设计前，一定要吃透系统的功能需求有哪些，这些功能需求如何实现。系统总体设计主要体现在以下几个方面：

1）SCADA 系统的总体结构是什么，有多少个 SCADA 服务器，多少个 I/O 服务器，多少个 SCADA 客户端，有多少 Internet 客户等。这些决定后，再配置相应的计算机、服务器、网络设备、打印机以及必要的软件，以构建系统的总体结构。

2）是否要设计冗余 SCADA 服务器？对于重要的过程监控，应该进行冗余设计，这时，系统的结构会复杂一些。

3）若采用多个 SCADA 服务器和 I/O 服务器，则要确定下位机与哪台 SCADA 服务器通信。这里要合理分配，既要保证监控功能快速、准确实现，又要尽量使得每台 SCADA 服务器的负荷平均化，这样对系统稳定性和网络通信负荷都有利。

4）SCADA 服务器和下位机通信接口设计，这里必须要解决这些设备与组态软件的通信问题。确定通信接口形式和参数，并确保这样的通信速率满足系统对数据采集和监控的实时性要求。另外，若系统中使用了现场总线，则要考虑总线节点的安装位置等，确定总线结构，要考虑是否需要配置总线协议转换器以实现信息交换。

5）不同设备的参数配置，如不同计算机的 IP 地址等。

6）SCADA 系统信息安全防护策略。

7）根据工作量，确定开发人员任务分工及开展周期、系统调试方案及交付等。

2. 数据库组态，添加设备，定义变量等

数据库组态主要体现在添加 I/O 设备和定义变量。要注意添加的设备类型，选择正确的

设备驱动。设备添加工作并不复杂，但在实际操作中却经常出现问题。虽然是采取组态方式来定义设备，但如果参数设置不恰当，则通信常会不成功，因此参数设置要特别小心，一定要按照I/O设备用户手册来操作。在作者设计过的一个系统中，上位机组态软件选用WinCC 7.0，下位机配置了多台具有以太网模块的S7-300PLC。在添加设备时有一个参数是要填写某个S7-300PLC站CPU所在的槽号，我想当然地填写了以太网模块所在的槽号（因为过去为三菱电机Q系列在以太网模块配置时，就是写以太网模块的起始地址），结果通信就是不成功，费了一些周折终于发现了这个问题。其他容易出现的问题包括设备的地址号、站号、通信参数等。设备添加后，有条件的话可以在实验室测试一下通信是否成功，若不成功，则继续修改并进行调试，直至成功为止。

此外，由于经常出现项目开发在一台计算机，项目开发完成后要把工程复制到现场计算机上的情况，这时，工程中的有些参数也需要重新设置。例如，对于WinCC工程来说，除了要把工程中的计算机名改为现场计算机名外，如果采用S7-TCP/IP通信，则要在驱动的属性中将以太网卡选择现场计算机的以太网，否则即使IP等都正确，使用Ping指令也能连上PLC，但组态软件与PLC的通信却始终不成功。

设备添加成功后，就可以添加变量（标签）了，变量可以有I/O变量和内存变量。添加变量前一定要做规划，不要随意增加变量。比较好的做法是做出一个完整的I/O变量列表，标明变量名称、地址、类型、报警特性和报警值、标签名等，对于模拟量还有量程、单位、标度变换等信息。一些具有非线性特性的变量进行标度变换时，需要做一个表格或定义一组公式。给变量命名最好有一定的实际意义，以方便后续的组态和调试，还可以在变量注释中写上具体的物理意义。对内存变量的添加也要谨慎，因为有些组态软件把这些点数也计入总的I/O点数中。在进行标签定义时，要特别注意数据类型及地址的写法。在通信调试中常常出现组态软件与控制器已经连接成功，但参数却读写不成功的情况，很大一部分原因就是地址或数据类型错误。此外，对于罗克韦尔ControlLogix5000 PLC这类支持标签通信的系统，与上位机通信的标签需要在控制器程序的全局变量中定义。ABB公司的AC500控制器与上位机通信时，也要把变量定义成符合Modbus地址规范的全局变量。对于绝大多数采用Modbus通信协议应用，在进行标签定义时都要使用符合规范的Modbus地址。

对于大型的系统，变量很多，如果一个一个定义变量十分麻烦，则现有的一些组态软件可以直接从PLC中读取变量作为标签，简化了变量定义工作；或者在Excel中定义变量，再导入到组态软件中。另外，随着控制软件集成度的增加，一些新的全集成架构软件在控制器中定义的变量可以直接被组态软件使用，而不需要在组态软件中再次定义。

3. 显示画面组态

显示画面组态就是为计算机监控系统设计一个方便操作员使用的人机界面。画面组态要遵循人机工程学。画面组态前一定要确定现场运行的计算机的分辨率，最好保证设计时的分辨率与现场一样，否则会造成软件在现场运行时画面失真，特别是当画面中有位图时，很容易导致画面失真问题。画面组态常常因人而异，不同的人因其不同的审美对同样的画面有不同的看法，有时意见较难统一。一个比较好的办法是把初步设计的画面组态给最终用户看，征询他们的意见，因为当画面组态做好后再修改就比较麻烦。画面组态包括以下一些内容：

1）根据监控功能的需要划分计算机显示屏幕，使得不同的区域显示不同的子画面。这里没有统一的画面布局方法，但有两种比较常用，如图6-24所示。图6-25所示为某水质净化厂的人机界面，该工程人机界面总体布置就采用了类似于图 6-24a 的方式。由于目前大屏幕显示器多数都是宽屏，因此图 6-24b 的布局更加合理。总揽区主要有画面标题、当前报警行等，而按钮区主要有画面切换按钮和依赖于当前显示画面的显示与控制按钮。最大的窗口区域用作各种过程画面、放大的报警、趋势等画面显示。

a) 显示画面布局一　　　　　　　　b) 显示画面布局二

图 6-24　显示画面的两种布局方式

图 6-25　某水质净化厂运行监控人机界面

2) 根据功能需要确定流程画面的数量、流程切换顺序、每个流程画面的具体设计，流程画面包括静态设计与动态设计。图 6-26 所示的人机界面中，构筑物、管道及设备等都是采用绘图软件制作的图形，然后粘贴到人机界面中；而按钮、设备工作状态指示、数值显示等都属于在组态软件中添加的动态元素。现有的组态软件都提供了丰富的图形库和工具箱，多数图形对象可以从中取出。图形设计时要正确处理画面美观、立体感、动画与画面占用资源的矛盾。

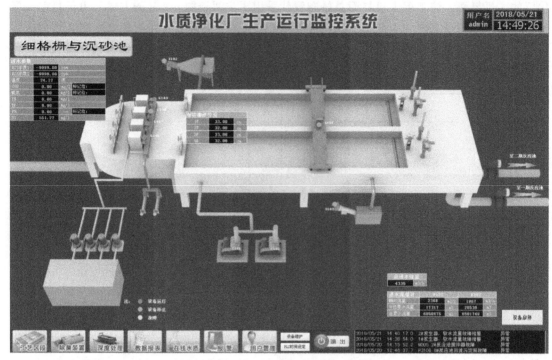

图 6-26　某水质净化厂运行监控人机界面中的静态动态元素

3）操作员一般要通过人机界面对设备进行控制，因此人机界面中要设计一些设备控制子窗口。在设计这些窗口时，要做到同类设备界面的一致性，从而有利于操作与管理。

图 6-27 所示为某水质净化厂运行监控系统中二级提升泵（潜水泵）的操作界面，可以看出，这些设备的操作方式、控制按钮与运行参数显示与设置等是一致的。

4）把画面中的一些对象与具体的参数连接起来，即做所谓的动画连接。通过这些动画连接，可以更好地显示过程参数的变化、设备状态的变化和操作流程的变化，并且方便工人操作。动画连接实际是把画面中的参数与变量标签连接的过程。变量标签包括以下几种类型，即 I/O 设备连接

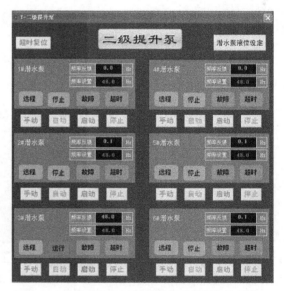

图 6-27　某水质净化厂运行监控系统设备控制窗口

（数据来源于 I/O 设备的过程）、网络数据库连接（数据来源于网络数据库的过程）、内部连接（本地数据库内部同一点或不同点的各参数之间的数据传递过程）。

显示画面中的不少对象在进行组态时，可以设置相应的操作权限甚至密码，这些对象对应的功能实现只对满足相应权限的用户有效。

4. 报警组态

报警功能是 SCADA 系统人机界面重要功能之一，为确保安全生产起到重要作用。它的作用是当被控的过程参数、SCADA 系统通信参数及系统本身的某个参数偏离正常数值时，以声音、光线、闪烁等方式发出报警信号，提醒操作人员注意并采取相应的措施。报警组态的内容包括报警的级别、报警限、报警方式、报警处理方式等。当然，这些功能的实现对于不同的组态软件会有所不同。

5. 实时和历史趋势曲线组态

由于计算机在不停地采集数据，形成了大量的实时和历史数据，这些数据的变化趋势对了解生产情况和安全追忆等有重要作用。因此，组态软件都提供有实时和历史曲线控件，只要做一些组态就可以了。图 6-28 所示为某水质净化厂运行监控系统实时趋势显示界面。由于要显示的变量较多，因此，操作人员可以从界面中选择所要观察的参数。此外，界面中通常还会有参数的基本统计值显示，如最大值、最小值等。

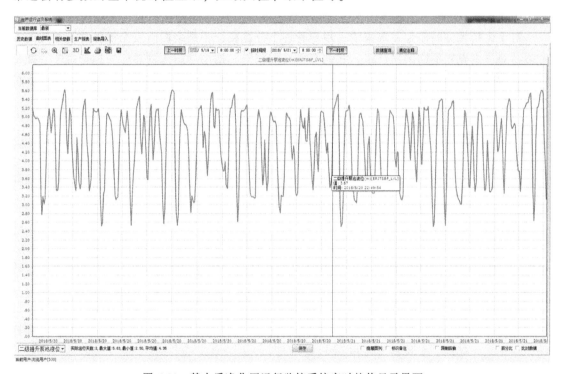

图 6-28　某水质净化厂运行监控系统实时趋势显示界面

一般来说，并非所有的变量或参数都能查询到历史趋势，只有选择进行历史记录（WinCC 中称为归档）的参数或变量才会保存在历史数据库中，才可以观察它们的历史曲线。对于一个大型的系统，变量和参数很多，如果每个参数都设置较小的记录周期，则历史数据库容量会很大，甚至会影响系统的运行。因此，一定要根据监控要求合理设置参数的记录属性及保存周期等，按时对历史数据进行备份。

6. 报表组态及设计

报表组态包括日报、周报或月报的组态，报表的内容和形式由生产企业确定。报表可以统计实时数据，但更多的是历史数据的统计。绝大多数组态软件本身都不能做出很复杂的报表，一般的做法是采用 Crystal Report（水晶报表）等专门的工具做报表，数据本身通过 ODBC 等接口从组态软件的数据库中提取。

7. 控制组态和设计

由于多数人机界面只是起监控的作用，而不直接对生产过程进行控制，因此，用组态软件开发人机界面时没有复杂的控制组态。这里说的控制组态主要是当要进行远程监控时，相应的指令如何传递到下位机中，以通过下位机来执行。常用的做法是定义一些起到信息传递作用的标签（它们当然属于 I/O 变量，虽然不对应实际的过程仪表或设备），这些标签对应控制器中的内存变量或寄存器变量。在控制器编程时要考虑到这些变量对应的上位机的控制指令，并且明确是采用脉冲触发还是高、低电平触发。

8. 策略组态

根据系统的功能要求、操作流程、安全要求、显示要求、控制方式等，确定该进行哪些策略组态及每个策略的组态内容。

9. 用户的管理

对于比较大型的监控系统来说，用户管理十分重要，否则会影响安全操作甚至系统的安全运行。可以设置不同的用户组，它们有不同的权限，把用户归入到相应的用户组中。如工程师组的操作人员可以修改系统参数，对系统进行组态和修改，而普通用户组别的操作人员只能进行基本的操作。当然，根据需要还可以进一步细化。

6.6.3 工业控制系统数据报表的开发

工业控制系统中保存大量企业运行与操作数据，这些数据对于了解企业生产和运行、加强操作管理起到重要作用。通过数据报表可以直观和综合地表现工业控制系统存储数据的特性。通常，组态软件也要支持数据报表的开发。

数据报表的功能主要有：

1）提取存储在工业控制系统数据库中的各种基本数据和统计信息，可以以类似 Excel 等统一规范格式显示任意测控点在任意时间的数据记录及报警等事项，可以对数据进行比较、统计等计算，以发现数据中存在的统计特征。

2）提供数据报表组态功能，可以进行报表格式的定制和表中数据项的数据源定义，可以定义提取数据的显示形式，对提取的数据进行统计、筛选和分析，并将分析结果转存和打印，用于企业存档、交流甚至考核。

3）可以统计一段时间内操作人员的操作记录，以了解操作人员的操作是否正确，这有利于事故追忆。

工业控制系统数据报表的开发主要有以下几种形式：

1）通过组态软件提供的报表组态工具，设计绘制报表的格式。采取这种方式只能制作出格式和内容比较简单的报表，这些报表离用户的要求会有一定的距离。因此，通常采取其他的方式，开发符合企业要求的专门报表。

2）通过通用的功能强大的办公软件来实现，典型的就是利用 Excel 进行报表组态，即把数据从工业控制系统的数据库导入到 Excel 中。

3）用专用的报表开发工具开发。这种方式中数据也要从工业控制系统的数据库导入。这种方式可以开发出格式和功能比较复杂的报表，是工业控制系统一种常用的报表开发方式。

6.6.4　人机界面的调试

在整个组态工作完成后,可以进行离线调试,检验系统的功能是否满足要求。调试中要确保机器连续运行数周时间,以观察是否有机器速度变慢甚至死机等现象。在反复测试后,再在现场进行联机调试,直到满足系统设计要求。

组态软件人机界面的调试是非常灵活的,为了验证所设计的功能是否与预期一致,可以随时由开发环境转入运行环境。人机界面的调试可以对每个开发好的人机界面进行调试,而不是等所有界面开发完成后再对每个界面进行调试。

人机界面调试的主要内容有:

1) I/O 设备配置。有条件的可以把 I/O 硬件与系统进行连接、调试,以确保设备正常工作。若有问题,则要检查设备驱动是否正确、参数设置是否合理、硬件连接是否正确等。

2) 变量定义。外部变量定义与 I/O 设备联系紧密,要检查变量连接的设备、地址、类型、报警设置、记录等是否准确。对于要求记录的变量,检查记录的条件是否准确。

3) 运行系统配置是否准确。运行系统配置包括初始画面、允许打开画面数、各种脚本运行周期等。一般的组态软件都要设置启动运行画面,即组态软件从开发状态进入运行状态后被加载的画面。这些画面通常包括主菜单栏、主流程显示、LOGO 条等。

4) 画面切换是否正确及流畅。组态软件工程中包括许多不同功能的画面,用户可以通过各种按钮等来切换画面,要测试这些画面切换是否正确和流畅,切换方式是否简捷、合理。考虑到系统的资源约束,在系统运行中,不可能把所有的画面都加载到内存中,因此若某些画面切换不流畅,则可能是这些画面占用的资源较多,应该进行功能简化。

5) 数据显示。主要包括数据的链接是否正确、数据的显示格式和单位等是否准确。当工程中变量增加以后,常会出现变量链接错误,特别是采取复制等方式操作时,常会出现这样的错误。

6) 动画显示。动画显示是组态软件开发的人机界面最吸引眼球的特性之一,要检查动画功能是否准确、表达方式是否恰当、占用资源是否合理、效果是否逼真等。有时系统调试运行时会存在动画功能受到系统资源调度的影响而运行不流畅的情况,因此,要合理调整动画相关的参数。

7) 其他方面。包括报警、报表、用户、逻辑与控制组态、信息安全等功能调试。

复习思考题

1. 工业人机界面有哪些类型?其各自的应用领域是什么?
2. 什么是组态软件?其作用是什么?
3. 组态软件的组成部分是哪些?
4. 嵌入式组态软件与通用组态软件相比,有何特点?
5. 罗克韦尔 FactoryTalk View 组态软件有何技术特色?
6. 用组态软件开发人机界面的基本内容与步骤是什么?
7. 组态软件中报表如何开发?
8. 组态软件的脚本语言有哪些?
9. OPC 服务器是硬件吗?工业控制系统中采用 OPC 规范的好处有哪些?

第7章　工业控制系统设计与应用

7.1　工业控制系统设计原则

7.1.1　工业控制系统设计概述

工业控制系统的设计与开发不仅首先要了解相应的国家和行业标准，还要掌握一定的生产工艺方面的知识，充分掌握自动检测技术、控制理论、网络与通信技术、计算机编程等方面的技术知识。在系统设计时要充分考虑工业控制系统的发展趋势；在系统开发过程中，始终要和用户进行密切沟通，了解他们的真实需求和企业操作、管理人员的专业水平。

在国内，工业控制系统设计与开发有不同的模式，对于一些小的系统，用户会委托工程公司或其他的自动化公司进行设计与开发；而对于大型的系统，特别是政府投资的项目，要进行公开招标，由中标者进行系统开发；还有一种情况，用户会对要开发的工业控制系统提出总体的功能要求、技术要求和验收条件，然后进行招标。应标者要提出详细的系统设计方案，最后由评标专家决定最终中标者，由中标者根据投标技术方案进行系统的开发和调试。

在介绍有关工业控制系统设计与开发前，有必要阐述工业控制系统生命周期的问题。任何一个系统的设计与开发基本上都由六个阶段组成，即可行性研究、初步设计、详细设计、系统实施、系统测试和系统运行维护。通常这六个步骤并不是完全按照直线顺序进行的，在任何一个环节出现了问题或发现不足后，都要返回到前面的阶段进行补偿、修改和完善。

由于工业控制系统规模不同，其设计与开发所包含的工作量也有较大的不同，但总体的设计原则和系统开发步骤相差不大。本章将主要介绍工业控制系统的设计原则、系统开发、调试等。所介绍的内容对于其他计算机控制系统的开发也有一定的参考意义。

7.1.2　工业控制系统设计原则

控制技术的发展使得对于任何一个工业、公用事业、环保等行业的工业控制系统都可以有多个不同的解决方案，而且这些方案各有特点，很难说哪个更好。为此，在设计时，必须考虑如下原则与要求，选取一个综合指标好的方案。当然，不同时期、不同用户对这些指标的认同程度可能是不一样的，甚至用户会根据其特殊需求提出一些其他方面的性能指标，这些因素都会影响到最终的系统设计。一般而言，以下几点是工业控制系统设计时要参考的主要指标。

1. 可靠性

工业控制系统，特别是下位机工作环境比较恶劣，存在着各种干扰，而且它所担当的控制任务对运行要求很高，不允许它发生异常现象，因此在系统设计时必须立足于系统长期、可靠和稳定的运行。因为一旦控制系统出现故障，轻者影响生产，重者造成事故，甚至人员伤亡。所以，在系统设计过程中，要把系统的可靠性放在首位，以确保系统安全、可靠和稳定地运行。

系统的可靠性是指系统在规定的条件下和规定的时间内完成规定功能的能力，常用概率来定义，常用的有可靠度、失效率、平均故障间隔时间（MTBF）、平均故障修复时间（MT-TR）、利用率等。

为提高系统可靠性，需要从硬件、软件等方面着手。首先要选用高性能的上、下位机和通信设备，保证在恶劣的工业环境下仍能正常运行。其次是设计可靠的控制方案，并具有各种安全保护措施，比如报警、事故预测、事故处理等。

对于特别重要的监控过程或控制回路，可以进行冗余设计。对于一般的控制回路，选用手动操作为后备；对于重要的控制回路，选用常规控制仪表作为后备。对于监控主机，可以进行冷备份或热备份，这样，一旦一台主机出现故障，后备主机可以立即投入运行，确保系统安全。当然，冗余是多层次的，包括 I/O 设备、电源、通信网络和主机等。冗余设计多可以提高可靠性，但系统成本也会显著增加。

2. 先进性

在满足可靠性的情况下，要设计出技术先进的工业控制系统。先进的工业控制系统不仅具有很高的性能，满足生产过程所提出的各种要求和性能指标，而且对于生产过程的优化运行和实施其他综合自动化措施都是有好处的。先进的工业控制系统通常都符合许多新的行业标准，采用了许多先进的设计理念与先进设备，因此可以确保系统在较长时间内稳定可靠工作。当然，也不能片面追求系统的先进性而忽视系统开发、应用及维护的成本和实现上的复杂性与技术风险。

3. 实时性

工业控制系统的实时性表现在对内部和外部事件能快速、及时的响应，并做出相应的处理，不丢失信息，不延误操作。计算机处理的事件一般分为两类，一类是定时事件，如数据的定时采集、运算、调度与控制等；另一类是随机事件，如事故、报警等。对于定时事件，系统设置查询时钟，保证定时处理。对于随机事件，系统设置中断，并根据故障的轻重缓急，预先分配中断级别，一旦事故发生，保证优先处理紧急故障。

在工业控制系统中，不同的监控层面对实时性的要求是不一样的，下位机系统对实时性的要求最高，而监控层对实时性的要求较低。在系统设计时，要合理确定系统的实时性要求，分配相应的资源来处理实时性事件，既要保证实时性要求高的任务得以执行，又要确保系统的其他任务也能及时执行。

4. 开放性

由于工业控制系统多是采用系统集成的办法实现的，即系统的软、硬件是不同厂家的产品，因此，首先要保证所选用设备具有较好的开放性，以方便系统的集成；其次，工业控制系统作为企业综合自动化系统的最底层，既要向上层 MES 或 ERP 系统提供数据，也要接受这些系统的调度，因此，工业控制系统整体也必须是开放的。此外，系统的开放性还是实现系统功能扩展和升级的重要基础。在系统设计时一定要避免所设计的系统是"自动化孤岛"，否则会导致系统的功能得不到充分发挥。

5. 经济性

在满足工业控制系统性能指标（如可靠性、实时性、开放性）的前提下，尽可能地降低成本，保证性能价格比较高，为用户节约成本。

此外，还要尽可能地提高系统投运后的产出，即为企业创造一定的经济效益和社会效益，这才是工业控制系统的最大作用，也是用户最欢迎的。

6. 可操作性与可维护性

操作方便表现在操作简单、直观形象和便于掌握，且不要求操作工人一定要熟练掌握计算机知识才能操作。对于一些升级的系统，在新系统设计时要兼顾原有的操作习惯。

可维护性体现在维修方便，易于查找和排除故障。系统应多采用标准的功能模块式结构，便于更换故障模块，并在功能模块上安装工作状态指示灯和监测点，便于维修人员检查。另外，有条件的话，应配置故障检测与诊断程序，用来发现和查找故障。

在系统设计时坚持以人为本是确保系统具有可操作性和可维护性的重要手段和途径。

7. 可用性

可用性是在某个考察时间，系统能够正常运行的概率或时间占有率期望值。若考察时间为指定瞬间，则称为瞬时可用性；若考察时间为指定时段，则称为时段可用性；若考察时间为连续使用期间的任一时刻，则称为固有可用性。可用性常用下面公式 $A = MTBF/(MTBF + MTTR)$ 来表示，式中 A 代表可用度；MTBF 指的是平均故障间隔时间；MTTR 表示平均修复时间。它是衡量设备在投入使用后实际使用的效能，是设备或系统的可靠性、可维护性和维护支持性的综合特性。

7.2　工业控制系统设计与开发步骤

工业控制系统的设计与开发要比一般的 PLC 控制系统复杂许多。工业控制系统的设计与开发主要包括三个部分的内容，即上位机系统设计与开发、下位机系统设计与开发、通信网络的设计与开发。对于集散控制系统，由于其极高的系统整合度，因此，在开发中相对比SCADA 系统简单。

工业控制系统的设计与开发具体内容会随系统规模、被控对象、控制方式等不同而有所差异，但系统设计与开发的基本内容和主要步骤大致相同。一个完整的工业控制系统设计与开发步骤如图 7-1 所示。主要包括需求分析、总体设计、细化设计、项目开发、设备安装、系统调试与验收等环节。这些环节紧密相连，特别是后续环节通常都依赖于前一个环节，因此，如果前期工作存在不足则可能造成后续系统设计或开发面临困难，最终导致系统在性能等方面达不到设计要求。

7.2.1　工业控制系统需求分析与总体设计

在进行设计前，首先要深入了解生产过程的工艺流程、特点；主要的检测点与控制点及它们的分布情况；明确控制对象所需要实现的动作与功能；确定控制方案；了解业主对监控系统是否有特殊的要求；了解用户对系统安全性与可靠性的需要；了解用户的使用和操作要求；了解用户的投资预算等。

在了解这些基本信息后，就可以开始总体设计。首先要统计系统中所有的 I/O 点，包括模拟量输入、模拟量输出、数字量输入、数字量输出等，确定这些点的性质及监控要求，如控制、记录、报警等。表 7-1 给出了模拟量输入信号列表，表 7-2 给出了数字量输入信号列表。在此基础上，根据监控点的分布情况确定工业控制系统的拓扑结构，主要包括上位机的

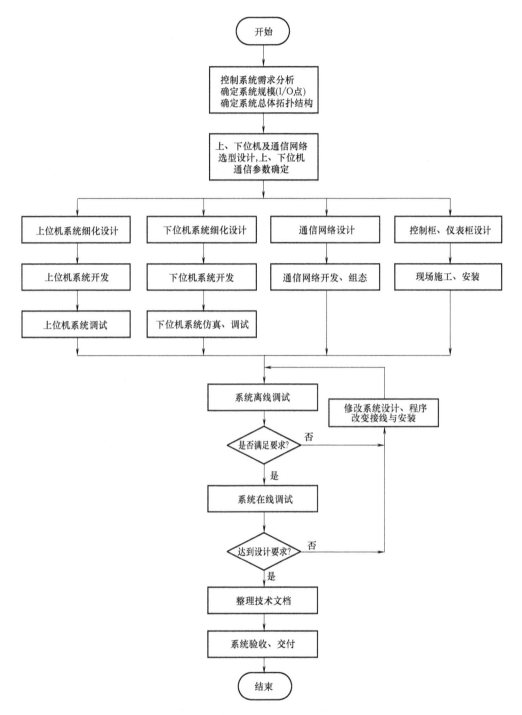

图 7-1　工业控制系统设计与开发步骤示意图

数量和分布、下位机的数量和分布、网络与通信设备等。在工业控制系统中，拓扑结构很关键，一个好的拓扑结构可以确保系统的监控功能被合理分配，网络负荷均匀，有利于系统功能的发挥和稳定运行。在确定拓扑结构时，要考虑到控制层网络结构和现场层网络结构。目前的发展趋势是尽量使用工业以太网，因此，对于一些现场串行总线协议设备，可以采用以太网网关，把这些设备挂到以太网上。

拓扑结构确定后，就可以初步确定工业控制系统中上位机的功能要求与配置，上位机系统的安装地点和监控中心的设计；确定下位机系统的配置及其监控设备和区域分布；确定通信设备的功能要求和可能的通信方式及其使用和安装条件；在这三个方面确定后，编写相应的技术文档，与业主及相关的技术人员对总体设计进行论证，以优化系统设计。至此，工业控制系统的总体设计就初步完成了。

表 7-1 模拟量输入信号列表

I/O 名称	位号	上位机 TAG	下位机 地址	工程 单位	信号 类型	量程 /m	报警 上限	报警 下限	偏差 报警	备注
进水泵 房液位	LT-101	BFL-1	D200	m	4~20mA	0~6	5	2		归档

表 7-2 数字量输入信号列表

序号	I/O 名称	位号	上位机 TAG 号	下位机 地址	报警 类型	正常 信号	备注
1	1号进水泵故障	FR-101	B1FAULT	X10	高电平	低电平	归档
2							

在工业控制系统设计时，还要注意系统功能的实现方式，即系统中的一些监控功能既能由硬件实现，也能由软件实现。因此，在系统设计时，硬件和软件功能的划分要综合考虑，以决定哪些功能由硬件实现，哪些功能由软件实现。一般采用硬件实现时速度比较快，可以节省 CPU 的大量时间，但系统会比较复杂、价格也比较高；采用软件实现比较灵活、价格便宜，但要占用 CPU 较多的时间，实时性也会有所降低。所以，一般在 CPU 时间允许的情况下，尽量采用软件实现，如果系统控制回路较多、CPU 任务较重，或某些软件设计比较困难，则可考虑用硬件实现。这里可以举一个例子，在三菱电机 FX 和 Q 系列控制系统中，有专门的温度控制硬件模块，即该模块内有 PID 等控制算法。因此，在进行温度控制时，可以直接采用这样的模块，这就是硬件控制方案。若不采用这样的模块，而是利用 PID 指令编写温度控制程序并下载到 CPU 中，则属于采用软件的方式实现温度控制。此外，软PLC 控制也是一种典型的用软件来替代硬件控制的方案。

总体设计后将形成系统的总体方案。总体方案确认后，要形成文件，建立总体方案文档。系统总体设计文件通常包括以下内容：

1）主要功能、技术指标、原理性方框图及文字说明；

2）工业控制系统总体通信网络结构、性能与配置；

3）上、下位机的配置、功能及性能，数据库的选用；

4）主要的测控点和控制回路，控制策略和控制算法设计，例如 PID 控制、解耦控制、模糊控制和最优控制等；

5）系统的软件功能确定与模块划分，主要模块的功能、结构及流程图；

6）安全保护设计，联锁系统设计；

7）抗干扰和可靠性设计；

8）机柜或机箱的结构设计，电源系统设计；

9）中控室设计，操作台设计；

10）经费和进度计划的安排。

对所提出的总体设计方案要进行合理性、经济性、可靠性及可行性论证。论证通过后，便可形成作为系统设计依据的系统总体方案图、表和设计任务书，以指导具体的系统设计、开发与安装工作。

7.2.2　工业控制系统类型确定与设备选型

与其他的控制系统相比，工业控制系统的设备选型范围更广，灵活性更大。在进行设备选型前，首先要确定所选用的系统类型。由于工业控制系统解决方案的多样性，因此，要通过深入分析，在满足用户需求的前提下，为用户选择一个性/价比较高的系统，最终让用户满意。

1. 系统类型的确定

目前主要的工业控制系统有 SCADA 系统和集散控制系统（目前集散控制系统已经很好地支持了现场总线，因此，这里不将现场总线控制系统列出）。若采用集散控制系统，则在确定厂家后，整套系统，包括现场控制站、服务器、工程师站与操作员站及通信网络基本就确定了。

如果采用 SCADA，则这些设备都有不同的选择范围。一般而言，工业控制系统上位机选择通常是商用计算机或工控机，或配置服务器。主要的不同体现在下位机和通信网络，对于 SCADA 系统，几种主要的下位机有：

1）PLC 或 PAC。适合于模拟量比较少，数字量较多的应用。

2）各种 RTU。适合于监控点极为分散，且每个监控点 I/O 点不多的应用。

3）具有通信接口的仪表。适合于以计量为主的应用，如热电厂热能供应计量和监控等。

4）PLC 与分布式模拟量采集模块混合系统。适合于模拟与数字混合系统，用户对系统价格比较敏感，且模拟量控制要求不高的应用。

5）其他各种专用的下位机控制器。

当然，对于一些小的系统可以采取集中监控方式，即硬件选用商用机或工控机计算机，再配置各种数据采集板卡或远程数据采集模块，应用软件采用通用软件，如 Visual Basic、Visual C++等的开发。

上述下位机系统中，多数都具有系列化、模块化、标准化结构，有利于系统设计者在系统设计时根据要求任意选择，像搭积木般地组建系统。这种方式能够提高系统开发速度，提高系统的技术水平和性能，增加可靠性，也有利于系统维护。

各种类型的工业控制系统中，SCADA 系统的通信方式最为多样和复杂，其包含的通信网络和层次也比较多，而对于 DCS，其通信相对简单，而且集成度较高。当然，对于含有不同类型现场总线的系统，有时总线的通信与调试也有一定的难度。

2. 设备选型

工业控制系统的设备选型包括以下几个部分。

1）上位机系统选型。上位机系统选型主要选择监控主机、操作计算机、服务器及相应的网络、打印、UPS 等设备。计算机品牌较多，可以选择在 CPU 主频、内存、硬盘、显示卡、显示器等各方面满足要求的品牌计算机。当然，若对可靠性要求更高，则可以选择工控机。一般而言，工控机的配置要比商用机的配置低一些（同样配置的工控机与商用机比较，工控机的上市时间更晚）。设计人员可根据要求合理地进行选型。监控中心的计算机多配置大屏幕显示器。在许多大型工业控制系统监控、调度中心，一般都配置有大屏幕显示系统或模拟屏，以方便对系统的监控和调度，但这些设备要专门的厂家来设计制造。

上位机在选型时还要考虑组态软件、数据库和其他应用软件，以满足生产监控和全厂信息化管理对数据存储、查询、分析和打印等的要求。

2）下位机选型。对集散控制系统而言，所谓下位机就是现场控制站，通常不同的集散控制系统制造商有不同性能的现场控制站，对于同类现场控制站，还有不同性能指标的控制器模块配置。因此，可以结合设计要求进行选择。

对 SCADA 系统而言，下位机产品的选择范围极广，现有的绝大多数产品都能满足一般工业控制系统对下位机的功能要求。不过，下位机的类型通常与行业有关，应根据所确定的下位机类型选择相应的产品。建议选择主流厂商的主流产品，这样维护、升级、售后服务都有保证，系统开发时能有足够的技术支持和参考资料。而且这类产品用量大、用户多，其性能可以得到保证。

选择下位机时，要特别注意下位机控制器模块的内存容量、工作频率（扫描时间）、编程方式与语言支持、通信接口和组网能力等，以确保下位机有足够的数据处理能力、控制精度与速度，方便程序开发和调试。下位机的选择还要考虑到所选用的组态软件是否支持该设备。

在进行 I/O 设备选择时，要注意 I/O 设备的通道数、通道隔离情况、信号类型与等级等。对于模拟量模块还要考虑转换速率与转换精度。下位机系统数字量 I/O 设备选型时，对于输出模块，要注意根据控制装置的特性选择继电器模块、晶体管模块还是晶闸管，要注意电压等级和负载对触点电流的要求；对于输入模块，要注意是选择源型设备还是漏型设备（如果有这方面的要求）。另外，还要注意特殊功能模块与通信模块的选择。

在下位机系统，要注意 I/O 设备与现场检测与执行机构之间的隔离，特别是在化工、石化等场合，要使用安全栅等设备。对于数字量输入和输出，可以使用继电器做电气隔离。

3）通信网络设备。工业控制系统中通信网络设备选型较复杂。首先在工业控制系统中，有运用于下位机的现场总线或设备级总线；有实现下位机联网的现场总线；有连接各个下位机与上位机的有线或无线通信。特别是对于大范围长距离通信，通常要借助于电信的固定电话网络或移动通信公司的无线网络进行数据传输，而这会造成一些用户不可控的因素，例如，通信质量受制于这些服务提供商的服务水平。因此，在选择通信方式时，尽量选择用户可以掌控的通信方式和通信介质。通信系统的通信设备与介质的选择主要是要满足数据传输对带宽、实时性和可靠性的要求。对于通信可靠性要求高的场合，可以考虑用不同的通信方式冗余。如有线通信与无线通信的冗余，以有线为主，无线通信做后备。

4）仪表与控制设备。仪表与控制设备主要包含传感器、变送器和执行机构的选择。这些装置的选择是影响控制精度的重要因素之一。根据被控对象的特点，确定执行机构采用何种类型，还应对多种方案进行比较，综合考虑工作环境、性能、价格等因素后择优而用。

检测仪表可以将流量、速度、加速度、位移、湿度等信号转换为标准电量信号。对于同样一个被测信号，有多种测量仪表能满足要求。设计人员可根据被测参数的精度要求、量程、被测对象的介质类型与特性和使用环境等来选择检测仪表。为了减少维护工作量，可以尽量选用非接触式测量仪表，这也是目前仪表选型的一个趋势。当一些检测点只关心定性的信息时，可以选用开关量检测设备，如物位开关、流量开关、压力开关等，以降低硬件设备费用。

执行机构是控制系统中必不可少的组成部分，它的作用是接收计算机发出的控制信号，并把它转换成调节机构的动作，使生产过程按预先规定的要求正常运行。

执行机构分为气动、电动和液压三种类型。气动执行机构的特点是结构简单、价格低、防火防爆；电动执行机构的特点是体积小、种类多、使用方便；液压执行机构的特点是推力大、精度高。另外，还有各种有触点和无触点开关，也是执行机构，能实现开关动作。执行机构选型时要注意被控系统对执行机构的响应速度与频率等是否有要求。

7.2.3 工业控制系统应用软件的开发

工业控制系统的软件包括系统软件与应用软件。系统软件有运行于上位机的操作系统软件、数据库管理软件及服务器软件；下位机的系统软件主要是各种控制器中内置的系统软件，这些软件会随着设备制造商的不同而不同，但部分控制器设备，如 PAC 会选用微软的 WinCE 或其他商用的嵌入式操作系统。系统软件，特别是上位机系统软件的稳定性是工业控制系统上位机稳定运行的基础，必须选用正版的操作系统软件，注意软件的升级和维护。另外还要注意上位机应用软件对操作系统版本和组件的要求。

工业控制系统功能很大程度上取决于系统的应用软件性能。为了确保系统的功能发挥和可靠性，应该科学设计工业控制系统的应用软件。工业控制系统的应用软件主要包括上位机的人机界面、通信软件、下位机中的程序，甚至还包括那些专门开发的设备驱动程序。不论是上位机应用软件还是下位机应用软件的设计，都要基于软件工程方法，采用面向对象与模块化结构等技术。编程前要画出程序总体流程图和各功能模块流程图，再选择程序开发工具，进行软件开发。要认真考虑功能模块的划分和模块的接口，设计合理的数据结构与类型。在下位机应用软件设计开发时，要根据程序组织单元的相关知识合理设计功能、功能块和程序等程序组织单元。

工业控制系统的数据类型可分为逻辑型、数值型与符号型。逻辑型主要用于处理逻辑关系或用于程序标志等。数值型可分为整数和浮点数，整数有直观、编程简单、运算速度快的优点，其缺点是表示的数值动态范围小，容易溢出；浮点数则相反，数值动态范围大、相对精度稳定、不易溢出，但编程复杂、运算速度低。

在程序设计时，构件合理的数据结构类型可以明显提高程序的可读性，加强程序的封装，提高程序重用性。目前主流的上位机的组态软件和下位机的编程软件都支持用户自定义数据结构。

1. 上位机应用软件配置与开发

以 SCADA 系统为例，具体说明上位机软件配置与开发。上位机软件包括上位机上多个节点的应用软件。由于大型工业控制系统中，各种功能的计算机较多，因此上位机应用软件的配置与开发也是多样的。组态软件是设计上位机人机界面的首选工具。上位机应用软件配置与开发包括：

1）将组态软件配置成"盲节点"或将其功能简化为"I/O服务器"，这两种节点通常不配置操作员界面，从而可以更好地进行数据采集。

2）工业控制服务器应用软件开发与配置。大型工业控制系统中配置一台或多台工业控制服务器来汇总多个"I/O服务器"的数据，因此要进行相关的组态工作。

3）监控中心操作站人机界面开发。操作站是人机接口，是操作和管理人员对监控过程进行操作和管理的平台，因此，要开发出满足功能要求的人机界面。工业控制系统人机界面通常不与现场的控制器通信，其数据主要来源于工业控制服务器。关于采用组态软件开发人机界面的内容见第6章。

4）数据库软件配置与各种报表、管理软件开发。

在上位机人机界面软件开发中，还可以选用高级语言或一些专业数据采集软件。

采用高级语言编程的优点是编程效率高，不必了解计算机的指令系统和内存分配等问题。其缺点是编制的源程序经过编译后，可执行的目标代码比完成同样功能的汇编语言的目标代码长得多，一方面占用内存量增多，另一方面使得执行时间增长，往往难以满足实时性的要求。针对汇编语言和高级语言各自的优缺点，可用混合语言编程，即系统的界面和管理功能等采用高级语言编程，而实时性要求高的控制功能则采用汇编语言编程。

典型的数据采集软件有美国国家仪器公司的图形化编程语言LabView和文本编程语言LabWindows/CVI，以及HP公司的HP VEE等。这些软件更多的是面向测控领域，在工业控制系统中应用比较少。

2. 上、下位机通信系统配置与组态

工业控制系统中，上、下位机的通信极为关键。通常，与上、下位机通信相关的驱动程序、配置软件和其他的通信软件都由组态软件供应商、下位机供应商提供，相关的通信协议都封装在驱动程序或通信软件中，工业控制系统开发人员要熟悉这些软件的使用与配置，熟悉通信参数的意义与设置。在进行通信系统的开发和调试时，一定要确保通信中所要求的各种软件、驱动协议已经安装或配置，特别是那些属于操作系统的可选安装项。

对于那些组态软件还不支持的设备，可以采用组态软件厂商提供的设备驱动程序开发工具来开发专用的驱动程序，也可以委托组态软件供应商开发。建议对这类设备开发OPC服务器，而不是开发仅仅适用于某种组态软件的驱动程序。

7.3 工业控制系统安全设计

7.3.1 工业控制系统安全性概述

1. 安全性分类

系统的安全性包含三方面的内容，即功能安全、人身安全和信息安全。功能安全和人身安全对应英文safety，而信息安全对应英文security。

1）功能安全（Fuctional Safety）。根据IEC61508定义，功能安全是依赖于系统或设备对输入的正确操作，它是全部安全的一部分。当每一个特定的安全功能获得实现，并且每一个安全功能必需的性能等级被满足的时候，功能安全目标就达到了。从另一个角度理解，当安全系统满足以下条件时就认为是功能安全的，即当任一随机故障、系统故障或共因失效都不会导致安全系统的故障，从而引起人员的伤害或死亡、环境的破坏、设备财产的损失，也就是装置或控制系统的安全功能无论在正常情况还是有故障存在的情况下都应该保证正确实施。在传统的工业控制系统中，特别是在所谓的安全系统（Safety System）或安全相关系统（Safety Related System）中，所指的安全性通常都是指功能安全。比如在联锁系统或保护系统中，安全性是关键性的指标，其安全性也是指功能安全。功能安全性差的控制系统，其后果不仅仅是系统停机的经济损失，而且往往会导致设备损坏、环境污染，甚至人身伤害。工控控制系统中，功能安全的实现依赖于安全仪表系统。

2）人身安全（Personal Safety）。指系统在人对其进行正常使用和操作的过程中，不会直接导致人身伤害。比如，系统电源输入接地不良可能导致电击伤人，就属于设备人身安全设计必须考虑的问题。通常，每个国家对设备可能直接导致人身伤害的场合都颁布了强制性的标准规范，产品在生产销售之前应该满足这些强制性规范的要求，并由第三方机构实施认证，这就是通常所说的安全规范认证，简称安规认证。

3）信息安全（Cyber Security）。信息作为一种资源，它的普遍性、共享性、增值性、可处理性和多效用性使其对于人类具有特别重要的意义。在传统 IT 领域，信息安全是指信息网络的硬件、软件及其系统中的数据受到保护，不因偶然的或者恶意的原因而遭到破坏、更改、泄露，系统能连续可靠正常地运行，信息服务不中断。信息安全的实质就是要保护信息系统或信息网络中的信息资源免受各种类型的威胁、干扰和破坏，即保证信息的安全性。根据国际标准化组织的定义，信息安全性的含义主要是指信息的保密性、完整性、可用性、可控性和不可否认性五个安全目标。病毒、黑客攻击及其他的各种非授权侵入系统的行为都属于信息安全。信息安全问题一般会导致重大经济损失，或对国家的公共安全造成威胁。

IEC 62443 标准给出了控制系统信息安全的定义：①对系统采取的保护措施；②由建立和维护保护系统的措施所得到的系统状态；③能够免于对系统资源的非授权访问和非授权或意外的变更、破坏或者损失；④基于计算机系统的能力，能够保证非授权人员和系统无法修改软件及其数据，也无法访问系统功能，却保证授权人员和系统不被阻止；⑤防止对控制系统的非法或有害入侵，或者干扰控制系统执行正确和计划的操作。

2. 人身安全及安规认证

所有可能威胁人身安全的产品，在销售之前都必须通过某种要求的认证，一般每个国家都会列出一系列的产品目录，并规定每类产品应按何种标准进行安规认证或产品认证。产品认证主要是指产品的安全性检验或认证，这种检验或认证是基于各国的产品安全法及其引申出来的单一法规进行的。在国际贸易中，这种检验或认证具有极其重要的意义。因为通过这种检验或认证，是产品进入当地市场合法销售的通行证，也是对在销售或使用过程中，因产品安全问题而引发法律或商务纠纷时的一种保障。

产品安全性的检验、认证和使用合法标识的分类情况如图 7-2 所示。

7.3.2　安全仪表系统设计

1. 安全仪表系统设计原则

（1）基本原则

安全仪表系统 SIS 设计时必须遵循以下两个基本原则：

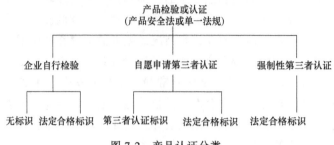

图 7-2　产品认证分类

1）在进行 SIS 设计时，应当遵循 E/E/PES（电子/电气/可编程电子设备）安全要求规范；

2）通过一切必要的技术与措施使设计的 SIS 达到要求的安全完整性水平。

（2）逻辑设计原则

1）可靠性原则。安全仪表系统的可靠性是由系统各单元的可靠性乘积组成的，因此，任何一个单元可靠性下降都会降低整个系统的可靠性。在设计过程中，往往比较重视逻辑控制系统的可靠性，而忽视了检测元件和执行元件的可靠性，这是不可取的，必须全面考虑整个回路的可靠性，因为可靠性决定了系统的安全性。

2）可用性原则。可用性虽然不会影响系统的安全性，但可用性较低的生产装置将会使生产过程无法正常进行。在进行 SIS 设计时，必须考虑到其可用性应该满足一定的要求。

3）"故障安全"原则。当安全仪表系统出现故障时，系统应当设计成能使系统处于或导向安全的状态，即"故障安全"原则。"故障安全"能否实现，取决于工艺过程及安全仪表系统的设置。

4）过程适应原则。安全仪表系统的设置应当能在正常情况下不影响生产过程的运行，当出现危险状况时能发挥相应作用，保障工艺装置的安全，即要满足系统设计的过程适应原则。

（3）回路配置原则

在 SIS 的回路设置时，为了确保系统的安全性和可靠性，应该遵循以下两个原则：

1）独立设置原则。SIS 应独立于常规控制系统，独立完成安全保护功能。即 SIS 的逻辑控制系统、检测元件与执行元件应该独立配置。

2）中间环节最少原则。SIS 应该被设计成一个高效的系统，中间环节越少越好。在一个回路中，如果仪表过多则可能导致可靠性降低。尽量采用隔爆型仪表，减少由于安全栅而产生的故障源，防止产生误停车。

2. 安全仪表系统设计步骤

根据安全生命周期的概念，SIS 设计的一套完整步骤如图 7-3 所示，具体描述如下：

1）初步设计过程系统；

2）对过程系统进行危险分析和风险评价；

3）验证使用非安全控制保护方案是否能防止识别出的危险或降低风险；

4）判断是否需要设计安全仪表系统，如果需要则转第 5）步，否则按照常规的控制系统进行设计；

5）依据 IEC61508 确定对象的安全等级 SIL；

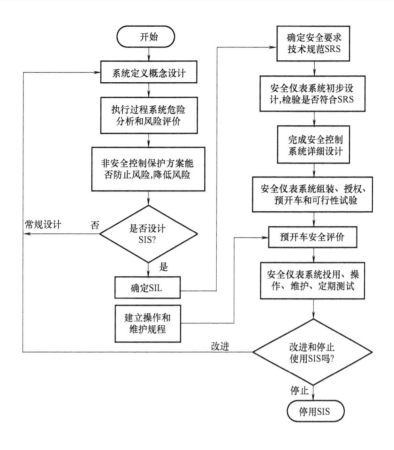

图 7-3　SIS 设计步骤

6）确定安全要求技术规范 SRS；

7）初步完成安全仪表系统的设计并验证是否符合安全要求技术规范 SRS；

8）完成安全仪表系统的详细设计；

9）进行安全仪表系统的组装、授权、预开车和可行性试验；

10）在符合规定的条件下对 SIS 进行预开车安全评价；

11）安全仪表系统正式投用、操作、维护及定期进行功能测试；

12）如果原工艺流程被改造或在实际生产过程中发现安全仪表系统不完善，判断是否需要停用或改进安全仪表系统；

13）若需要改进，则转到第 2）步进入新的安全仪表系统设计流程。

7.3.3　工业控制系统信息安全防护技术

1. 工控信息安全

工业控制系统的信息安全主要是要防止各种针对工业控制系统的恶意人为攻击。由于现代工业控制系统广泛采用了 IT 领域大量通用的计算机软、硬件设备、网络与通信设备及通信协议，导致工控设备也存在 IT 系统常见的漏洞。而由于工业控制系统运行的特殊性，对工业控制系统的漏洞缺乏有效的管控。同时，近年来网络威胁不断增多，攻击手段不断提高，这更是给工业控制系统的安全运行带来了前所未有的挑战。特别是 2010 年针对伊朗核电站的"震网"攻击事件给伊朗核电事业造成的巨大破坏，使各国都认识到了工业控制系统信息安全的重要性和面临的严峻形势。

在国际上，对于过程控制系统的信息安全防护研究已有十多年的历史，已开始形成一些较为成熟的标准体系和技术规范。2009 年，北美电力安全公司（NERC）为除了核电以外的电力系统制定了一套控制系统网络安全标准 CIP，所有的发电设施都被要求遵循这一标准。2010 年，美国国家标准和技术研究所（NIST）发布了智能电网网络安全标准 NISTIR 7628，2011 年又发布了工业控制系统安全指南 NIST SP-800-82，专门讨论了工业控制系统的安全防护，SP-800-53 则专门针对工业网络安全的标准定义了许多信息安全的程序和技术。2010 年，美国核管理委员会（NRC）发布了核设施网络安全指南 5.71。2004 年，国际自动化学会（ISA）也制定了一项用于制造业和控制系统安全的标准 ISA-99。2007 年，国际电工委员会 IEC/TC65/WG10 工作组结合工业界现有的标准，制定了 IEC62443 系列标准，从通用基础标准、信息安全程序、系统技术要求和组件技术要求四个方面做出了规定。

为了应对工业控制系统信息安全越发严峻的形势，我国工业和信息化部 2010 年印发《关于加强工业控制系统信息安全管理的通知》（简称：工信部［451］号文），要求各地区、各有关部门充分认识到工业控制系统信息安全防护的重要性和紧迫性，切实加强工业控制系统信息安全管理，保障工业生产安全运行、国家经济稳定和人民生命财产安全。［451］号文的印发标志着我国已将工业控制系统信息安全防护提升至国家高度。

2. 工控信息安全与 IT 信息安全的比较

工业控制系统的信息安全研究时间短，因此，在工业控制系统信息安全的分析、评估、测试和防护上，一个自然的想法就是借鉴传统 IT 系统信息安全的既有成果，毕竟工业控制系统也是现代信息技术和控制技术的结合。然而，工业控制系统又不是一般的信息系统，要想采用传统的 IT 信息安全技术，首先要分清现代工业控制系统信息安全与传统 IT 信息安全的异同，在此基础上，才能有针对性的利用传统 IT 信息安全技术来解决工控信息安全的问题。

工控信息安全与传统信息安全相比，主要的不同点表现在以下几个方面：

1）工业控制系统以"可用性"为第一安全需求，而 IT 信息系统以"机密性"为第一安全需求。在信息安全的三个属性（机密性、完整性、可用性）中，IT 信息系统的优先顺序是机密性、完整性、可用性，更加强调信息数据传输与存储的机密性和完整性，能够容忍一定延迟，对业务连续性要求不高；而工业控制系统则是可用性、完整性、机密性。工业控制系统之所以强调可用性，主要是由于工业控制系统属于实时控制系统，对于信息的可用性有很高的要求，否则会影响控制系统的性能。特别是早期的工业控制系统都是封闭性系统，信息安全问题不突出。此外，由于工控设备，特别是现场级的控制器，多是嵌入式系统，软、硬件资源有限，无法支撑复杂的加密等信息安全应用功能。

2）从系统特征看，工业控制系统不是一般的信息系统，现代的工业控制系统广泛用于电力、石油、化工、冶金、交通控制等许多重要领域。控制系统与物理过程结合紧密，已经成为一个复杂的信息物理系统（CPS）。而传统的 IT 系统与物理过程基本没有关联。因此，当工业控制系统受攻击后，可能会导致有毒原料泄漏，发生环境污染或区域范围内大规模停电等影响社会环境、人民生命财产安全的恶劣后果；而信息系统遭受攻击后主要是考虑的是由于重要数据泄露或被破坏而造成的经济损失。

3）从系统目的来看，工业控制系统更多是以"过程"，即生产过程进行控制为中心的系统，而信息技术系统更多是以"信息"，即人使用信息进行管理为中心的系统。

4）从系统用途来看，工业控制系统是工业领域的生产运行系统，而信息技术系统通常是信息化领域的管理运行系统。

5）工业控制系统生命周期长，通常至少要达到 10~15 年，而一般的 IT 系统生命周期在 3~5 年。

6）运行模式不同。对于多数工业控制系统，除了定期的检修外，系统必须长期连续运行，任何非正常停车都会造成一定的损失。而 IT 系统通常与物理过程没有紧密联系，允许短时间的停机或非计划的停机或系统重新启动。

7）由于生产连续性的特点，工业控制系统不能接受频繁的升级更新操作，而 IT 信息系统通常能够接受频繁的升级更新操作。由于该原因，工业控制系统无法像 IT 系统一样，通过不断为系统安装补丁，不断升级反病毒软件等典型的信息安全防护技术来提高系统的信息安全水平。

8）工业控制系统基于工业控制协议（如 OPC、Modbus、DNP3、S7），而 IT 信息系统基于 IT 通信协议（如 HTTP、FTP、SMTP、TELNET）。虽然，现在主流工业控制系统已经广泛采用工业以太技术，基于 IP/TCP/UDP 通信，但是应用层协议是不同的。此外，工业控制系统对报文时延很敏感，而 IT 信息系统通常强调高吞吐量。在网络报文处理的性能指标（吞吐量、并发连接数、连接速率、时延）中，IT 信息系统强调吞吐量、并发连接数、连接速率，对时延要求不太高（通常几百微秒）；而工业控制系统对时延要求高，某些应用场景要求时延在几十微秒内，对吞吐量、并发连接数、连接速率往往要求不高。

9）工业控制系统通常工作在环境比较恶劣的现场（如野外高低温、潮湿、振动、盐雾、电磁干扰），特别是各种现场仪表、远程终端单元等现场控制器；而 IT 信息系统通常在恒温、恒湿的机房中。这样，一些传统的 IT 信息安全产品无法直接用于工业现场，必须按照工业现场环境的要求设计专门的工控信息安全防护产品。

3. 工控信息安全防护技术

工控控制系统的信息安全远远没有功能安全成熟，目前还在起步阶段，但加强工控信息安全设计特别是防护还是十分重要的。工控信息安全包括两个方面的实践内容，一个是现有的工业控制系统，如何进行信息安全评估及采取何种措施加以防护；第二个是对于新上的工业控制系统，如何在设计环节就考虑工控信息安全。目前工业控制系统生产商等组织已经开展了必要的信息安全设计，或是针对已有的系统进行改造升级，以此来满足所需的信息安全要求。目前，国外普遍使用的有两种不同的工业控制系统信息安全解决方案，分别为主动隔离解决方案和被动检测解决方案。

1）主动隔离解决方案。主动隔离解决方案的设计思想来源于 IEC62443 标准中定义的"区域"和"管道"的概念，即将相同安全要求和功能的设备放在同一区域内，区域间通信靠专有管道执行，通过对管道的管理来阻挡非法通信，保护网络区域及其中的设备。其典型代表是加拿大 Byres Security 公司推出的 Tofino 控制系统信息安全解决方案。Tofino 解决方案由硬件隔离模块、功能软插件和中央管理平台组成，整体系统架构如图 7-4 所示。硬件隔离模块应用于受保护区域或设备的边界；功能软插件对经过硬件模块的通信进行合法性过滤；

中央管理平台实现对安全模块的配置和组态，并提供报警的显示、存储和分析。该方案最大的特点是基于白名单原理，能够深入到协议和控制器模型的层次对网络进行交通管制。此外，非 IP 的管理模式使安全设备本身不易被攻击，同时其报警平台让管理者对控制网络的信息安全状况有直观的了解。由于工业控制系统应用环境的特殊性，该方案对安全组件的可靠性要求比较高。

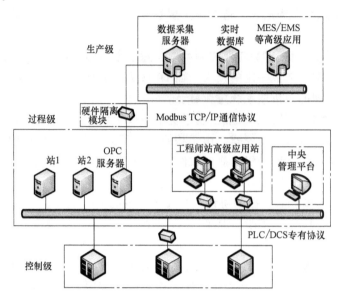

图 7-4　Tofino 控制系统信息安全解决方案

由于所有的网络威胁最后都是经由通信来实现的，而工业控制系统的物理结构和通信模式都相对固定，所以主动隔离是一种比较有效的解决方案，可以根据实际情况对控制系统进行信息安全防护。应用这种方案时应先根据防护等级和安全区域进行划分，寻求一个防护深度和成本的折中。

2）被动检测解决方案。被动检测解决方案延续了 IT 系统的网络安全防护策略。由于 IT 系统具有结构、程序、通信多变的特点，所以除了身份认证、数据加密等技术以外，还需要采用病毒查杀、入侵检测等方式确定非法身份，通过多层次的部署来加强信息安全防护。被动检测的典型代表是美国 Industrial Defender 公司的控制系统信息安全解决方案 Industrial Defender，这是主要针对安全要求较高的电力行业推出的，包括统一威胁管理（UTM）、网络入侵检测、主机入侵防护、访问管理和安全事件管理等部分，如图 7-5 所示。其中，统一威胁管理为安全防御的第一道防线，集成了防火墙、入侵防护、远程访问身份验证和虚拟专用网络（VPN）技术。主机入侵防护将自动拦截所有未经授权的应用程序，网络入侵检测被动检测控制网络安全边界内所有的网络流量，能够检测到来自内部或外部的可疑活动。访问管理和 IP 网关保证了授权的远程访问和设备子站的安全接入；安全事件管理对网络中的安全事件进行集中监视和管理。该方案中的主机入侵防护系统基于白名单技术，确保只有得到授权的应用程序才能在工作站和客户端上运行，与耗费资源的黑名单技术相比，这是一个适用于工控环境的重要优点；网络入侵检测系统也集成了对某些工控协议的监视功能。该方案的缺点是部署和应用比较复杂。

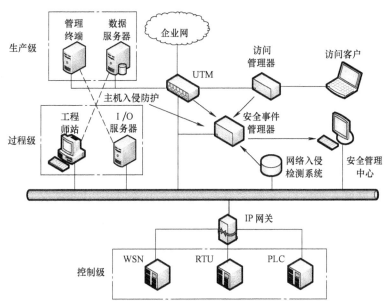

图 7-5 Industrial Defender 控制系统信息安全解决方案

被动检测解决方案的主要硬件设备均部署于原有系统之外，且主机入侵防护功能通过代理终端以白名单技术实现，这些措施对原有系统性能的影响较小，满足了工业控制系统可用性的要求。然而，由于网络威胁数据库的更新总存在滞后，所以基于黑名单技术的安全组件对于新出现的入侵行为无法做出及时的响应。一些新型的病毒或黑客攻击仍可能对工业控制系统造成危害。相比较而言，主动隔离方案主要对网络交通进行管理，而被动检测方案更侧重于对应用程序的监控。二者都可以达到一定的安全防御效果。

7.4 工业控制系统的调试与运行

工业控制系统的调试从内容上可以分为上位机调试、下位机调试与通信调试；从项目进程上可以分为离线仿真调试、现场离线调试、在线调试与运行阶段。离线仿真一般在实验室或非工业现场进行，而在线调试与运行调试都在工业现场进行。当在线调试及试运行一段时间，系统满足设计要求后，就可正式交付并投入生产运行。

7.4.1 离线仿真调试

1. 硬件调试

对于工业控制系统中的各种硬件设备，包括下位机控制器、I/O 模块、通信模块及各种特殊功能模块都要按照说明书检查主要功能。比如主机板（CPU 板）上 RAM 区的读/写功能、ROM 区的读出功能、复位电路、时钟电路等的正确性调试。对各种 I/O 模块要认真校验每个通道工作是否正常，精度是否满足要求。

对上位机设备，包括主机、交换机、服务器和 UPS 电源等要检查工作是否正常。

硬件调试还包括现场仪表和执行机构，如压力变送器、差压变送器、流量变送器、温度变送器和其他各种现场及控制室仪表，电动或气动执行器等，在安装前都要按说明书要求校验完毕。对于检测与变送仪表要特别注意仪表量程与订货要求是否一致。

硬件调试过程中发现的问题要及时查找原因，尽早解决。

2. 软件调试

软件调试的顺序是子程序、功能模块和主程序。有些程序的调试比较简单，利用开发装置、仿真软件或计算机提供的调试程序就可以进行调试。为了减少软件调试的工作量，要确保在软件编写时，所有的子程序、功能模块等都经过测试，满足应用要求。否则，在软件调试阶段会有较多问题，影响程序的总体调试。如果软件有很好的结构，在软件开发过程中都经过了充分的调试，则在软件联调中，问题会比较少。这时调试的重点是模块之间参数传递、主程序与子程序调用等。主要观察系统联调后逻辑是否正确，能否完成预定的功能，而不是简单的语法等检查。

上位机的程序调试相对简单，因为在开发过程中，每个界面或功能是否符合要求可以通过将组态软件从开发环境切换到运行环境，观察功能实现。

3. 系统仿真

在硬件和软件分别联调后，并不意味着系统的设计和离线调试已经结束，为此，必须再进行全系统的硬件、软件统调，这次统调试验就是通常所说的"系统仿真"（也称为模拟调试）。所谓系统仿真，就是应用相似原理和类比关系来研究事物，也就是用模型来代替实际生产过程（即被控对象）进行实验和研究。系统仿真有以下三种类型即全物理仿真（或称在模拟环境条件下的全实物仿真）、半物理仿真（或称硬件闭路动态试验）和数字仿真（或称计算机仿真）。

系统仿真尽量采用全物理或半物理仿真。试验条件或工作状态越接近真实，其效果也就越好。对于纯数据采集系统，一般可做到全物理仿真；而对于控制系统，要做到全物理仿真几乎是不可能的，因此，控制系统只能做离线半物理仿真。

在系统仿真的基础上进行长时间的运行考验（称为考机），并根据实际运行环境的要求，进行特殊运行条件的考验。

离线仿真和调试阶段的流程如图 7-6 所示。所谓离线仿真和调试是指在实验室而不是在工业现场进行的仿真和调试。离线仿真和调试试验后，还要进行考机运行，考机的目的是在连续不停机的运行中暴露问题和解决问题。

在仿真调试完成后，设备就要在现场进行安装。系统安装完成后，就可以进行现场离线调试。所谓现场离线调试是指工业控制系统的所有设备安装完成后进行的调试，在这步调试中，最主要的工作是回路测试。即把主要的仪表和控制设备都上

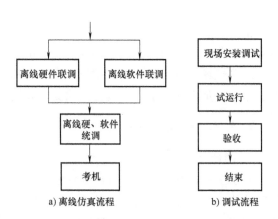

图 7-6　离线仿真和调试阶段的流程

电，而一些可能影响到现场装置的执行器或电器的主回路可以不上电，在调试中主要检查所有的 I/O 信号连接和整个工业控制系统的通信。例如，在现场有一台电机，该电机的监控有三个数字量输入信号和一个数字量输出控制信号。三个数字量输入信号是远程控制允许、运

行、故障。假设在现场设置过热继电器的故障，则要检查该信号在下位机、上位机中与现场三者是否一致，即在上位机中输出一个控制该电机的信号，检查下位机是否接收到，在现场设备端是否检测到，比如继电器是否动作。

7.4.2　在线调试和运行

现场进行在线调试和运行过程中，设计人员与用户要密切配合，在实际运行前制订一系列调试计划、实施方案、安全措施、分工合作细则等。现场调试与运行过程是从小到大，从易到难，从手动到自动，从简单回路到复杂回路逐步过渡。为了做到有把握，现场安装及在线调试前先要进行硬件检查，经过检查并已安装正确后即可进行系统的投运和参数的整定。投运时应先切入手动，等系统运行接近于给定位时再切入自动，并进行参数的整定。

在线调试和运行就是将系统和生产过程连接在一起，进行现场调试和运行。尽管离线仿真和调试工作非常认真、仔细，但现场调试和运行仍可能出现问题，因此必须认真分析加以解决。系统运行正常后，可以再试运行一段时间，即可组织验收。验收是整个项目最终完成的标志，应由甲方主持、乙方参加，双方协同办理，验收完毕后形成验收文件存档。整个过程可用图 7-6b 来说明。

7.5　工业控制系统电源、接地、防雷和抗干扰的设计

7.5.1　电源系统设计

工业控制系统的电源系统设计应考虑采用冗余系统，包括对系统供电电源的冗余，电源模块的冗余和对输入输出模块供电的冗余等。

电源系统的供电包括对 PLC 和集散控制系统本身的供电和对控制系统中有关外部设备的供电。

系统供电电源的冗余可采用不间断电源或双路供电设计。不间断电源应带充电电池或蓄电池，电气供电应采用静止型不间断电源装置（UPS）。双路供电设计时，两路供电应引自不同的供电系统，保证在某一路供电电源停止时能够切换到另一路供电电源，还可采用其他辅助供电系统作为备用供电电源，例如，柴油发电机组供电。

通常，输入输出模块的供电不采用冗余系统。对重要的输入输出模块，或采用冗余输入输出模块的系统，及为保证控制系统中有关设备的正常运行，例如，联锁控制系统的供电电源、紧急停车系统的供电电源等应设置冗余的供电系统。

电源系统设计原则如下：

1）同一控制系统应采用同一电源供电。一般情况下，电气专业提供的普通总电源和不间断总电源不宜采用交流 380V 供电。

2）应考虑供电电源系统的抗干扰性。

3）电磁阀电源电压宜采用 24V 直流或 220V 交流，直流电磁阀宜由冗余配置的直流稳压电源供电或直流 UPS 供电，电源容量应按额定工作电流的 1.5~2 倍考虑。

4）交流电磁阀宜由交流 UPS 供电，当正常工况电磁阀带电时，电源容量按额定功耗的 1.5~2 倍考虑。正常不带电时，供电电源容量按额定功耗的 2~5 倍考虑。

5）不间断电源供电系统可采用二级供电方式，设置总供电箱和分供电箱。

6）保护电器的设置应符合下列规定：总供电箱设输入总断路器和输出分断路器，分供电箱设输出断路器，输入不设保护电器。各种开关和保护电器的保护特性应按有关标准的要求。分供电箱宜留至少 20% 备用回路。

7）用于工业控制系统的交流不间断电源装置，10kVA 以上大容量 UPS 宜单独设电源间；10kVA 及以下的小容量 UPS 可安装在控制室机柜间内；20kVA 以下供电宜采用单相输出。后备电池选择应符合：供电时间（不间断供电时间）≥15~30min；充电 2h 应至额定容量的 80%；宜采用密封免维护铅酸电池，也可采用镉镍电池。

8）交流不间断电源装置应具有故障报警及保护功能，应具有变压稳压环节，并具有维护、旁路功能。

9）直流稳压电源及直流不间断电源装置的选型设计时，其技术指标应符合有关规定。例如，环境温度变化对输出影响<1.0%/10℃；机械振动对输出影响<1.0%；输入电源瞬断（100ms）对输出影响<1.0%；输入电源瞬时过压对输出影响<0.5%；接地对输出影响<0.5%；负载变化对输出影响<1.0%；长期漂移<1.0%；平均无故障工作时间大于 16000h。

10）直流稳压电源应具有输出电压上下限报警及输出过电流报警功能，具有输出短路或负载短路时的自动保护功能。

11）直流不间断电源装置应满足直流稳压电源全部性能指标，具有状态监测和自诊断功能，具有状态报警和保护功能。

12）电源系统应有电气保护和正确接地。

7.5.2 接地系统设计和防雷设计

接地系统包括保护接地和工作接地。

（1）保护接地

工业控制系统中保护接地所指的自控设备包括仪表盘、仪表操作台、仪表柜、仪表架和仪表箱；PLC、集散控制系统或 ESD 机柜和操作站；计算机系统机柜和操作台；供电盘、供电箱、用电仪表外壳、电缆桥架（托盘）、穿线管、接线盒和铠装电缆的铠装护层；其他各种自控辅助设备。这些用电设备的金属外壳及正常不带电的金属部分，由于各种原因（如绝缘破坏等）而有可能带危险电压者，均应作保护接地。

（2）工作接地

工作接地的内容为信号回路接地、屏蔽接地、本安仪表接地。

1）信号回路接地。控制系统和计算机等电子设备中，非隔离信号需要建立一个统一的信号参考点，并应进行信号回路接地（通常为直流电源负极）。隔离信号可不接地，这里，隔离是指每个输入（出）信号和其他输入（出）信号的电路之间是绝缘的，对地之间是绝缘的，电源是独立且相互隔离的。

2）屏蔽接地。控制系统中用于降低电磁干扰的部件，如电缆的屏蔽层、排扰线、自控设备上的屏蔽接线端子均应作屏蔽接地。强雷击区，室外架空敷设、不带屏蔽层的普通多芯电缆，其备用芯应按照屏蔽接地方式接地。如果屏蔽电缆的屏蔽层已接地，则备用芯可不接地。

3）本安仪表接地。本质安全仪表系统在安全功能上必须接地的部件，应根据仪表制造厂商要求作本安接地。齐纳安全栅的汇流条必须与供电的直流电源公用端相连，齐纳安全栅的汇流条（或导轨）应作本安接地。隔离型安全栅不需要本安接地。图 7-7 所示为采用等电位联结的接地系统示意图。控制系统的接地连接采用分类汇总，最终与总接地板连接的方式。交流电源的中线起始端应与接地极或总接地板连接。当电气专业已经把建筑物（或装置）的金属结构、基础钢筋、金属设备、管道、进线配电箱 PE 母排、接闪器引下线形成等电位联结时，控制系统各类接地也应汇接到该总接地板，实现等电位联结，与电气装置合用接地装置，并与大地连接。

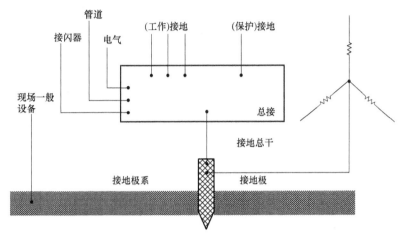

图 7-7 与电气装置合用接地装置的等电位连接示意图

（3）接地系统

接地系统由接地连接和接地装置两部分组成。接地连接包括接地连线、接地汇流排、接地分干线、接地汇总板和接地干线。接地装置包括总接地板、接地总干线和接地极。

1）连接电阻仪表设备接地端子到总接地板之间导体及连接点电阻的总和。控制系统系统的接地连接电阻不应大于 1Ω。

2）对地电阻接地极电位与通过接地极流入大地的电流之比称为接地极对地电阻。

3）接地电阻接地极对地电阻和总接地板、接地总干线及接地总干线两端的连接点电阻之和称为接地电阻。控制系统系统的接地电阻不应大于 4Ω。

4）接地系统用导线采用多股绞合铜芯绝缘电线或电缆。应根据连接设备的数量和连接长度按下列数值选用。接地连线 $1\sim2.5mm^2$，接地分干线 $4\sim16mm^2$，接地干线 $10\sim25mm^2$，接地总干线 $16\sim50mm^2$。

5）接地汇流排采用 $25\times6mm^2$ 铜条制作，或用连接端子组合而成；接地汇总板和总接地板应采用铜板制作，厚度不少于 6mm，长宽尺寸按需确定。

所有接地连接线在接到接地汇流排前均应良好绝缘；所有接地分干线在接到接地汇总板前均应良好绝缘；所有接地干线在接到总接地板前均应良好绝缘。接地汇流排（条）、接地汇总板、总接地板应采用绝缘支架固定；接地系统各种连接应保证良好导电性能。

接地系统的施工应严格按照设计要求进行，不能为了方便而随意更改。对隐蔽工程施工应及时做好详细记录，并设置标识。

现场控制系统设备的电缆槽、连接的电缆保护管及 36V 以上控制设备外壳的保护接地，每隔 30m 用接地连接线与就近已接地的金属构件相连，并保证其接地的可靠性及电气的连续性。严禁利用储存、输送可燃性介质的金属设备、管道及与之相关的金属构件进行接地。

（4）防雷设计

采用等电位联结可减少雷电伤害，降低干扰。因此，如果电气专业对建筑物（或装置）未做等电位联结，则控制系统系统的保护接地应接到电气专业的保护接地，控制系统系统的工作接地应采用独立的接地体，并与电气专业接地体相距 5m 以上。

7.5.3 抗干扰设计

工业控制系统既连接强电设备，也连接弱电设备，因此，应注意抗干扰问题。工业控制系统的抗干扰包括软件抗干扰和硬件抗干扰。

1. 硬件抗干扰

1）交流输出和直流输出的电缆应分开敷设，输出电缆应远离动力电缆、高压电缆和高压设备。应加大动力电缆与信号电缆的距离，尽可能不采用平行敷设，以减小电磁干扰的影响。信号电缆与动力电缆之间的最小距离等安装要求应符合电气安装规范。

2）输入接线的长度不宜过长，一般不大于 30m。当环境的电磁干扰较小，线路压降不大时，允许适当加长输入接线长度。接线应采用双绞线连接。

3）当输入线路的距离较长时，可采用中间继电器进行信号转换；当采用远程输入输出单元时，线路距离不应超过 200m；当采用现场总线连接时，线路距离可达 2000m。

4）输入接线的公用端 COM 与输出接点的公用端 COM 不能接在一起。

5）输入和输出接线的电缆应分开设置，必要时可在现场分别设置接线箱。

6）集成电路或晶体管设备的输入信号接线必须采用屏蔽电缆，屏蔽层的接地端应单端接地，接地点宜设置在 PLC 侧。

7）对有本安要求的输入信号，应在输入信号的现场侧设置安全栅，当输入信号点的容量不能满足负荷要求或需要信号隔离时，应设置继电器。

8）输出接线分为独立输出和公用输出两类。公用输出是几组输出合用一个公用输出端，它的另一个输出端分别对应各自的输出。同一公用输出组的各组输出都有相同的电压，因此，设计时应按输出信号供电电压对输出信号进行分类。输出接点连接在控制线路中间的场合，应注意公用输出端可能造成控制线路的部分短路，为此，应在设计时防止这类出错的发生。

9）对交流噪声，可在负荷线圈两端并联 RC 吸收电路，RC 吸收电路应尽可能靠近负荷侧。对直流噪声，可在负荷线圈两端并联二极管，同样，它应尽可能靠近负荷侧。

10）集成电路或晶体管设备的输出信号接线也应采用屏蔽电缆，屏蔽层的接地端宜在 PLC 侧。

11）对于有公用输出端的 PLC，应根据输出电压等级分别连接。不同电压等级的公用端不宜连接在一起。

12）输入和输出信号电线、电缆与高压或大电流动力电线、电缆的敷设，应采用分别穿管配线敷设，或采用电缆沟配线敷设方式。

13）电缆槽、连接的电缆保护管应每隔 30m 用接地连接线与就近已接地的金属构件相连，保证其接地的可靠性及电气的连续性。

14）模拟信号线的屏蔽层应一端接地。数字信号线的屏蔽层应并联电位均衡线，其电阻应小于屏蔽线电阻的 0.1 倍，并将屏蔽层的两端接地。在无法设置电位均衡线或为抑制低频干扰，也可采用一端接地。

15）PLC 的接地应与动力设备的接地分开。当不能分开接地时，应采用公用接地，接地点应尽可能靠近 PLC。

16）对由多个 PLC、集散控制系统组成的大型控制系统，宜采用同一电源供电。

17）控制设备的供电应与动力供电和控制电路供电分开，必要时可采用带屏蔽的隔离变压器供电、串联 LC 滤波电路、不间断电源或晶体管开关电源等。

18）PLC 和现场控制站的安装环境应设置在尽量远离强电磁干扰的场所。

此外，可采取下列措施防止和减少事故的发生。

1）为防止因误操作造成高压信号被引入输入信号端，可在输入端设置熔丝设备或二极管等保护元器件，必要时可设置输入信号隔离继电器。

2）为使系统能再启动，可设置再启动按钮，并设计相应的再启动控制电路。

3）输出负荷的大小应根据实际负荷情况确定。接入负荷超过控制设备允许限值时，应设计外接继电器或接触器过渡。接入负荷小于最小允许值时，应设计阻容串联吸收电路（0.1μF，50~100Ω）。

4）为防止外部负荷短路造成高压串到输出端，有条件时应设置保险丝管或二极管等保护设施。

5）从安全生产角度出发，设置由硬件直接驱动的紧急停车系统是十分必要的。它们应与 PLC 的软件紧急停车系统分开设计。通常，在重要设备的输出线可串联或并联连接紧急停车的相应按钮，保证在按下紧急停车按钮后能把有关重要设备启动或停止。

6）应根据人机工程学的原理，设计控制台或控制屏的结构和安装在上面的设备和电气元件的位置，便于操作人员的操作和监视，防止误操作。

2. 软件抗干扰措施

1）输入数字量的软件抗干扰技术。干扰信号多呈毛刺状，作用时间短，利用这一特点，对于输入的数字信号，可以通过重复采集的方法，将随机干扰引起的虚假输入状态信号滤除掉。若多次数据采集后，信号总是变化不定，则应停止数据采集并报警；或者在一定采集时间内计算出现高电平、低电平的次数，将出现次数高的电平作为实际采集数据。对每次采集的最高次数限额或连续采样次数可按照实际情况适当调整。

2）输出数字量的软件抗干扰技术。当系统受到干扰后，往往使可编程器件的输出端口状态发生变化，因此可以通过反复对这些端口定期重写控制字、输出状态字来维持既定的输出端口状态。只要可能，其重复周期应尽可能短，外部设备收到一个被干扰的错误信息后，还来不及做出有效的反应，一个正确的输出信息又来到了，就可以及时防止错误动作的发生。对于重要的输出设备，最好建立反馈检测通道，CPU 通过检测输出信号来确定输出结果的正确性，如果检测到错误，则可以及时修正。

软件抗干扰的内容还有很多，例如，检测量的数字滤波、坏值剔出，人工控制指令的合法性和输入设定值的合法性判别等，这些都是一个完善的工业控制系统必不可少的。

7.6　换热实验对象工业控制系统

7.6.1　换热实验对象工艺及其控制

1. 换热实验对象工艺以仪表配置

换热实验对象工艺流程如图 7-8 所示。主要包含了两个简单的循环过程：左半部分是冷却水系统，由冷却水水泵将水箱中的冷水抽出，通过气动调节阀改变水流量并在涡轮流量计中显示相关流量信息，然后与换热器器中加热后的热水进行换热，冷却水经过换热器后返回水箱。右半部分是热水循环部分，热回水泵将经过换热器换热后的热水输送至加热器中，经过加热器加热后通过 TIC01 温度检测控制点，进入换热器进行换热，过程中整个热水循环管路中已经提前灌满了水，与外界没有物质交换。

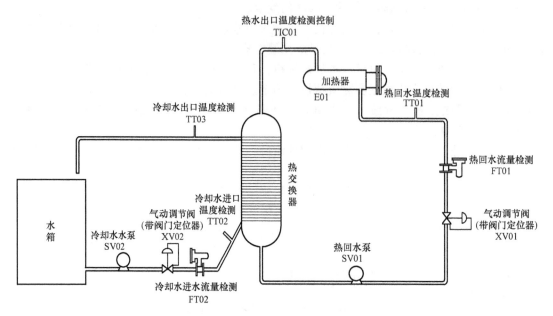

图 7-8 换热实验对象工艺流程图

整个系统循环工作中，要求保持冷却水出口温度 TT03 稳定。整个系统中有六个过程量和两个执行器：

1）4 个温度过程量：热水出口温度 TIC01、热回水温度 TT01、冷却水进口温度 TT02 和冷却水出口温度 TT03（作为主要控制变量）。

2）两个流量过程量：热回水流量 FT01 和冷却水流量 FT02。

3）两个带有阀门定位器的气动调节阀 XV01 和 XV02：通过阀门的开度大小的改变进行流量的控制（分别是热回水流量和冷却水进水流量），在实验中分别作操纵变量及扰动。

2. 控制回路介绍

该实验换热系统的控制要求是保证冷却水经过换热后出口温度稳定在一个期望值附近。控制方法是保证热源稳定，即在 E01 中的热源维持稳定，使热水进口温度 TIC01 保持稳定，然后通过调节冷却水进水流量 FT02 来控制冷却水出口温度。控制系统的被控变量为冷却水出口温度 TT03，操纵变量为冷却水进水流量 FT02，执行器为气动调节阀 XV02。系统实际有两个控制回路，现介绍如下。

（1）热水进口温度控制

热水进口温度控制的目的是维持热源温度稳定，为冷却水提供持续的热源，提高换热效率。在该控制回路中，传感器为 Pt100 热电阻，控制器使用 DC1040 智能温度调节器，该智能仪表自带 PID 控制功能，还能进行温度显示和报警，仪表还自带 RS-485 通信接口。功率为 2000W 的电阻丝加热炉根据 DC1040 智能温度调节器的输出进行加热。在温度低于设定值时开始加热，当温度高于设定值时停止加热。该回路及其控制方框图如图 7-9 所示。

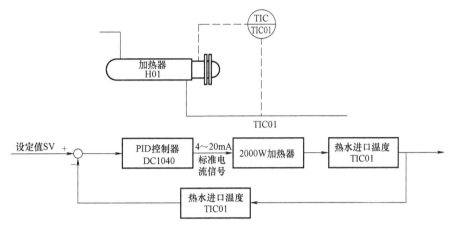

图 7-9　热水进口温度 TIC01 控制回路与框图

（2）冷却水出口温度控制

该实验的主要控制目标是维持冷却水出口温度 TT03 在设定值处保持稳定，抑制各种干扰对出口温度的影响。与热水进口温度控制不同，该回路利用 CompactLogix PLC 进行控制。PLC 中的温度信号来自 DC1040（DC1040 与现场 Pt100 热电阻进行温度的测量与显示），该信号通过 RS485 传递至 Anybus AB7007 网关，通过网关转换至以太网数据包再传递至 CompactLogix PLC 中。利用 RSLogix5000 中的 PID 控制指令模块，模块的输出信号传递至气动调节阀 XV02，气动调节阀通过改变自身开度从而改变作为操纵变量的冷却水进水流量 FT02 来实现调节目的。当测量值高于设定值时，阀门开大，增加冷却水流量，使温度降低；当测量值低于设定值时，阀门关小，减小冷却水流量，使温度升高。因此，该 PID 控制器为正作用控制器，该回路及其控制方框图如图 7-10 所示。

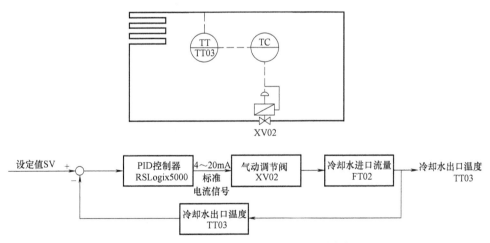

图 7-10　冷却水出口温度 TT03 控制回路与框图

3. 换热实验对象工业控制系统结构与功能

该系统结构如图 7-11 所示。系统属于典型的分布式结构，主要组成部分包括上位机、现场 CompactLogix 1769-LE35 控制器、Anybus AB7007 网关和现场实验仪表柜上的智能仪表。

智能仪表为霍尼韦尔 DC1040，完成实验对象的温度和流量等参数采集与显示。实验对象还有两个流量计和气动调节阀直接连接 PLC 的 AI 和 AO 模块。四台智能仪表通过 RS485 串口与 Anybus 网关相连，网关的以太网接口通过工业以太网连接 PLC。控制系统功能如下：

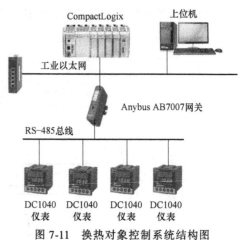

图 7-11　换热对象控制系统结构图

1）通过以太网将 CompactLogix PLC、上位机和 Anybus AB7007 网关连接，实现数据交换和整个系统的监控功能。

2）借助 Anybus AB7007 网关与 RS485 智能仪表进行通信，实现串口设备连接以太网。

3）在 RSLogix5000 编程平台中进行控制程序的编写，下装程序至 PLC，利用 CompactLogix PLC 的 PID 算法实现对被控变量的控制。

4）利用 FactoryTalk View SE 组态软件中开发实验系统人机界面 HMI，人机界面通过 OPC 与 PLC 通信，实现对过程测量值 PV 的监控功能，设定值 SV、PID 参数、测量上下限 USPL/LSPL 的调整功能。人机界面还具有流程监控、温度实时趋势、报警界面等。

7.6.2　Anybus AB7007 网关配置

1. AB7007 的硬件连接

Anybus AB7007 网关的作用是将 RS485 设备进行协议转换，使得以太网设备能够访问现场的串口设备。因此，需要进行一系列的硬件配置工作，包括 DC1040 智能温度调节器的 RS485 通信设置、利用 Anybus Configuration Tools 对 Anybus AB7007 进行相关配置和在 RSLogix5000 中建立 Anybus 设备节点。

Anybus AB7007 的连接有两个部分。首先将网关自带的 RS232 配置线的 9 针串口端连接至上位机的 RS232 接口，另一端 RJ11 水晶头与 Anybus AB7007 的 PC-Connector 端连接，这样可以从上位机下载配置到网关；另外是四台智能仪表与网关的串口的连接。将仪表连接在 RS485 总线上，然后将 RS485 总线正极 "+" 连接 Anybus AB7007 的 Subnet 的 8 号针 RS485+/RS422 TX+，将 RS485 总线负极 "-" 连接 Anybus AB7007 的 Subnet 的 9 号针 RS485-/RS422 TX-，至此完成 RS485 设备与 Anybus AB7007 的连接。

2. 利用 Anybus Configuration Tools 对 Anybus AB7007 进行相关配置

在对霍尼韦尔 DC1040 仪表设置完成后，需要使用 Anybus Configuration Tools 软件对 Anybus 进行硬件配置，将以太网 Ethernet 和 RS485 信息下载到 Anybus Communicator AB7007 中，这样才能保证 Anybus 将 RS485 仪表的数据传送至 PLC，同时将 PLC 的指令等传送至 RS485 仪表。Anybus Configuration Tools 是 HMS 公司专门为 Anybus 系列网关配置所设计的软件，内含多种现场总线和工业以太网信息，可以自动识别 Anybus 硬件信息，用户可以根据自身需求自己添加子网和子网命令，并将其下装至 Anybus 网关中进行配置，使 Anybus 能够正常工作。具体配置过程如下：

1）安装并打开 "Anybus Configuration Manager" 软件，选择 "空白配置"，单击 "确定"。

2）进入 "Anybus Configuration Manager-Commmunicator RS232/422/485" 窗口，如

图 7-12 所示。单击"现场总线",在右侧"配置"界面下将"Fieldbus Type"选择为"Ethernet/IP & Modbus-TCP"总线方式。这时,右侧配置界面将会改变为 Ethernet/IP & Modbus-TCP 的配置界面,然后将"Communicator IP-address"设置为与上位机和 PLC 处于同一网段的 IP 地址,这里为 192. 168. 1. 12,其他设置保持默认即可。

3)单击图 7-12 左侧的"Communicator RS232/422/485",在右侧的配置界面中进行配置,将"Protocol Mode"选择为"Master Mode",为主站通信方式,四个 HoneyWell DC1040 控制器作为从站。

4)单击图 7-12 左侧的"子网",设置 RS485 通信方式。设置波特率"Bitrate(bit/s)"为 9600,数据长度"Data bits"为 8,校验位"Parity"为奇校验 Odd,物理通信方式"Physical standard"设置为 RS485 通信方式,停止位"Stop bits"设置为 1,其他配置保持默认。需要特别注意的是通信参数要与 DC1040 智能仪表内的相关参数完全一致,否则通信将会失败。

5)鼠标右键选择图 7-12 左侧的"子网",选择"添加节点"选项,一次添加四个节点作为四台智能温度控制器,对应位号 TIC01、TT01、TT02、TT03。

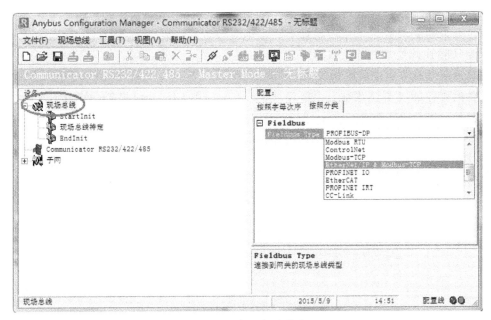

图 7-12 选择现场总线类型

6)选中新建节点的四个节点,在右侧配置栏中依次填写从站的地址 1、2、3、4,要与智能仪表中的通信地址设定相一致。

7)接下来要添加相关的读写指令,这里以子网中的 TIC01 为例。右键单击选择"TIC01",选择"添加命令"选项,将会弹出"选择命令"对话框,这里应用到的三个 Modbus 命令分别是:

① 0x03,读存储寄存器,给出首地址和寄存器长度,会按相对地址来读取多个寄存器的值;

② 0x06,写单一寄存器,给出寄存器地址,可将数据写出该寄存器中;

③ 0x10，写多个寄存器，给出首地址和寄存器长度，会按相对地址将数据写入过个寄存器中。

8）选择 0x03 指令，会发现 TIC01 节点下多出了节点文件"Read Holding Registers"，如图 7-13 所示。展开后有两个消息命令，"Query"表示 Anybus 主站向从站发送查询指令，请求读取数据；"Response"表示从站响应主站，返回数据值。将两个指令展开，分别对其进行配置。

9）首先对"Query"进行配置。如图 7-14 所示，选中"Starting Address"，在右侧配置栏中设置 Modbus 首地址，对照 DC1040 的 Modbus 地址表填写所需要访问的寄存器地址（例如，DC1040 的过程测量值 PV 对应的 Modbus 地址为 8AH，因此这里就填写 0x008A）。选中"Quantity of Registers"，在右边配置栏中设置读取寄存器的数量，适用于连续地址读取。如果需要的数据寄存器地址不连续，则只能在此处填写 1，如图 7-15 所示。之后继续在节点中添加 0x03 命令读取其他的寄存器（要注意每一个寄存器的起始地址设置不要重叠）。

图 7-13 0x03 读寄存器指令

图 7-14 读取寄存器的 Modbus 地址

10）接着对"Response"进行配置。如图 7-16 所示，选中"Byte Count"，在右侧配置栏中填写返回的字节长度，一般是寄存器的 2 倍，因为一个寄存器是默认 16 位即两个字节长度。选中"Register Value"，在"Data length"中填入数据长度，与"Byte Count"一致。在"Data location"中返回的数据为在 Anybus 中存储的地址，默认地址为 0x0000。如果 Anybus 与 Logix 控制器通信成功，则二者的地址重叠，但是在物理上是分开的，例如，Anybus 的 0x0000 与 RSLogix5000 中的"Anybus_AB7007: I. Data [0]"是重合的，二者会同时得到

图 7-15　读取寄存器个数

相应数据。在"Byte swap"中选择"Swap 2 bytes"，表示将读取数据的高低两位交换，经过实验对比 PLC 和网关上的数据，选择交换高低两位，具体如图 7-17 所示，至此读取仪表的命令设置完毕。

图 7-16　读取返回的字节长度

图 7-17　读取返回数值属性设置

11）右键选择"TIC01"，选择"添加命令"选项，选择 0x10 指令，得到节点文件"Write Multiple Registers"，同样进行相关配置，其步骤与 0x03 功能指令的配置方法类似，在这里要特别注意首地址不可设置为只读寄存器地址，否则将会导致通信失败。具体设置过程这里不再详述。其中写入寄存器 Modbus 起始地址为 0x0039、写入寄存器数量为 0x0003、写入返回字节长度为 0x06、写入返回值属性中返回值数据存储位置为 0x0200 且要进行高低位交换。

依次再配置其他的仪表。配置成功后，可以在"子网监视器"中观察地址分配情况，如图 7-18 所示。黄色区域（图 7-18 左下 1 中虚线框内）为输入区域，指 Anybus 网关读取从站 DC1040 智能调节器数据所存储的地址区域。蓝色区域（图 7-18 左下 2 中虚线框内）为输出区域，指 Anybus 网关写入从站 DC1040 智能调节器数据所存储的地址区域。如果出现红色区域，则代表在配置时出现地址冲突问题，需要返回配置界面（图）检查分配地址问题；如果存在红色区域，则数据交换将会失败，Anybus 的 LED5 始终处于红色状态。

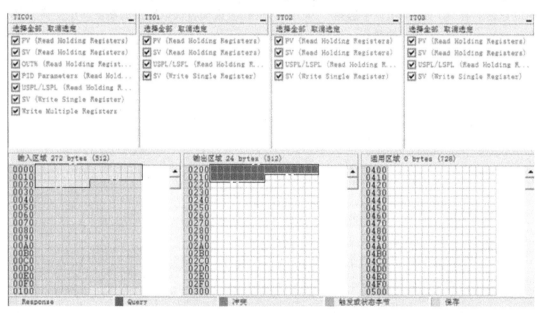

图 7-18　子网监视器

3. 下载配置至网关

在所有的节点配置完毕后，可以将配置文件下装至 Anybus 网关中。当通过 Anybus Configuration Tools 软件将配置信息下装至 Anybus 后，Anybus AB7007 已经可以与 DC1040 智能温度调节器互相通信。最后，还需要在 RSLogix5000 中建立 Anybus 模块，最终实现 CompactLogix 与智能仪表数据通信。

4. Anybus AB7007 网关与 Logix 控制器连接

以下是 RSLogix5000 中建立 Anybus 模块的步骤：

1）在"Controller Organizer"中，找到"I/O Configuration"中的"1769-L35E Ethernet Port LocalENB"模块（因为 CompactLogix 的以太网 Ethernet 通信模块和 CPU 是集成在一起的，所以自动会生成 ENB 模块，如果是其他 Logix 产品，则需要在"I/O Configuration"中建立 ENB 模块，再进行后续操作），右键选中"New Module"选项，如图 7-19 所示。

2）弹出"Select Module"对话框，展开"Communication"模块类型，找到"ETHERNET-MODULE"，选中后，单击"OK"。

3）弹出"New Module"对话框，这里要对建立的以太网通信模块进行硬件配置：

① 在"Name"一栏中输入模块名称；

② 在"Comm Format"下拉菜单中选择合适的数据类型，因为

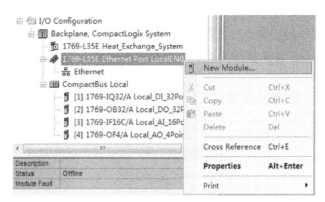

图 7-19 在以太网模块下建立新的通信实例

Anybus 的数据类型为默认的 16bit 两个字节，因此选择 INT 型数据，表示数据作为 16 位数据；

③ 在"Address/Host Name"一栏中勾选"IP Address"，并填入相应的 IP 地址，这里要与在 Anybus Configuration Manager 中配置给 Anybus 的 IP 地址相同，所以是 192.168.1.12；

④ 在"Connection Parameters"中要配置相关的连接参数，如图 7-20 所示。在"Input"中，填写 100 个分配实例，"Size"中填写所读取数据的大小。第一节点 DC1040 控制器（对应位号 TIC01）要读取 8 个寄存器（分别为过程测量值 PV、测量值上限 LSPL、测量值下限 USPL、设定值 SV、控制器输出 OUT%、比例系数 P、积分 I、微分 D），其余三个控制器（对应位号 TT01、TT02 和 TT03）只需要读取四个寄存器（分别为过程测量值 PV、测量值上限 LSPL、测量值下限 USPL、设定值 SV），所以四个 DC1040 要填写 20 个寄存器。在"Output"中，填写 150 个分配实例，"Size"中填写所写入数据的大小。第一个 DC1040 控制器（对应位号 TIC01）要写入六个寄存器（分别为测量值上限 LSPL、测量值下限 USPL、设定值 SV、比例系数 P、积分 I、微分 D），其余三个控制器（对应位号 TT01、TT02 和

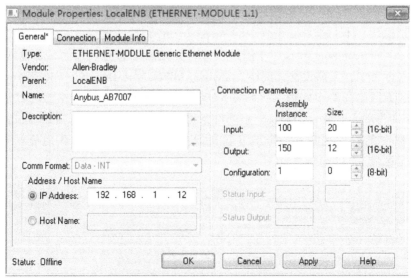

图 7-20 对 Anybus 进行参数配置

TT03）只需要写入两个寄存器（分别为测量值上限 LSPL、测量值下限 USPL），所以四个 DC1040 要填写 12 个寄存器。在"Configuration"一栏中填写任意非零数字都可以，因为 Anybus 从站模块默认没有配置组合实例，但是 RSLogix5000 要求设定一个值，这里填写 1，数据长度填写 0，否则将会访问配置实例，连接将被拒绝。

4）完成上述步骤后，单击"OK"，界面将会自动切换到"Connection"中。输入模块每次扫描时间，为了减少网络负荷，设定时间间隔为 50ms，如图 7-21 所示。

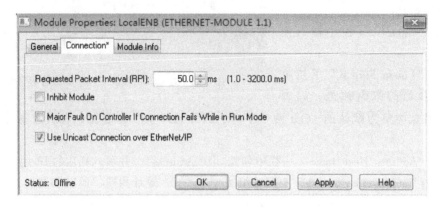

图 7-21　设置扫描时间

5）最后确定"Inhibit Module"没有勾选后，单击"OK"，就可以完成 Anybus 模块的建立。

当模块建立成功后，在"I/O Configuration"中可以看到建立好的以太网通信模块"Anybus AB7007"，同时在全局变量表中可以看到系统自动建立的变量，如图 7-22 所示。"Anybus_AB7007：C"代表配置实例，"Anybus_AB7007：I"代表输入实例，从仪表中所读取的数据将会储存在该寄存器中，"Anybus_AB7007：O"代表输出实例，用于向仪表中写入数据。如果通信连接成功，则可以在"Monitor Tags"一栏的"Anybus_AB7007：I"中看到相关的仪表数据。

这里特别说明一下，全局变量表中的 Anybus_AB7007：I 和 Anybus_AB7007：O 中的地址与在 Anybus Configuration Tools 中子网监视器中的地址是相对应的，二者地址重叠，只是物理上在不同设备中，无需设置。例如，Anybus_AB7007：I. Data［0］对应 Anybus Configuration Tools 的子网监视器中的输入区域的 0000H（该地址为子网监视器的默认地址区域，0000H~01FFH 为输入区域），Anybus_AB7007：O. Data［0］对应 Anybus Configuration Tools 的子网监视器中的输出区域的 0200H（该地址为子网监视器的默认地址区域，0200H~03FFH 为输出区域），以此类推。

Name ▣△	Value	←	Force Mask	←	Style	Data Type
+ AB7007_AB7007:C	{...}		{...}			AB:ETHERNET_MO...
- AB7007_AB7007:I	{...}		{...}			AB:ETHERNET_MO...
+ AB7007_AB7007:I...	{...}		{...}		Decimal	INT[20]
- AB7007_AB7007:O	{...}		{...}			AB:ETHERNET_MO...
+ AB7007_AB7007:...	{...}		{...}		Decimal	INT[12]

图 7-22　全局变量表中的 Anybus 变量

7.6.3　Logix PLC 控制系统配置与编程

1. 控制器配置

本系统中的 PLC 扩展了四块输入输出卡件，因此利用 RSLogix5000 对系统硬件进行配置。配置完成后，在“CompactBus Local”中会看到设置好的本地 I/O 卡件模块，如图 7-23 所示。1769-IQ32 代表 32 通道数字量输入，1769-OB32 代表 32 通道数字量输出，1769-IF16C 代表 16 通道模拟量输入，信号类型为 4~20mA 电流信号，1769-OF4 代表 4 通道模拟量输出，信号类型为 4~20mA 电流信号与 1~5V 电压信号复用。

卡件模块建立好后，RSLogix5000 会自动在全局变量表格中建立相关的模块卡件变量，如图 7-24 所示。其中，以 C 为结尾的变量是相关模块卡件的配置信息，以 I 结尾的变量是输入寄存器，外界的输入信号（数字和模拟）的信息将会储存在该寄存器下，以 O 结尾的变量的是输出寄存器，PLC 向外界写入输出信号先将信息放入该寄存器下，再通过系统刷新将数据传递至外部设备。

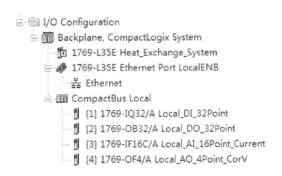

图 7-23　PLC 硬件配置

Name	Value	Force Mask	Style	Data Type
+ Local:1:I	{...}	{...}		AB:1769_DI32:I:0
+ Local:2:C	{...}	{...}		AB:1769_DO32:C:0
+ Local:2:I	{...}	{...}		AB:1769_DO32:I:0
+ Local:2:O	{...}	{...}		AB:1769_DO32:O:0
+ Local:3:C	{...}	{...}		AB:1769_IF16:C:0
+ Local:3:I	{...}	{...}		AB:1769_IF16:I:0
+ Local:3:O	{...}	{...}		AB:1769_IF16:O:0
+ Local:4:C	{...}	{...}		AB:1769_OF4:C:0
+ Local:4:I	{...}	{...}		AB:1769_OF4:I:0
+ Local:4:O	{...}	{...}		AB:1769_OF4:O:0

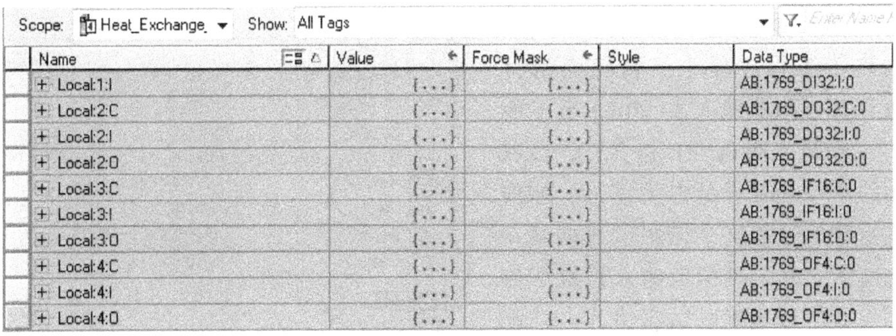

图 7-24　全局变量表中的扩展模块变量

2. 用 RSLogix5000 编写梯形图控制程序基本方法

在 RSLogix5000（版本为 V19.0）工程的“Controller Organizer”中，如图 7-25 所示，找到“Controller”和“Tasks”两个文件夹并展开。在“Controller”文件夹下有“Controller Tags”，在这里存储着相关的全局变量，用户可以在全局变量表格中的“Edit Tags”栏中定义相关变量的名称和数据类型（BOOL 型、REAL 型、INT 型等）。与西门子的 S7 系列 PLC 不同，建立 CPU 的内存变量时用户完全可以自己命名变量名称，CPU 会自动为用户自定义的变量分配内存地址，定义灵活方便。对于各类卡件

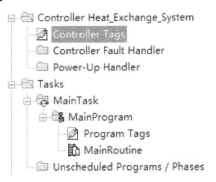

图 7-25　变量监控编辑界面和梯形图指令编辑界面选择

模块，寄存器名称不可更改，用户可以通过设置变量/标签来辨认相关的寄存器含义。

"Tasks"文件夹是程序和局部变量存放的位置，"MainTask"下的"Program Tags"存放的是局部变量，这些变量只能在对应子程序和主程序下使用，不可跨程序使用。"MainRoutine"中存放的是工程的主程序，程序从这里运行，用户也可以在"Tasks"中自行添加子程序用于编辑，使主程序更加简洁。

双击"MainRoutine"，可进入程序编写界面，在界面上方有梯形图类型选择窗口，通过左右按钮可以改变梯形图库的类型，可以单击选择也可以拖拽梯形图到梯级中使用，如图7-26所示。

通过左右按钮改变梯形图图库类型

图7-26　梯形图控制指令类型选择

单击梯形图中的寄存器下拉菜单就可以选择相应的寄存器，如图7-27所示。全局变量和局部变量都可以选择，使用时要注意变量的使用范围。

掌握了基本的程序编写方法，就可以编写相应的控制程序，来进行换热器系统的流程控制。

3. 模拟量信号采集

在换热器流程过程中，涡轮流量计FT01和FT02向PLC输入4~20mA标准电流信号，气动调节阀XV01和XV02接收PLC输出的4~20mA标准电流信号，如何正确采集标准信号是整个控制过程的第一步。在之前建立好的模拟量输入模块卡件中，需要设置信号采集的数据格式，才能正确使用采集的信号进行计算。

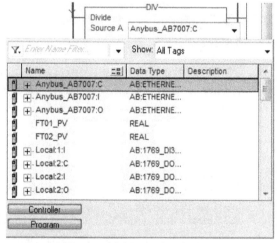

图7-27　在梯形图中选择变量

模拟量信号分类较多，在使用时要对信号的类型和上下限进行设置，以保证数据采集准确和量程转换方便。

1）在工程界面左侧的"Controller Organizer"栏中，找到"I/O Configuration"下的"CompactBus Local"中建立好的模拟量输入模块1769-IF16C，双击该模块；弹出"Module Properties"窗口，如图7-28所示。选择"Configuration"栏下，可以看到带有下拉菜单的设置表格，一共有16个记录（代表16个通道的属性）和5个字段（代表5种属性）。

① 在"Enable"一栏中进行勾选，表示该通道使能，可以接受相关模拟量输入信号；

② 在"Input Range"一栏中可以选择输入信号类型，有0~20mA和4~20mA两种，根据实际的输入信号类型进行选择，本设计使用的是标准电流信号4~20mA，则在该栏的下拉菜单中选择"4mA to 20mA"；

③ 在"Filter"一栏中可以选择滤波器的滤波频率，使用系统默认的60Hz即可；

④ 在 "Data Format" 一栏中可以设置模拟量数据格式，其中主要用到包括 "Raw/Proportional" 和 "Engineering Units" 两种格式类型。"Raw/Proportional" 代表原始格式，是计算机二进制码转化成的有符号位的十进制数，数据有效范围为−29822~29085，均等的分割代表 4~20mA，上下限为−32767~32768；"Engineering Units" 代表工程量，是无符号位数据的十进制数，数据有效范围是 4000~20000，均等的分割代表 4~20mA，上下限为 3200~21000。可以看出 Engineering Units 的有效范围仅仅较 4~20mA 扩大了 10 的三次方数量级，方便于采集和运算处理，因此使用 Engineering Units 作为数据格式。

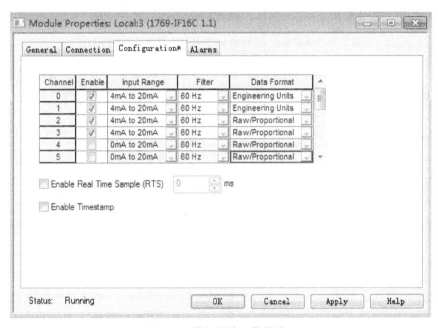

图 7-28　模拟量输入信号设置

2）继续选择 "Alarms" 栏，设定通道的上下限，Raw/Proportional 格式的上下限为−32767~32768，Engineering Units 格式的上下限为 3200~21000。

3）设定完毕后，单击 "Apply" 即可，若没有进行步骤 2）设置，则系统将会提示未设置信号上下限，可以根据系统提示内容设定对应的上下限。

4）模拟量输出模块 1769-OF4 的设置与 1769-IF16C 的设置相类似，由于该模块是电流电压复用，所以在设置 "Input Range" 时，其类型较多（0~20mA、4~10mA、−10~10V、0~5V 和 1~5V 五种），要注意与实际的输入输出通道对应。这里设置为 4~20mA 电流。

通过上述操作，PLC 接收到的输入信号在 "Local：3：I"（AI 模块卡件的 I/O 标识）中的储存形式为 4000~20000 代表 4~20mA，可以通过运算改变量程变成工程量。

4. 网关通信程序设计

在控制过程中会有一定的计算环节，计算时最好将这些数据传送到 CPU 内存中进行运算，防止在运算过程中无意间改变接口寄存器中的值，确保程序正常运行，这对如何正确读写 DC1040 智能温度调节器的数据十分重要。

在数据传送与转换过程中，一般用到三个梯形图指令，即 MOV、MUL 和 DIV，例如要将四台 DC1040 仪表的 PV 值传递至自定义的内存地址中，可以使用 DIV 指令。因为读取

Modbus 地址中的数据是无小数点位的，DC1040 中设定显示 1 位小数，所以读取到的数据是真正测量温度的 10 倍，如实际测量温度 30℃，读取数据则为 300。因此，要将读取到的数据利用 DIV 除以 10，即可得到正确的测量温度值，程序如图 7-29 所示。

读取DC1040中过程测量温度值PV

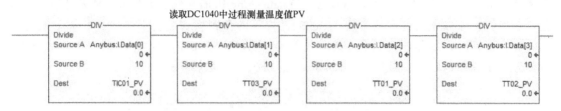

图 7-29　读取四台 DC1040 调节器的过程测量值指令程序

同理，如果需要向 DC1040 仪表中写入 PID 参数和设定值，则可以通过 MUL 梯形图，将实际数据放大 10 倍送入对应的 Modbus 地址中，仪表就会得到正确的信息，如图 7-30 所示。

将PID参数和设定值写入DC1040仪表中

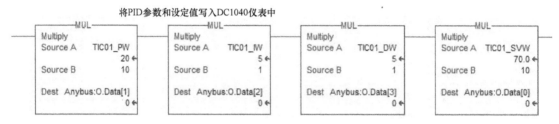

图 7-30　写入一台 DC1040 调节器 PID 参数程序

除 DC1040 仪表以外的其他数据传送和转换方法与之类似。在模拟量信号数据传送时，模块通道设置信号为 4～20mA 标准电流信号，因此从 AI 模拟量输入模块接收的数据和向 AO 模拟量输出模块传送的数据应该为 4000～20000 无符号整数，这里要根据实际工程量的单位量程进行换算。

5. 温度控制 PID 程序设计

本实验系统中主要被控变量是冷却水经过换热过程后达到冷却水出口处的冷却水出口温度 TT03。采用的 PID 控制器是 RSLogix5000 中的自带的 PID 控制指令，不需要复杂的线路连接，直接通过寄存器参数设置和程序编写就可完成对该温度变量的控制。

通过 Anybus AB7007 采集 DC1040 智能温度调节器的 TT03 温度信号，经过数据转换传送至 PID 控制指令模块中，经过 PID 模块的运算，将输出信号经 PID.OUT 输出，再经数据转换后传送至 XV02 中，改变冷水进水流量，从而控制相关温度 TT03 稳定在设定值。

（1）Logix 控制器 PID 指令主要参数说明

每条 PID 控制指令对应一个控制环，当实行多级控制时，则使用多条 PID 指令（可选主从），本实验对象是单回路控制，使用一条 PID 指令，如图 7-31 所示。

若要该控制指令正常工作，则需要提供给控制指令基本的参数信息，详细的控制信息通过指令的组态实现。

1）PID：PID 指令必须指定一个 PID 数据类型的结构体给本条指令，用于存放组态信息和过程运行状态信息。用户要在全局变量（或局部变量，不推荐）表中建立一个 PID 数

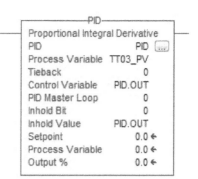

图 7-31　Logix 控制器的 PID 控制指令

据类型即可。

2）Process Variable：指定过程变量，一般为模拟量输入，这里的被控变量是冷却水出口温度 TT03。

3）Tieback：指定手动控制时手动控制跟随变量，一般为模拟量输入。

4）PID Master Loop：当本条指令为从回路时，输入主回路结构体名称，为主回路时键入 0。

5）Inhold Bit：决定输出初始值是否保持在上次的终值上，该选项可以实现启动的平滑过渡。

6）Inhold Value：输出值保持在上次的终值上。

7）Setpoint：给定设定值 SV 的显示值，要写入 PID 数据类型结构体的 PID. SP 寄存器中，才可以在这里正确显示。

8）Process Variable：过程变量 PV 的显示值，这里的 PID 模块会重新定义变量单位，用户要根据进行输入数据比较实验来重新转换数据范围，要留意在程序中变成进行转换。

9）Output%：控制变量 CV 的百分比显示值。

（2）Logix 控制器 PID 指令参数配置

单击 PID 数据类型结构体后的按钮，将会弹出 PID 控制指令编辑对话框，如图 7-32 所示。选择"Configuration"界面，在该界面中，可以对模块的控制方式、各个量的上下限等进行设置。

1）Control Action：选择控制方向，也决定了控制器的正作用与反作用特性。当该值为正数时，PID 控制指令才有输出信号，否则始终为零。其中"PV-SP"代表正作用，"SP-PV"代表反作用。本系统中，气动调节阀 XV02 开大后，冷却水出口温度 TT03 会下降，因此 Kp 小于 0，为保证回路的负反馈特性 Kc 应该小于 0，选择正作用控制器，由此选择 PV-SP。

2）Loop Update Time：回路更新时间，不能为零和负数。

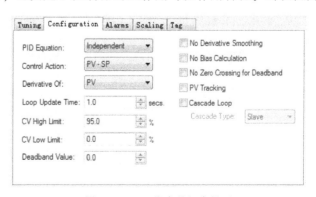

图 7-32　PID 指令的组态界面

3）CV High（Low）Limit：输出限幅最大（最小）值，防止输出正（负）向积分饱和。

（3）PID 参数调试

单击 PID 数据类型结构体后的按钮，将会弹出 PID 控制指令编辑对话框，如图 7-33 所示。选择"Tuning"界面，在该界面中，可以设置相关的设定值与 PID 参数。

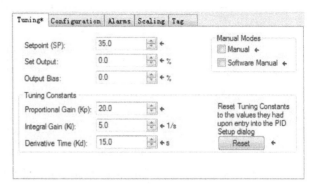

图 7-33　PID 参数调试界面

1）Setpoint（SP）：给定值设定，数据范围必须与 PV 在 PID 中在此定标的工程定标范围相同，令其与 PV 值在相同的数据范围内进行比较。

2）在"Tuning Constants"一栏中，可以看到 PID 参数的设定栏，可以在这里手动输入，也可以通过 MOV 控制指令将期望的 PID 参数传递至 PID 数据类型结构体中的 PID.KP、PID.KI 和 PID.KD 寄存器中，在 HMI 中要使用 MOV 这类方法进行参数传递。

（4）PID 信号输出程序　如图 7-34 所示，PID 模块的输出信号 PID.OUT（百分比显示，范围为 0~100）作用于控制冷却水进水流量大小的气动调节阀，气动调节阀接收 4~20mA 标准电流信号，所以在程序中应该向"Local:4:O"中传送 4000~20000 无符号整数，因此在程序中需要将 0~100 单位的 PID.OUT 信号转换成为 4000~20000 无符号整数。该程序中将 PID.OUT 乘以 160，将其先转换为 0~16000 的无符号整数，再加上 4000 的偏移量，信号便成为 4000~20000，这样气动调节阀所接收的信号就是 4~20mA 标准信号，阀门才可以正常工作。

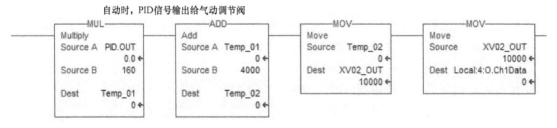

图 7-34　PID 输出信号转换

7.6.4　人机界面工程中 OPC 服务器的配置

1. RSLinx Classic 的 OPC 与控制器通信配置

如果要在 FactoryTalk View 中使用 Logix 系列 PLC 中的变量来进行系统组态和人机交互，则需要建立 OPC 连接，完成 PLC 与 FactoryTalk View 的数据交换。RSLinx Classic 可以看作是罗克韦尔公司的一个驱动，同时也是 OPC 服务器。下面介绍在 RSLinx Classic 中建立 OPC 服务器对象，建立与 Logix 控制器进行数据读写通道。

1）在 RSLinx Classic 中，单击菜单栏中的"DDE/OPC"，在下拉菜单中选择"Topic Configuration"选项。

2）弹出"DDE/OPC Topic Configuration"对话框，如图 7-35 所示。单击"New"选项，

会在左侧 "Topic List" 一栏中出现 "NEW_TOPIC" 字样的连接点，将其名称重命名为 "OPC_Server_for_1769LE35"，在 "Data Source" 中选择 "00，CompactLogix Processor" （只有选择该项才能同时建立 CPU 内存、扩展卡件和 Anybus 中所有的数据，选择其他选项会导致无法扫描到 CPU 中的内存，数据不完整，Processor 包括了 PLC 的 CPU 内存和所有 I/O 卡件模块的内存）。

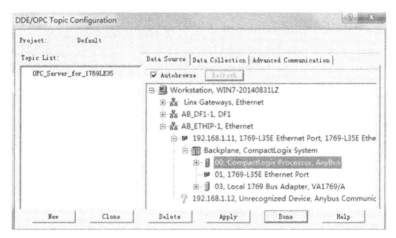

图 7-35　选择需要建立 OPC 数据服务器的 PLC

3）在 "Data Collection" 一栏中，选择 "Processor Type" 为 Logix5000，其他设定保持默认。

4）在图 7-35 的 "Advanced Communication" 一栏中，选择 "Communication Driver" 为先前已建立好的 Ethernet/IP 驱动，在 "Local or Remote Addressing" 选择 "Remote" 组态通信的路径，单击 "Configure"，选择带有 PLC 的 IP 地址（192.168.1.11）的以太网驱动，具体如图 7-36 所示。

5）返回原始界面，单击 "Apply"，弹出新的对话框，单击 "是" 将会完成 RSLinx 中的 OPC 数据库联结点的建立，之后在 FactoryTalk View 中建立标签和数据库时，就会扫描到这里建立好的数据库连接点。

2. 在 FactoryTalk View SE 中建立与 RSLinx Classic OPC 数据服务器

在 RSLinx Classic 中建立好 OPC 服务器数据连接后，就可以在 FTV 中添加 OPC 服务器来访问 PLC 中的数据了。

1）在建立好的 FTV 工程中（7.6.5 节会详细介绍工程建立与组态），右键单击主文件 "Heat

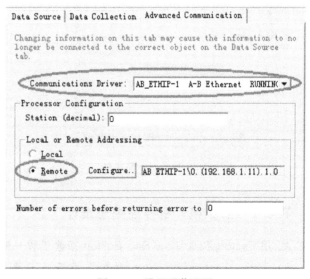

图 7-36　设置通信配置

Exchange System Supervise", 选择 "添加服务器" 中, 选择 "OPC 数据服务器", 如图 7-37 所示。

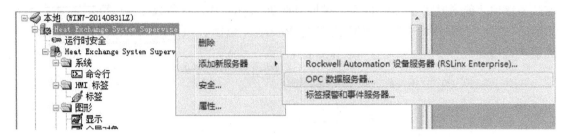

图 7-37　在 FTV 中添加 OPC 数据服务器

2) 弹出 "OPC 数据服务器属性" 对话框, 如图 7-38 所示。输入 OPC 数据服务器的名称, 选择 "服务器将位于本地计算机", 单击 OPC 服务器名的 "浏览"; 若 OPC 服务器与 OPC 工程不在一台计算机, 则需要选 "服务器将位于远程计算机"。

3) 弹出 "可用 OPC 数据服务器" 对话框, 可以看到自带有三个 OPC 数据服务器, 选择 "RSLinx OPC Server", 连续单击 "确定"。

4) 最终, 可以在主文件下方看到添加好的 OPC 数据服务器, 由此可以在 FTV 组态软件中使用 PLC 中的数据变量用于 HMI 组态需要, 如图 7-39 所示。

图 7-38　设置 OPC 数据服务器属性

图 7-39　完成 OPC 服务器添加后的界面

7.6.5　上位机人机界面组态设计

1. 用 FactoryTalk View Site Edition 新建工程一般步骤

1) 打开 "FactoryTalk View Studio" 软件, 出现 "应用程序类型选择对话框", 用户可以选择希望配置的应用程序类型, 本系统使用 "View Site Edition (本地站点)"。

2) 弹出"新建/打开 Site Edition
（本地站点）应用程序"对话框，用
户可以选择新建或者打开一个现有工
程，选择"新建"，填写相应的应用
程序名称和描述，单击"创建"；

3) 弹出"添加过程面板"对话
框，用户可以根据自己的需要选择希
望添加的面板，也可以全部清除，用
户自己在绘制人机界面时自行添加，
添加完成后，单击"确定"；

4) 成功建立新的应用程序，在
界面左侧的"浏览器"界面中，可以
看到新建应用程序的相关信息，如图
7-40 所示，详细的介绍见第 6 章。

2. 人机界面中图形组态

在项目浏览器中找到"图形"文
件夹，右键选择"显示"，在弹出菜
单中选择"新建"选项，系统将会新

图 7-40　界面浏览器

建一张画面，用户可以在内部进行相关编辑绘制，如图 7-41 所示。

展开"库"一栏中，FactoryTalk
View SE 为用户提供了大量已经集成好了
的图形组件，用户直接拖拽所需要的组
件至图形界面中，通过自己排列组合和
排布画面形成用户所需要的相关界面，
如图 7-42 所示 PID 面板。另外，流程图
画面的编辑一般尽量简洁美观，关键的

图 7-41　新建显示画面

参数要在界面显示。画面组态完成后，选择"保存"并输入定义的画面名称即可。对于每
一张独立的画面都要进行保存，这样才能保证在运行 Client 时所做的相关修改生效。

在整个绘制过程中，关键步骤是相关变量的关联和画面切换的相关设置，为实现在人机
界面组态画面中实现不同画面的切换和数据实时监控，需要进行相关变量的关联和画面切换
的相关设置。建立图形界面中的各种图形元素的方法与一般组态软件类似，这里就不详细介
绍相关过程了。

3. 画面切换功能组态

画面切换的情况有多种，可以是利用按钮的按下、重复和释放三种动作来关联相关的显
示函数；也可以右键设置从库中所拖拽的组件，选择"动画"下的"触按"选项，同样进
行关联显示图像函数。两种设置方法基本相同，这里只介绍按钮设置的方法。

1) 在图形绘制菜单栏选择"按钮"选项，并在绘图界面确定按钮的大小。

2) 弹出"按钮属性"对话框，可以在这里设置按钮的外观、操作、标签注释等属性，
在"操作"一栏下，可以选择操作类型。选择"运行命令"项，代表按下按钮后会执行一

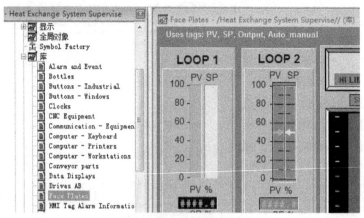

a) 在库中选择所需图形组件

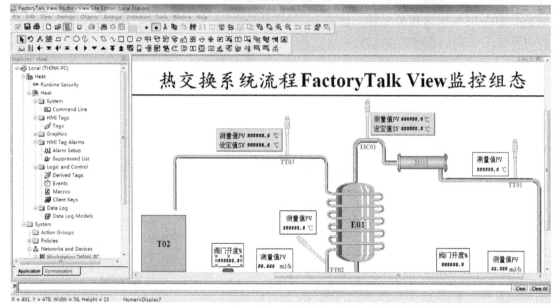

b) 利用各种图形元素编辑界面

图 7-42　图形界面编辑

段关联的函数代码。若选择带有设置标签值字样的操作，则可以关联数字量输入和输出量，实现开关功能，如图 7-43 所示。

3）可以在"按下操作""重复操作"和"释放操作"中分别设置关联的宏命令，这里在"释放操作"中进行编辑，单击"…"浏览命令。

4）弹出"命令向导第 1 步（共 2步）"对话框，如图 7-44 所示。依次选择"图形"→"图形显示"→"导航"文件夹下面的"Display"命令，单击下一步。

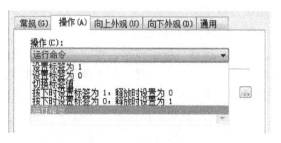

图 7-43　选择按钮操作

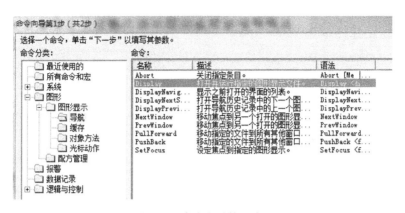

图 7-44   命令向导第 1 步

5）弹出"命令向导第 2 步（共 2 步）"对话框，如图 7-45 所示。在文件下拉菜单中选择希望切换的画面，在下方还可勾选相关的显示属性，单击"完成"即可。

通过上述设置，在 Client 中运行 HMI 组态时就可以利用按钮来切换相关的画面。此外还要设置画面的切换方式（替换或层叠），在画面中右键菜单中选择"显示设置"，弹出"显示设置"对话框，在"属性"的"显示类型"中可以选择替换（打开并关闭，可用于主要画面之间的切换）或者层叠（将打开的画面叠在原有画面之上，可用于打开次要画面时），设置完成后单击"确定"即可完成。

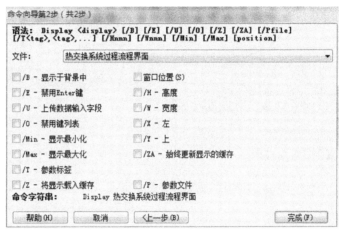

图 7-45   命令向导第 2 步

4. 参数显示组态

人机界面组态的一个重要功能是实时监控过程量的大小，并且实时读取控制回路的设定值大小、PID 参数大小等，进行监测。因此，实时读取 PLC 中的数据并显示在组态画面中是人机界面组态的重要内容。本小节将关联到 OPC 数据服务器中的变量，实现人机界面各种参数的实时显示与输入。

1）在图形绘制菜单栏中选择"数字显示"选项并加入界面，确定显示框的大小。

2）弹出"数字显示属性"对话框，如图 7-46 所示。在最下方设置字段长度、小数位、格式和对齐方式。其中仅当格式选择浮点数时，小数位才有效，在"表达式"一栏中单击"标签"。

3）弹出"标签浏览器"对话框，如图 7-47 所示。选择之前在 RSLinx Classic 中建立的 OPC 数据服务器 OPC_Server_for_1769LE35，单击 online 文件夹（PLC 要处于运行状态，否则不能及时更新变量标签），会看到当前 RSLogix5000 工程中所有的扩展模块和用户自定义全局变量出现在右侧的浏览栏中（未连接设备将不会出现任何变量标签）。在这里选择需要读取的寄存器量，连续单击"确定"即可。OPC服务器是动态服务器，每次更改全局变量表时，都要单击"刷新文件夹"，将最新的OPC实时数据更新到FactoryTalk View SE的OPC数据服务器中。

图7-46　数字显示属性设置

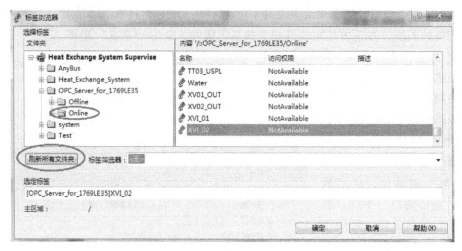

图7-47　标签浏览器

5. 趋势显示组态

在读取数据中，趋势图是一种读取数据并显示的重要组件。在热水出口温度控制回路和冷却水出口水温控制回路中，要实时监控TIC01和TT03测量温度是否平稳地控制在设定值之间，使用趋势图能够直观地看到二者的关系，也有助于控制效果的分析。下面将设置趋势图的显示风格和变量关联。

1）从库中可以找到相关的趋势图基本框架，将其拖拽至图画绘制界面中，或者在图形绘制菜单栏中选择"趋势图"，并在绘图界面中框选一定的范围，双击趋势图。

2）弹出"趋势属性"对话框，如图7-48所示。在"显示"一栏中可以设置相关的图像显示风格。

3）选择"笔"选项，单击"添加笔"，弹出"表达式编辑器"对话框，同样方法选择位于PLC中需要显示的过程变量，并且还可以设置显示颜色、显示线型等属性。

4）在XY轴中可以设置时间跨度长短和显示最大值最小值设置，设置内容十分完善，可以根据自身工程设计的一般规范进行相关的设置。这里设定TIC01回路的时间跨度为60min，显示上下限为0~100℃；TT03回路的时间跨度为20min，显示上下限为0~50℃，如图7-49所示。

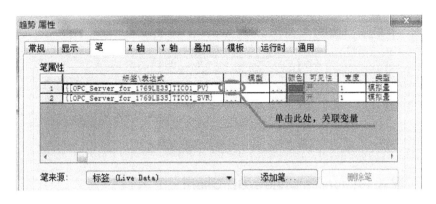

图 7-48 编辑趋势图中的显示笔

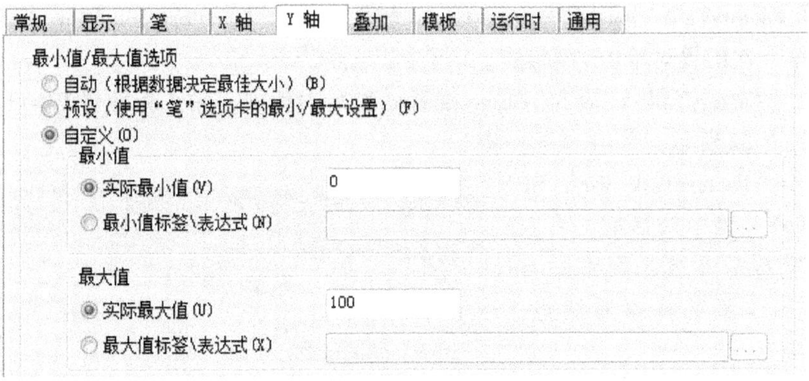

图 7-49 设置 Y 轴显示范围

6. 写入 PLC 数据设置

对于一个 HMI 来说，能够向控制器中写入设定值和 PID 参数等数据是基本要求，写入变量的基本设置方法与读取方法类似。

1）在图形绘制菜单栏中选择"数字显示"选项，并在绘图界面中确定输入框大小。

2）弹出"数字输入属性"对话框，如图 7-50 所示。在"常规"设置字段长度、小数位、格式和对齐方式，其中仅当格式选择浮点数时，小数位才有效。

3）在"连接"一栏中，如图 7-51所示，选择在"标签浏览器"的 OPC 数据服务器，选择需要写入寄存器的名称，与之前设置读取的设置方法相同，连续单击"确定"即可。

图 7-50 数字输入属性设置

图 7-51　数字量输入关联变量标签

7.6.6　配置 FactoryTalk View SE Client

在 FactoryTalk View SE Edition 中绘完成图形界面等功能组态后，需要进行登陆运行操作。该过程需要在 FactoryTalk View SE Client 中进行配置。

1）打开 FactoryTalk View SE Edition Client 软件，弹出"FactoryTalk View SE Client 向导"对话框，在第一次配置时单击"新建"。

2）弹出"FactoryTalk View SE Client 配置名称"对话框，输入新配置 Client 端组态工程的名称，如图 7-52 所示，单击"下一步"。

3）弹出"FactoryTalk View SE Client 应用程序类型"对话框，有三种类型，即网络分布式、网络站点和本地站点，这里选择本地站点，单击"下一步"。

图 7-52　输入所要配置的文件名称和保存路径

4）弹出"FactoryTalk View SE Client 应用程序名称"对话框，该对话框中会将所有编辑过的本地站点类工程展示，在这里要在下拉菜单中选择之前在 FactoryTalk View SE Edition 中编辑好的本地站点类的人机界面组态工程名：Heat Exchange System Supervise，如图 7-53 所示，单击"下一步"。

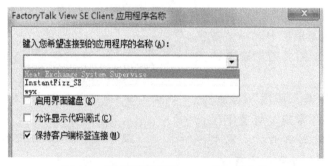

图 7-53　选择需要配置 Client 的工程文件

5）弹出"FactoryTalk View SE Client 组件"对话框，设置初始显示，选择绘制的组态系统控制网络为第一显示的画面（即为原始主界面），如图 7-54 所示，单击"下一步"。

6）弹出"FactoryTalk View SE Client 窗口属性"和"FactoryTalk View SE Client 自动注

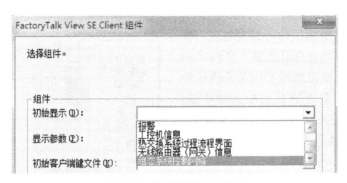

图 7-54　选择初始显示画面

销"，按照需要自行设置期望的窗口属性和自动注销时间，设置完毕后，连续单击"下一步"。

7）弹出"FactoryTalk View SE Client 完成选项"对话框，勾选"保存配置并打开 FactoryTalk View SE Client"，单击"完成"就可成功配置 FactoryTalk View SE Client 文件，可以在 FactoryTalk View SE Client 中运行人机界面组态了。

在配置完成后，可以直接选中图中的配置文件名称，单击"运行"即可。也可以在 FactoryTalk View SE Edition 中单击运行按钮，选择路径后也可以成功运行人机界面工程。

7.6.7　系统调试与运行

1. 换热实验系统人机界面运行界面

人机界面运行后，可以看到换热器系统控制网络主界面（这是先前配置的结果），如图 7-55 所示。该界面展示了整个控制网络的详细构架，包括以太网、Anybus AB7007 网关与 DC1040 智能温度调节器的 RS485 通信和相关的仪器仪表信息。

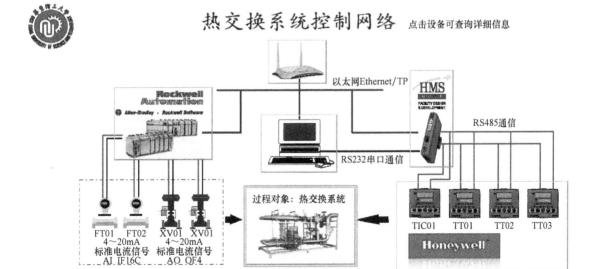

图 7-55　换热器系统控制网络（主界面）

单击界面中的硬件，即可弹出相关的硬件信息和配置信息，包括型号、安装软件、配置信息等硬件信息。如图 7-56 所示，单击 Anybus 网关的图例，就会弹出 Anybus 网关在整个控制网络的信息，可用于用户查询。

单击图 7-55 主界面中的"过程对象：换热器系统"按钮，将会显示如图 7-57 所示的流程监控界面，该界面展现了相关的换热器系统的工艺流程和各个控制点的实时数据，左侧操作栏显示相关位号含义和切换按钮，通过按钮切换可以进入控制界面和返回主界面。

在界面中可以看到四个温度测量点的实时温度值，两个气动调节阀的开度和两个流量测量点的实时流量值，并且单击 TT03 和 TIC01 两个显示面板按钮也可以进入趋势图界面。

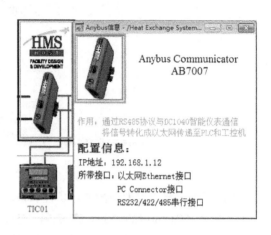

图 7-56　Anybus AB7007 网关信息

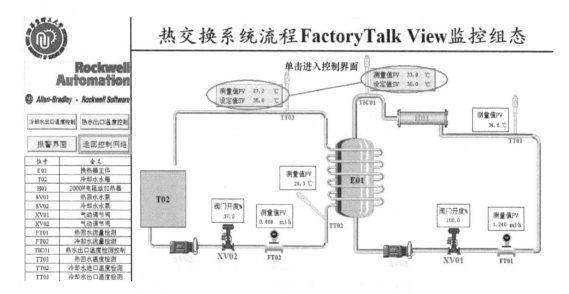

图 7-57　过程监控界面

单击图 7-57 中的切换按钮或者显示面板，即可进入如图 7-58 所示的控制界面。该界面提供显示和设定功能于一身，用户可以通过该界面获取仪表测量上下限、控制器中 PID 参数、测量值、设定值和二者的实时曲线变化情况。用户还可以在该界面中设定过程的设定值和控制器中的 PID 参数大小，用于调试合适的 PID 参数，达到更好的控制效果（具有运行曲线的界面见后面的控制效果分析，这里主要对界面图形元素做说明）。

2. 热水出口温度 TIC01 控制效果

整个控制过程第一步是热源稳定，一开始先关闭冷却水进水泵 SV02，停止冷水循环，这样使热水温度快速上升，减少等待时间，在开启冷却水循环时相当于增加干扰，可以检验抗干扰能力。接着将热回水泵打开并调节气动调节阀 XV01 开度为 100%，使热水循环流量最大，这样保证在热水进口温度超过设定值时迅速散热，另一方面保证换热效率。

将温度设定值设定为 75℃，经过多次调试后采取 PID：比例 P 为 50，积分 I 为 5，微分

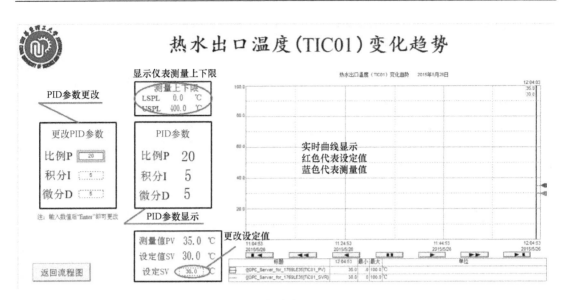

图 7-58　实时曲线趋势画面

D 为 15（该 PID 参数为 DC1040 智能温度调节器中的参数）。在趋势图中观察相关的实时曲线变化。如图 7-59 所示，设定值温度为 75℃（红色线条为图中线），热水进口温度测量值（蓝色线条为图中线）从 40℃ 开始上升至 75℃。根据 X 轴时间跨度来计算相关的上升时间，由坐标定位功能可以观测出上升时间为

$$T_r = (12:57:07 - 12:24:02) = 00:33:05 = 33 \times 60 + 5 = 1985s$$

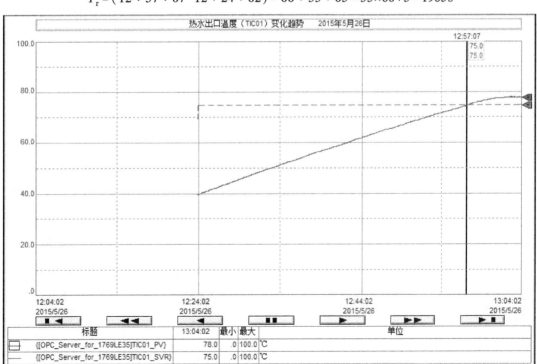

图 7-59　热水出口温度 TIC01 上升时间

因此上升时间为 1985s。通过观测上升时间可以看出，温度控制对象的时间常数较大，控制难度较大。另外，也可以看出 2000W 电阻丝加热器的功率对于该过程来说较小，在还没有加入冷水循环的情况下，温度上升速度已经比较慢，如果加入冷水循环，则效率将降低更多。这也将对后续的控制带来一定的不便。通过进一步实验，测量值达到最大值，计算出峰值时间为 2324s，进一步可以计算出超调量为 9.43%。

可见超调量和相对峰值时间处于适中水平，因为热水循环的流量 FT01 始终处于最大状态，因此散热效果较好，温度上升不至于过快，能在较短的时间内下降。如果减小 FT01 流量，则散热效果下降，可能超调量会更大。

如图 7-60 所示，设 TIC01 控制回路采取上下波动 2℃ ［（75±2）℃］作为调节时间的误差带，通过坐标定位功能可以计算出调节时间为

$$T_s = (13:07:15 - 12:24:02) = 00:42:13 = 42 \times 60 + 13 = 2533s$$

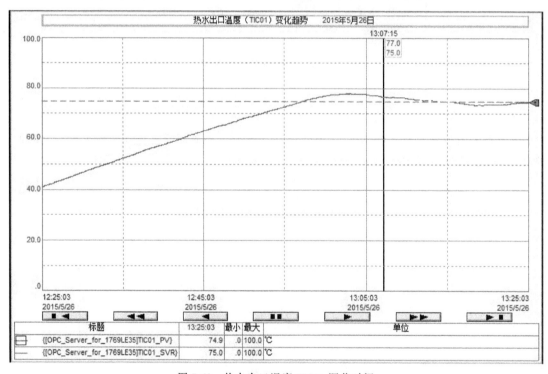

图 7-60　热水出口温度 TIC01 调节时间

控制过程经过一次波动就稳定，表明整个控制过程的稳定性较好。整个时域控制性能分析见表 7-3。

表 7-3　TIC01 控制回路时域控制性能

被控变量	PID 参数	时域性能指标	对应数值
热水出口温度	比例 P = 50 积分 I = 5 微分 D = 15	上升时间 T_r	1985s
		峰值时间 T_p	2324s
		调节时间 T_s	2533s
		超调量 $\sigma\%$	9.43%

3. 冷却水出口温度 TT03 控制效果

在热水进水温度稳定后，将冷却水泵打开，并将设定值设定在 36.5℃，设定 PID 参数：比例 P 为 30、积分 I 为 5、微分 D 为 15（该 PID 参数为 CompactLogix PLC 的 PID 控制指令模块的参数），观察相关的控制效果。如图 7-61 所示，在一开始可以看到温度迅速上升，这是由于累计热量的缘故，瞬间通过的冷水迅速带走热量，将冷却水出口温度迅速抬高。测量值超过设定值 36.5℃时，PID 指令迅速动作，将输出信号传送至气动调节阀，气动调节阀开度变大，FT01 流量变大，增大冷水流量，而热介质保持不变，最后结果是冷却水出口温度下降。

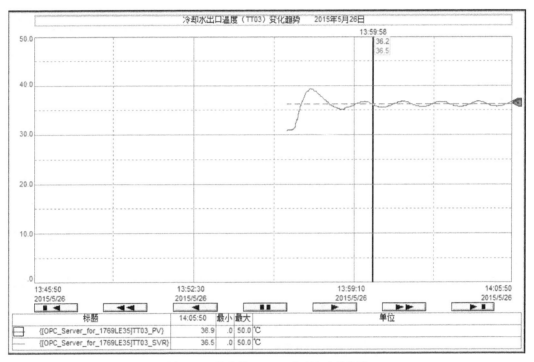

图 7-61　设定值 36.5℃时过渡过程曲线

从图 7-61 中可以看到，经过约为 4：1 的衰减比，冷却水出口温度 TT03 会稳定在设定值附近上下波动，但始终无法减小差值，原因是该实验对象气动调节阀选型问题，Kv 值过大，微小输出控制信号就会引起流量剧烈变化。再加上冷却水水管过细，最终导致冷却水出口温度一直在小幅度波动。由此也可以看出，过程控制系统执行器选型的重要性以及工艺设计的不足会给控制带来问题。

第二次调试过程先将设定值设定在 38℃，设定 PID 参数：比例 P 为 30、积分 I 为 5、微分 D 为 15，从图 7-62 可以看出，实时曲线变化趋势与图 7-61 中的变化趋势大致相同，但是波动范围有所下降。产生波动的原因已说明，而波动范围的下降是由于之前所提到的 2000W 加热器的功率无法提供足够的热量，再加上 Kv 值过大导致流量变化剧烈，在测量值刚刚达到 38℃时，就快速下降至设定值之下。

接着将设定值改为 35℃，观察系统跟随性。由图 7-62 可以看出，系统在大约 3 分钟内便能够将温度调节到新的设定值 35℃附近。测量值仍然呈现出波动性，但波动范围有所下

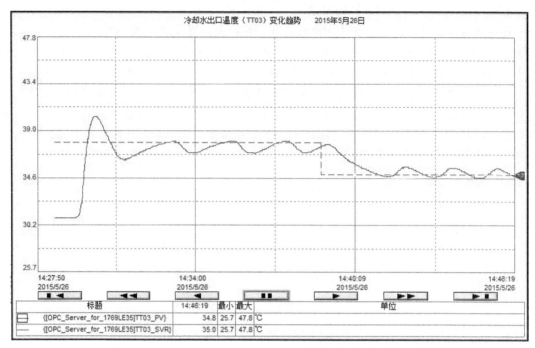

图 7-62　设定值先为 38℃然后改变至 35℃时被控变量过渡过程曲线

降，特别是被控变量多数时刻是高于设定值，导致这样的原因是因为冷却水管过细，流通能力较差，冷却水流量 FT02 无法及时将多余的热量带走。

复习思考题

1. 工业控制系统在设计时主要考虑的原则是什么？

2. 工业控制系统设计与开发的一般步骤是什么？

3. 工业控制系统的安全主要包括哪几类？

4. 工业控制系统的信息安全与传统 IT 信息安全有何不同？

5. 安全仪表系统一般的设计步骤是什么？

6. 工业控制系统调试主要包括哪些类型，其内容各是什么？

7. 工业控制系统主要有哪些类型干扰？如何克服？

8. 工业控制系统现场安装时有哪几类地？

9. 上网检索目前油气长距离管道输送工业控制系统的结构及主要的控制设备使用情况。

10. 上网检索目前大型过程工业控制系统代表性供应商有哪些？其主要的解决方案是什么？各自有何特点？

11. 工业控制系统在设计时如何实现环境友好？

参 考 文 献

[1]　王华忠. 工业控制系统及其应用——PLC 与组态软件 [M]. 北京：机械工业出版社，2016.

[2]　何衍庆，黎冰，黄海燕. 集散控制系统原理及应用 [M]. 3 版. 北京：化学工业出版社，2011.

[3]　张继国. 安全仪表系统在过程工业中的应用 [M]. 北京：中国电力出版社，2010.

[4]　林小峰，等. 基于 IEC61131-3 标准的控制系统及应用 [M]. 北京：电子工业出版社，2007.

[5]　何衍庆. 常用 PLC 应用手册 [M]. 北京：电子工业出版社，2008.

[6]　刘建华，张静之. 三菱 FX2N 系列 PLC 应用技术 [M]. 北京：机械工业出版社，2010.

[7]　张振国，方承远. 工厂电气与 PLC 控制技术 [M]. 5 版. 北京：机械工业出版社，2017.

[8]　徐绍坤. 电气控制与 PLC 应用技术 [M]. 北京：中国电力出版社，2015.

[9]　姚羽，祝烈煌，武传坤. 工业控制网络安全技术与实践 [M]. 北京：机械工业出版社，2017.